Sackmann

das Lehrbuch für die Meisterprüfung

Teil IV

42. Auflage

Handlungsfeld 1:
Ausbildungsvoraussetzungen prüfen und Ausbildung planen

Handlungsfeld 2:
Ausbildung vorbereiten und Einstellung von Auszubildenden durchführen

Handlungsfeld 3:
Ausbildung durchführen

Handlungsfeld 4:
Ausbildung abschließen

Autoren:
Dipl.-Päd. Ulrich Brand, Prof. Dr. Detlef Buschfeld,
Yvonne Dreier, Prof. Dr. Friedrich-Hubert Esser,
Thomas Hintz, Betriebsw. Rainer Kissel, Dr. Beate Kramer,
StD Bernd Krechting, StAss. Heinz Richtarsky,
Prof. Dr. Uwe Schaumann, StAss. Siegfried Wochnik

Verlagsanstalt Handwerk

Sackmann – das Lehrbuch für die Meisterprüfung
ISBN 978-3-86950-439-1 (Teil III und IV)

Teil III – mit Lernportal
HF 1: Wettbewerbsfähigkeit von Unternehmen beurteilen
HF 2: Gründungs- und Übernahmeaktivitäten vorbereiten, durchführen und bewerten
HF 3: Unternehmensführungsstrategien entwickeln
42., überarbeitete Auflage
ISBN 978-3-86950-413-1 (Teil III)

Teil IV – mit Lernportal
Berufs- und Arbeitspädagogik, Ausbildung der Ausbilder
42. Auflage
ISBN 978-3-86950-436-0 (Teil IV)

FSC www.fsc.org
MIX
Papier aus verantwortungsvollen Quellen
FSC® C113405

Wir danken Dr. Sophia von Kleist, Dr. Susanne Rotthege und Fred Schumacher (denklaut GmbH) für die Mitarbeit bei der Erstellung der zahlreichen Einstiegssituationen zum Kapitelauftakt.

Lektorat und Herstellung:
Martina Burkert, Karin Färber-Kersten, Nicole Mechtenberg
Layout: Bärbel Bereth
Satz: Reemers Publishing Services GmbH
Fotos: © Robert Kneschke – Fotolia.com
© VRD – Fotolia.com

Verlagsanstalt Handwerk

Verlagsanstalt Handwerk GmbH
Auf'm Tetelberg 7, 40221 Düsseldorf
Tel.: 0211 / 39098-0, Fax: 0211 / 39098-70
E-Mail: info@verlagsanstalt-handwerk.de
Internet: www.verlagsanstalt-handwerk.de

Einführung und Zugang zum Lernportal Teil IV

Mit der 42. Auflage des „Sackmann - das Lehrbuch für die Meisterprüfung“ erhalten Sie neben dem gedruckten Buch einen erheblichen Mehrwert: einen Zugang zu einem neuen digitalen Lernportal!

Login - Lernportal

Internet-Adresse

Unter **www.sackmann-lernportal.de** gelangen Sie zum Lernportal. Wählen Sie das Lehrbuch Teil IV aus und geben Sie anschließend im Feld Login Ihre persönliche Zugangsnummer ein. Sie lautet:

Zugangsnummer

4-1C3F49300-18

Struktur - Lernportal

Die Struktur im Lernportal folgt wie das Lehrbuch der Gliederung nach den Handlungsfeldern (HF) des Rahmenlehrplans. Sie wählen das Handlungsfeld aus, welches Sie bearbeiten wollen.

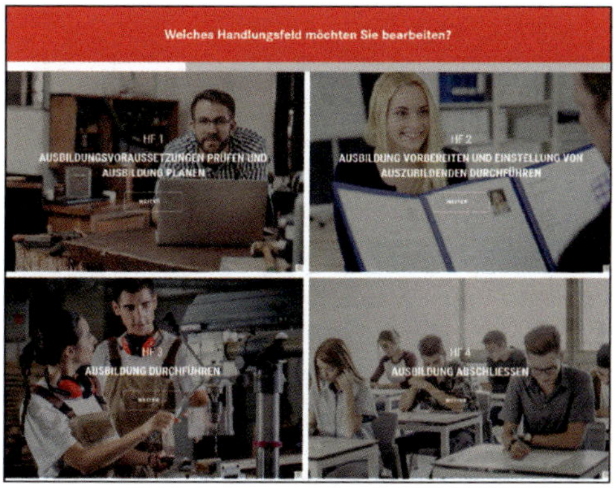

Angebote im Handlungsfeld

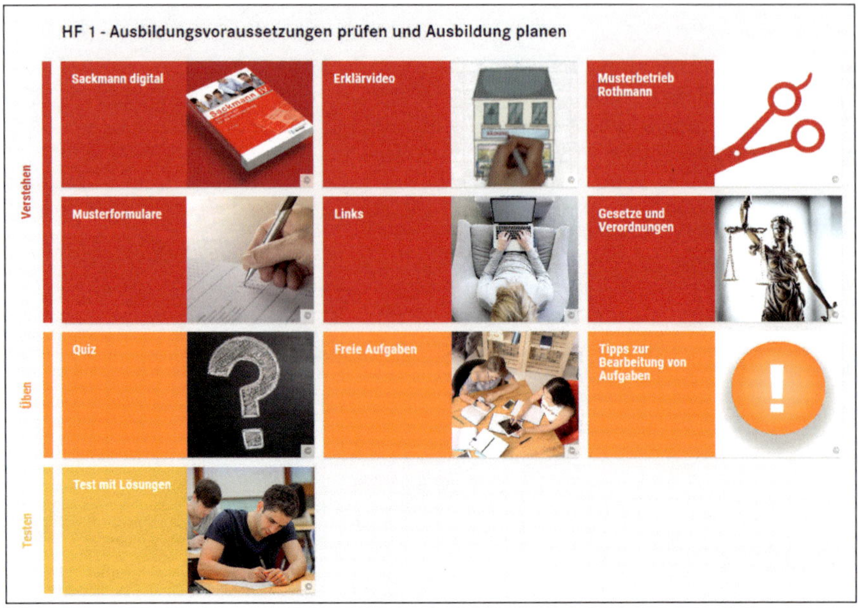

Dann entscheiden Sie, ob Sie im gewählten Handlungsfeld Zusammenhänge verstehen, Aufgaben üben oder Ihr Wissen testen möchten.

Verstehen Im Bereich Verstehen steht Ihnen der Sackmann Teil IV als E-Book mit einigen komfortablen Sonderfunktionen zum Nachschlagen und Nachlesen zur Verfügung. Ergänzend finden Sie Links, Gesetze und Musterformulare.

Üben Zum Üben finden Sie viele unterschiedliche Aufgaben: sowohl frei zu beantwortende Textaufgaben mit Lösungsvorschlägen als auch ein Quiz mit Ankreuzaufgaben und einer automatischen Auswertung. So können Sie Ihr Wissen anwenden und regelmäßig Ihren Lernstand überprüfen.

Testen

Im Bereich Testen bereiten Sie sich auf Ihre Prüfung vor. Machen Sie sich mit den Arten von Fragestellungen vertraut. Lernen Sie einschätzen, was und in welchem Umfang als Antwort erwartet wird.

wichtiger Hinweis

Jede Handwerkskammer entscheidet individuell, wie viele und welche Art von Fragen gestellt werden usw. Daher dient alles, was Sie im Lernportal finden, nur der Vorbereitung und erfüllt nicht den Anspruch, so oder ähnlich in Ihrer Kammer geprüft zu werden. Jeglicher Rechtsanspruch ist daher ausgeschlossen.

Handlungsfelder

Die vier Handlungsfelder

- Ausbildungsvoraussetzungen prüfen und Ausbildung planen
- Ausbildung vorbereiten und Einstellung von Auszubildenden durchführen
- Ausbildung durchführen
- Ausbildung abschließen

entsprechen dem Aufbau des Rahmenlehrplans, der die Anforderungen an die berufs- und arbeitspädagogische Eignung der Ausbilder strukturiert und die erforderlichen Kompetenzen beschreibt.

Prüfung

Diese Kompetenzen sollen angehende Ausbilder, Geprüfte Kaufmännische Fachwirte und Meister in einer Prüfung nachweisen. Die Prüfung ist je nach angestrebtem Abschluss in der AMVO (Allgemeine Meisterprüfungsverordnung) oder in der AEVO (Ausbilder-Eignungsverordnung) geregelt.

Lehrbuch

Im Lehrbuch Sackmann finden Sie sämtliche Inhalte, die Sie für eine erfolgreiche Prüfung benötigen. Mit dem Zugang* zum neuen Lernportal Teil IV können Sie sich jetzt noch intensiver mit den Themen des Lehrbuchs und den Anforderungen in der Prüfung auseinandersetzen und gezielter lernen.

Um Ihnen den Einstieg in den Themenbereich des jeweiligen Kapitels zu erleichtern, haben wir jeweils eine Problemsituation aus einem Muster-Ausbildungsbetrieb an den Anfang gestellt. Vielleicht haben Sie die eine oder andere Situation in Ihrem Betrieb schon einmal so oder ähnlich selbst erlebt und können sich dadurch leichter in die Überlegungen der Ausbilder hineinversetzen.

Übungsbogen

Auf Ihre Prüfung können Sie sich zusätzlich gezielt mit zwei Übungsbogen vorbereiten, die wir Ihnen in unserem Online-Shop anbieten. Damit können Sie den „Ernstfall" Prüfung proben. Die Bearbeitung unterschiedlicher Aufgabentypen und Formen der Fragestellung ist ein ideales Prüfungstraining.

Zugunsten der besseren Lesbarkeit wurde auf Doppelbezeichnungen wie z.B. Ausbilder/Ausbilderin bewusst verzichtet. Sämtliche Personenbezeichnungen, die männlich formuliert sind, gelten sinngemäß auch für Frauen.

---

* *Der Zugang zum Lernportal kann aus datenschutzrechtlichen Gründen zeitlich begrenzt sein.*

Ihre Meinung ist uns wichtig! Schreiben Sie uns, was Ihnen im Lehrbuch und Lernportal gefällt, was wir besser machen können, was Sie vermissen.

Sie erreichen uns ganz einfach per E-Mail unter:

burkert@verlagsanstalt-handwerk.de
faerber@verlagsanstalt-handwerk.de
schnell@verlagsanstalt-handwerk.de

Autoren und die Verlagsanstalt Handwerk wünschen Ihnen viel Erfolg auf Ihrem Karriereweg im Handwerk!

Mai 2018

Informieren Sie sich in unserem Online-Buchshop über die Literatur rund um die Meisterprüfung:

www.vh-buchshop.de/meisterpruefung.html

Verlagsanstalt Handwerk GmbH
Auf`m Tetelberg 7
40221 Düsseldorf
Tel.: 0211/390 98-44
Fax: 0211/390 98-33
E-Mail: info@verlagsanstalt-handwerk.de

Inhalt

Handlungsfeld 1: Ausbildungsvoraussetzungen prüfen und Ausbildung planen

Handlungsfeld 2: Ausbildung vorbereiten und Einstellung von Auszubildenden durchführen

Handlungsfeld 3: Ausbildung durchführen

Handlungsfeld 4: Ausbildung abschließen

Handlungsfeld 1:
Ausbildungsvoraussetzungen prüfen und Ausbildung planen

Vorteile und Nutzen betrieblicher Ausbildung darstellen und begründen

Vor zwei Jahren hat sich Friseurmeister Tim Rothmann mit seinem ersten eigenen Herren-Friseur-Barbier-Geschäft „KopfArt" selbstständig gemacht. Es läuft erstaunlich gut: Vor allem sein Angebot rund um Bartrasur und -pflege im stylischen Ambiente des Salons kommt bei jungen Männern sehr gut an. Die Ergebnisse der ersten beiden Geschäftsjahre haben die Prognosen der Rentabilitätsvorschau, die er im Rahmen seiner Gründungsaktivitäten erstellt hat, sogar leicht übertroffen.

Schon länger denkt er darüber nach, einen Auszubildenden in seinem Betrieb einzustellen und da er zuversichtlich ist, dass sich das Unternehmen weiterhin erfolgreich entwickelt, möchte er den Plan in die Tat umsetzen. In der letzten Zeit hat er oft an seine eigene gute Ausbildung gedacht, in der seine Begeisterung für den Beruf und einen eigenen Betrieb gewachsen ist. Er möchte jungen Menschen nun auch einen guten Start ins Berufsleben ermöglichen.

Aber es schwirren ihm noch viele Fragen im Kopf herum. „Wie viel kostet eine solche Ausbildung den Betrieb eigentlich? Und kann man den Nutzen gegenüberstellen, den es bringt, junge Menschen auszubilden?"

1 Vorteile und Nutzen der betrieblichen Ausbildung

Über das Für und Wider der betrieblichen Ausbildung gibt es eine rege Diskussion unter Arbeitgebern, Gewerkschaften und allen an der beruflichen Bildung Interessierten.

Junge Menschen können sich entscheiden, ob sie studieren oder eine Ausbildung beginnen wollen. Aktuell betreten immer weniger Hauptschüler und immer mehr Abiturienten aus der Schule heraus den Ausbildungsmarkt. Von diesen Abiturienten geht ein großer Teil direkt in ein Studium, der andere Teil steigt in eine berufliche Ausbildung ein, um danach allerdings oft noch ein Studium anzuschließen. Dabei ist der Einfluss der Eltern nicht unbedeutend: Sie machen sich Gedanken, welcher Weg nach der Schule für ihre Kinder berufliche Perspektiven bietet.

Unternehmer müssen überlegen, wie sie ihre Ausbildungsaktivitäten gestalten und für Interessierte attraktiv machen können, um einem Fachkräftemangel entgegenzuwirken. Sie haben zu überlegen, ob sich die Ausbildung von jungen Menschen kurz- oder langfristig positiv für das eigene Unternehmen auswirkt.

Die Bedeutung der Ausbildung für das Funktionieren einer Gesellschaft, die Gestaltung der Ausbildung junger Menschen, der erforderliche Wandel von Inhalten der Ausbildung sind bei einer fundierten Beschäftigung mit diesem Thema ebenfalls zu bedenken.

Das Ziel der betrieblichen Ausbildung ist die Ausbildung von handlungskompetenten, selbstständig arbeitenden Fachkräften. Die betriebliche Ausbildung muss also stetig auf dem Prüfstand stehen, ob sie optimal auf dieses Ziel ausgerichtet ist.

1.1 Ziele und Aufgaben der Berufsausbildung

1.1.1 Handlungskompetenz als grundlegendes Ziel der Ausbildung

Lernen in der Betriebspraxis

Während der Berufsausbildung muss der Auszubildende alle Berufsinhalte kennenlernen und in der beruflichen Praxis sinnvoll einsetzen können. Das Lernen im Zusammenspiel mit Arbeitsaufgaben im Betrieb ist ein zentraler Bestandteil der dualen Berufsausbildung: Dieser führt den Auszubildenden möglichst sicher vom Lernen zum Arbeiten und vermittelt ihm Berufsfähigkeit. So erlernt er schon während der Ausbildung berufliche Selbstständigkeit und Handlungsfähigkeit (Handlungskompetenz). Wenn sich Ausbilder die Frage stellen, wie sie ihre Auszubildenden zu diesem Ausbildungsziel führen können, müssen sie die Ausbildung so planen, durchführen und kontrollieren, dass die Auszubildenden weitestgehend selbstständig die Ausbildungsinhalte üben und anwenden können, ohne dass sie überfordert oder gefährdet werden.

Handlungskompetenz als Ziel

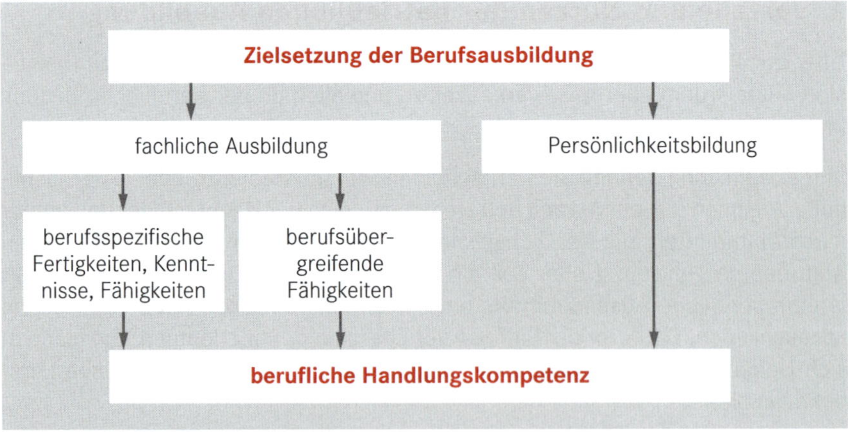

© Verlagsanstalt Handwerk GmbH

Lange bedeutete berufliche Handlungskompetenz schwerpunktmäßig eine rein fachliche Qualifikation (Kenntnisse und Fertigkeiten). Ziel der Ausbildung ist es aber, Selbstständigkeit zu erlangen und berufliche Handlungskompetenz umfassender zu vermitteln. Der Auszubildende soll berufliche Aufgaben bewältigen und Probleme flexibel lösen können. Das erfordert nicht nur fachliche Ausbildung, sondern auch eine Persönlichkeitsbildung, die im Umgang mit Kollegen, Kunden sowie Vorgesetzten hilfreich ist.

Herausforderungen der Zukunft

Auch die Herausforderungen des wirtschaftlichen Strukturwandels, raschen technischen Fortschritts mit der zunehmenden Digitalisierung erfordern eine Erweiterung der Handlungskompetenz, damit nicht nur die Bewältigung gegenwärtiger, sondern auch zukünftiger Herausforderungen des Berufes gelingt. Deshalb will die Berufsausbildung dazu befähigen, Veränderungen wahrzunehmen, sich offen damit auseinanderzusetzen, um dann die sich daraus entwickelnden Anforderungen aktiv zu meistern. Auch deshalb ist es wichtig, dass neben der fachlichen Ausbildung die Persönlichkeitsbildung gefördert wird.

Mit dem Ziel, zukünftige Fachkräfte auf sich ständig weiter verändernde Arbeitsprozesse vorzubereiten, geht mit der Ausbildung die Strategie der Prozessorientierung einher.

Eine Prozessorientierung bildet bereits in der Ausbildung die betrieblichen Abläufe ab, z.B. im Qualitätsmanagement und einer konsequenten Kundenorientierung.

Bausteine von Kompetenzen

Wichtige Bausteine von Kompetenzen sind:

- Fertigkeiten
  Fertigkeiten sind eine durch Übung erworbene besondere manuelle Leistungsfähigkeit im beruflichen Bereich, z.B. schleifen, sägen, montieren. Merkmale sind: Schnelligkeit, Planmäßigkeit und Fehlerfreiheit.
- Kenntnisse
  Kenntnisse sind Lernziele im kognitiven Bereich, das Wissen von Fakten, Daten, Bezeichnungen, Zusammenhängen und Regeln, z.B. bei Berechnungen.
- Fähigkeiten
  Fähigkeiten beschreiben die grundsätzlichen körperlichen und geistigen Voraussetzungen eines Menschen, die er benötigt, um Leistungen zu erbringen. Sie sind bestimmt durch die genetischen Anlagen des Menschen und durch das, was er sich im Laufe seines Lebens durch Lernen und Sozialisierung aneignet. Sie sind Voraussetzung sowohl für Fertigkeiten als auch für Kenntnisse.

Berufliche Handlungskompetenz beinhaltet die selbstständige berufliche Handlung als Prozess | ► S. 200 | und erfordert die drei folgenden Kompetenzen.

Fachkompetenz

Fachkompetenz ist die Fähigkeit, auf der Grundlage fachlichen Wissens und Könnens Aufgaben und Probleme zielorientiert, sachgerecht, methodengeleitet und selbstständig zu lösen und das Ergebnis beurteilen zu können. Dazu gehören im Wesentlichen

- Fertigkeiten und handwerkliches, psychomotorisches Geschick,
- Fach- und Produktkenntnisse,
- Anwendungskenntnisse und Problemlösungsstrategien,
- Lern- und Arbeitstechniken (Methodenkompetenz).

Fachkompetenzen haben einen direkten Bezug zur konkreten fachspezifischen Berufspraxis. Den folgenden Kompetenzen fehlt dieser direkte Bezug. Benötigt werden sie in völlig verschiedenen (auch unvorhersehbaren) Situationen, man nennt sie daher auch Schlüsselkompetenzen.

Selbstkompetenz

Selbstkompetenz beinhaltet Fähigkeiten und Einstellungen, in denen sich individuell durchdachte Wertvorstellungen insbesondere zur Arbeit widerspiegeln. Dazu gehören im Wesentlichen:

- dauerhafte Leistungs- und Lernbereitschaft,
- Selbstvertrauen,
- Sorgfalt und Zuverlässigkeit,
- Urteilsvermögen,
- Entscheidungsfähigkeit,
- Kreativität und Flexibilität,
- eigene Wertvorstellungen und Selbstständigkeit.

Sozialkompetenz

Sozialkompetenz ist die Fähigkeit, soziale Beziehungen zu leben und zu gestalten, insbesondere sich im Beruf im Umgang mit Kollegen und Kunden angemessen zu verhalten. Sie beinhaltet im Wesentlichen:

- Teamorientierung,
- Kooperationsbereitschaft,
- Verantwortungsbewusstsein,
- Selbstreflexion,
- Hilfsbereitschaft,
- Toleranz,
- Durchsetzungsfähigkeit
- Entwicklung sozialer Verantwortung und Solidarität.

Lernkompetenz, Methodenkompetenz und kommunikative Kompetenz sind jeweils in der Fachkompetenz, Selbstkompetenz und Sozialkompetenz enthalten.

Bereiche beruflicher Handlungskompetenz

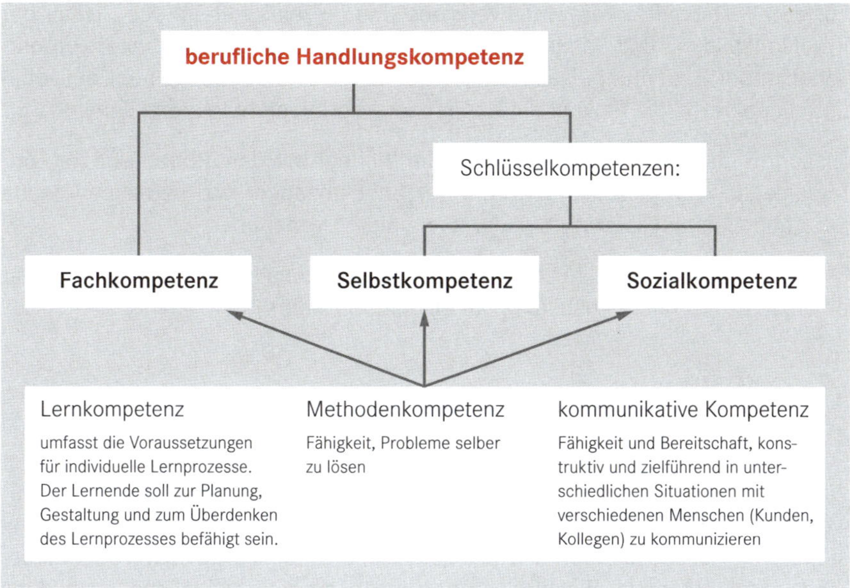

Beispiel: Mehmet Durmaz bewirbt sich initiativ bei Friseurmeister Tim Rothmann. Mehmet präsentiert sich als starke Persönlichkeit mit ausgeprägtem Interesse an Lifestyle-Themen. Tim Rothmann könnte sich Mehmet bei allen Angeboten rund um Bartrasur und -pflege sehr gut vorstellen. Ob Mehmet bei der älteren Kundschaft immer die richtige Ansprache wählt, da ist sich Tim Rothmann allerdings nicht so sicher. Aber das lässt sich im Rahmen der Ausbildung sicher noch vermitteln.

1.1.2 Ziele und Aufgaben der Betriebe in der Berufsausbildung

Zielvorgaben

Das Berufsbildungsgesetz bestimmt verbindliche Zielvorgaben für die Berufsausbildung:

„Die Berufsausbildung hat die für die Ausübung einer qualifizierten beruflichen Tätigkeit in einer sich wandelnden Arbeitswelt notwendigen beruflichen Fertigkeiten, Kenntnisse und Fähigkeiten (berufliche Handlungsfähigkeit) in einem geordneten Ausbildungsgang zu vermitteln. Sie hat ferner den Erwerb der erforderlichen Berufserfahrungen zu ermöglichen.“ (§ 1 Abs. 3 BBiG).

Ergänzt werden diese Leitvorstellungen durch die Auflage in § 14 Abs. 1 Ziff. 5 BBiG, wonach der Ausbildende die Pflicht hat, „dafür zu sorgen, dass Auszubildende charakterlich gefördert sowie sittlich und körperlich nicht gefährdet werden“.

Für den Wirtschaftszweig Handwerk und den Einzelbetrieb ist das Niveau der Berufsausbildung und damit die Handlungskompetenz der Mitarbeiter von entscheidender Bedeutung. Das Handwerksunternehmen benötigt breit ausgebildete Fachkräfte, die flexibel auf Kundenanforderungen reagieren können.

Diesem Bedarf steht der demografische Wandel mit der (je nach Region unterschiedlich stark) sinkenden Zahl der Schulabgänger und das zunehmende Bestreben leistungsstarker Schüler zu studieren gegenüber.

Eine ausreichende Zahl gut ausgebildeter Nachwuchskräfte ist daher nur über eine gut strukturierte Ausbildung im eigenen Betrieb sicherzustellen.

1.2 Bedeutung der Ausbildung für junge Menschen, Wirtschaft und Gesellschaft

Wer als Ausbilder tätig wird, muss sich darüber klar werden, welchen Stellenwert die berufliche Ausbildung für den Betrieb besitzt und welche Bedeutung sie für den Auszubildenden und die Gesellschaft hat. Die Beantwortung dieser Frage lässt erkennen, welche Anforderungen an die betriebliche Ausbildung sich aus den Veränderungen in Wirtschaft, Gesellschaft und Technik ergeben.

Bedeutung für junge Menschen

Für junge Menschen stellt die Berufsausbildung die Basis für die gesamte berufliche Laufbahn dar:

- Sie verschafft ihnen eine Existenzgrundlage.
- Sie legt einen Grundstein zur Sicherung ihrer Position auf dem Arbeitsmarkt.
- Sie eröffnet berufliche Perspektiven, die Chance „weiterzukommen".
- Sie bildet die Voraussetzung für eine berufliche Fortbildung (z.B. vom Gesellen zum Meister).
- Sie begründet bei Innungsbetrieben das Anrecht auf tarifliche Einstufung, eine Berufsunfähigkeitsrente oder die finanzielle Förderung einer Umschulung.[1]
- Sie bietet denjenigen, die nach der Ausbildung noch studieren möchten, einen sicheren, finanziellen Rückhalt.

Bedeutung für Wirtschaft und Gesellschaft

Die Gesellschaft ist aus sozialpolitischen und wirtschaftlichen Gründen in hohem Maße an der beruflichen Aus- und Weiterbildung interessiert:

- Die Aus- und Weiterbildung verringert die Zahl arbeitsloser junger Menschen.
- In der Aus- und Weiterbildung ist die Aussteiger-Quote geringer als in vielen Studiengängen.

---

[1] *Dies gilt für Versicherte, wenn sie vor dem 02.01.1961 geboren und berufsunfähig sind. Nachfolgende Jahrgänge müssen/sollten eine private Berufsunfähigkeitsversicherung abschließen.*

- Sie erhöht – da Fachkräfte höhere Einkommen erzielen – das allgemeine Steueraufkommen.
- Sie sichert den Wohlstand der Bürger und damit zugleich sozialen Frieden und gesellschaftliche Stabilität.
- Ein hohes Qualifikationsniveau der Arbeitnehmer ist Voraussetzung für den Erhalt bzw. die Steigerung der internationalen Wettbewerbsfähigkeit.
- Je nach Bundesland liegt der Anteil der 18-Jährigen mit Migrationshintergrund zum Teil über 30 %. Die soziale Stabilität und die Wettbewerbsfähigkeit des Standorts Deutschland hängen also direkt mit einer positiven Einbindung der Migranten im Rahmen der betrieblichen Ausbildung zusammen.

Der Ausbilder, der die Interessen des Betriebes, des Auszubildenden und der Gesellschaft im Auge behalten muss, benötigt grundlegende Kenntnisse über das Bildungssystem. Diese Kenntnisse sind die Voraussetzung dafür, Auszubildende von ihrer schulischen Vorbildung her richtig einschätzen und in Fragen ihrer weiteren beruflichen Entwicklung sachkundig beraten zu können.

Beispiel: Tim Rothmann berichtet beim Stammtisch unter Kollegen von seiner Idee, nun selbst in seinem Friseurbetrieb auszubilden, einmal, weil er es als seine Aufgabe betrachtet, jungen Menschen eine Perspektive zu geben, aber auch, um vielleicht dann für seinen eigenen Betrieb die passende Fachkraft für sein expandierendes Geschäft zu haben. „Aber ich stehe noch ganz am Anfang und möchte auf jeden Fall eine wohlüberlegte Entscheidung treffen, ob ich alles, was damit zusammenhängt, auch stemmen kann. Einen jungen Menschen auszubilden, kostet Einsatz und Geld. Sicher, er kann auch schon aktiv mit in Arbeitsaufgaben eingebunden werden, aber wie sieht das finanziell für mich als Ausbilder eigentlich aus?“

1.3 Nutzen und Kosten der Ausbildung für den Betrieb

Im Handwerk gehört es häufig zum Selbstverständnis eines Meisters oder ausbildungsberechtigten Betriebsinhabers, sein berufliches Können und Wissen an die nachfolgende Generation weiterzugeben, um den Fachkräftenachwuchs für das Gewerk zu sichern.

positive Aspekte für eigenen Betrieb

Das Ausbilden von jungen Menschen im eigenen Betrieb hat aber neben der gesellschaftlichen Bedeutung vor allem auch positive Aspekte direkt für den Betrieb. Die Auszubildenden werden in die reale Arbeitswelt des Unternehmens mit seinen Geschäftsfeldern eingeführt und lernen von vornherein die jeweiligen betrieblichen Besonderheiten kennen.

Die Bruttokosten, die eine Ausbildung mit sich bringt, zeigt folgende Übersicht. Tendenziell gilt, je stärker neue, komplexe Technologien Teil des Ausbildungsberufsbildes sind, desto höher sind die Kosten pro Jahr und Auszubildendem. Von den Bruttokosten sind die erwirtschafteten Erträge abzuziehen, denn überwiegend ist der Auszubildende auch schon produktiv tätig. So ergeben sich die Nettokosten der Ausbildung.

Bruttokosten der Ausbildung

Bruttokosten

Personalkosten	Anlage- und Sachkosten	sonstige Kosten
Auszubildende ▸ Ausbildungsvergütung ▸ gesetzliche Sozialleistungen ▸ tarifliche/freiwillige Sozialleistungen Ausbilder	▸ Arbeitsplatz (Werkzeug, Übungsmaterial) ▸ Lehrwerkstatt ▸ innerbetrieblicher Unterricht	▸ Lehr- und Lernmaterial ▸ Berufs- und Schutzkleidung ▸ externe Ausbildung ▸ Ausbildungsverwaltung ▸ Prüfungsgebühren

Quelle: Kosten und Nutzen der betrieblichen Berufsausbildung, Forschungsprojekt 2.1.203, Bundesinstitut für Berufsbildung

Nettokosten einzelner Berufe

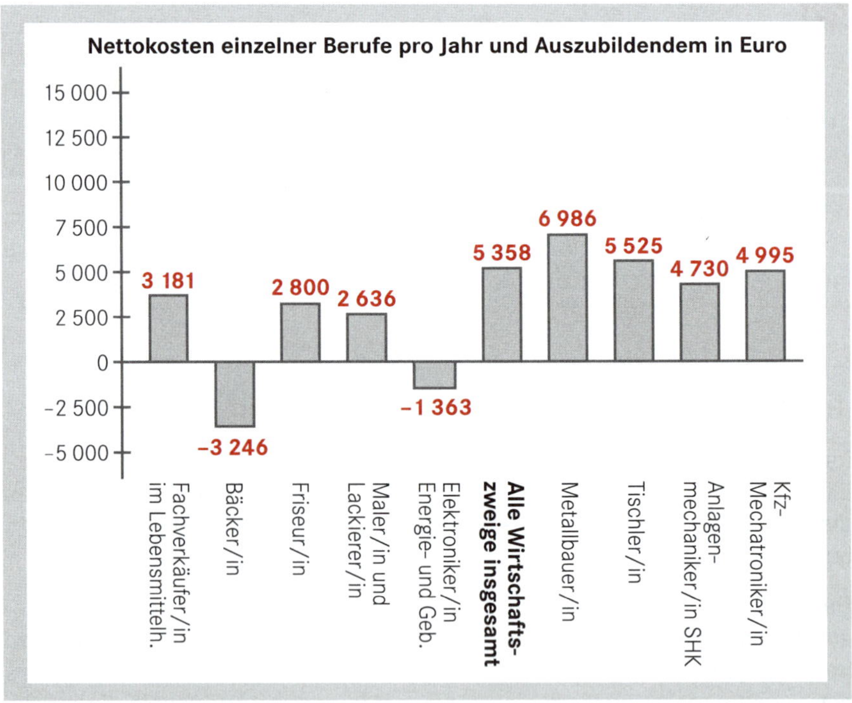

Quelle: Bundesinstitut für Berufsbildung

Bei einer Kosten-Nutzen-Betrachtung überwiegen meistens die Vorteile, die ein Betrieb nach der Ausbildung daraus zieht.

Den Kosten steht der Nutzen gegenüber: Ausbildung im eigenen Unternehmen ist die beste Art, qualifizierte und motivierte Mitarbeiter zu erhalten, die die speziellen Anforderungen des Betriebes heute und in Zukunft kennen und erfüllen.

Nutzen

Der Nutzen für den Betrieb lässt sich wie folgt unter verschiedenen Aspekten im Einzelnen betrachten.

- Die Ausbildung im eigenen Betrieb ist die beste Möglichkeit, dem Fachkräftemangel und drohenden Umsatzeinbußen entgegenzuarbeiten.
- Aus Auszubildenden werden häufig besonders betriebsverbundene Mitarbeiter. Die Chance, dass sie nach ihrer Ausbildung im Betrieb bleiben, ist umso größer, je besser die Möglichkeiten zur Fort- bzw. Weiterbildung und Karriereentwicklung sind.
- Das Ausbilden von jungen Menschen und deren Übernahme im eigenen Betrieb mindert das Risiko teurer Personalfluktuation. Es erspart dem Betrieb die zeitaufwändige Suche nach neuen Mitarbeitern und Personalgewinnungs- sowie Einarbeitungskosten.
- Ausbildungs- und Qualifizierungsleistungen im Rahmen einer gezielten Fort- und Weiterbildung bringen einen Imagegewinn und Vorteile bei der Beteiligung an öffentlichen Ausschreibungen.
- Ausbildung von jungen Menschen sorgt dafür, dass junge Talente nachrücken, die neue Ideen entwickeln und die Innovationsfähigkeit des Unternehmens fördern.

Vorteile der Ausbildung für den Betrieb

Nutzen

Nutzen durch die Auszubildenden	Nutzen durch die Ausgebildeten	Nutzen durch die Ausbildung
(produktive Leistungen der Auszubildenden – Erträge)	▸ Fachkräftemangel entgegenwirken ▸ Verringerung der Personalfluktuation, da Auszubildende häufig zu betriebsverbundenen Mitarbeitern werden ▸ eingesparte Personalgewinnungskosten ▸ eingesparte Ausfallkosten durch nicht besetzte Fachkräftestellen ▸ eingesparte Kosten durch Fehlbesetzung	▸ Imagegewinn ▸ Attraktivität für externe Arbeitskräfte ▸ Verjüngung der Belegschaft ▸ Förderung der Innovationsfähigkeit

Quelle: Kosten und Nutzen der betrieblichen Berufsausbildung, Forschungsprojekt 2.1.203, Bundesinstitut für Berufsbildung

Kompetenzen

Das sollten Sie als zukünftiger Meister können:

- ✔ Ziele und Aufgaben der Berufsausbildung, insbesondere die Bedeutung der beruflichen Handlungskompetenz, für Branche und Betrieb herausstellen,
- ✔ Vorteile und Nutzen der Ausbildung für junge Menschen, Wirtschaft und Gesellschaft beschreiben,
- ✔ Nutzen der Ausbildung auch unter Berücksichtigung der Kosten für den eigenen Betrieb begründen.

Betrieblichen Ausbildungsbedarf auf der Grundlage rechtlicher, tarifvertraglicher und betrieblicher Rahmenbedingungen planen sowie hierzu Entscheidungen vorbereiten und treffen

Tim Rothmann ist froh über die zahlreichen zufriedenen Kunden. Zu Spitzenzeiten haben er und seine Gesellin Jana Sander sehr viel zu tun. Schon häufiger hat er sich daher nach qualifizierten Fachkräften umgesehen, die auch den Barbierbereich fachmännisch unterstützen könnten, war aber bisher erfolglos. „Wenn der Laden weiter so gut läuft, benötigen wir zukünftig zwingend zusätzliche geeignete Mitarbeiter. Denn ich möchte meinen Kunden ja auch langfristig höchste Qualität bieten können", bespricht er mit Jana Sander. „Ein weiterer Grund, dass ich selbst ausbilde." Aber weiß Tim Rothmann, was er von rechtlicher Seite aus alles beachten muss, wenn er sich entscheidet, auszubilden?

2 Betrieblicher Ausbildungsbedarf und Rahmenbedingungen der Ausbildung

2.1 Personalplanung und Ausbildungsbedarf

quantitativer und qualitativer Bedarf

Bei dem derzeit schon vorhandenen und sich noch verschärfenden Fachkräftemangel gewinnt auch die Personal- und Personalbedarfsplanung für das Handwerk eine besondere Bedeutung. Die Hauptaufgabe der Personalplanung ist die Ermittlung des quantitativen und vor allem des qualitativen Personalbedarfs. Ein kurzfristiger Personalbedarf kann oft durch Kooperationen mit anderen Unternehmen oder die Zusammenarbeit mit Zeitarbeitsfirmen gelöst werden. Die mittel- und langfristige (5–10 Jahre) Personalplanung lässt sich überwiegend nur durch Ausbildung von eigenem Fachkräfte-Nachwuchs decken.

Identifikation mit den Werten des Unternehmens

Die meisten Betriebe investieren in die Ausbildung und danach in die Personalentwicklung durch Fort- und Weiterbildung mit dem Ziel, eine Kernbelegschaft mit hoher Identifikation mit den grundlegenden Werten des Unternehmens und hoher beruflicher Handlungskompetenz zu schaffen. Dem Risiko, dass der Auszubildende nach Abschluss seiner Ausbildung das Unternehmen verlässt, können Betriebe versuchen entgegenzusteuern, indem sie leistungsfähige Auszubildende durch eine attraktive Personalentwicklung und Karriereplanung binden.

Der Wert eines Unternehmens als Arbeitgeber hängt dabei zentral vom Betriebsklima, einer authentischen Unternehmensleitung, von guten Aufstiegsmöglichkeiten und einer fairen Vergütung ab.

Im Zentrum der Kundenerwartungen gegenüber Handwerksunternehmen stehen neben der fachtechnischen Kompetenz des Betriebes Werte wie Zuverlässigkeit, Vertrauenswürdigkeit, Solidität, Kundennähe und Menschlichkeit. Diesen Kundenerwartungen entsprechen Mitarbeiter, die bereits seit ihrer Ausbildung dem Unternehmen angehören, in besonderer Weise, da sie im Rahmen der Unternehmenskultur mit den ihr eigenen Werten ausgebildet wurden.

Auszubildende mit Migrationshintergrund

Die positive Einbindung von Auszubildenden mit Migrationshintergrund bedarf manchmal zusätzlicher gezielter Maßnahmen im Rahmen der Personalplanung und der Personalentwicklung. Aufgrund des hohen Anteils dieser Gruppe an den jeweiligen Schulabgangsjahrgängen wird eine zukunftsfähige Personalplanung auf diesem Feld zunehmend aktiv und kreativ wirken. Ein Beispiel sind Mentoringprogramme, eine systematische Begleitung der Auszubildenden zwischen Schule und Betrieb.

Die Investition lohnt sich für die Betriebe, denn die Erfahrungen zeigen, dass nach einer erfolgreichen Gesellenprüfung besonders von Mitarbeitern mit Migrationshintergrund eine sehr langfristige Unternehmensbindung gewünscht und realisiert wird.

2.2 Personalentwicklung und Entscheidung zur Ausbildung

Sicherung der Wettbewerbsfähigkeit

Förderung und Weiterbildung von Mitarbeitern gehören zu den wichtigsten Investitionen, die ein Betrieb in die Betriebsentwicklung und dauerhafte Sicherung seiner Wettbewerbsfähigkeit tätigen kann. Sie müssen an den betrieblichen Anforderungen einerseits und dem individuellen Fähigkeitspotenzial des Mitarbeiters andererseits ausgerichtet sein.

Eine qualifizierte Ausbildung und eine darauf gezielt aufbauende Fort- und Weiterbildung | ► S. 356 | sind Grundelemente einer systematischen Personalentwicklung. Ihrer Bedeutung nach ist sie mit den Investitionen in die Technik gleichzusetzen bzw. sogar höher zu gewichten, denn die modernste Technik bringt keine Vorteile, wenn das Personal fehlt, dass diese beherrscht.

Personalentwicklung beinhaltet alle Maßnahmen, die der beruflichen Entwicklung aller Beschäftigten eines Betriebes dienen und die erforderlichen Qualifikationen vermitteln. Ziel ist es, die derzeitigen und künftigen Aufgaben optimal durchführen zu können.

Beispiel: Ohne die Unterstützung von Jana Sander käme Tim Rothmann mittlerweile gar nicht mehr klar. Fällt sie mal aus, hat er ein Problem. Nun hat sie einige Seminare gefunden, die die Deutsche Friseurakademie anbietet und die sie sehr interessieren. Sie bittet Tim Rothmann, sich diese anzuschauen und zu überlegen, welche für den Betrieb sinnvoll wären. Die Kosten für die Seminare sind ja okay, aber wenn sie in der Woche stattfinden, steht er alleine da ... Aber soll der Betrieb am Puls der Zeit bleiben, muss er dafür auch sorgen. Er wird mit Jana besprechen, welche Seminare am besten passen.

Elemente der Personalentwicklung

Vor dem Hintergrund eines ausgeprägten Fachkräftemangels wird die Notwendigkeit von Investitionen in alle Elemente der Personalentwicklung besonders sichtbar. Zu den gängigen Elementen der Personalentwicklung im Handwerk zählen:

- betriebsinterne Schulungen,
- technische Schulungen der Produktanbieter, der handwerksnahen Industrie,
- Weiterbildungsseminare externer Anbieter,
- Blended-Learning-Angebote (gemischte Lernformen mit Präsenz-, Coaching- und Online-Teilen),
- Fort- und Weiterbildungen mit Zertifikaten bei Kammern und Fachverbänden,
- Meisterschulungen und Fortbildungen bei Kammern und Fachverbänden.

Mit der zunehmenden Öffnung des Hochschulbereichs für besonders qualifizierte Berufstätige und Meister erweitern sich die Möglichkeiten einer langfristigen Personalentwicklung.

2.3 Rechtliche Rahmenbedingungen der Ausbildung

2.3.1 Berufsbildung im Rechtssystem

öffentliches und privates Recht

Das Zusammenleben der Bürger in einem demokratischen Staat wird wesentlich geprägt durch die Rechtsordnung. Rechtsgrundlagen sind die Gesetze und Werte, die einerseits die Beziehungen zwischen dem Staat und seinen Bürgern (öffentliches Recht), andererseits zwischen den Bürgern untereinander (privates Recht) regeln. Das Berufsbildungsrecht ist eine Verzahnung von öffentlichem und privatem Recht.

gesetztes Recht in der Berufsbildung

Eine andere Unterscheidung des Rechts ist die in gesetztes Recht (Gesetze, Verordnungen), Richterrecht (Rechtsprechung) und vereinbartes Recht (private Verträge). Gesetztes Recht im Bereich der Berufsbildung sind bestimmte Artikel des Grundgesetzes und der Verfassungen der Bundesländer, darüber hinaus folgende Gesetze und Verordnungen:

- Berufsbildungsgesetz (BBiG),
- Handwerksordnung (Gesetz zur Ordnung des Handwerks/HwO),
- Jugendarbeitsschutzgesetz (JArbSchG),
- Ausbilder-Eignungsverordnung (AEVO),

- Verordnung über gemeinsame Anforderungen in der Meisterprüfung im Handwerk (AMVO),
- Meisterprüfungsverfahrens-Verordnung (MPVerfVO)
- Ausbildungsordnungen,
- Prüfungsordnungen.

privates Recht in der Berufsbildung

Aber auch das private bzw. vereinbarte Recht ist bei der Berufsbildung von erheblicher Bedeutung, insbesondere bei der Gestaltung des Ausbildungsverhältnisses: Geregelt werden die Rechtsbeziehungen zwischen den Parteien eines Berufsausbildungsverhältnisses, nämlich zwischen dem Ausbildenden (Betrieb) einerseits und dem Auszubildenden andererseits. Es gelten hier weitgehend die allgemeinen privatrechtlichen Grundsätze, insbesondere des Bürgerlichen Gesetzbuches und des Arbeitsrechts.

rechtliche Rahmenbedingungen der Ausbildung

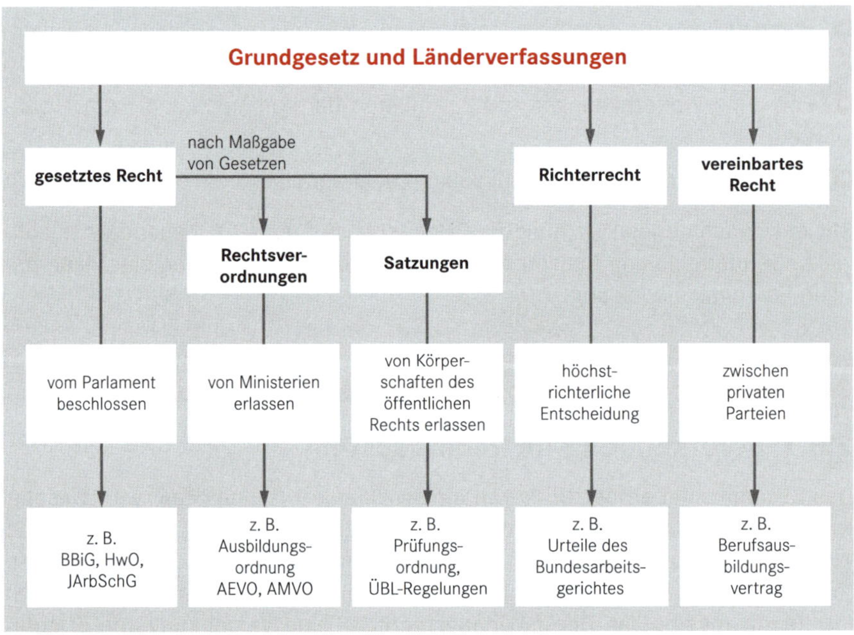

© Verlagsanstalt Handwerk GmbH

Bedeutung des Grundgesetzes für die berufliche Bildung

Das 1949 erlassene Grundgesetz für die Bundesrepublik Deutschland ist der Maßstab für alle Rechtsnormen[1]. Es regelt die Grundrechte des Einzelnen.

[1] *http://www.gesetze-im-internet.de/gg/*

Grundrechte im Rahmen der Berufsbildung

Von den Grundrechten interessieren im Hinblick auf die berufliche Bildung die folgenden:

- Recht auf freie Entfaltung der Persönlichkeit (Art. 2 Abs. 1)
  „Jeder hat das Recht auf die freie Entfaltung seiner Persönlichkeit, soweit er nicht die Rechte anderer verletzt und nicht gegen die verfassungsmäßige Ordnung oder das Sittengesetz verstößt."
- Gleichheit vor dem Gesetz (Art. 3 Abs. 1 und 2) „Alle Menschen sind vor dem Gesetz gleich." „Männer und Frauen sind gleichberechtigt."
- Erziehungsrecht der Eltern (Art. 6 Abs. 2)
  „Pflege und Erziehung der Kinder sind das natürliche Recht der Eltern und ihre vorrangige Pflicht."
- Schulwesen (Art. 7 Abs. 1)
  „Das gesamte Schulwesen steht unter der Aufsicht des Staates."
- Berufsfreiheit (Art. 12)
  „Alle Deutschen haben das Recht, Beruf, Arbeitsplatz und Ausbildungsstätte frei zu wählen." Es kann demnach niemand zu einer bestimmten Arbeit gezwungen werden, außer im Rahmen einer allgemeinen, für alle gleichen öffentlichen Dienstleistungspflicht (z.B. Ableistung eines Wehrdienstes). Das bedeutet, dass eine zwangsweise Lenkung der Berufsausbildung zugunsten bestimmter Berufe, wie sie in diktatorisch regierten Staaten üblich ist, durch das Grundgesetz untersagt ist.

Die Berufsberatung (Arbeitsagentur) sowie die Berufsorganisationen (Innung, Kreishandwerkerschaft, Handwerkskammer) können lediglich im Rahmen der Berufsaufklärung informierend und beratend tätig werden, allerdings gibt es Eingliederungszuschüsse der Arbeitsagentur, z.B. bei der Ausbildung von Migranten[1].

Bundesrecht und Landesrecht

Bundesrecht

Die Berufsausbildung gehört in die Zuständigkeit des Bundesgesetzgebers, sofern sie nicht an Schulen erfolgt, die den Schulgesetzen der Länder unterstehen. Das bedeutet, dass die betriebliche Berufsbildung nicht als eine schulrechtliche, sondern als eine sozial-, arbeits- und wirtschaftsrechtliche Angelegenheit zu betrachten ist. Sie fällt deshalb in die Zuständigkeit des Bundesgesetzgebers.

Landesrecht

Der Berufsschulunterricht hingegen, der an den dem Landesrecht unterliegenden Berufsschulen erteilt wird, gehört nicht in die Bundeszuständigkeit, sondern in die Gesetzgebungszuständigkeit der einzelnen Bundesländer.

---

[1] *www.arbeitsagentur.de*

Zuständigkeit in der Berufsausbildung

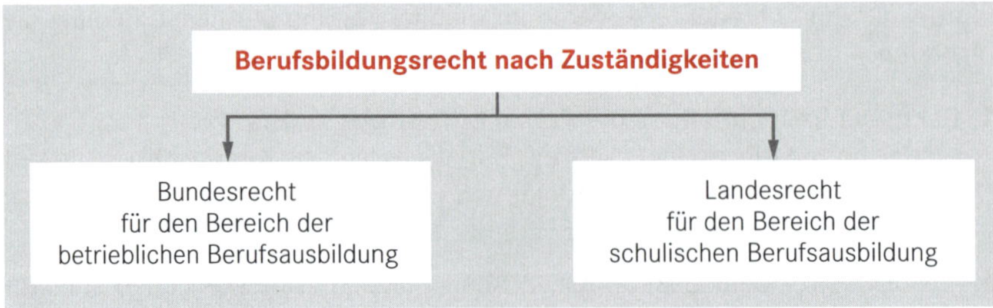

2.3.2 Berufsbildungsgesetz, Handwerksordnung, Jugendarbeitsschutzgesetz, Einzelvorschriften

Gesetze zur Berufsbildung

Die nachstehende Abbildung zeigt die wichtigsten Gesetze und Rechtsverordnungen zum beruflichen Bildungswesen im Überblick:

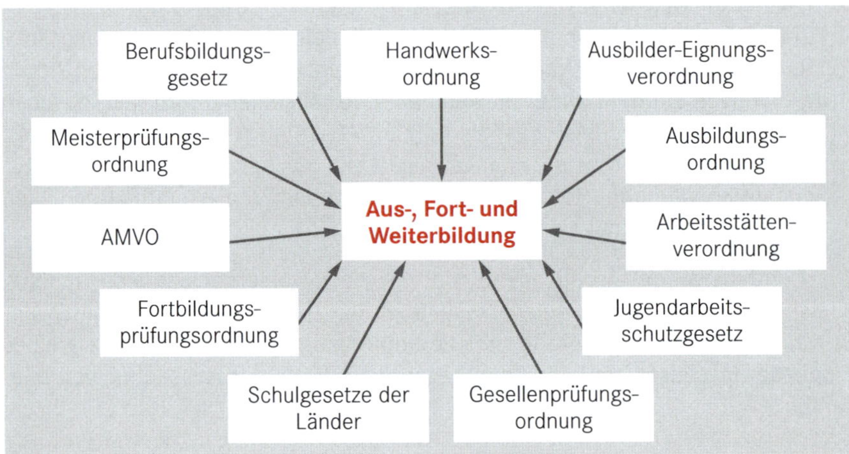

Berufsbildungsgesetz (BBiG)

Ein für die Berufsbildung besonders wichtiges Bundesgesetz ist das Berufsbildungsgesetz. Es verfolgt das Ziel, eine umfassende bundeseinheitliche Regelung für die berufliche Bildung zu gewährleisten.

Das BBiG gilt für die gesamte Berufsausbildung, soweit sie nicht in berufsbildenden Schulen durchgeführt wird. Es hat Gültigkeit für den betrieblichen Teil der Berufsausbildung, gleichgültig, ob die Ausbildung in Betrieben von Industrie, Handel oder Handwerk erfolgt.

Handwerksordnung (HwO)

Die Handwerksordnung stellt ein besonderes Berufsrecht für das Handwerk dar, in das Teile des BBiG im Wortlaut übernommen wurden. Diese werden um einige handwerkseigene Regelungen (z.B. Gesellen- und Meisterprüfung, Innungen) erweitert. Während also für die nicht handwerkliche Ausbildung unmittelbar das Berufsbildungsgesetz gilt, regelt die Handwerksordnung die handwerkliche Ausbildung. Zuständige Stelle im Sinne des Berufsbildungsgesetzes ist hier die Handwerkskammer.

Rechtsgrundlagen des Berufsbildungsrechts

Berufsbildungsgesetz §§	Thema	Handwerksordnung §§
1-3	Definition der Berufsbildung	-
4, 5	Ausbildungsordnung als Grundlage der Berufsausbildung	25, 26
7-8, 20-23	Dauer der Ausbildung	26-27c
9, 32, 76	Regelung und Überwachung der Berufsausbildung	23, 41, 41a
10-12	Berufsausbildungsvertrag	-
13	Pflichten des Auszubildenden	-
14-16	Pflichten des Ausbildenden	-
17-19	Vergütung	-
27	Eignung der Ausbildungsstätte	21
28-30	Eignung von Ausbildenden und Ausbildern oder Ausbilderinnen	22-22b
34-36	Verzeichnis der Ausbildungsverhältnisse (Lehrlingsrolle)	28-30
37-50	Prüfungswesen	31-40
64-67	Ausbildung behinderter Menschen	42k-42n

Beispiel: Tim Rothmann möchte die Berufschullehrer im Rahmen eines Ausbildertages vorab kennenlernen. Eine gute Abstimmung zwischen den Lernorten Schule und Betrieb ist ihm wichtig. Tim Rothmann möchte gut vorbereitet sein und den Lehrern auf Augenhöhe begegnen. In der Vorbereitung überlegt er, wie die Berufsausbildung mit dem Grundgesetz zusammenhängt, und ordnet die einzelnen Gesetze, Verordnungen und Lehrpläne dem jeweiligen Lernort zu.

Jugendarbeitsschutzgesetz (JArbSchG)

Das Jugendarbeitsschutzgesetz enthält Bestimmungen zum Schutz jugendlicher Arbeitnehmer. Es gilt für Auszubildende, die noch nicht 18 Jahre alt sind. Kind ist, wer noch nicht 15 Jahre alt ist. Jugendlicher im Sinne des Gesetzes ist, wer 15 Jahre, aber noch nicht 18 Jahre alt ist. Jugendliche, die noch der Vollzeitschulpflicht unterliegen, gelten im Sinne des JArbSchG als Kinder, die nicht beschäftigt werden dürfen (Ausnahmen sind definiert und geregelt).

Jugendliche, die der Vollzeitschulpflicht nicht mehr unterliegen, dürfen in einem Berufsausbildungsverhältnis beschäftigt werden oder außerhalb eines solchen Verhältnisses nur mit leichten und für sie geeigneten Tätigkeiten in einem genau bestimmten zeitlichen Rahmen.

Arbeitszeit

Das JArbSchG bestimmt die Dauer der täglichen und wöchentlichen Arbeitszeit, der Ruhezeiten, des Urlaubs und der Pausen, wobei abweichende Tarifvertragsregelungen oder Betriebsvereinbarungen zulässig sind.

Freistellung

Das JArbSchG regelt zudem Beschäftigungsverbote und Beschränkungen für gefährliche und gesundheitsbeeinträchtigende Tätigkeiten. Hier finden sich auch die gesetzlichen Bestimmungen in Bezug auf die Freistellung der Auszubildenden zur Teilnahme am Berufsschulunterricht und an Prüfungen.

ärztliche Untersuchung

Nach den Vorschriften des JArbSchG muss der Arbeitgeber dafür Sorge tragen, dass Jugendliche vor Beginn und während der Berufsausbildung ärztlich untersucht werden. Das Gesetz enthält weiterhin Vorschriften über Auskunfts- und Informationspflichten des Arbeitgebers sowie Straf- und Bußgeldvorschriften bei Verstößen gegen das JArbSchG. In erster Linie werden Verstöße als Ordnungswidrigkeiten mit Geldbußen belegt. Als Straftaten geahndet werden Verstöße, wenn sie vorsätzlich oder fahrlässig begangen wurden und Jugendliche in ihrer Gesundheit oder Arbeitskraft gefährdeten.

Beispiel: Tim Rothmann unterhält sich mit seiner erfahrenen Berufskollegin Lara Bieler, die schon länger einen Friseurbetrieb führt. „Du solltest bei der Einstellung von einem männlichen Azubi darauf achten, dass er dann der einzige männliche Mitarbeiter wäre, da sind dann auch in einem Kleinbetrieb getrennte Toiletten und Umkleideräume notwendig. Schwierig wird's auch, wenn er erst 17 ist, dann darf er samstags gar nicht im Salon arbeiten". Tim Rothmann ist unsicher, ob die Aussagen seiner Kollegin wirklich so stimmen ... da muss er sich noch genauer informieren.

Sie suchen weitere Infos? Nutzen Sie das Zusatzmaterial im Sackmann-Lernportal.

wichtige Bestimmungen des JArbSchG

Thema	inhaltliche Regelung
Überwachungsbehörde	Gewerbeaufsichtsamt, Amt für Arbeitsschutz, Bezirksregierung
Geltungsbereich	Personen, die noch nicht 18 Jahre sind (Jugendliche zwischen 15 und 18 Jahren)
Arbeitszeiten	▶ nicht mehr als 8 Stunden täglich oder ▶ 40 Stunden wöchentlich ▶ 5-Tage-Woche ▶ 12 Stunden Freizeit ▶ 20.00 bis 6.00 Uhr Nachtruhe ▶ Sonderregelungen
Pausen	▶ bei einer Arbeitszeit von mehr als 4,5 Stunden: 30 Minuten ▶ bei einer Arbeitszeit von mehr als 6 Stunden: 60 Minuten
Urlaubsregelung	▶ unter 16 Jahre mindestens 30 Werktage ▶ unter 17 Jahre mindestens 27 Werktage ▶ unter 18 Jahre mindestens 25 Werktage
Freistellung	▶ zur Berufsschule ▶ zur überbetrieblichen Ausbildung zu Prüfungen ▶ zu erforderlichen ärztlichen Nachuntersuchungen
gesundheitliche Untersuchung	vor Einstellung (Bescheinigung nicht älter als 14 Monate) Nachuntersuchung nach einem Jahr
gefährliche Arbeit	▶ Arbeiten, die die Leistungsfähigkeit übersteigen, dürfen nicht ausgeführt werden. ▶ Auf besondere Gefahren ist zu Beginn der Ausbildung hinzuweisen (halbjährlich wiederholen).

Der Ausbildungsbetrieb ist verpflichtet, das Jugendarbeitsschutzgesetz und die Anschrift der zuständigen Aufsichtsbehörde an geeigneter Stelle im Betrieb auszuhängen oder zur Verfügung zu stellen (z.B. auf einer digitalen Plattform exklusiv für Auszubildende).

Arbeitsrechtliche Schutzvorschriften

Arbeitsstättenverordnung

Missverständnisse auf Seiten der Unternehmen über die Notwendigkeit zusätzlicher Sanitäranlagen stellen immer wieder Hindernisse bei der Ausbildung von Frauen in technischen Gewerken dar. Die Arbeitsstättenverordnung (ArbStättV) formuliert im Anhang zu den Anforderungen und Maßnahmen für Arbeitsstätten unter Punkt 4.1. zur Ausstattung der Betriebe mit Toiletten und Waschräumen: „Der Arbeitgeber hat Toilettenräume zur Verfügung zu stellen. Toilettenräume sind für Männer und Frauen getrennt einzurichten oder es ist eine getrennte

Nutzung zu ermöglichen.“ Dieselbe Regelung gilt auch für Waschräume. Durch die Einräumung einer getrennten Nutzung benötigen Kleinbetriebe keine zusätzlichen Sanitäranlagen, falls sie Frauen ausbilden oder beschäftigen.

Kompetenzen

Das sollten Sie als zukünftiger Meister können:

- ✔ Ausbildungsbedarf auf der Grundlage der Unternehmensentwicklung und der betrieblichen Rahmenbedingungen ermitteln,
- ✔ Bedeutung der Ausbildung im Rahmen der Personalentwicklung herausstellen,
- ✔ rechtliche und tarifvertragliche Rahmenbedingungen für Ausbildungsentscheidungen heranziehen.

Strukturen des Berufsbildungssystems und seine Schnittstellen darstellen

Thorsten Freiwald steht kurz vor seiner mittleren Reife. Seine Noten würden es zwar erlauben, dass er nach der Realschule auf ein Gymnasium wechselt, aber Thorsten möchte lieber etwas „Handfestes" machen: „Es wäre toll, wenn ich Theorie und Praxis verbinden könnte", meint er. Überall informiert er sich und hört sich um, was es für Möglichkeiten gibt. Von seinem Vater, der auch regelmäßig Kunde des Friseurgeschäfts „KopfArt" ist, hat Thorsten erfahren, dass Tim Rothmann zukünftig ausbilden möchte. Auch Thorsten war schon einmal dort und fand den Laden cool und Tim Rothmann und Jana Sander sehr sympathisch. Trotzdem überlegt er, ob er sich mit einer Ausbildung nicht zu sehr festlegt. Was ist, wenn er später doch noch ganz andere Wege gehen möchte?

3 Strukturen und Schnittstellen des Berufsbildungssystems

3.1 Einordnung des Berufsbildungssystems in das deutsche Bildungssystem

Das Bildungssystem in Deutschland umfasst zum einen das allgemeinbildende und das berufliche Schulwesen, zum anderen den Bereich außerschulischer Berufsbildung.

Verantwortung der Länder

Für das Schulwesen sind im Wesentlichen die Bundesländer verantwortlich (Bildungsföderalismus); das Grundgesetz enthält nur wenige Regelungen, die das Schulsystem betreffen.

Aufgabe der Kultusministerkonferenz

Eine wesentliche Aufgabe der Kultusministerkonferenz (KMK) besteht darin, durch Konsens und Kooperation für die Lernenden ein Höchstmaß an Mobilität zu sichern und zur Gleichwertigkeit der Schulabschlüsse in ganz Deutschland beizutragen.

Daraus ergeben sich als abgeleitete Aufgaben,

- auf die Einheitlichkeit und Vergleichbarkeit von Zeugnissen und Abschlüssen und
- auf die Sicherung von Qualitätsstandards in Schule und Berufsbildung

hinzuwirken.

Schulpflicht Die gesetzliche Schulpflicht besteht in Deutschland vom 6. bis zum vollendeten 18. Lebensjahr. Die Pflicht, Vollzeit die Schule zu besuchen, dauert in den meisten Bundesländern bis zur 9. Klasse bzw. 10. Klasse. Danach besteht eine Berufsschulpflicht im Rahmen einer Berufsausbildung, falls nicht eine allgemeinbildende Schule (z.B. das Gymnasium) besucht wird.

Bildungssystem

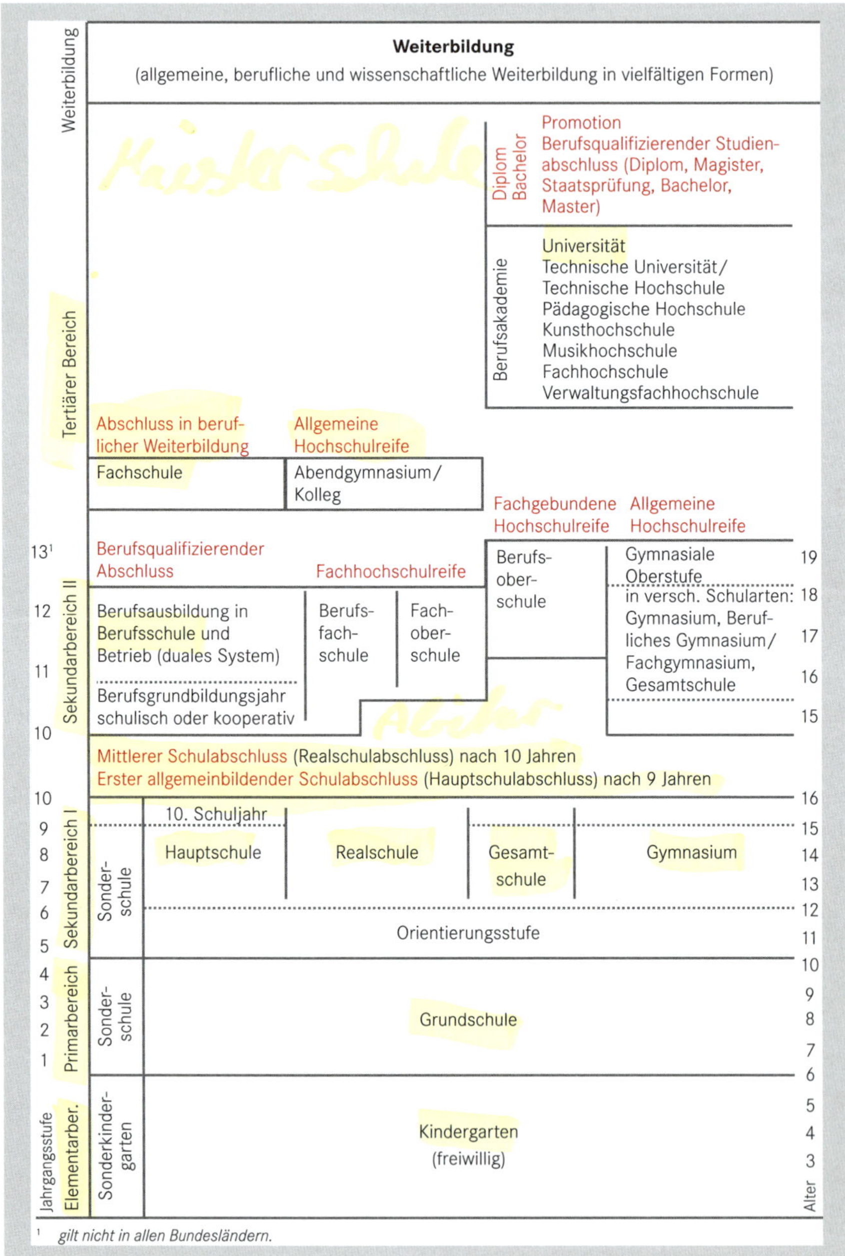

Quelle: Sekretariat der Ständigen Konferenz der Kultusminister der Länder in der Bundesrepublik Deutschland (Hrsg.), 2009

Auszubildende sind nicht mehr berufsschulpflichtig, falls sie zu Ausbildungsbeginn über 21 Jahre alt sind. Sie können sich aber freiwillig zum Besuch der Berufsschule kostenfrei verpflichten.

Die allgemeinbildenden Schulen vermitteln Allgemeinbildung (sprachlich, mathematisch-naturwissenschaftlich, kulturell, künstlerisch) und damit die Grundlagen für den Berufseinstieg.

Die berufsbildenden Schulen und Berufskollegs

- vermitteln eine erweiterte Allgemeinbildung mit mathematischen, sprachlichen, und gesellschaftspolitischen Kompetenzen (Politik, Religion, Sport),
- haben die Aufgabe, einer beruflichen Spezialbildung (z.B. Fachkenntnisse zur Elektromobilität),
- ermöglichen weiterführende Schulabschlüsse (z.B. Fachhochschulreife).

Das Bildungssystem in Deutschland sieht im Interesse der Chancengerechtigkeit eine weitestgehende Durchlässigkeit der Bildungswege vor. Die Grafik gibt einen Überblick über die Struktur des Bildungssystems in Deutschland.

PISA-Test

Die Frage, wie Schule auf berufliche Anforderungen vorbereitet und die Grundlagen für die berufliche Handlungskompetenz vermittelt, wird unter Bildungspolitikern der unterschiedlichen politischen Parteien und Wirtschaftsvertretern rege diskutiert. Die Leistungsfähigkeit des dreigliedrigen Schulsystems (z.B. in Nordrhein-Westfalen) wird dabei im Vergleich zu anderen Modellen (zweigliedriges System in Hamburg) analysiert. Der sog. PISA-Test ermöglicht einen Ländervergleich sowie den Vergleich von bestimmten Schulformen und von Schülergruppen nach zentralen Merkmalen (Geschlecht, Migrationsstatus).

Zur Überprüfung der jeweiligen Ausbildungsreife werden für den einzelnen Betrieb teilweise auch über die Innungen ergänzende Testverfahren und PC-gestützte Trainingsmodule online angeboten.

3.2 Grundlegende Anforderungen an das Bildungssystem

lebensbegleitendes Lernen

Aus der Verfassung (dem Grundgesetz), den gesamtgesellschaftlichen Wertevorstellungen und den bildungspolitischen Grundsätzen der Parteien ergeben sich für das Bildungssystem zentrale Anforderungen, deren Bedeutung durch eine moderne, mobile Gesellschaft steigt. Heute erforderliches lebensbegleitendes Lernen erfordert übergreifende, flexible Lernwege, die es ermöglichen, individuelle Kompetenzen ständig zu erweitern.

Chancengleichheit

Jeder Mensch soll die gleichen Bildungschancen haben, unabhängig von der sozialen Lage, der Konfession, der Nationalität, dem Geschlecht, dem Wohnort und dem vorausgegangenen Bildungsweg. Dies bedeutet, dass im Hinblick auf den Ausbildungszugang und den beruflichen und gesellschaftlichen Aufstieg jeder die gleichen Möglichkeiten haben soll. Die demographische Entwicklung in Deutschland macht es zur herausragenden gesellschaftspolitischen Aufgabe der nächsten Jahrzehnte, jugendlichen Migranten angemessene Chancen im Ausbildungssystem einzuräumen und generell im allgemeinbildenden Schulwesen gute Grundkenntnisse zu vermitteln. Neuere OECD-Studien[1] haben jedoch gezeigt, dass Deutschland im internationalen Vergleich keine guten Noten erhält, da Aufstiegschancen stark von der sozialen Schicht der Eltern abhängen.

Beispiel: Thorsten Freiwald unterhält sich mit seinem Mitschüler Simon Elbert, der nach der Realschule auf das Gymnasium wechseln möchte, um nach dem Abitur zu studieren. Simon begründet seine Entscheidung damit, dass eine Ausbildung eine Sackgasse wäre und man mit Mitte 20 sicherlich nicht mehr sein Abitur nachholen möchte. Thorsten hat allerdings davon gehört, dass ein Studium für beruflich Qualifizierte auch ohne Hochschulreife möglich ist. Und er kann sich einen Aufstieg über die Meisterschule und eventuell noch ein anschließendes Studium vorstellen. Sogar einen Studienbeginn während der Ausbildung soll es geben.

Durchlässigkeit

horizontale Durchlässigkeit

vertikale Durchlässigkeit

berufsbegleitendes Studium

Jeder Mensch soll im dualen Bildungssystem von einem Bildungsgang in einen anderen wechseln können. Zum einen soll er die Möglichkeit haben, zwischen verschiedenen Bildungsgängen gleichen Niveaus zu wechseln (horizontale Durchlässigkeit), z.B. von einer allgemeinbildenden zu einer berufsbildenden Schule. Zum anderen soll es ihm möglich sein, im Rahmen von Fort- und Weiterbildung von einer Stufe des Bildungssystems in eine höhere aufzusteigen (vertikale Durchlässigkeit). Meister werden beispielsweise in der Wertigkeit des Berufes mit Bachelor-Absolventen gleichgestellt (siehe Transparenz/DQR) und sind berechtigt, ein Hochschulstudium zu absolvieren. Auch ein berufsbegleitendes Studium ist möglich. Neu ist das triale Studium, das eine Ausbildung im Handwerk mit einer Meisterfortbildung und einem betriebswirtschaftlichen Bachelorstudium verbindet.

Anpassungsfähigkeit

lebenslange Lernfähigkeit

Das Bildungssystem soll Menschen befähigen, flexibel auf technische, wirtschaftliche oder gesellschaftliche Veränderungen zu reagieren, indem es die lebenslange Lernfähigkeit, die Offenheit für Innovationen und die Mobilität jedes Einzelnen fördert. Das Ausbildungssystem muss zukunftsorientiert gestaltet werden, indem offene, partnerschaftliche Ausbildungsstrukturen geschaffen und Schlüsselkompetenzen | ► S. 24 | vermittelt werden.

[1] *https://www.bmbf.de/files/Education_at_a_Glance_2016.pdf, S. 96*

Beispiel: Simon Elbert erklärt, warum er auf jeden Fall ein Studium aufnehmen will. „Thorsten, ich kann mir auch einige Berufsjahre im Ausland vorstellen. Mit einem Bachelor-Abschluss habe ich dort etwas vorzuweisen, aber wie sieht es mit beruflichen Qualifikationen aus, sind die überall anerkannt?"

Transparenz

Deutscher und Europäischer Qualifikationsrahmen

Bei jedem Bildungsabschluss muss das Anforderungsprofil und Kompetenzniveau klar ersichtlich und überschaubar sein. Hilfreich ist dabei der Deutsche Qualifikationsrahmen (DQR): Er ordnet die Qualifikationen der verschiedenen Bildungsbereiche acht Niveaus zu, die durch Lernergebnisse beschrieben werden. Expertengremien haben die berufsbildenden Abschlüsse einer Niveaustufe des Deutschen Qualifikationsrahmens und damit des Europäischen Qualifikationsrahmens (EQR) zugeordnet. Im Ergebnis zählen die Gesellenprüfungen zur Stufe 4, Fortbildungen (z.B. als Servicetechniker/-in) zur Stufe 5, Meister/-innen zur Stufe 6 (Bachelor) und die geprüften Betriebswirte zur Stufe 7 (Master). Diese Einordnung soll die berufliche Bildung insgesamt aufwerten und dient auch dazu, die in Deutschland erworbenen Qualifikationen im Verhältnis zum Europäischen Qualifikationsrahmen vergleichbar zu machen. Das erleichtert Unternehmen, global zu handeln bzw. Arbeitnehmer aus anderen Ländern einzustellen.

Bedeutung von Allgemeinbildung und beruflicher Bildung

berufliche Bildung

Als beruflich gebildet gilt derjenige, der die Aufgaben am Arbeitsplatz sach- und fachgerecht bewältigt (outcome-Orientierung) und in der Lage ist, auf Veränderungen im Betrieb sowie im Wirtschaftsleben angemessen zu reagieren.

Allgemeinbildung

Allgemeinbildung ist diejenige Bildung, die jeder unabhängig vom Beruf erwirbt und die ihn in die Lage versetzt, private und gesellschaftspolitische Herausforderungen zu bewältigen.

Beide Formen der Bildung werden von jedem Menschen gleichermaßen benötigt: Sie sind Teile der Persönlichkeitsbildung. Die berufliche Bildung ist nicht weniger anspruchsvoll als der Weg zum Abitur; es werden immer mehr technologische und methodische Kompetenzen vorausgesetzt. Ein moderner Tischlerbetrieb beispielsweise erstellt CAD-Entwürfe (computer-aided design, rechnerunterstütztes Konstruieren) für seine Produkte und überträgt die Daten entsprechend in die Produktionsmaschinen. Die Planung und Steuerung komplexer Prozesse ist hierbei von großer Bedeutung.

Kennen Sie das Sackmann-Lernportal?
Ihren Zugangscode finden Sie auf Seite 3.

3.3 Das duale System der Berufsausbildung: Struktur, Zuständigkeiten, Aufgabenbereiche

3.3.1 Duales System im Überblick

Die berufliche Erstausbildung wird in Deutschland überwiegend im Rahmen einer dualen Berufsausbildung (Berufsschule und Ausbildungsbetrieb) vermittelt. Durch die große Wirtschaftsnähe und die gute Verbindung zwischen schulischem Wissen und Berufspraxis genießt dieses duale System international eine hohe Anerkennung.

Träger der dualen Ausbildung

Betrieb und Berufsschule sind gleichberechtigte Träger. Der Schwerpunkt liegt auf der Ausbildung im Betrieb. Sie wird durch den Teilzeitunterricht in der Berufsschule partnerschaftlich ergänzt.

Zum dualen System gehört auch die überbetriebliche Unterweisung auf Seiten der betrieblichen Ausbildung und sie ist damit kein eigenständiger Lernort des dualen Systems.

überbetriebliche Unterweisung

Die meisten Betriebe sind nicht in der Lage, alle Fertigkeiten und Kenntnisse zu vermitteln, die laut Ausbildungsordnung zum Ausbildungsberuf gehören. Diese werden im Rahmen von überbetrieblichen Unterweisungen (ÜLU bzw. ÜBL) vermittelt. So ergänzt sie die betriebliche Ausbildung, unterstützt die systematische Vermittlung von Kenntnissen und Fertigkeiten und unterstützt die Einführung in neue Technologien. Dies gilt allerdings nicht für grundlegende Themen, hier bedarf es dann der ergänzenden Kooperation mit anderen Betrieben.

Merkmale der Lernorte

Merkmale	**Betrieb**	**Berufsschule**
Rechtsebene	privatrechtlich (Zivilrecht)	öffentlich-rechtlich (öffentliches Recht)
rechtliche Zuständigkeit	Bundesrecht	Landesrecht
gesetzliche Regelung	Berufsbildungsgesetz Handwerksordnung	Schulgesetze der Länder
inhaltliche Regelung	Ausbildungsordnungen (Bundesrecht)	Rahmenlehrpläne (Landesrecht)
rechtliche Grundlage	Ausbildungsvertrag	Schulgesetze der Länder
Lehrende	qualifizierte Ausbilder/ Handwerksmeister	Lehrer
Qualifikationsziele	berufliche Handlungsfähigkeit	berufliche Bildung allgemeine Bildung
Lernorganisation	auftrags- und produktionsorientiert	wissenschaftsorientiert-systematisch
Finanzierung	betrieblich	staatlich (öffentlich)

Merkmale	Betrieb	Berufsschule
Kontrolle	zuständige Stelle	Bundesländer
Prüfung	Abschlussprüfung durch die zuständige Stelle	Schulabschlusszeugnis

Über aktuelle Entwicklungen der beruflichen Erstausbildung in Deutschland informiert der Berufsbildungsbericht des Bundesinstituts für Berufsbildung[1]. Findet die berufliche Erstausbildung im Rahmen eines dualen oder trialen Studiums statt, wird die betreuende Hochschule ebenfalls Partner im Ausbildungssystem.

3.3.2 Zuständigkeiten und Aufsicht im dualen System

Das duale Ausbildungssystem ist ein verzweigtes und weitreichendes Ordnungsgefüge. Das Funktionieren des Systems setzt voraus, dass der Sachverstand und die Interessen aller Beteiligten in gemeinsamer Verantwortung für die Planung, Durchführung und Weiterentwicklung der Berufsausbildung zusammengeführt werden.

Ebenen des dualen Systems

Hierbei sind drei Ebenen zu unterscheiden,

- politische Ebene: Bund und Länder,
- Verwaltungsebene: Kammern und Regierungspräsidenten,
- pädagogische Ebene: Betriebe und Berufsschulen.

Zuständigkeiten im dualen System

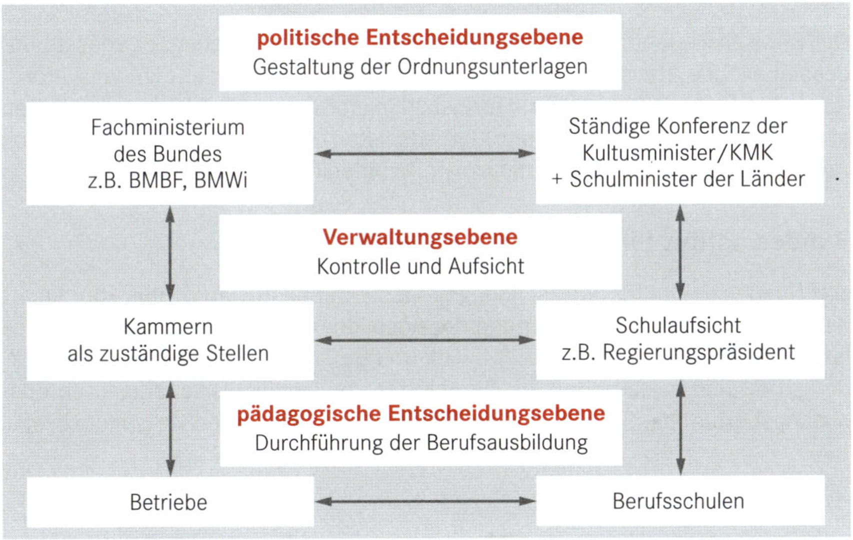

[1] *https://www.bibb.de/datenreport*

Im Einzelnen sind folgende Aktionsträger des dualen Systems zu nennen:

Arbeitgeber

Beteiligung der Arbeitgeber

Die Arbeitgeber schließen die Berufsausbildungsverträge mit den Auszubildenden ab und entscheiden, ob, wen und wie viele sie in welchen Berufen ausbilden. Sie tragen auf der Grundlage staatlicher Vorgaben die Verantwortung für die Ausbildung und finanzieren die Ausbildung überwiegend. Über die Kammern und Fachverbände wirken sie an der Gestaltung der strukturellen und inhaltlichen Regelungen mit. Ihre Interessen sind vor allem auf den beruflichen Nutzen und den Praxisbezug der Qualifikationen gerichtet.

Arbeitnehmer

Rolle der Arbeitnehmer

Die Arbeitnehmer wirken durch ihre Gewerkschaften, im Handwerk auch durch ihre Gesellenvertreter, an der Planung und Durchführung der Ausbildung mit. Sie sind neben den Arbeitgebermitgliedern in allen wichtigen Ausschüssen paritätisch (50:50) vertreten (Berufsbildungsausschuss auf Bundes-, Landes- und Kammerebene, Prüfungsausschüsse) und nehmen in größeren Betrieben durch den Betriebsrat und die Jugendvertretung Einfluss auf die Ausbildung. In der Berufsbildung und deren Verbesserung sehen sie eine wesentliche Aufgabe im Hinblick auf die Vertretung der Arbeitnehmerinteressen und befürworten grundsätzlich das duale System.

Bund

Verantwortung des Bundes

Der Bund ist zuständig für den betrieblichen Teil der Ausbildung: Er erlässt bundeseinheitliche Rahmenvorschriften (BBiG, HwO, Ausbilder-Eignungsverordnung, AMVO u.a.), beschließt die Ausbildungsordnungen und wirkt zusammen mit der Ständigen Konferenz der Kultusminister (KMK) bei der Verzahnung von Ausbildungsordnungen und schulischen Rahmenlehrplänen mit.

Bundesinstitut für Berufsbildung (BIBB)

Ausbildungsordnungen

Das Bundesinstitut für Berufsbildung berät die Bundesregierung und koordiniert die Erarbeitung und Überarbeitung der Ausbildungsordnungen. Darüber hinaus ist es zuständig für Forschung, Statistik und Berichterstattung in der Berufsbildung, beispielsweise erstellt es jährlich das Verzeichnis der anerkannten Ausbildungsberufe (ca. 350 Berufe insgesamt, aus Handel, Handwerk, Industrie)[1].

---

[1] *Alle aktuellen Ausbildungsordnungen sind hier online und kostenfrei abrufbar (www.bibb.de/berufe).*

Länder

schulische Ausbildung

Die Länder sind zuständig für den schulischen Teil der Ausbildung: Sie erlassen die schulrechtlichen Vorschriften wie Schulorganisation, Lehrpläne, Schulaufsicht. (Als mittlere Schulaufsichtsbehörde gegenüber den Berufsschulen wird in vielen Ländern im Auftrage des Kultusministers der Regierungspräsident tätig.) Die Landesregierung wird durch den Landesausschuss für Berufsbildung beraten.

Kammern

Berufsbildung

Kammern sind öffentlich-rechtliche Selbstverwaltungsorgane der regionalen Wirtschaft. Nach dem Berufsbildungsgesetz sind sie zuständige Stellen für die Berufsbildung. Sie werden somit im Auftrag des Staates tätig und unterliegen seiner Rechtsaufsicht. Die Kammern haben allerdings im Rahmen der gesetzlichen Vorgaben eine durch ehrenamtliche Mitwirkung legitimierte Gestaltungsfreiheit.

Die Aufgaben der Kammern im Rahmen der Berufsbildung werden in | Kap. 5.4 ► S. 70 | erörtert; allgemein ist festzustellen, dass die Kammern für Fragen der betrieblichen Berufsausbildung vorrangig Ansprechpartner sind (z.B. über die Ausbildungsberater).

Agenturen für Arbeit

Information und Beratung

Die Arbeitsagenturen nehmen im Rahmen des dualen Systems auf Bundes-, Landes- und kommunaler Ebene wichtige Aufgaben vor allem im Vor- und Umfeld der Berufsausbildung wahr: Sie informieren und beraten über berufliche Ausbildungsmöglichkeiten und vermitteln Ausbildungsstellen an Ausbildungsplatzsuchende. Sie finanzieren Stützkurse für Lernschwache (abH – ausbildungsbegleitende Hilfen) und zahlen Berufsausbildungsbeihilfen für sozial schwache Auszubildende.

Außerdem erörtern sie in ihren paritätisch besetzten Verwaltungsausschüssen die Ausbildungsplatzsituation und beschließen gezielte Fördermaßnahmen.

Kompetenzen

Das sollten Sie als zukünftiger Meister können:

- ✔ Einbindung des Berufsbildungssystems in die Struktur des Bildungssystems beschreiben,
- ✔ Anforderungen an das Bildungssystem für die Berufsbildung darstellen,
- ✔ das duale System der Berufsausbildung bezüglich Struktur, Zuständigkeiten, Aufgabenbereichen und Kontrolle beschreiben.

Ausbildungsberufe für den Betrieb auswählen und Auswahl begründen

Tim Rothmann möchte sich so gut wie möglich auf die Einstellung eines Auszubildenden vorbereiten und da sind noch einige Fragen zu klären. Als Jens Schwarz von der Schwarz Elektrotechnik OHG mit einem Auszubildenden vorbeikommt, um einen defekten Sicherungskasten in dem Friseur-Barbier-Geschäft zu reparieren, kommt man über Ausbildung im Handwerk ganz allgemein ins Gespräch: „Wenn alles glattläuft, werde ich im kommenden Jahr auch meinen ersten Auszubildenden einstellen, aber ich weiß im Einzelnen noch gar nicht genau, welche Inhalte ich in welcher Reihenfolge zu vermitteln habe“, berichtet Tim Rothmann. „Ja, darüber muss man sich schon sehr genau informieren, wenn man die Auszubildenden mit Erfolg durch die Ausbildung bringen will. Noch komplizierter ist es dann allerdings bei uns Elektronikern, wenn auch noch entschieden und berücksichtigt werden muss, welche Fachrichtung ausgebildet werden soll.“

4 Auswahl von Ausbildungsberufen

4.1 Entstehung und Verzeichnis staatlich anerkannter Ausbildungsberufe

erste gesetzliche Regelungen zur Berufsausbildung

Bis Mitte des 20. Jahrhunderts wurde die Berufsausbildung lediglich durch mehr oder weniger unverbindliche Berufsbilder und Berufsbildungspläne geregelt. Nach dem 2. Weltkrieg wurde ein erster Schritt zu einer gesetzlichen Regelung der Berufsausbildung getan: 1953 wurde mit dem Gesetz zur Ordnung des Handwerks (HwO) die Berufsausbildung im Handwerk geregelt. Ein weiterer Meilenstein erfolgte dann 1969 durch das Berufsbildungsgesetz, das die berufliche Bildung insgesamt auf eine einheitliche gesetzliche Grundlage stellte.

Nach dem BBiG werden in Ausbildungsordnungen Inhalte und Ausbildungsablauf jedes staatlich anerkannten Ausbildungsberufes festgelegt.

Definition

Als anerkannte Ausbildungsberufe werden Ausbildungsgänge bezeichnet, die auf der Grundlage von BBiG und HwO bundeseinheitlich durch Ausbildungsordnungen geregelt und staatlich anerkannt sind.

Die Ausbildung in den anerkannten Ausbildungsberufen erfolgt dual, d.h. an den beiden Lernorten Betrieb und Berufsschule. Jugendliche unter 18 Jahren dürfen nur in solchen Berufen ausgebildet werden.

Berufe entwickeln sich weiter, manche sterben aus und neue entstehen. Technologischer Fortschritt oder verändertes Kundenverhalten sind vielfach der Grund dafür. Entsprechend schnell können Inhalte einer Ausbildungsordnung veralten. Neue Werkstoffe, neue Verfahrenstechniken und die elektronische Datenverarbeitung verändern Berufsbilder und Arbeitsabläufe in den Betrieben.

Entstehung von Ausbildungsordnungen

Die Erarbeitung neuer oder die Modernisierung bestehender Ausbildungsordnungen und ihre Abstimmung mit den Rahmenlehrplänen der Länder (KMK) erfolgt in einem mehrstufigen Verfahren, in das die an der beruflichen Bildung Beteiligten, also Arbeitgeber, Gewerkschaften, Bund und Länder, maßgeblich einbezogen und beteiligt sind.

Der Entwurf einer neuen Ausbildungsordnung (für den betrieblichen Teil der Ausbildung) wird grundsätzlich unter Federführung des Bundesinstituts für Berufsbildung in Zusammenarbeit mit den Sachverständigen, die von den Arbeitgeber- und Arbeitnehmerorganisationen benannt werden, erarbeitet. Die Inhalte einer Ausbildungsordnung werden aus den Anforderungen der Berufs- und Arbeitswelt abgeleitet und sollen so gestaltet werden, dass sie den Bedürfnissen der Betriebe gerecht werden.

Konsensprinzip

Erlassen wird eine Ausbildungsordnung nur im Konsens mit den zuständigen Sozialpartnern. Entsprechend kompliziert ist das Abstimmungsverfahren, es hat jedoch den großen Vorzug, dass die Akzeptanz der Ausbildungsordnungen in der Ausbildungspraxis entsprechend hoch ist.

Erstellung von Rahmenplänen

Parallel zur Erarbeitung der Ausbildungsordnungen und Ausbildungsrahmenpläne für die Betriebe durch Sachverständige des Bundes werden Rahmenlehrpläne für die berufsbildenden Schulen durch Sachverständige der Länder erstellt und dann in gemeinsamer Sitzung abschließend beraten und aufeinander abgestimmt.

Erlass von Ausbildungsordnungen

Die rechtliche Grundlage für den Erlass von Ausbildungsordnungen ist in § 4 Abs. 1 BBiG sowie in § 25 Abs. 1 HwO festgeschrieben, zuständig ist der Bundeswirtschaftsminister oder der sonst zuständige Fachminister, der im Einvernehmen mit dem Bundesministerium für Bildung und Forschung handelt.

Die Übersicht auf der folgenden Seite stellt den Ablauf des Entstehens einer Ausbildungsordnung anschaulich dar.

Verzeichnis der staatlich anerkannten Ausbildungsberufe

Die neuen Ausbildungsordnungen werden in das Verzeichnis der staatlich anerkannten Ausbildungsberufe aufgenommen, das vom Bundesinstitut für Berufsbildung geführt und jährlich in aktualisierter Version veröffentlicht wird[1]. Das Verzeichnis informiert u.a. über die einzelnen Ausbildungsgänge, deren Dauer, Struktur, Tätigkeitsfelder, berufliche Fähigkeiten sowie über die Entstehung und historische Entwicklung des Berufes.

---

[1] *www.bibb.de/de/65925.php*

Verfahren zur Abstimmung von Ausbildungsordnungen und Rahmenlehrplänen

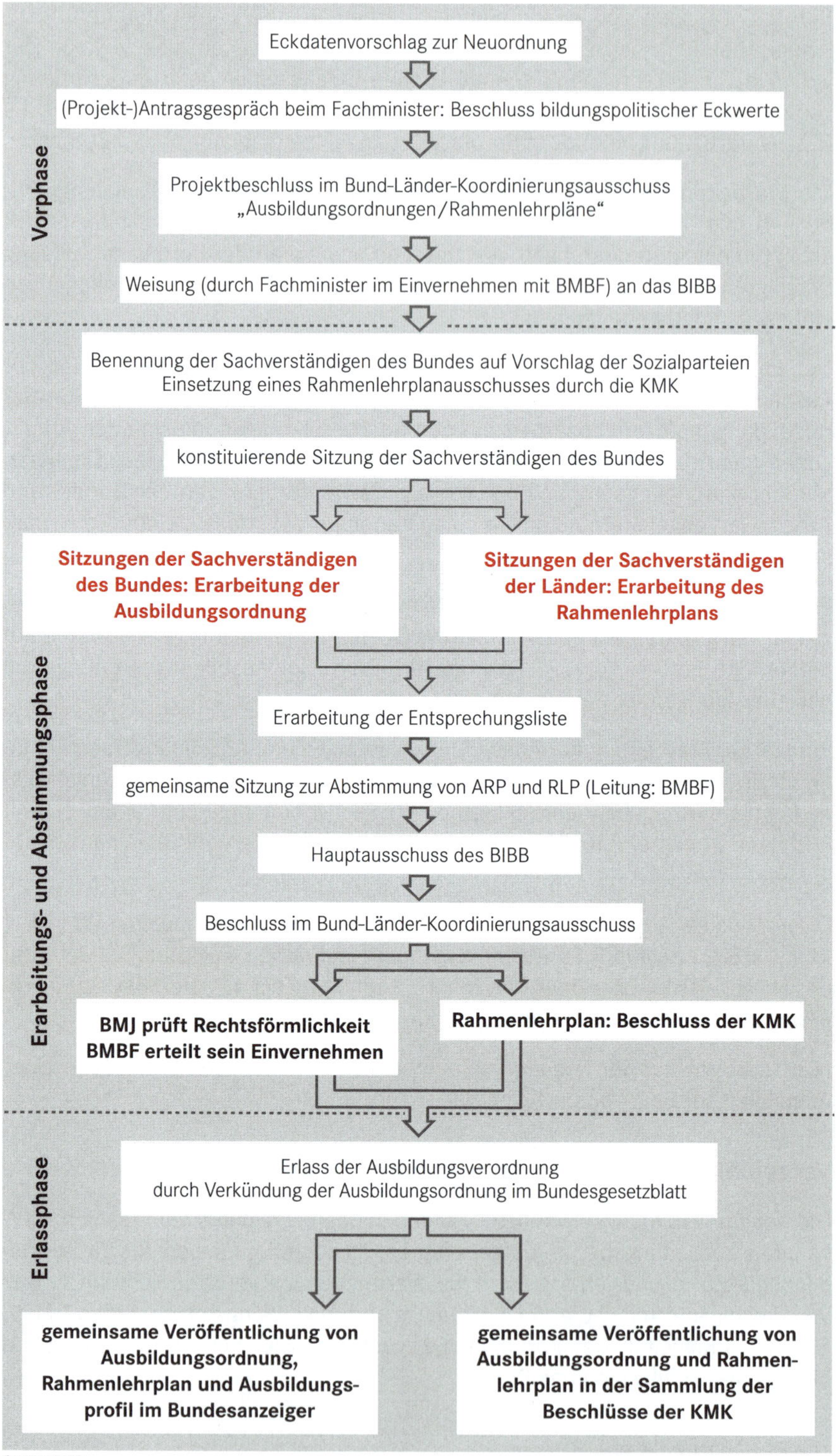

Quelle: BIBB

Ausbildungsberufe des Handwerks

Die anerkannten Ausbildungsberufe des Handwerks ergeben sich aus den Anlagen A und B zur Handwerksordnung (HwO). Durch die Novelle der HwO 1998 wurde der Grundsatz Ausübungsberuf gleich Ausbildungsberuf durchbrochen. Seither können für ein Handwerksgewerk mehrere Ausbildungsberufe bestehen.

Beispiel: Dem Ausübungsberuf Kfz-Techniker sind die Ausbildungsberufe Kfz-Mechatroniker und Mechaniker für Karosserieinstandhaltungstechnik zugeordnet.

Im Rahmen einer Änderung der Handwerksordnung im Jahr 2003 wurden zahlreiche Handwerksberufe aus der Anlage A in die Anlage B überführt. Von ehemals 94 gehören seitdem nur noch 41 Berufe zur Anlage A.

4.2 Struktur, Funktionen, Ziele von Ausbildungsordnungen

Für einen anerkannten Ausbildungsberuf darf nur nach der Ausbildungsordnung ausgebildet werden (§ 4 Abs. 2 BBiG bzw. § 25 Abs. 2 HwO).

Funktion der Ausbildungsordnungen

Nach § 25 HwO bzw. § 4 BBiG sollen Ausbildungsordnungen die Grundlage für eine geordnete und einheitliche Berufsausbildung bilden. Sie legen Ausbildungsziele und Ausbildungsinhalte der staatlich anerkannten Ausbildungsberufe als Mindestanforderungen fest. Als bundesweit geltende Rechtsverordnungen haben sie die gleiche Wirkung wie Gesetze.

Die Erarbeitung neuer Ausbildungsordnungen verfolgt vorrangig folgende Ziele:

- Sicherung einer breiten Grundbildung,
- Festlegung von Fertigkeiten, Kenntnissen und Fähigkeiten im Einzelnen,
- Wahrung der Flexibilität in Bezug auf betriebliche Ausbildungssituationen,
- Erwerb einer umfassenden beruflichen Handlungsfähigkeit.

Die Ausbildungsordnungen legen nur Mindestanforderungen fest. Die Ausbildung in den Betrieben kann und soll möglichst über diese Mindestanforderungen hinausgehen.

Beispiel: Tim Rothmann ist zufrieden. Sein Geschäft läuft gut. Die Nachfrage nach dem Barbier-Handwerk steigt stetig. „Mann trägt wieder Bart.“ Vollbartträger kommen um eine tägliche Pflege ihrer Haarpracht nicht herum. Damit ein Bart auch wirklich gepflegt aussieht, muss er regelmäßig geschnitten sowie mit Shampoo, Öl und Pomade gepflegt werden. Tim Rothmann ist sehr froh, dass die Ausbildungsordnung so offen gestaltet ist, dass er seinem zukünftigen Auszubildenden mehr vom Friseurberuf vermitteln und den Trend „Wellness für den Mann“ auch gut in die Berufsausbildung integrieren kann.

4.2.1 Mindestbestandteile der Ausbildungsordnung

Nach § 5 Abs. 1 Berufsbildungsgesetz und § 26 Abs. 1 der Handwerksordnung enthalten Ausbildungsordnungen fünf Mindestbestandteile.

Mindestbestandteile von Ausbildungsordnungen

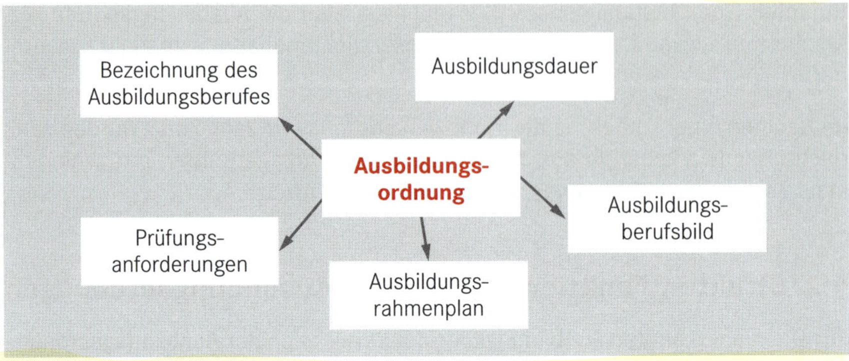

Berufsbezeichnung

- Ausbildungsberufsbezeichnung
  Die Bezeichnung des Ausbildungsberufes ist in der Ausbildungsordnung festgelegt.

Beispiel: Verordnung über die Berufsausbildung zum Friseur/zur Friseurin

Dauer der Lehrzeit

- Ausbildungsdauer
  Die Ausbildungsdauer soll nach § 5 Abs. 1 Nr. 2 BBiG und § 26 Abs. 1 Nr. 2 HwO nicht weniger als zwei und nicht mehr als drei Jahre betragen. Da es sich hier um eine sog. Sollvorschrift handelt, kann in besonderen Fällen vom Verordnungsgeber davon abgewichen werden. Dies ist in einigen Berufen geschehen. Hier beträgt die Ausbildungszeit dreieinhalb Jahre (z.B. Kfz-Mechatroniker, Metallbauer, Elektroniker).

Beispiel: Gemäß § 2 der Ausbildungsordnung beträgt die Friseur-Ausbildung drei Jahre.

Mindestinhalte

- Ausbildungsberufsbild
  Das Ausbildungsberufsbild ist eine Auflistung von Fertigkeiten, Kenntnissen und Fähigkeiten, die Gegenstand der Ausbildung des betreffenden Berufes sein müssen. Es handelt sich um Mindestinhalte; sie beschreiben jeweils die Endqualifikation.

Ausbildungsberufsbild für Friseur/Friseurin

Beispiel: **Verordnung über die Berufsausbildung zum Friseur/zur Friseurin**
§ 4 Abs. 2 (Ausbildungsberufsbild)

Abschnitt A
Gemeinsame berufsprofilgebende Fertigkeiten, Kenntnisse und Fähigkeiten:
1. Kundenmanagement:
1.1 Kunden- und dienstleistungsorientiertes Handeln,
1.2 Betreuen, Beraten und Verkaufen;
2. Friseur-Dienstleistungen:
2.1 Pflegen des Haares und der Kopfhaut,
2.2 Haarschneiden,
2.3 Gestalten von Frisuren,
2.4 Dauerhaft Umformen,
2.5 Farbverändernde Haarbehandlungen;
3. Dekorative Kosmetik und Maniküre;
4. Betriebsorganisation:
4.1 Betriebs- und Arbeitsabläufe,
4.2 Pflegen von Maschinen, Geräten und Werkzeugen,
4.3 Schutz der Haut und der Atemwege sowie Hygiene,
4.4 Qualitätssicherung,
4.5 Arbeiten im Team,
4.6 Informations- und Kommunikationssysteme;
5. Marketing:
5.1 Werbung, Präsentation und Preisgestaltung,
5.2 Kundenbindung;

Abschnitt B
Weitere berufsprofilgebende Fertigkeiten, Kenntnisse und Fähigkeiten in den Wahlqualifikationseinheiten:
1. Pflegende Kosmetik/Visagistik,
2. Langhaarfrisuren,
3. Nageldesign/-modellage,
4. Haarersatz,
5. Coloration;

Abschnitt C
Integrative Fertigkeiten, Kenntnisse und Fähigkeiten:
1. Berufsbildung, Arbeits- und Tarifrecht,
2. Aufbau und Organisation des Ausbildungsbetriebes,
3. Sicherheit und Gesundheitsschutz bei der Arbeit,
4. Umweltschutz.

Ausbildungsrahmenplan

sachliche und zeitliche Gliederung

Der Ausbildungsrahmenplan ist eine Anleitung zur sachlichen und zeitlichen Gliederung der Fertigkeiten, Kenntnisse und Fähigkeiten, die durch den Betrieb zu vermitteln sind. Die entsprechenden Lernziele im Ausbildungsrahmenplan werden handlungsorientiert formuliert.

Anlage (zu § 4) Ausbildungsrahmenplan für die Ausbildung zum Friseur/zur Friseurin

Abschnitt A: Gemeinsame berufsprofilgebende Fertigeiten, Kenntnisse und Fähigkeiten

Lfd. Nr.	Teil des Ausbildungsberufsbildes	Fertigkeiten, Kenntnisse und Fähigkeiten, die unter Einbeziehung selbstständigen Planens, Durchführens und Kontrollierens zu vermitteln sind	Zeitliche Richtwerte in Wochen im 1.–18. Monat	19.–36. Monat
1	2	3	4	
1	Kundenmanagement (§ 4 Abs. 2 Abschnitt A Nr. 1)			
1.1	Kunden- und dienstleistungsorientiertes Handeln (§ 4 Abs. 2 Abschnitt A Nr. 1.1)	a) Rolle des Personals für eine erfolgreiche Dienstleistungstätigkeit bei der eigenen Aufgabenerfüllung berücksichtigen b) Aufforderungen und Aufgaben einer erfolgreichen Tätigkeit im Dienstleistungssektor begründen c) durch eigenes Verhalten zur kundenorientierten Ausrichtung des Unternehmens und zur Steigerung der Kundenbindung beitragen	2	

Quelle: Verordnung über die Berufsausbildung zum Friseur/zur Friseurin vom 21. Mai 2008 (BGBl. I S. 856)

Der Ausbildungsrahmenplan dient als Orientierung für die Erstellung eines betrieblichen Ausbildungsplanes.

In den neueren Ausbildungsordnungen ist festgelegt, dass die Fertigkeiten, Kenntnisse und Fähigkeiten so vermittelt werden sollen, dass vom Auszubildenden auch das selbstständige Planen, Durchführen und Kontrollieren seiner Arbeit am Arbeitsplatz erlernt wird.

Flexibilitätsklausel

Jede Ausbildungsordnung enthält eine Flexibilitätsklausel, die besagt, dass man von der Reihenfolge der Ausbildungsinhalte und auch von der sachlichen Zuordnung abweichen kann. Es ist jedoch nicht erlaubt, Ausbildungsinhalte zu verändern oder wegzulassen.

Zeitrichtwertmethode

Zur zeitlichen Gliederung des Ausbildungsrahmenplans stehen zwei Möglichkeiten zur Verfügung. In gewerblich-technischen Ausbildungsberufen werden überwiegend Zeitrichtwerte genutzt. Bei dieser Gliederung werden die Ausbildungsinhalte zu Inhaltsabschnitten gebündelt, dazu wird dann ein zeitlicher Richtwert in Wochen vorgegeben.

Zeitrahmenmethode

In den kaufmännisch-verwaltenden Ausbildungsberufen wird vorwiegend die Zeitrahmenmethode angewandt. Die sachliche und zeitliche Gliederung wird in getrennten Anlagen dargestellt. Für jede Teilposition wird dann ein Zeitrahmen in Monaten vorgegeben.

Beispiel: Tim Rothmann kommt der Gedanke, dass ein Ausbildungsberater der Handwerkskammer ihn sicherlich bei der Erstellung des Ausbildungsplanes unterstützen kann. Er verfügt über mehr Erfahrung und hat über alle Ausbildungsinhalte eine gute Übersicht. Bestimmt kann er Auskunft darüber geben, ob es zur Dauerwelle eine überbetriebliche Unterweisung gibt oder kennt einen Betrieb, zu dem er seinen Auszubildenden für diesen Ausbildungsinhalt schicken kann. Er beschließt, einen Termin mit der Ausbildungsberatung zu vereinbaren.

- Prüfungsanforderungen

Zwischenprüfung

Die Ausbildungsordnung regelt Zeitpunkt und Inhalt der Zwischenprüfung. Sie kann vorsehen, dass die Gesellen-/Abschlussprüfung in zwei auseinanderfallenden Teilen durchgeführt wird (gestreckte Prüfung). In diesem Fall besteht die Gesellenprüfung aus zwei Teilen, die i.d.R. am Ende des zweiten und am Ende des dritten Ausbildungsjahres durchgeführt werden. Die Zwischenprüfung entfällt. An ihre Stelle tritt der erste Teil der Abschlussprüfung.

Gesellen-/Abschlussprüfung

Für die Gesellenprüfung regelt die Ausbildungsordnung die Inhalte für den praktischen Teil der Prüfung (Arbeitsaufgaben, Anfertigung von Prüfungsstücken) sowie die Prüfungsbereiche des schriftlichen Prüfungsteils und den zeitlichen Umfang.

mündliche Prüfung

Ebenfalls wird festgelegt, ob und in welcher Form eine mündliche Prüfung durchzuführen ist.

Gewichtung der Prüfungselemente

Für die Entscheidung, ob die Abschlussprüfung bestanden ist oder nicht, werden einzelne Prüfungselemente entsprechend ihrer Bedeutung für die berufliche Handlungsfähigkeit gewichtet. Gewichtungsangaben in den Ausbildungsordnungen sind für die Prüfungsausschüsse verbindlich. Sie sichern bundeseinheitliche Prüfungsstandards und Bestehensentscheidungen.

Bei neuen Ausbildungsberufen werden Prüfungsformen eingeführt, die stärker als bisher in den Abschlussprüfungen die Befähigung zum selbstständigen Planen, Durchführen und Kontrollieren überprüfen.

Beispiele: Integrierte Prüfung, betriebliche Projektarbeit, betrieblicher Auftrag, ganzheitliche Aufgabe, Kundenberatungsgespräch, fallbezogenes Fachgespräch, Planungsaufgabe, praktische Aufgabe.

Zusätzlich können in einer Ausbildungsordnung das Führen von Ausbildungsnachweisen, die überbetriebliche Ausbildung, Stufenausbildung sowie die Anrechnung anderer Berufsausbildungsmaßnahmen geregelt sein.

4.2.2 Strukturmodelle von Ausbildungsordnungen

Um Berufe flexibler und zukunftsoffener gestalten zu können, wurden im Laufe der Zeit folgende Strukturmodelle entwickelt:

Monoberufe

- Ausbildungsberufe ohne Spezialisierung
  Berufe mit einheitlichem Berufsbild und einheitlichen Anforderungen werden Monoberufe genannt. Dies trifft für die Mehrzahl der Ausbildungsberufe zu. Hier ist keinerlei Differenzierung bei den Inhalten des Berufsbildes oder im Ausbildungsplan vorhanden.

  Beispiele: Augenoptiker, Systemelektroniker, Weinküfer, Zahntechniker

Spezialisierung in Schwerpunkte

- Ausbildungsberufe mit Spezialisierung in Form von Schwerpunkten
  Das Berufsbild ist für alle diese Berufe einheitlich, erst im Ausbildungsrahmenplan werden dann die Schwerpunkte deutlich. Die unterschiedlichen Ausbildungsinhalte, die durch die unterschiedlichen Schwerpunkte entstehen, sollen nicht mehr als ein Drittel der Ausbildungszeit ausmachen (Drittel-Prinzip). Im ersten Ausbildungsjahr dürfen keine Unterschiede gemacht werden. Bei den Prüfungen müssen die Schwerpunkte berücksichtigt werden.

  Beispiel: Ausbildungsberuf Feinwerkmechaniker

  Vier Schwerpunkte:
  - Maschinenbau,
  - Feinmechanik,
  - Werkzeugbau,
  - Zerspanungstechnik.

Spezialisierung in Fachrichtungen

- Ausbildungsberufe mit Spezialisierung in Form von Fachrichtungen
  Stärker wirkt sich die Spezialisierung nach Fachrichtungen aus. Hier gibt es bedeutende Unterschiede in den Inhalten des Berufsbildes und im Ausbildungsrahmenplan. Jedoch sind sie nicht so bedeutend, dass daraus ein neuer und selbstständiger Beruf abzuleiten wäre.

  Auch hier darf es im ersten Ausbildungsjahr keine Differenzierung geben. Berufsbild und Ausbildungsrahmenplan sind jeweils so aufgebaut, dass zunächst für alle Fachrichtungen die gleichen Fertigkeiten, Kenntnisse und Fähigkeiten benannt und danach die besonderen Fertigkeiten, Kenntnisse und Fähigkeiten der jeweiligen Fachrichtung aufgeführt sind.

Beispiel: Jens Schwarz von der Schwarz Elektrotechnik OHG berichtet von den verschiedenen Fachrichtungen im Ausbildungsberuf Elektroniker: Die Berufsausbildung gliedert sich in gemeinsame Ausbildungsinhalte und in die Ausbildung in einer der Fachrichtungen

- Energie- und Gebäudetechnik,
- Automatisierungstechnik,
- Informations- und Telekommunikationstechnik.

Stufenausbildung

- Ausbildungsberufe in einer Stufenausbildung
  Bei der Stufenausbildung können mehrere anerkannte Ausbildungsberufe mit unterschiedlicher Ausbildungsdauer geregelt werden, bei denen die kürzere auf die längere Ausbildung angerechnet wird (§ 5 Abs. 2 Nr. 4 BBiG). Ausbildungsverträge können sowohl einzeln und gesondert als auch von vornherein über den längeren Ausbildungsberuf geschlossen werden.

  Beispiel: Stufenausbildung im Maler- und Lackierergewerbe:

  Sie kann entweder direkt als dreijährige Ausbildung absolviert werden oder die Ausbildung verläuft in zwei Stufen:

  - Die 1. Stufe dauert zwei Jahre und dient der beruflichen Grund- und Fachbildung. Sie schließt mit der Prüfung zum Bauten- und Objektbeschichter ab.
  - In der 2. Stufe, die sich über ein Jahr erstreckt, erfolgt die besondere berufliche Fachbildung und Spezialisierung. Sie wird mit der Gesellenprüfung zum Maler und Lackierer abgeschlossen.

Sie wollen mobil lernen?
Im Lernportal finden Sie digitale Angebote.

Auch in der Bauwirtschaft erfolgt eine Stufenausbildung:

Stufenausbildung in der Bauwirtschaft

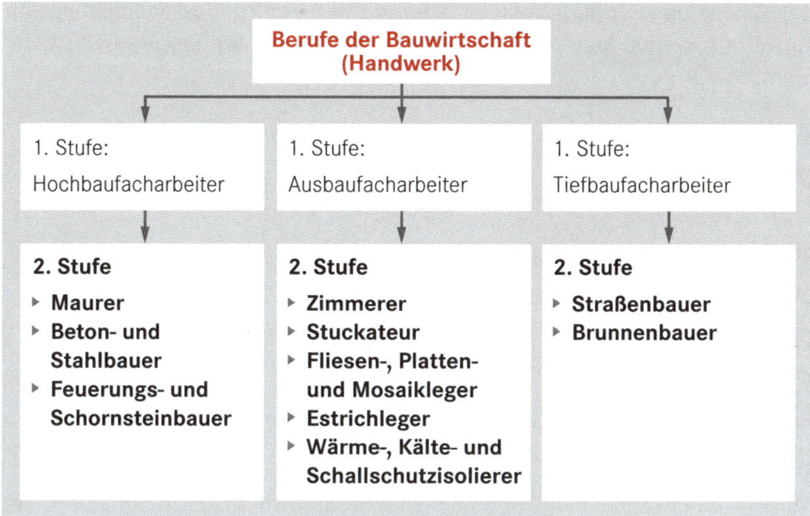

- Ausbildungsberufe mit Spezialisierung sowie Pflicht- und Wahlqualifikationseinheiten

Pflicht- und Wahlqualifikationseinheiten

Dieses Modell wurde erstmalig für den Ausbildungsberuf „Mediengestalter/Mediengestalterin Digital und Print“ mit folgender Struktur entwickelt:

- breite Grundbildung,
- differenzierte Kompetenzprofile aufbauend auf der Grundbildung,
- Kombination von Pflicht- und Wahlqualifikationseinheiten.

Beispiel: Tim Rothmann hat sich mit der Verordnung über die Berufsausbildung zum Friseur bzw. zur Friseurin beschäftigt und gelesen, dass er von den fünf Wahlqualifikationseinheiten (§ 4 Abs. 2 Abschnitt B) eine während der Ausbildung vermitteln muss. Diese ist im Ausbildungsvertrag festzuschreiben. Nachdem er darüber nachgedacht hat, kommt er zu dem Schluss, dass er die Coloration wählen wird, da diese am ehesten Bestandteil seines Tagesgeschäftes ist.

4.3 Ausbildungsmöglichkeiten im Betrieb

Entscheidung für Ausbildungsberuf

Wenn sich ein Betrieb entschließt, Ausbildungsplätze zu schaffen und eigene Auszubildende auszubilden, sind vorab einige Fragen zu klären, beispielsweise welcher Ausbildungsberuf überhaupt infrage kommt. Im Verzeichnis der staatlich anerkannten Ausbildungsberufe kann nachgesehen werden, für welche Berufe Auszubildende im Betrieb ausgebildet werden können | ► S. 51 |.

Prüfung der Ausbildungsmöglichkeiten

Wenn feststeht, in welchem Beruf ausgebildet werden soll, müssen die konkreten Ausbildungsmöglichkeiten im Betrieb geprüft werden. Hierzu ist anhand der Ausbildungsordnung festzustellen, ob alle geforderten Ausbildungsinhalte vermittelt werden können. Es ist also zu klären, ob der Betrieb nach „Art und Einrichtung“ geeignet ist.

Dazu gehören:

- Art und Umfang der Produktion, des Sortiments oder der angebotenen Dienstleistungen,
- Produktions- und Arbeitsverfahren,
- Einrichtung von Werkstatt- bzw. Arbeitsräumen,
- Grundausstattung an Werkzeugen, Maschinen, Geräten, Pflege- und Wartungseinrichtungen etc.

Für diese Entscheidung sind die Ausbildungsberater der zuständigen Stellen (Kammern) erste Ansprechpartner.

Ausbildungsverbund

Verfügt der Betrieb nicht über die Möglichkeit, dem Auszubildenden alle für seine Ausbildung erforderlichen beruflichen Fertigkeiten zu vermitteln, kann er sich mit einem oder mehreren anderen Ausbildungsbetrieben zu einem Ausbildungsverbund zusammenschließen. Das bedeutet, dass Teile der Ausbildung in einem anderen Ausbildungsbetrieb stattfinden | ► S. 67 |. Ferner besteht gemäß § 26 Abs. 2 Nr. 6 der Handwerksordnung die Pflicht, dass die Auszubildenden bestimmte Bereiche der Ausbildung in überbetrieblichen Berufsbildungsstätten erlernen, wenn dies erforderlich ist. Mittlerweile gehört in fast allen Handwerksberufen die überbetriebliche Unterweisung | ► S. 107 | zum festen Bestandteil der Ausbildung.

Beispiel: Tim Rothmann weiß durch Informationen aus verschiedenen Quellen, dass sich der Trend zur „Barbier-Kunst“ weiterentwickeln und die Nachfrage nach „Wellness für den Mann“ weiter steigen wird. Immer mehr Männer achten auf ein gepflegtes Äußeres und sind bereit, mehr Geld in einem schönen maskulinen Ambiente auszugeben.

Tim Rothmann fragt sich, wenn er diesem Trend folgen will, wie er sicherstellen kann, dass sein Auszubildender auch die gesamte Breite und Vielfalt des Berufsbildes vermittelt bekommt. Einen Teil kann bestimmt durch die überbetriebliche Unterweisung abgedeckt werden. Die zuständige Innung bietet Lehrgänge ab dem 2. Ausbildungsjahr an, z.B. zu Themen wie „Modische Friseurtätigkeiten“ oder „Modische Herrenhaarschnitte mit Styling und Planung (einschließlich Bartformen)“. Dennoch wird er die Ausbildung ohne eine Zusammenarbeit mit einem Partnerbetrieb oder eine Verbundlösung nicht auf die Beine stellen können.

---

fachliche Eignung

Neben der Eignung des Betriebes als Ausbildungsstätte muss darüber hinaus im Betrieb eine Person eine Ausbildungsberechtigung besitzen, d.h. es muss jemand als Ausbilder persönlich und fachlich geeignet sein. Ist dies nicht der Fall, könnte alternativ eine geeignete Person eingestellt werden | ► S. 63 |.

Beispiel: Im Friseur-Barbier-Geschäft „KopfArt“ ist Tim Rothmann Friseurmeister und besitzt damit die Eignung als Ausbilder.

Kompetenzen

Das sollten Sie als zukünftiger Meister können:

- ✔ Entstehung staatlich anerkannter Ausbildungsberufe beschreiben,
- ✔ Aufbau und Verbindlichkeit von Ausbildungsordnungen beachten und darstellen,
- ✔ Funktionen und Ziele von Ausbildungsordnungen beschreiben,
- ✔ Ausbildungsberufe für den Betrieb anhand von Ausbildungsordnungen bestimmen und Flexibilisierungsmöglichkeiten nutzen.

Eignung des Betriebes für die Ausbildung in angestrebten Ausbildungsberufen prüfen, insb. unter Berücksichtigung von Ausbildung im Verbund, überbetrieblicher und außerbetrieblicher Ausbildung

Tim Rothmann ist vor der Einstellung seines ersten Auszubildenden ganz schön aufgeregt: „Bin ich überhaupt geeignet? Und wie sieht es mit meinem Friseurladen aus? Ist da alles so, wie es sein muss?“ Er hat sich in der Ausbildungsordnung und im Ausbildungsrahmenplan schon sehr gut informiert und auch mit dem Beauftragten für Bildung (früher Lehrlingswart) der Friseurinnung gesprochen. Auch hat er schon einige Ideen für die Vermittlung von Inhalten, für die in seinem Betrieb die Voraussetzungen fehlen, entwickelt. Unsicher ist er sich aber trotzdem, ob er wirklich alles berücksichtigt hat. Um ganz sicherzugehen, vereinbart er mit dem Ausbildungsberater Jürgen Stiefel von seiner zuständigen Handwerkskammer einen Termin. Jürgen Stiefel besucht Tim Rothmann in seinem Betrieb und geht mit ihm gemeinsam alle Punkte durch, die erfüllt sein müssen. Es sieht insgesamt gut aus, aber einige Defizite sind noch zu beheben.

5 Eignung für die Ausbildung

5.1 Persönliche und fachliche Eignung nach BBiG und HwO, Ausbildungshemmnisse

Die Ausbildung von Auszubildenden ist eine verantwortungsvolle und wichtige Aufgabe im Ausbildungssystem. Deshalb gibt es präzise rechtliche Formulierungen, die regeln, wer Auszubildende einstellen und ausbilden darf. Diese Bestimmungen sind in den §§ 28 bis 30 Berufsbildungsgesetz (BBiG) bzw. in den §§ 21 bis 22b Handwerksordnung (HwO) eindeutig geregelt.

Eignungsvoraussetzungen für das Einstellen von Auszubildenden

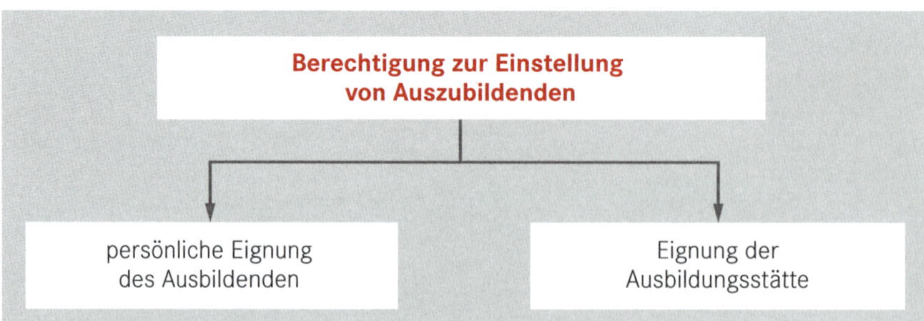

© Verlagsanstalt Handwerk GmbH

5.1.1 Eignungsvoraussetzungen für das Einstellen von Auszubildenden

persönliche Eignung für das Einstellen von Auszubildenden

Wer Auszubildende einstellen möchte, muss persönlich geeignet sein. Das Berufsbildungsgesetz und die Handwerksordnung enthalten keine positive Bestimmung des Begriffs der persönlichen Eignung, also keine konkrete Definition. Grundsätzlich ist jeder selbstständige Handwerker zur Einstellung eines Auszubildenden persönlich geeignet und berechtigt, sofern dem keine besonderen Gründe entgegenstehen.

BBiG bzw. HwO legen fest, dass persönlich nicht geeignet ist, wer

- Kinder und Jugendliche nicht beschäftigen darf,
- wiederholt oder schwer gegen BBiG bzw. HwO oder gegen die auf der Grundlage dieser Gesetze erlassenen Vorschriften und Bestimmungen verstoßen hat.

Verbote der Beschäftigung von Kindern und Jugendlichen

Verbote, Kinder und Jugendliche zu beschäftigen, enthält § 25 des Jugendarbeitsschutzgesetzes. Sie betreffen in erster Linie Personen, die z.B.

- wegen einer Straftat zu einer mindestens zweijährigen Haftstrafe verurteilt wurden,
- aufgrund des Verstoßes gegen das Betäubungsmittelgesetz verurteilt wurden,
- aufgrund der Verbreitung jugendgefährdender Schriften verurteilt wurden,
- dreimal zu einer Geldbuße wegen unzulässiger Beschäftigung von Kindern und Jugendlichen verurteilt wurden.

Nach Ablauf einer Frist von fünf Jahren ist das Verbot der Beschäftigung von Kindern und Jugendlichen wieder aufgehoben.

5.1.2 Eignungsvoraussetzungen für das Ausbilden von Auszubildenden

Wer Auszubildende ausbilden möchte, muss geeignet sein. Die fachliche Eignung umfasst vor allem die für den jeweiligen Beruf erforderlichen berufsfachlichen Fertigkeiten und Kenntnisse.

fachliche Eignung für die Ausbildung

Als fachlich geeignet gilt nach dem Berufsbildungsgesetz und in Handwerksberufen nach der Handwerksordnung derjenige,

- der die erforderlichen berufs- und arbeitspädagogischen Fertigkeiten, Kenntnisse und Fähigkeiten besitzt (§ 30 BBiG, § 22b HwO), also die Ausbildereignungsprüfung bestanden hat,

  und zusätzlich

- in einem zulassungspflichtigen Handwerk (Anlage A) die Meisterprüfung in dem Handwerk, in dem ausgebildet werden soll, oder in einem mit diesem verwandten Handwerk bestanden hat;

- in einem zulassungspflichtigen Handwerk (Anlage A) die Voraussetzungen zur Eintragung in die Handwerksrolle erfüllt (z.B. als Ingenieur, § 7 HwO) oder eine Ausnahmebewilligung (§ 8 HwO) hat;
- in einem zulassungsfreien Handwerk (Anlage B), handwerksähnlichen Gewerbe oder Beruf außerhalb der Handwerksordnung, in dem ausgebildet werden soll, mindestens die Gesellenprüfung/Abschlussprüfung bestanden hat; oder
- in Berufen außerhalb der Handwerksordnung eine staatlich anerkannte Prüfung in einer dem Ausbildungsberuf entsprechenden Fachrichtung bestanden hat oder generell eine Abschlussprüfung einer deutschen Hochschule absolviert hat (§ 30 BBiG).

Eine Altersgrenze (früher 24 Jahre) wird nicht mehr als Voraussetzung der fachlichen Eignung gefordert. Stattdessen ist in Berufen außerhalb der Handwerksordnung der Nachweis einer angemessenen Zeit praktischer Berufstätigkeit notwendig (§ 30 Abs. 2 BBiG).

pädagogische Qualifikation des Ausbilders

Die fachliche Eignung für die Ausbildung von Auszubildenden schließt die pädagogische Qualifikation des Ausbilders mit ein. Mit einer bestandenen Meisterprüfung ist diese gewährleistet. Wer ein zulassungspflichtiges Handwerk ohne Meisterprüfung ausübt und ausbilden möchte, muss eine Prüfung in Teil IV bzw. die Ausbilder-Eignungsprüfung erfolgreich abgelegt haben bzw. nachweisen, dass er laut BBiG persönlich und fachlich geeignet ist.

In den neuen Bundesländern bleiben Berechtigungen zum Einstellen oder Ausbilden von Auszubildenden weiter bestehen, die vor dem Beitritt zur Bundesrepublik gegolten haben.

Beispiel: Nach dem Besuch des Ausbildungsberaters bei Tim Rothmann bezüglich der Einstellung eines Auszubildenden bittet Jana Sander ihren Chef um ein Gespräch. Darin geht es um die Frage, ob sie an der Ausbildung des Auszubildenden beteiligt werden kann, obwohl sie noch keine Meisterausbildung absolviert hat, diese aber in den nächsten Jahren nachholen will. Sie plant, sich in Abendkursen bei der Handwerkskammer auf die Ausbildereignungsprüfung vorzubereiten, die als Teil IV der Meisterprüfung anerkannt werden kann. Tim Rothmann weiß aus seinem Meistervorbereitungsseminar, dass sie durchaus schon Teile der Ausbildung am Arbeitsplatz übernehmen kann. In einem späteren Telefonat bestätigt ihm auch Ausbildungsberater Jürgen Stiefel, dass hierfür eine Meisterqualifikation nicht nötig ist. Tim Rothmann freut sich darüber, weil er dadurch entlastet würde und mehr Zeit hätte, sich auf sein neues Amt im Gesellenprüfungsausschuss vorzubereiten.

Eignungsvoraussetzungen für Ausbilung

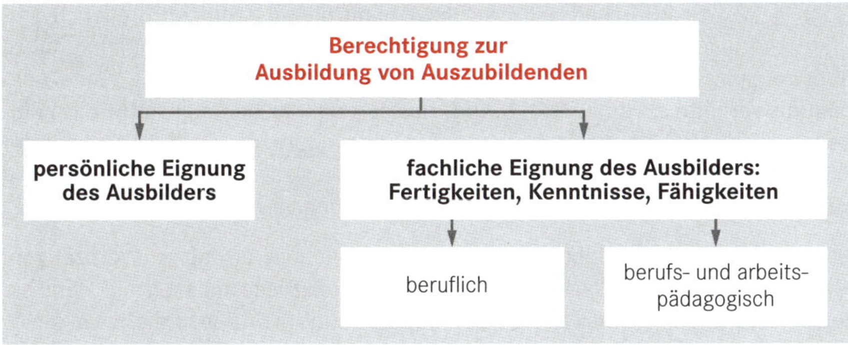

5.2 Eignungskriterien der Ausbildungsstätte

Neben der persönlichen und fachlichen Eignung des Ausbilders ist für die Ausbildung von Auszubildenden die Eignung der Ausbildungsstätte eine weitere wesentliche Voraussetzung. Die Eignung der Ausbildungsstätte ist in § 27 BBiG bzw. § 21 HwO geregelt:

- Die Ausbildungsstätte muss nach Art und Einrichtung für die Berufsausbildung geeignet sein.
- Die Zahl der Auszubildenden muss in einem angemessenen Verhältnis zur Zahl der Ausbildungsplätze und zur Zahl der beschäftigten Fachkräfte stehen.

Eignung der Ausbildungsstätte

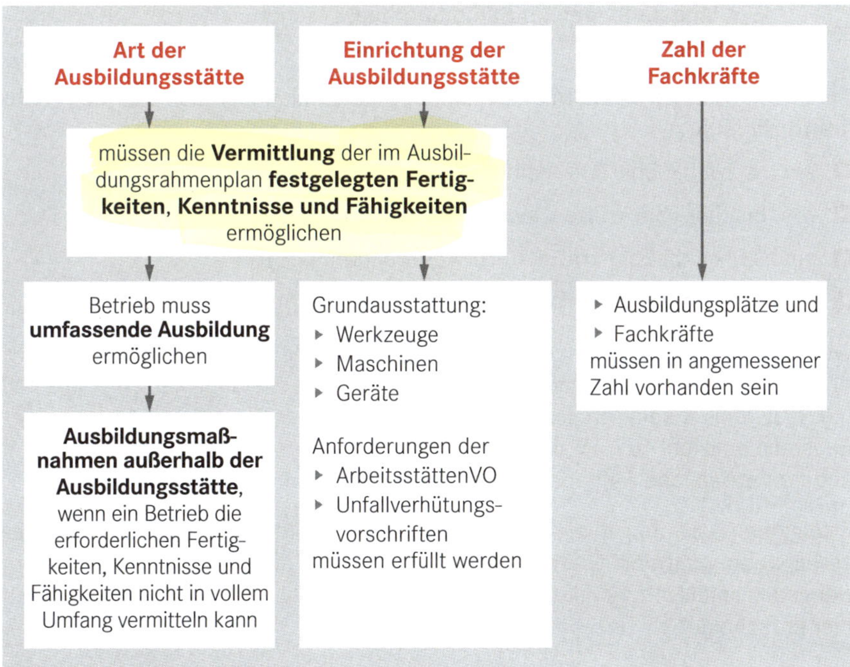

Nach § 32 des BBiG und § 23 der HwO sind die zuständigen Stellen (Kammern) verpflichtet, die Eignung der Ausbildungsstätte festzustellen und zu überwachen. Für jeden Ausbildungsberuf, für den die Eintragung eines Ausbildungsverhältnisses beantragt wird, müssen der Ausbildungsstätte die gültigen Ausbildungsordnungen vorliegen. Art und Umfang der Produktion oder der Dienstleistungen müssen gewährleisten, dass die Kenntnisse, Fertigkeiten und Fähigkeiten entsprechend der Ausbildungsordnung vermittelt werden können.

Grundausstattung

Zur erforderlichen Einrichtung gehört eine Grundausstattung an Werkzeugen, Maschinen, Geräten, Wartungseinrichtungen etc. Diese müssen auf dem aktuellen Stand der Technik sein. Das bedeutet aber nicht, dass die jeweils modernste Technik verlangt wird.

Für die berufliche Fachausbildung müssen i.d.R. geeignete Ausbildungsplätze vorhanden sein. Im Rahmen der Eignungsfeststellung legt die zuständige Stelle dieses im Einzelfall fest.

Beispiel: Das Gespräch mit Ausbildungsberater Jürgen Stiefel ergab, dass die vorhandenen sanitären Einrichtungen des Friseur-Barbier-Geschäfts „KopfArt“ den Anforderungen genügen und keine zusätzlichen baulichen Veränderungen notwendig sind. Allerdings wurde Tim Rothmann von Jürgen Stiefel aufgefordert, für den einzustellenden Auszubildenden auch einen eigenen Ausbildungsplatz einzurichten und mit entsprechenden Materialien und Friseurwerkzeugen auszustatten. Es wurden auch bereits konkrete räumliche Umgestaltungen im Salon durchgesprochen.

Verhältnis Auszubildende – Fachkräfte

Als angemessenes Verhältnis der Zahl der Auszubildenden zur Zahl der Fachkräfte gilt i.d.R.:

- ein bis zwei Fachkräfte – ein Auszubildender,
- drei bis fünf Fachkräfte – zwei Auszubildende,
- sechs bis acht Fachkräfte – drei Auszubildende,
- je weitere drei Fachkräfte – ein Auszubildender.

Ausnahmeregelung

Wenn diese Relation überschritten ist, wird durch die zuständige Stelle geprüft, ob die Ausbildung dadurch gefährdet ist. Für die Entscheidung kann im Einzelfall u.a. maßgeblich sein, ob sich die Ausbildung in einer Werkstatt oder auf einer Baustelle vollzieht bzw. in welchem Umfang die vorhandenen Fachkräfte auch andere betriebliche Aufgaben zu erfüllen haben.

Erfolgt die Ausbildung in einer Gruppe, soll ein Ausbilder, der ausschließlich diese Funktion wahrnimmt, für höchstens 16 Auszubildende verantwortlich sein. Bei gefahrenfälligen Tätigkeiten muss diese Zahl u.U. verringert werden. Auch hier entscheidet im Einzelfall die zuständige Stelle.

5.3 Verbundausbildung und außerbetriebliche Ausbildung

Traditionell findet die Berufsausbildung im dualen System in einem Betrieb statt. Die Nachfrage nach Ausbildungsplätzen ist in manchen Branchen nach wie vor hoch, sodass nicht jeder Ausbildungsplatzsuchende seinen Wunsch-Ausbildungsplatz findet. Auch ist nicht jeder ausbildungswillige Betrieb aufgrund seiner Spezialisierung dazu geeignet.

Im Laufe der Zeit haben sich verschiedene Formen der Berufsausbildung herausgebildet, nämlich von der klassischen Berufsausbildung im Betrieb über die unterschiedlichen Organisationsformen der Verbundausbildung bis hin zur außerbetrieblichen Ausbildung.

5.3.1 Verbundausbildung

Im Berufsbildungsgesetz ist die Verbundausbildung in § 10 Abs. 5 BBiG verankert. Mehrere Betriebe schließen sich zusammen, um sich gegenseitig bei der praktischen Berufsausbildung zu unterstützen. Betriebe, die noch keine Erfahrung mit der Ausbildung oder aber eine zu große Spezialisierung haben, erhalten durch die Kooperation mit anderen Betrieben die Möglichkeit zur eigenen Ausbildung.

Organisationsformen

Es gibt folgende Organisationsformen:

- Leitbetrieb mit Partnerbetrieben
  Der Ausbildungsvertrag wird mit dem Leitbetrieb abgeschlossen, der Partnerbetrieb übernimmt ergänzende Ausbildungsinhalte, die im Leitbetrieb nicht vermittelt werden können.

- Ausbildungskonsortium
  Ein Ausbildungskonsortium ist eine vorübergehende Vereinigung von Unternehmen mit dem Ziel, Auszubildende auszubilden. Alle am Konsortium Beteiligten können Ausbildungsverträge abschließen. Jeder Betrieb ist somit Leitbetrieb (wenn er den Vertrag abschließt) sowie Partnerbetrieb (wenn er für Teilbereiche der Ausbildung anderer Partner zur Verfügung steht). Sie tauschen ihre eigenen Auszubildenden für bestimmte Ausbildungsphasen aus (Rotationsprinzip).

Beispiel: Tim Rothmann ist im Gespräch mit Ausbildungsberater Jürgen Stiefel klar geworden, dass sein Friseur-Barbier-Geschäft als reiner Herrensalon für klassische Haarschnitte, Bartstutzen oder die beliebte Nassrasur einen wichtigen Teil des Friseurhandwerks nicht abdeckt: den Bereich der Damenfrisuren und -kosmetik. Für die Ausbildung von Friseuren müssen aber (wie bei allen anderen Gewerken auch) gemäß Ausbildungsordnung alle Bereiche vertreten sein. Der Ausbildungsberater schlägt hier als Lösung eine Verbundausbildung vor. Tim Rothmann erinnert sich an ein Gespräch mit seiner Kollegin vom Salon Haareszeiten auf der letzten Innungsversammlung. Martina Blickmann berichtete, dass in ihrem Salon, der vorwiegend von weiblichen Kundinnen aufgesucht wird, in letzter Zeit auch die Nachfrage nach Bartschnitten angestiegen ist. Tim Rothmann will sich deshalb mit ihr in Verbindung setzen, um bei der Ausbildung eine Kooperation anzustreben. Jürgen Stiefel informiert ihn darüber, dass eine solche Vereinbarung in den Ausbildungsvertrag hineingehört und der andere Lernort auch im betrieblichen Ausbildungsplan verankert werden muss.

- Auftragsausbildung
  Der Leitbetrieb schließt den Ausbildungsvertrag ab und vergibt Ausbildungsaufträge gegen Bezahlung oder auch unentgeltlich an andere Betriebe oder Bildungseinrichtungen.
- Ausbildungsvereine/Ausbildungsringe
  Mehrere Betriebe und ggf. Bildungsträger schließen sich zu einem Verein zusammen, der alle organisatorischen Aufgaben übernimmt und auch die Ausbildungsverträge schließt, während die Mitgliedsfirmen und die beteiligten Bildungsträger die Ausbildung übernehmen.

staatliche Förderung

Fördermöglichkeiten der Verbundausbildung sind gegeben, diese sind aber regional sehr unterschiedlich. Informationen dazu geben die zuständigen Stelle sowie die Ausbildungsberater.

In der Verbundausbildung wird ein besonderes Potenzial für den Ausbildungsmarkt gesehen. Zum einen soll eine bessere Qualität der Ausbildung erreicht, zum anderen die Motivation zur Ausbildung besonders der spezialisierten Betriebe erhöht werden. In innovativen Branchen können mehr Ausbildungsplätze geschaffen und neue Berufe gefördert werden. Neben der Einrichtung zusätzlicher Ausbildungsplätze ist die Frage der Vermittlung der Ausbildungsinhalte in den immer umfangreicher werdenden Ausbildungsordnungen für viele Verbundmitglieder vorrangig.

Vorteile der Verbundausbildung

Die Verbundausbildung bietet jedem Partner eine Reihe von Vorteilen.

Vorteile für die beteiligten Unternehmen:

- Kostenentlastung durch Beteiligung mehrerer Partner,
- Entlastung von organisatorischen Aufgaben und formalen Anforderungen,
- Chancen auch für kleine oder sehr spezialisierte Betriebe, eigenen Nachwuchs auszubilden,
- bessere fachliche Qualifizierung des Nachwuchses durch breite Ausbildung im eigenen Betrieb und zusätzliche Erfahrungen aus anderen, sehr spezialisierten Unternehmen,
- große Bandbreite von Kundenkontakten.

Vorteile für die Auszubildenden:

- abwechslungsreiche Ausbildung auf hohem Niveau,
- Förderung der Schlüsselqualifikationen,
- Kennenlernen unterschiedlichster Betriebe, dadurch Förderung von Flexibilität und Selbstständigkeit,
- Stärkung der fachlichen und sozialen Kompetenz,
- intensive individuelle Lernförderung,
- gute Chancen auf Übernahme nach Ende der Ausbildung in einem der beteiligten Unternehmen.

mögliche Nachteile

Mögliche Nachteile werden je nach Sichtweise von den Beteiligten unterschiedlich bewertet. Dies betrifft beispielsweise die Frage, ob sich die Auszubildenden durch den Zusammenschluss mehrerer Betriebe nur wenig mit dem Ausbildungsbetrieb identifizieren. Einige Betriebe bemängeln die wenige Zeit, die der Auszubildende im Stammbetrieb verbringt. Die Auszubildenden dagegen sehen in dem Lernortwechsel eine Bereicherung und fühlen sich entgegen den Befürchtungen mit ihrem Stammbetrieb besonders verbunden.

5.3.2 Außerbetriebliche Ausbildung

In bestimmten Regionen ist die Zahl der Ausbildungsverhältnisse kontinuierlich gesunken oder sie stagniert. Strukturwandel, Konjunkturschwäche und zurückhaltendes Ausbildungsverhalten haben das Ausbildungsplatzangebot reduziert, sodass nicht alle interessierten jungen Menschen mit einem Ausbildungsvertrag in ihrem Wunschberuf versorgt werden können. Daher sollen Ausbildungsmaßnahmen in außerbetrieblichen Ausbildungsstätten für Abhilfe sorgen und eine Alternative zur betrieblichen Ausbildung darstellen.

Als außerbetrieblich werden die Ausbildungsverhältnisse definiert, die vollständig oder nahezu vollständig durch staatliche Programme oder auf gesetzlicher Grundlage mit öffentlichen Mitteln bzw. Mitteln der Bundesagentur für Arbeit ohne betrieblichen Ausbildungsvertrag finanziert werden.

Diese werden von privaten oder öffentlichen Trägern für junge Menschen, die keinen Ausbildungsplatz erhalten haben oder zu besonderen Gruppen von Auszubildenden (z.B. Lernbeeinträchtigte) gehören, durchgeführt. Diese Träger übernehmen die Rolle des Ausbildungsbetriebes, müssen aber insbesondere für den Erwerb der erforderlichen Berufserfahrung betriebliche Praktika für die Auszubildenden einplanen. Nach dem ersten Ausbildungsjahr sollte die Berufsausbildung möglichst in einem Betrieb fortgesetzt werden. Falls dies nicht möglich ist, kann die Ausbildung in der außerbetrieblichen Einrichtung zu Ende geführt werden.

finanzielle Förderung

Die Förderprogramme und gesetzlichen Fördermaßnahmen zur außerbetrieblichen Ausbildung richten sich an unterschiedliche Zielgruppen. Die Bundesagentur für Arbeit finanziert nach Sozialgesetzbuch II und III die außerbetriebliche Ausbildung von lernbeeinträchtigten und sozial benachteiligten jungen Menschen, die parallel zu ihrer Ausbildung eine besondere pädagogische Betreuung benötigen.

Daneben werden nach dem SGB III Ausbildungsmöglichkeiten zur beruflichen Eingliederung behinderter junger Menschen geschaffen. Andere Programme legen den Förderschwerpunkt auf die sog. marktbenachteiligten Jugendlichen in Regionen mit fehlenden betrieblichen Ausbildungsmöglichkeiten. Hinweise zur Förderung erhalten Sie bei den zuständigen Stellen und der Bundesagentur für Arbeit.

5.4 Aufgaben der Handwerksorganisationen zur Unterstützung der Ausbildung

5.4.1 Kammern als zuständige Stellen

Handwerkskammern, Industrie- und Handelskammern, aber auch andere Wirtschaftsverbände wie z.B. die Landwirtschaftskammern sind zuständige Stellen im Sinne des Berufsbildungsgesetzes. Sie alle sind Körperschaften des öffentlichen Rechts und nehmen vom Staat übertragene Aufgaben wahr.

Aufgabenbereiche

Im Bereich der Berufsbildung hat die Kammer als zuständige Stelle folgende Aufgaben:

- Einrichten und Führen des Verzeichnisses der Berufsausbildungsverhältnisse (Lehrlingsrolle), in das jeder neue Berufsausbildungsvertrag eingetragen wird,
- Überwachung und Förderung der Berufsausbildung u.a. durch Ausbildungsberater (z.B. bei Ausbildungskonflikten, Ausbildungsabbruch),
- Erlass von Regelungen zur Durchführung der Berufsausbildung (z.B. Ort, Dauer und Inhalt der überbetrieblichen Unterweisung | ► S. 107 |),
- Feststellung der Eignung von Ausbildendem, Ausbilder und Ausbildungsbetrieb,
- Verkürzung oder Verlängerung der Ausbildungszeit,
- Errichten von Prüfungsausschüssen sowie Durchführung und Abnahme von Prüfungen,
- Erlass von Prüfungsordnungen,
- Ausbildungsregelungen für behinderte Menschen.

4 Stk.

Die Grafik zeigt die Aufgaben der zuständigen Stelle im Überblick.

Aufgaben der zuständigen Stelle

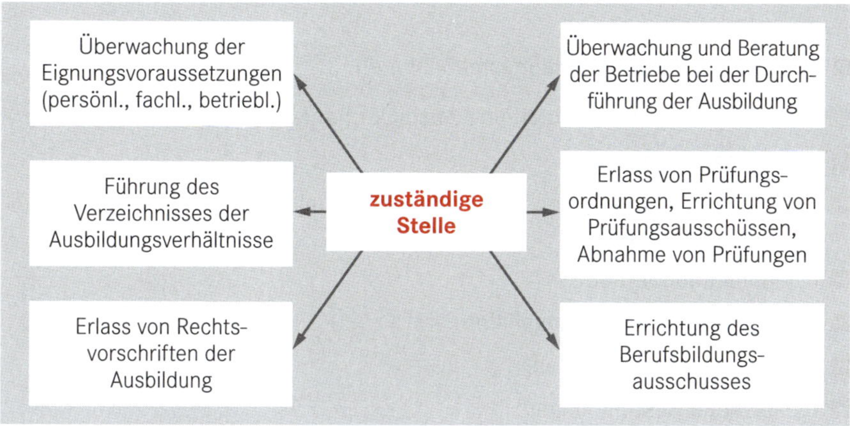

5.4.2 Berufsbildungsausschuss der Kammern

Zusammensetzung

Nach §§ 43-44b HwO bzw. §§ 77-80 BBiG hat die zuständige Stelle einen Berufsbildungsausschuss zu errichten. Er besteht aus sechs Arbeitgebern, sechs Arbeitnehmern und sechs Lehrern an berufsbildenden Schulen, letztere mit beratender Stimme. Die Lehrer haben nach HwO und BBiG jedoch Stimmrecht bei Beschlüssen des Ausschusses, soweit sich diese unmittelbar auf die Organisation der schulischen Berufsausbildung auswirken. Der Berufsbildungsausschuss muss in allen wichtigen Angelegenheiten der Berufsbildung gehört und unterrichtet werden (z.B. bei der Verabschiedung einer neuen Prüfungsordnung) und ist in die Vorbereitung der Beschlussfassung von Rechtsvorschriften durch die Vollversammlung einbezogen.

5.4.3 Ausbildungsberater der Kammern

Zur Unterstützung der Betriebe bei der Durchführung der Berufsausbildung haben die zuständigen Stellen Ausbildungsberater zu bestellen. Diese haben folgende Aufgabenschwerpunkte:

1. Beratung aller an der Berufsausbildung Beteiligten: Auszubildende, Ausbildende und Ausbilder,
2. Überwachung der Durchführung der Berufsausbildung.

Beratung der Auszubildenden

Die Beratung des Auszubildenden erfolgt in Bezug auf

- Anforderungen des Ausbildungsberufes,
- Inhalte von Ausbildungsordnung, Prüfungsordnung und Ausbildungsvertrag,
- Vorschriften, die bei der Berufsausbildung zu beachten sind,
- Rechte und Pflichten des Auszubildenden,

- Verkürzung und Verlängerung der Ausbildungszeiten,
- Berufsschulbesuch und Ausbildungsmaßnahmen außerhalb der Ausbildungsstätte,
- Aufstiegs- und Weiterbildungsmaßnahmen.

Beratung der Ausbildenden und Ausbilder

Die Beratung der Ausbildenden und Ausbilder hat folgende Schwerpunkte:

- Jugendpsychologie,
- Fragen der betrieblichen Zusammenarbeit mit Beschäftigten aus unterschiedlichen Kulturen,
- Didaktik und Methodik,
- Einsatz von Unterweisungshilfen,
- Eignungsvoraussetzungen,
- gesetzliche Bestimmungen,
- Möglichkeiten der Verkürzung und Verlängerung der Ausbildungszeit,
- Art und Einrichtung der Ausbildungsstätte,
- Aufstellung betrieblicher Ausbildungspläne,
- Zusammenarbeit mit anderen Stellen.

Berufsbildungsgesetz und Handwerksordnung verpflichten die zuständigen Stellen, darüber zu wachen, dass die persönliche und fachliche Eignung zur Ausbildung sowie die Eignung der Ausbildungsstätte vorliegen.

Der Hauptausschuss für Berufsbildung hat für die Überwachung der Ausbildungseignung Kriterien aufgestellt, die den zuständigen Stellen als Grundlage für die Eignungsbeurteilung dienen. Er hält insbesondere bei Ausbildungsstätten, in denen erstmalig oder nach längerer Unterbrechung ausgebildet werden soll, eine vorherige Eignungsfeststellung für erforderlich. Dies gilt ebenso für Betriebe, die in einem Beruf ausbilden möchten, in dem sie bisher noch nicht ausgebildet haben.

Die Eignungsprüfung sollte während der Dauer eines Berufsausbildungsverhältnisses mindestens einmal wiederholt werden. Die zuständigen Stellen stützen sich in erster Linie auf die Berichte, die die Ausbildungsberater nach ihrem Betriebsbesuch anfertigen.

Überwachung der Ausbildungseignung und -durchführung

Die Ausbildungsberater überwachen und überprüfen im Einzelnen:

- Art und Einrichtung der Ausbildungsstätte,
- persönliche und fachliche Eignung der Ausbildenden und Ausbilder,
- Einhaltung der Ausbildungsordnung durch die Betriebe,
- kostenlose Bereitstellung der Ausbildungsmittel durch die Betriebe,
- Zusammenarbeit der Betriebe mit der Berufsschule und den Erziehungsberechtigten,

- Teilnahme an Berufsschulunterricht und überbetrieblicher Ausbildung,
- angemessenes Verhältnis der Zahl der Auszubildenden zur Zahl der Fachkräfte,
- rechtzeitiger Abschluss des Ausbildungsvertrages und dessen Eintragung in das Verzeichnis der Ausbildungsverhältnisse,
- Einhaltung der gesetzlichen Vorschriften und Verordnungen,
- Erfüllung von Auflagen zur Behebung von Mängeln.

Beispiel: Tim Rothmann erinnert sich noch recht gut an seinen Meistervorbereitungskurs im Teil IV, in dem die Dozenten über die Dienstleistungen der Handwerkskammer informiert haben und dass die Ausbildungsberater immer gute Ansprechpartner für Ausbildende sind, an die man sich bei Fragen und Problemen jederzeit wenden kann. Mit „seinem" Ausbildungsberater Jürgen Stiefel vereinbart er jetzt schon einen Termin nach einem halben Jahr Ausbildungszeit, an dem er mit ihm alle bis dahin auftretenden Fragen und Probleme besprechen kann.

5.4.4 Aufgaben der Innungen

Im Handwerk übernehmen nach der Handwerksordnung auch Innungen bestimmte Aufgaben, wie z.B. Bildung von Prüfungsausschüssen sowie Organisation und Abwicklung von Gesellenprüfungen in der Berufsbildung (Handwerksbetriebe gleichen Gewerkes schließen sich auf freiwilliger Basis regional zu Innungen zusammen).

Lehrlingsausschuss

Nach § 67 Abs. 2 HwO ist jede Innung verpflichtet, zur Förderung der Berufsbildung der Lehrlinge einen Ausschuss zu bilden (Lehrlingsausschuss). Der Ausschuss ist zuständig für alle Angelegenheiten, die sich auf die Berufsausbildung der Auszubildenden beziehen, er ist also die Schnittstelle zwischen den Berufsschulen, Betrieben und den Innungen und das problemlösende Bindeglied zwischen den Auszubildenden und den Ausbildungsbetrieben. Der Vorsitzende des Ausschusses erhält die Bezeichnung „Beauftragter für Bildung" (früher „Lehrlingswart").

Beauftragter für Bildung

Der ehrenamtlich tätige Beauftragte für Bildung ist Experte für alle fachlichen und berufsbezogenen Fragen und kann somit gemeinsam mit dem Ausbildungsberater der Kammer anstehende Probleme lösen. So kann er den Betrieben und Auszubildenden Informationen zum Ablauf der Gesellenprüfung zur Verfügung stellen, Hilfen und Anregungen bei der Erstellung des betrieblichen Ausbildungsplans geben oder dem Ausbildungsbetrieb auch Unterstützung bei Problemen mit den Auszubildenden anbieten.

Beispiel: Tim Rothmann hat sich nach den Gesprächen mit dem Ausbildungsberater Jürgen Stiefel und mit seiner Friseurkollegin Martina Blickmann nun dazu entschieden, einen Auszubildenden einzustellen. Denn das Problem der nicht ausreichenden Ausbildungsmöglichkeiten im Bereich der Damenfrisuren und Damenkosmetik ist gelöst. Sein Auszubildender wird im Rahmen der Ausbildung im zweiten Lehrjahr für einige Wochen im „Salon Haareszeiten" von Martina Blickmann ausgebildet. Und Tim Rothmann hat auch schon einen Bewerber, Thorsten Freiwald, der Sohn eines langjährigen Kunden. Mit ihm und seinen Eltern wird er sich in Kürze zusammensetzen, um evtl. noch offene Fragen zur Ausbildung zu besprechen und um den Ausbildungsvertrag zu unterzeichnen. Wenn alle Formalitäten erledigt sind, hat der zuständige Beauftragte für Bildung Andreas Hochstrate, der für seinen Azubi der Ansprechpartner sein wird, seinen Antrittsbesuch angekündigt. Bei diesem Termin besteht dann die Möglichkeit, mit ihm gemeinsam die Erstellung des betrieblichen Ausbildungsplans zu besprechen.

5.5 Ordnungswidrigkeiten und Entzug der Ausbildungsberechtigung

Konsequenzen bei Eignungsmängeln

Werden Eignungsmängel festgestellt, so hat die Kammer den Ausbildenden aufzufordern, die Defizite innerhalb einer angemessenen Frist zu beseitigen, wenn diese behebbar sind und eine Gefährdung des Auszubildenden nicht zu befürchten ist. Geschieht dies nicht oder ist das Erreichen des Ausbildungszieles gefährdet, so muss die Kammer als zuständige Stelle dieses der nach Landesrecht zuständigen Behörde mitteilen, sofern die jeweilige Landesregierung die Zuständigkeit für den Entzug der Ausbildungsberechtigung nicht auf die Kammer übertragen hat, wie das in den meisten Bundesländern der Fall ist. Die zuständige Behörde bzw. die Kammer kann dann

- das Einstellen und Ausbilden untersagen, wenn die persönliche oder fachliche Eignung nicht oder nicht mehr vorliegt,
- für eine bestimmte Ausbildungsstätte das Einstellen und Ausbilden untersagen, wenn die Ausbildungsstätte nicht geeignet ist oder die Lehrlingszahl eines Betriebes unangemessen hoch ist.

Möchten Sie üben? Tests und Aufgaben finden Sie im Sackmann-Lernportal.

Bevor das Einstellen und Ausbilden von Auszubildenden von der Kammer untersagt wird, sind die beteiligten Personen zu hören. Gegen den Bescheid der Kammer kann Widerspruch eingelegt werden. Bleibt er bestehen, kann gegen den Bescheid vor dem Verwaltungsgericht geklagt werden.

Verstöße gegen die Vorschriften der Berufsbildung können als Ordnungswidrigkeiten geahndet werden. Sowohl das Berufsbildungsgesetz (§ 102) als auch die Handwerksordnung (§§ 117–118a) legen in einem Katalog fest, welche Ordnungswidrigkeiten mit welchen Geldbußen belegt werden können.

Mit einer Geldbuße bis zu € 5 000,– kann beispielsweise belegt werden, wer

- Auszubildende einstellt oder ausbildet, obwohl er persönlich oder fachlich nicht geeignet ist,
- einen Ausbilder bestellt, obwohl dieser persönlich oder fachlich nicht geeignet ist oder diesem die Ausbildung untersagt worden ist,
- Auszubildende einstellt oder ausbildet, obwohl ihm das Einstellen oder Ausbilden untersagt worden ist.

Diese Ordnungswidrigkeiten werden auf Antrag der zuständigen Stelle von der örtlich zuständigen Bezirksregierung verfolgt.

Kompetenzen

Das sollten Sie als zukünftiger Meister können:

- ✔ persönliche und fachliche Eignung für das Einstellen und Ausbilden klären und Möglichkeiten zur Beseitigung von Ausbildungshemmnissen darstellen,
- ✔ Eignung der Ausbildungsstätte für die Durchführung der Ausbildung prüfen und ggf. erforderliche Maßnahmen zur Herstellung der Eignung darstellen,
- ✔ Notwendigkeit für Ausbildungsmaßnahmen außerhalb der Ausbildungsstätte erkennen und geeignete Maßnahmen bestimmen,
- ✔ Möglichkeiten der Kammern und Innungen zur Unterstützung der Betriebe in Ausbildungsangelegenheiten beschreiben,
- ✔ die Aufgaben der zuständigen Stelle zur Überwachung der Eignung erläutern, Folgen bei Verstößen überblicken und Gründe für den Entzug der Ausbildungsberechtigung kennen.

Innerbetriebliche Aufgabenverteilung für die Ausbildung unter Berücksichtigung von Funktionen und Qualifikationen der an der Ausbildung Mitwirkenden koordinieren

Luigi Marcello, Geschäftsführer der Bäckerei Panino GmbH, würde im Rahmen der betrieblichen Ausbildung am liebsten alle Auszubildenden selbst begleiten, weil ihm die Förderung von Nachwuchs für das Bäckerhandwerk so am Herzen liegt. Aber das geht mit der zunehmenden Anzahl an Auszubildenden natürlich nicht. Häufig übernimmt derjenige Geselle die Betreuung des Auszubildenden, der gerade vor Ort ist. Aber er muss das Ganze mit mehr System auf die Beine stellen, damit er eine durchgängig gute Ausbildung gewährleisten kann. Er braucht an den Ausbildungsplätzen engagierte und interessierte Mitarbeiter, die bereit und fähig sind, als Ausbildungsbeauftragte den Nachwuchs im eigenen Unternehmen gut auf die Zukunft vorzubereiten. Aber wer von seinen Mitarbeitern kommt in Frage? Wem traut er diese Aufgabe zu und wer kann sie im Rahmen seiner betrieblichen Aufgaben erfüllen?

6 Aufgaben und Verantwortungsbereiche der an der Ausbildung Mitwirkenden

6.1 Ausbildender, Ausbilder, Ausbildungsbeauftragter

Das Berufsbildungsgesetz (BBiG) unterscheidet zwischen Ausbildendem und Ausbilder | ► persönliche und fachliche Eignung, S. 63 |:

Ausbildender

- Der Ausbildende ist der Betriebsverantwortliche, der Auszubildende einstellt und für die Erfüllung der Vertragspflichten verantwortlich ist. Er muss persönlich geeignet sein.

Beispiel: Bei der Panino GmbH ist der Ausbildende der Firmengründer und Geschäftsführer Luigi Marcello.

Ausbilder

- Der Ausbilder ist die für die Durchführung der Berufsausbildung zuständige Person und vermittelt Fertigkeiten und Fähigkeiten. Er muss persönlich und fachlich geeignet sein.

Diese Trennung der Funktionen von Ausbildendem und Ausbilder ist in bestimmten Unternehmensformen (z.B. GmbH) und häufig in großen Betriebseinheiten anzutreffen, in denen sich der Chef nicht unmittelbar selbst um die Ausbildung kümmern kann oder nicht die notwendige fachliche Ausbildung besitzt. In diesen Fällen muss der Ausbildende einen Ausbilder ausdrücklich mit der Durchführung der Ausbildung beauftragen und tritt seine vertraglichen Ausbildungspflichten an ihn ab.

In Handwerksbetrieben ist oftmals der Meister Ausbildender und Ausbilder in einer Person, er muss dann entsprechend persönlich und fachlich geeignet sein.

Beispiel: Bei der Panino GmbH ist Bäckermeister und Geschäftsführer Luigi Marcello nicht nur Ausbildender, sondern auch verantwortlicher Ausbilder. Da die Bäckerei immer mehr Filialen eröffnet und auch die Zahl der Auszubildenden sich erhöht hat, hat er die Bäckermeisterin Elena Bertani als weitere Ausbilderin benannt.

Ausbildungsbeauftragte

In der betrieblichen Praxis werden für die Ausbildung der Auszubildenden vor Ort Mitarbeiter/Gesellen zu Ausbildungsbeauftragten | ► S. 81 | ernannt.

Aufgabenverteilung in der Ausbildung

Ausbildender persönliche Eignung	Auszubildende einstellen und Ausbildungsvertrag abschließen Ausbildung ▸ planen ▸ überwachen ▸ verantworten
Ausbilder persönliche und fachliche Eignung	Ausbildung ▸ planen ▸ durchführen Ausbildungserfolg kontrollieren Teilaufgaben der Ausbildung ▸ definieren ▸ delegieren Durchführung überwachen
Ausbildungsbeauftragter Ausbildung in dem Beruf und persönliche Eignung	Teilaufgaben ▸ übernehmen ▸ durchführen übende Anwendung des Gelernten beobachten, ggf. eingreifen

Beispiel: Luigi Marcello sieht Unterstützungsbedarf bei der Vermittlung von Ausbildungsinhalten im Bereich Kundenberatung und Verkauf. Daher will er eine Ausbildungsbeauftragte ernennen, die genau für diesen Teilbereich der Ausbildung zuständig ist. Geeignet erscheint ihm Stefanie Schöne, eine seiner Bäckereifachverkäuferinnen, die über mehrjährige Berufserfahrung verfügt. Da sie von Anfang an Interesse an der Ausbildung der Azubis gezeigt und auch in der Vergangenheit bewiesen hat, dass sie gut mit Jugendlichen umgehen kann, ist seine Wahl auf sie gefallen.

6.2 Funktion, Aufgaben und Anforderungen an den Ausbilder

Die zentrale Aufgabe des Ausbilders liegt darin, den Auszubildenden bestmöglich zu fördern und zu begleiten, sodass er das Ausbildungsziel erreicht, d.h. er hat nicht nur berufliche Qualifikationen zu vermitteln, sondern auch die Entwicklung von Handlungskompetenz | ► S. 22 | zu ermöglichen. Berufsausbildung ist somit Bestandteil einer ganzheitlichen Persönlichkeitsförderung des Auszubildenden.

Aufgaben und Anforderungen an den Ausbilder

Konkret schlägt sich dies in mehreren Aufgabenfeldern und Anforderungen an den Ausbilder nieder:

- Er muss ein guter Fachmann sein, d.h. die Fertigkeiten, Kenntnisse und Fähigkeiten seines Berufes sicher beherrschen und die betriebliche Praxis kennen.
- Er muss ein guter Vermittler sein, d.h. über die notwendigen Vermittlungstechniken verfügen, um sein fachliches Können und Wissen ebenso wie seine beruflichen Erfahrungen an andere weiterzugeben. Er muss in der Lage sein, ein entsprechendes Lernumfeld zu gestalten, den Ausbildungserfolg planmäßig zu überprüfen und die Leistungen und das Verhalten zu beurteilen.
- Er muss ein guter Lernbegleiter | ► S. 171 | sein, d.h. dem Lernenden helfen, Aufgaben selbstständig zu lösen und ihm durch aufbauende Kritik ein Gefühl wachsender Sicherheit geben.
- Er muss ein guter Erzieher sein, d.h. auf die individuellen Besonderheiten des jungen Menschen eingehen, dessen Sprache und Handeln kennen, ihm auch in menschlicher Beziehung beratend und fördernd zur Seite stehen und an dessen Bildungs- und Persönlichkeitsentwicklung aktiv interessiert sein.

Beispiel: Luigi Marcello fällt nach einiger Zeit auf, dass die Auszubildende Tatjana Kaschak seit ein paar Tagen mit hängendem Kopf in die Bäckereifiliale kommt. Nachdem er mehrmals nach dem Grund gefragt hat, erzählt sie schließlich, dass sie häufig mit der bereits ausgelernten Fachverkäuferin aneckt und eigentlich nicht versteht, warum. Luigi Marcello beruhigt sie und nimmt sich vor, ein klärendes Gespräch mit seiner Angestellten Jennifer Kronhaupt zu führen. Anschließend will er sich noch einmal gemeinsam mit beiden zusammensetzen, um erkannte Unstimmigkeiten oder mögliche Kommunikationsprobleme zu besprechen.

- Er muss ein guter Vorgesetzter sein, der die Ausbildung ordnungsgemäß plant, durchführt und überwacht, d.h. beispielsweise auch, dass er sich bei der Wahrnehmung seiner Führungsaufgaben um einen partnerschaftlichen Führungsstil bemüht, ohne dass seine Autorität als Ausbilder dadurch beeinträchtigt wird. Als Vorgesetzter ist er sich jederzeit seiner besonderen Fürsorgepflicht bewusst und setzt sich als Anwalt des Auszubildenden bei der Geschäftsleitung für die Erfüllung der gesetzlichen Bestimmungen ein.

Die folgende Grafik stellt die pädagogischen Aufgaben des Ausbilders noch einmal im Einzelnen dar.

pädagogische Aufgaben des Ausbilders

Ausbilden	Führen und Erziehen
▸ Fertigkeiten planmäßig unterweisen ▸ Kenntnisse systematisch vermitteln ▸ Fähigkeiten und Begabungen gezielt fördern ▸ selbstständiges Lernen organisieren und erforderliche Lerntechniken vermitteln ▸ Erfahrungen machen lassen	▸ Vorbild sein ▸ geeignete Führungsmittel einsetzen ▸ in Fragen der beruflichen Weiterentwicklung und ggf. bei persönlichen Problemen beraten ▸ Eignung, Leistung und Verhalten der Auszubildenden beurteilen ▸ Interessen der Auszubildenden gegenüber der Geschäftsführung vertreten

Vorbildfunktion

Von besonderer Bedeutung ist die Vorbildfunktion des Ausbilders: Er muss Verhaltensweisen selbst vorleben, die er vom Auszubildenden erwartet oder erhofft. Der Ausbilder sollte stets bedenken, dass sein eigenes Verhalten weitreichenden Einfluss auf das des Auszubildenden hat. Verhaltensweisen oder Eigenschaften, die der Ausbilder als Vorbild zeigen sollte, sind z.B.

- sicheres Auftreten als gefestigte Persönlichkeit,
- kooperatives Verhalten im Umgang mit den Mitarbeitern,

- freundliche Umgangsformen im Kontakt mit Kunden,
- Aufgeschlossenheit gegenüber Neuem,
- Belastbarkeit und hohe Frustrationstoleranz,
- Zuverlässigkeit, Genauigkeit und Sicherheitsbewusstsein bei der Arbeit.

Neben den beschriebenen pädagogischen und organisatorischen Aufgaben hat der Ausbilder auch eine vielfältige Verantwortung zu tragen:

- gegenüber dem Auszubildenden, d.h. ihm eine optimale Ausbildung zu geben,
- gegenüber dem Betrieb, d.h. einen Ausgleich zu schaffen zwischen der pädagogischen Aufgabe und den wirtschaftlichen Erfordernissen des Betriebes,
- gegenüber der Gesellschaft, d.h. qualifizierte Fachkräfte und mündige Staatsbürger zu formen.

unterschiedliche Erwartungen

Aufgrund dessen werden z.T. sehr unterschiedliche, sogar widersprüchliche Ansprüche und Erwartungen an den Ausbilder herangetragen:

- Die Interessen des Auszubildenden konzentrieren sich vor allem auf eine möglichst gute, existenzsichernde Berufsausbildung und stellen somit pädagogische Erfordernisse in den Vordergrund.
- Der Gesetzgeber schreibt eine Berufsausbildung vor, die sich im Rahmen der rechtlichen Vorgaben vollzieht, auch wenn diese nicht immer den betrieblichen Gegebenheiten oder der technischen Entwicklung entsprechen.
- Die Berufsschulen beanspruchen zunehmend mehr Zeit für ihren Unterricht, die der betrieblichen Ausbildung verloren geht.
- Die Gesellschaft erwartet, dass dem Arbeitsmarkt flexibel ausgebildete Fachkräfte zur Verfügung stehen, auch wenn hier den betrieblichen Ausbildungsmöglichkeiten manchmal Grenzen gesetzt sind.
- Der Betrieb selbst muss zunächst einmal seine Produktionsinteressen und wirtschaftlichen Ziele im Auge behalten.
- Die Mitarbeiter des Betriebes sind an ihren eigenen Arbeitsbedingungen stärker interessiert als an den Erfordernissen der Ausbildung.

mögliche Spannungen

Die unterschiedlichen Interessen und Erwartungen können leicht zu Spannungen und Konflikten führen. Der Ausbilder muss sich daher mit den verschiedenen Funktionsträgern auseinandersetzen, ihre unterschiedlichen Ziele verstehen lernen und daraus Konsequenzen ziehen, die auf einen Interessenausgleich ausgerichtet sind, kurz: Er muss den Dialog mit den übrigen für die Berufsausbildung verantwortlichen oder an ihr interessierten Personen suchen und mit ihnen zusammenarbeiten.

Sie suchen weitere Infos? Nutzen Sie das Zusatzmaterial im Sackmann-Lernportal.

Selbstverständnis des Ausbilders

Im Rahmen dieses Spannungsfeldes muss sich der Ausbilder eine eigenständige Position aufbauen und diese behaupten. Sein Selbstverständnis, das sich daraus ableiten lässt, wird vor allem durch folgende Merkmale bestimmt:

- Er besitzt eine anerkannte fachliche, pädagogische, psychologische und organisatorische Kompetenz.
- Er verhilft dem Auszubildenden zu beruflicher und persönlicher Selbstverwirklichung.
- Er verschafft dem Betrieb qualifizierten Berufsnachwuchs.
- Er leistet durch die Schaffung und Sicherung von Arbeitsplätzen einen wichtigen Beitrag für die Gesellschaft.
- Er ist derjenige, der versucht, die unterschiedlichen Interessen aller Beteiligten auszugleichen.

6.3 Funktion, Aufgaben und Voraussetzungen der mitwirkenden Ausbildungsbeauftragten

In der betrieblichen Praxis kommt es sehr häufig vor, dass der für die Ausbildung verantwortliche Ausbilder - im Handwerk der Meister - die Ausbildung oder Ausbildungsabschnitte nicht oder z.B. aus Zeitgründen nicht allein übernehmen kann. Wie bereits erwähnt, besteht die Möglichkeit, einen Ausbildungsbeauftragten zu benennen, der Teile der Ausbildung übernimmt und den Ausbilder so von seinen Ausbildungsverpflichtungen partiell entlastet bzw. ihn unterstützt. Die Verantwortung für die Ausbildung bleibt allerdings stets beim Ausbilder.

Eignungsvoraussetzungen

Die gesetzliche Grundlage für diese gängige Ausbildungspraxis ist in § 28 Abs. 3 BBiG zu finden: Danach muss der Ausbildungsbeauftragte als die an der Ausbildung mitwirkende Person „die für die Vermittlung von Ausbildungsinhalten erforderlichen beruflichen Fertigkeiten, Kenntnisse und Fähigkeiten“ besitzen und persönlich geeignet sein.

Er muss also eine gute fachliche Qualifikation mit entsprechender Berufserfahrung und auch ein hohes Maß an persönlicher Reife besitzen.

Wenn der Ausbildungsbeauftragte die Aufgaben über einen längeren Zeitpunkt übernehmen soll, ist es sinnvoll, dass er eine methodisch-didaktische Qualifikation erwirbt. Mitarbeiter, die die Funktion des Ausbildungsbeauftragten übernehmen, können z.B. einen Ausbilder-Eignungslehrgang besuchen und eine Ausbilder-Eignungsprüfung ablegen.

Beispiel: Stefanie Schöne ist begeistert von ihrer neuen Aufgabe als Ausbildungsbeauftragte und möchte sich dazu auch gerne noch bestmöglich qualifizieren. Sie möchte in naher Zukunft ihren Meister machen. Da kommt es ihr sehr entgegen, dass der Lehrgang zur Ausbildereignung im Rahmen der Meisterausbildung anerkannt wird. Da die AEVO-Kurse bei der Handwerkskammer auch berufsbegleitend angeboten werden, könnte sie einen solchen Kurs bequem parallel zur Arbeit in der Bäckerei besuchen. Außerdem existieren im Moment sehr attraktive Fördermöglichkeiten, über die sich Stefanie Schöne bei ihrer Handwerkskammer informieren will.

Für einen reibungslosen Ausbildungsablauf ist eine gute und regelmäßige Kommunikation zwischen dem verantwortlichen Ausbilder und dem Ausbildungsbeauftragten wichtig, bei der die Ausbildungssituation und auch Ausbildungsprobleme erörtert und beispielsweise auch die Ausbildungsnachweishefte besprochen und abgezeichnet werden können.

Kompetenzen

Das sollten Sie als zukünftiger Meister können:

- ✔ Aufgaben und Verantwortungsbereiche der an der Ausbildung Mitwirkenden bestimmen,
- ✔ Funktion und Aufgaben des Ausbilders im Spannungsfeld unterschiedlicher Erwartungen darstellen,
- ✔ Aufgaben mitwirkender Fachkräfte klären und deren Einbindung in die Ausbildung abstimmen.

Möglichkeiten des Einsatzes von berufsausbildungs-vorbereitenden Maßnahmen prüfen und bewerten

Die Suche nach einem geeigneten Ausbildungsplatz gestaltet sich nicht für alle Jugendlichen so unkompliziert wie für Thorsten Freiwald, der seine Ausbildung im Friseurbetrieb „KopfArt" begonnen hat. Gerade in seinem Freundeskreis sind einige Kumpels schon sehr lange auf der Suche. Thorstens bester Freund Jakob Weber hat im Sommer seinen Hauptschulabschluss nachgeholt. Seither ist er erfolglos auf der Suche nach einem Ausbildungsplatz, auch einen geeigneten Praktikumsplatz hat er bisher nicht gefunden. Er ruft seinen Lehrer an, der ihn bei seinem Schulabschluss mit viel Energie unterstützt hat. „Nichts klappt, Herr Schneider, weder Ausbildungsstelle noch Praktikum, können Sie mir helfen, was geht denn noch? Was kann ich machen?"

7 Berufsvorbereitende Maßnahmen

7.1 Zielgruppen, Voraussetzungen und rechtliche Grundlagen für berufsvorbereitende Maßnahmen

Vorteile für junge Menschen

Junge Menschen, denen es nicht möglich ist, direkt in die Ausbildung einzusteigen, sollen die Möglichkeit erhalten, durch berufsvorbereitende Praktika und andere Bildungsmaßnahmen berufsreif zu werden. Sie erwerben Grundkenntnisse in einem Beruf. Zusätzlich lernen sie einen Betrieb kennen und können ihre Fähigkeiten unter Beweis stellen. So steigen die Chancen, nach dem Praktikum in eine Ausbildung übernommen zu werden.

Vorteile für Betriebe

Die Betriebe wiederum lernen junge Menschen und ihre Leistungsfähigkeit in der Praxis kennen und können sie unabhängig von Schulzeugnissen im betrieblichen Alltag über einen längeren Zeitraum beobachten und testen. So gewinnen sie mehr Sicherheit bei der späteren Auswahl geeigneter Auszubildender.

Die Bildungsgänge des sog. beruflichen Übergangssystems (Schule – Beruf) sind unterhalb einer qualifizierten Berufsausbildung angesiedelt und führen zu keinem anerkannten Ausbildungsabschluss. Verbessert werden sollen die individuellen Kompetenzen von jungen Menschen, damit sie leichter in der Lage sind, eine Ausbildung oder Beschäftigung aufzunehmen und evtl. auch einen allgemeinbildenden Schulabschluss nachzuholen.

Beispiel: Im Telefonat macht Herr Schneider Jakob Weber auf berufsvorbereitende Maßnahmen aufmerksam. Er sieht darin für ihn gute Chancen, im Anschluss an ein längeres Betriebspraktikum eine Berufsausbildung beginnen zu können.

In der Berufsausbildungsvorbereitung wird unterschieden zwischen einerseits berufsvorbereitenden Bildungsmaßnahmen der Bundesagentur für Arbeit, die nach § 51 SGB III auch gefördert werden können, wenn bestimmte Voraussetzungen erfüllt sind, und andererseits Angeboten der berufsbildenden Schulen, die landesrechtlich geregelt sind.

berufsvorbereitende Maßnahmen

- Berufsvorbereitende Bildungsmaßnahmen (BvB)
  Zielgruppe sind vor allem junge Menschen unter 25 Jahren, die keinen Ausbildungsplatz gefunden haben, sozial Benachteiligte mit und ohne Schulabschluss sowie junge Menschen mit einer Behinderung oder einem Migrationshintergrund. Die BvB dienen der Berufsorientierung sowie der Vorbereitung auf eine Ausbildung. Ein Betriebspraktikum innerhalb der BvB soll helfen, die Fähigkeiten der jungen Menschen noch gezielter zu fördern. Junge Menschen ohne Schulabschluss können außerdem den Hauptschul- oder einen vergleichbaren Schulabschluss erwerben.
- Berufsausbildungsvorbereitung nach dem BBiG
  Sie richtet sich an lernbeeinträchtigte oder sozial benachteiligte junge Menschen, bei denen eine erfolgreiche Ausbildung in einem anerkannten Ausbildungsberuf noch nicht zu erwarten ist. Diese Maßnahmen müssen genau auf die Bedürfnisse dieser Zielgruppe abgestimmt und durch eine sozialpädagogische Betreuung begleitet werden (§ 68 Abs. 1 BBiG).
- Betriebliche Einstiegsqualifizierung (EQ) | ► S. 86 |
  Zielgruppe sind Bewerber, die bis zum 30. September keine Ausbildungsstelle bekommen haben, sowie junge Menschen, die noch nicht in ausreichendem Umfang für eine Ausbildung geeignet erscheinen oder lernbeeinträchtigt oder sozial benachteiligt sind. Sie erhalten die Möglichkeit, über ein qualifiziertes Langzeitpraktikum von 6 bis 12 Monaten (mit Berufsschulpflicht) Teile eines Ausbildungsberufes und einen Betrieb kennenzulernen. Eine Übernahme in eine Ausbildung sollte angestrebt werden.

Beispiel: Im weiteren Verlauf des Gesprächs fällt Herrn Schneider ein, dass der Kfz-Betrieb, zu dem er seinen Wagen immer zur Inspektion bringt, Auszubildende beschäftigt, die dort zuvor eine Einstiegsqualifikation absolviert haben. Der ausbildende Meister hat ein gutes Händchen für junge Leute und auch viel Geduld und Verständnis für Jugendliche, die etwas länger für die Arbeitsumsetzung brauchen. Herr Schneider bietet Jakob an, den Meister zu fragen, ob Jakob sich im Betrieb für ein Langzeitpraktikum vorstellen darf, mit der Option, später dort eine Ausbildung zum Kfz-Mechatroniker beginnen zu können.

Angebote berufsbildender Schulen

- Schulisches Berufsvorbereitungsjahr (BVJ)
  Es wurde für Jugendliche konzipiert, die nach der Beendigung oder dem Abbruch der Schule weder einen Ausbildungsplatz finden noch weiterführende Schulen besuchen, aber noch der Schulpflicht unterliegen. Das Berufsvorbereitungsjahr findet an beruflichen Schulen statt.

  Die Jugendlichen können ihre Schulpflicht erfüllen und gleichzeitig u.U. den Hauptschulabschluss erwerben. Im BVJ wird berufliches Grundwissen in einer oder mehreren Berufsgruppen vermittelt.

- Berufsgrundbildungsjahr (BGJ)
  Schüler im Berufsgrundbildungsjahr erhalten eine berufsfeldbezogene Grundbildung (z.B. in den Berufsfeldern Metalltechnik, Elektrotechnik oder Wirtschaft und Verwaltung). Je nach Bereich und Bundesland kann das BGJ als erstes Ausbildungsjahr angerechnet werden.

- Teilqualifizierende Berufsfachschule (BFS)
  Sie vermittelt den Schülerinnen und Schülern eine breit angelegte berufliche Grundbildung, die fachrichtungsbezogen der Vorbereitung auf eine berufliche Ausbildung dient. Sie schließt mit einer Abschlussprüfung ab. Der Unterricht findet in Vollzeitform statt und dauert zwei Jahre.

Die Berufsausbildungsvorbereitung kann von den Betrieben in Eigenverantwortung erfolgen oder im Auftrag der Agentur für Arbeit von Bildungsträgern durchgeführt werden.

Diese qualifizieren die Jugendlichen bzw. jungen Erwachsenen allgemeinbildend, beruflich und in ihrer Persönlichkeit. In Abstimmung mit dem Betrieb können sie vorqualifiziert und - abgestimmt auf diesen Betrieb - ausgewählt und eingearbeitet werden.

7.2 Bedeutung berufsvorbereitender Maßnahmen und Förderungsmöglichkeiten

erfolgreiche Einstiegsqualifizierung

Gute Erfahrungen werden mit der bereits genannten betrieblichen Einstiegsqualifizierung (EQ) gemacht, die im Rahmen des Ausbildungspaktes als Sonderprogramm des Bundes für Ausbildungsplatzsuchende geschaffen wurde. Die Übernahmequote junger Menschen in eine Ausbildung liegt bundesweit bei über 60 %.

Kennen Sie das Sackmann-Lernportal?
Ihren Zugangscode finden Sie auf Seite 3.

Eckpunkte der Einstiegsqualifizierung

Seit 1. April 2012 ist die Einstiegsqualifizierung (EQ) gemäß § 54a SGB III eine förderungsfähige Bildungsmaßnahme. Die wichtigsten Eckpunkte sind:

- Arbeitgeber, die eine betriebliche Einstiegsqualifizierung in ihrem Betrieb durchführen, können Zuschüsse zur Vergütung bis zu einer Höhe von zurzeit € 231,- monatlich (Stand: 1/2018) sowie einen pauschalierten Anteil am durchschnittlichen Gesamtsozialversicherungsbeitrag des Praktikanten erhalten.
- Eine Einstiegsqualifizierung kann für die Dauer von sechs bis längstens zwölf Monaten gefördert werden.
- Die vermittelten Fertigkeiten, Kenntnisse und Fähigkeiten sind vom Betrieb in einem Zeugnis zu bescheinigen.
- Der Abschluss des EQ-Vertrages ist im Falle der Vorbereitung auf einen anerkannten Ausbildungsberuf der zuständigen Stelle vorzulegen.
- Die zuständige Stelle stellt über die erfolgreich durchgeführte betriebliche Einstiegsqualifizierung ein Zertifikat aus.
- Es können sich ebenfalls Betriebe an der Einstiegsqualifizierung beteiligen, die z.B. aufgrund ihrer Spezialisierung nicht alle Anforderungen für eine duale Ausbildung erfüllen.

Einstiegsqualifizierung Plus (EQ Plus)

Die Einstiegsqualifizierung Plus hat zum Ziel, die Einstiegsqualifizierung verstärkt auch förderungsbedürftigen jungen Menschen anzubieten, damit ihnen durch gezielte Unterstützungsangebote (EQ Plus) geholfen wird, eine Einstiegsqualifizierung erfolgreich zu beenden und in eine Ausbildung hineinzukommen.

Zu den gezielten Unterstützungsangeboten gehören:

- ausbildungsbegleitende Hilfen (abH) | ► S. 251 |: Auszubildende erhalten Unterstützung in einem zeitlichen Umfang von drei bis acht Stunden pro Woche, und zwar in Form von Nachhilfe- oder Sprachunterricht sowie sozialpädagogischer Betreuung;
- ergänzende berufsschulische Angebote, z.B. zusätzliche Fachtheorie, etwa um schulische Defizite abzubauen;
- Betreuung durch (ehrenamtliche) Mentoren bzw. Paten;
- betriebliche Nachhilfe- oder vergleichbare private Unterstützungsmaßnahmen zur Förderung schwächerer Auszubildender, z.B. über Stiftungen, Verbände, Kammern. (Beispiele: SES = Senior Experten Service/VerA = Stark durch Ausbildung).

Viele Betriebe scheuen aufgrund des erhöhten Betreuungsaufwandes bei schwierigeren Ausbildungsbewerbern, den daraus resultierenden Herausforderungen und den fehlenden Erfahrungen vor einer Einstellung von schwierigen Jugendlichen oder jungen Erwachsenen zurück. Die Gewährung von ausbildungsbegleitenden Hilfen (abH) an die Auszubildenden reicht den Betrieben als Unterstützung oft nicht aus.

Assistierte Ausbildung

Die Bundesagentur für Arbeit kann förderungsbedürftige junge Menschen sowie deren Ausbildungsbetriebe durch Maßnahmen einer sog. Assistierten Ausbildung unterstützen. Ein Bildungsanbieter übernimmt die Rolle eines Dienstleisters.

Zu den Vorbereitungs- und Unterstützungsangeboten für die Auszubildenden gehören beispielsweise Bewerbungstrainings, Praktika, Nachhilfeangebote, Hilfen zur Existenzsicherung während der Ausbildung.

Betriebe können Angebote wie Bewerbungs- und Ausbildungsmanagement, Beratung und Information hinsichtlich spezieller Zielgruppen sowie Hilfestellung bei der Lernortkooperation mit der Berufsschule abrufen. Diese Dienstleistungen stehen von Anfang an zur Verfügung und sollen einem Ausbildungsabbruch präventiv entgegenwirken. Die Assistierte Ausbildung ist in § 130 SGB III verankert.

7.3 Inhaltliche Strukturierung berufsvorbereitender Maßnahmen (Qualifizierungsbausteine)

Das Berufsbildungsgesetz sieht in der Berufsausbildungsvorbereitung die Vermittlung von Grundlagen für den Erwerb beruflicher Handlungsfähigkeit durch inhaltlich und zeitlich abgegrenzte Lerneinheiten vor. Diese sollen durch Qualifizierungsbausteine (QB) erreicht werden. Entwickelt wurden sie durch den Zentralverband des Deutschen Handwerks (ZDH) und die Zentralstelle für die Weiterbildung im Handwerk (ZWH), gemeinsam mit Experten aus den zuständigen Fachverbänden und Bildungszentren. Das Konzept der Qualifizierungsbausteine soll die Berufsvorbereitung besser mit der Ausbildung verzahnen.

Merkmale von Qualifizierungsbausteinen

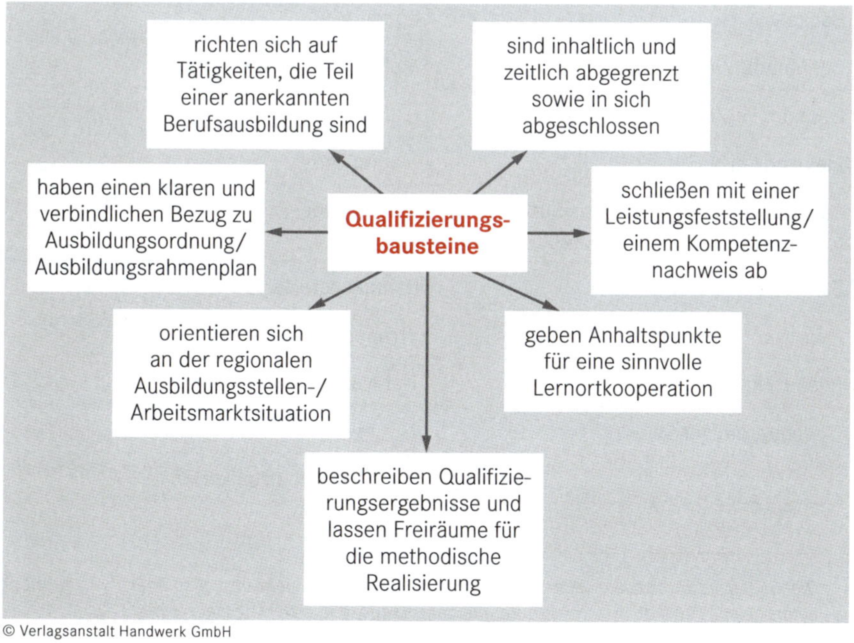

inhaltliche Gestaltung der Qualifizierungsbausteine

Die Qualifizierung soll sich auf die Ausübung konkreter beruflicher Tätigkeiten erstrecken. Diese Tätigkeiten sollen Teil einer Ausbildung in einem anerkannten Ausbildungsberuf sein und einen verbindlichen Bezug zum Ausbildungsrahmenplan der jeweiligen Ausbildungsordnung aufweisen.

Die Dauer eines Qualifizierungsbausteins hängt entscheidend von der gewählten Tätigkeit und den dafür zu vermittelnden Fertigkeiten und Kenntnissen ab. Außerdem sind die Voraussetzungen der Zielgruppe zu berücksichtigen. Ein Qualifizierungsbaustein soll mindestens 140 und höchstens 420 Zeitstunden (1-3 Monate) umfassen.

Für 25 der 94 Ausbildungsberufe im Handwerk sind mehr als 140 Qualifizierungsbausteine entwickelt worden. Folgende Auswahlkriterien wurden zugrunde gelegt:

- Bedeutung des Berufes anhand der Ausbildungszahlen,
- Angebot an Ausbildungsstellen in einem Beruf,
- Chancen für die Zielgruppen mit besonderem Förderbedarf auf eine Ausbildungsstelle in dem Beruf.

Für folgende Ausbildungsberufe sind Qualifikationsbausteine entwickelt worden:

Übersicht über Ausbildungsberufe mit Qualifizierungsbausteinen

Ausbildungsberufe mit Qualifizierungsbausteinen[1]	
Anlagenmechaniker/in für SHK-Technik	Gerüstbauer/in
Augenoptiker/in	Kaufmann/Kauffrau für Büromanagement
Autoverglaser/in	Kfz-Mechatroniker/in
Bäcker/in	Konditor/in
Buchbinder/in	Maler/in und Lackierer/in
Dachdecker/in	Maßschneider/in
Elektroniker/in	Maurer/in
Fachverkäufer/in im Lebensmittelhandwerk	Metallbauer/in
Fahrzeuglackierer/in	Raumausstatter/in
Fleischer/in	Straßenbauer/in
Friseur/in	Tischler/in
Gebäudereiniger/in	Zimmerer/in
	Zweiradmechatroniker/in

[1] *Die Qualifizierungsbausteine mit den zugrunde liegenden Qualifizierungsplänen sind abrufbar unter: https://zwh.de/lehrgaenge/rahmenlehrplaene/qualifizierungsbausteine/*

Nach Abschluss der Maßnahme stellt der Anbieter der Berufsausbildungsvorbereitung eine aussagekräftige Bescheinigung über die erworbenen Qualifikationen aus. Betriebe können durch den standardisierten Nachweis von Teilqualifikationen die Eignung und Voraussetzungen von benachteiligten jungen Menschen für eine Ausbildung besser beurteilen.

Qualifikationsnachweis

(Name und Anschrift des Betriebes, Trägers oder sonstigen Anbieters der Berufsausbildungsvorbereitung)

Zeugnis

nach § 7 der Berufsausbildungsvorbereitungs-Bescheinigungsverordnung über die Leistungsfeststellung zum Abschluss des Qualifizierungsbausteins

Bearbeiten von Vollholz und Herstellen einfacher Werkstücke

Frau/Herr

Anschrift

geboren am in

hat von bis

im Rahmen

(Art der berufsausbildungsvorbereitenden Maßnahme einfügen)

an dem Qualifizierungsbaustein: **Bearbeiten von Vollholz und Herstellen einfacher Werkstücke**

teilgenommen und das Qualifizierungsziel mit Erfolg erreicht.
(Einordnung gem. § 6)

Das Qualifizierungsziel umfasst: **Kann Vollholz bearbeiten und einfache Werkstücke nach Vorgabe herstellen**

Der Qualifizierungsbaustein ist dem anerkannten Ausbildungsberuf **Tischler/Tischlerin** zuzuordnen.

Die fachlichen Bestandteile des Qualifizierungsbausteins sind dem beigefügten Qualifizierungsbild zu entnehmen.

Datum ____________________ Unterschrift(en) ____________________
Betrieb, Träger oder sonstiger Anbieter der Berufsausbildungsvorbereitung

Quelle: ZWH/ZDH (Hrsg.): Qualifizierungsbausteine im Handwerk, Grundkonzeption, Düsseldorf/Berlin 2006, Anlage 2

Kompetenzen

Das sollten Sie als angehender Meister können:

- ✔ zielgruppenspezifische berufsvorbereitende Maßnahmen für die Ausbildungsplanung darstellen und Auswahl begründen,
- ✔ Bedeutung berufsvorbereitender Maßnahmen für die Nachwuchsgewinnung beurteilen und Fördermöglichkeiten angeben,
- ✔ Möglichkeiten der betrieblichen Umsetzung berufsvorbereitender Maßnahmen klären.

Handlungsfeld 2:
Ausbildung vorbereiten und Einstellung von Auszubildenden durchführen

Auf der Grundlage der Ausbildungsordnung einen betrieblichen Ausbildungsplan erstellen, der sich insb. an berufstypischen Arbeits- und Geschäftsprozessen orientiert

Der Geschäftsführer der Bäckerei Panino GmbH, Luigi Marcello, möchte die Ausbildung in seinem Betrieb in diesem Jahr noch besser planen und die beiden neuen Auszubildenden stärker in die konkreten betrieblichen Auftragsprozesse einbinden, um ihnen eine gute ganzheitliche Ausbildung zu ermöglichen. Er hat aber festgestellt, dass Romina Peters und Jonas Reichelt über recht unterschiedliche Begabungen verfügen und er ihre jeweilige Ausbildung stärker auf diese individuellen Fähigkeiten und Interessen abstellen möchte. Außerdem hat Luigi Marcello bei der Sichtung des Ausbildungsrahmenplans festgestellt, dass er in seiner Bäckerei die Reihenfolge der Ausbildungsinhalte nicht exakt einhalten kann. Seine Ausbildungsbeauftragte Stefanie Schöne soll sich der Aufgabe annehmen, die betrieblichen und individuellen Gegebenheiten zu berücksichtigen und gleichzeitig aber auch die Anforderungen der Verordnung zu erfüllen.

1 Grundlagen des betrieblichen Ausbildungsplans – Ausbildungsordnung und Ausbildungsrahmenlehrplan

1.1 Rechtliche Grundlage, Planungsbedarf und Grenzen der Ausbildungsplanung

Notwendigkeit der Planung

Der Ausbildende ist nach § 14 des Berufsbildungsgesetzes verpflichtet, die Berufsausbildung „planmäßig, zeitlich und sachlich gegliedert so durchzuführen, dass das Ausbildungsziel in der vorgesehenen Ausbildungszeit erreicht werden kann“. Eine genaue Planung der betrieblichen Ausbildung ist daher unbedingt notwendig. Deshalb erstellt der Ausbilder auf der Grundlage der jeweiligen Ausbildungsordnung und des dazugehörigen Ausbildungsrahmenplans einen einzelbetrieblichen Ausbildungsplan, den betrieblichen Ausbildungsplan, der auf die speziellen Gegebenheiten im Betrieb und auf die individuellen Belange des Auszubildenden abgestimmt ist.

Bei der Ausbildungsplanung sind

- didaktische,
- organisatorische,
- rechtliche und
- individuelle

Gesichtspunkte zu berücksichtigen.

didaktische Gesichtspunkte Aus didaktischer Sicht geht es vor allem darum, Ausbildungsinhalte auszuwählen, die in besonderer Weise den Ausbildungszielen gerecht werden.

organisatorische Gesichtspunkte Aus organisatorischer Sicht ist besonders die zeitliche Planung zu beachten. Die Ausbildungszeit ist auf zwei bis dreieinhalb Jahre begrenzt, sodass schon aus diesem Grund eine Zeitaufteilung hinsichtlich der Lerninhalte und Lernorte erfolgen muss. Darüber hinaus ist eine präzise Zeitplanung notwendig, um alle Ausbildungsinhalte in der zur Verfügung stehenden Zeit vermitteln zu können, um das Ausbildungsziel zu erreichen.

rechtliche Gesichtspunkte Unter rechtlichen Gesichtspunkten kann der Ausbilder einen gewissen Spielraum ausnutzen, innerhalb dessen er kreativ und individuell seine Ausbildungseinheiten planen und gestalten kann, wenn er dabei nicht gegen die Vorgaben der jeweiligen Ausbildungsordnung und des zugehörigen Ausbildungsrahmenplans verstößt.

Von der sachlichen und zeitlichen Gliederung des Ausbildungsrahmenplans kann abgewichen werden, wenn betriebspraktische Besonderheiten dies notwendig machen (Flexibilitätsklausel in den Ausbildungsordnungen). Dazu muss eine exakte Analyse der vorgegebenen Lernziele und der Umsetzungsmöglichkeiten im eigenen Betrieb vorgenommen werden. Es können auch zusätzliche betriebsspezifische Ausbildungsinhalte vermittelt werden.

individuelle Gesichtspunkte Eine solche individuelle Gestaltung der Ausbildung bietet die Möglichkeit, die unterschiedlichen Begabungen und Talente, aber auch mögliche Defizite der Auszubildenden in angemessener Weise zu berücksichtigen. Eventuell auftretende Ausbildungshindernisse können so leichter ausgeräumt werden.

Grenzen der Planbarkeit Für den Ausbilder ergeben sich - vor allem in kleinen, handwerklichen Betrieben - Grenzen der Planbarkeit, da die Vermittlung der notwendigen Ausbildungsinhalte in erheblichem Maße von der Auftragslage des jeweiligen Betriebes abhängt. So beeinflussen eine schwache, aber auch eine boomende Auftragslage den Ausbildungsplan. Ebenso können die Abwesenheit von wichtigen Mitarbeitern im Betrieb, aber auch Krankheiten oder Leistungsschwächen des Auszubildenden den Ausbildungsplan erheblich beeinträchtigen.

Daher ist es wichtig, den betrieblichen Ausbildungsplan ständig zu aktualisieren und den veränderten Bedingungen im Betrieb anzupassen, vor allem auch dann, wenn der Auszubildende seine Ausbildungszeit verkürzt oder die vorzeitige Zulassung zur Prüfung aufgrund der gezeigten Leistungen während der Ausbildung beantragt hat.

Ein weiteres Problem ergibt sich dadurch, dass die Lehrinhalte der schulischen Berufsausbildung (Blockunterricht oder Teilzeitunterricht) nicht bundeseinheitlich geregelt werden, sondern in der Zuständigkeit der jeweiligen Bundesländern liegen. Allerdings werden die Rahmenlehrpläne für die schulische Berufsausbildung und die Ausbildungsordnungen für die betriebliche Ausbildung weitgehend aufeinander abgestimmt und sind den Ausbildungsordnungen teilweise beigefügt. Probleme können sich bei der Umsetzung aus den konkreten Situationen eines Betriebes in der Zusammenarbeit mit den jeweilig zuständigen Berufsschulen ergeben, wenn die kurzfristig aufgetretene Auftragssituation im Betrieb eine Änderung des betrieblichen Ausbildungsplans erforderlich macht.

1.2 Bedeutung berufstypischer Arbeits- und Geschäftsprozesse und individueller Lernvoraussetzungen für die Erreichung der Ausbildungsziele

In der AEVO ist die Orientierung der Ausbildung an Arbeits- und Geschäftsprozessen im Kompetenzprofil der Ausbilderinnen und Ausbilder festgelegt.

Das Handwerk mit seinen traditionellen Arbeits- und Ausbildungsweisen kann fast durchweg als auftragsorientierte Arbeit charakterisiert werden. Das bedeutet, dass auch die betriebliche Ausbildung im Handwerk überwiegend an Kundenaufträgen und berufstypischen Geschäftsprozessen ausgerichtet wird und nicht in eigens eingerichteten Ausbildungswerkstätten erfolgt, wie es in der Industrie häufig der Fall ist.

auftragsorientierte Ausbildung im Handwerk

Die Auszubildenden werden im Verlauf ihrer Ausbildungszeit immer stärker in die Abarbeitung betrieblicher Aufträge einbezogen. Sie lernen die notwendigen Fertigkeiten und Kenntnisse in produktiven Arbeitszusammenhängen, in denen ihre Anwendung und Funktion unmittelbar deutlich wird. Dabei müssen die individuellen und voneinander abweichenden Lernvoraussetzungen der Auszubildenden berücksichtigt werden, die in unterschiedlichen Schulabschlüssen, einer nicht einheitlichen Altersstruktur sowie in individuellen Begabungen begründet sind | ► S. 163 |.

Im handwerklichen Betrieb müssen Kundenaufträge unter dem Aspekt der Strukturierung in Arbeitsprozesse betrachtet werden, um möglichst optimale individuelle Lernmöglichkeiten für die Auszubildenden zu schaffen. Der Kundenauftrag muss also in überschaubare, an den Lernzielen orientierte Arbeitsaufgaben zerlegt und aufbereitet werden.

Vorgaben des Ausbildungsrahmenplans einhalten

Der Ausbildende bzw. der Ausbilder muss darauf achten, dass

- die Arbeitsschritte zur Erledigung der Kundenaufträge und die in Ausbildungsordnung und Ausbildungsrahmenplan enthaltenen sachlichen und zeitlichen Vorgaben in Einklang gebracht,
- die Mindestinhalte während der Ausbildung vollständig erlernt und
- die jeweiligen Ausbildungsziele auch tatsächlich erreicht

werden. Denn in der betrieblichen Praxis werden die Auszubildenden häufig nur in die Durchführung eines Kundenauftrages mit einbezogen; bei Akquisition, Planung und Auswertung bleiben sie dagegen oft außen vor.

Beispiel: Die Panino GmbH erhält von einem Stammkunden, Familie Schönhauser, den Auftrag, ein Angebot für ein Kuchenbuffet für eine große Familienfeier zu erstellen. Da Herr Schönhauser im Moment krankheitsbedingt nicht so mobil ist, findet ein erstes Abstimmungsgespräch über die Art und Menge des Buffets beim Kunden Zuhause statt. Stefanie Schöne informiert Tatjana Kaschak, Auszubildende im 3. Lehrjahr, über die Situation und fährt mit ihr zum Privathaus der Familie Schönhauser. Dort führt Tatjana Kaschak das Beratungsgespräch, und es wird vereinbart, dass Familie Schönhauser ein konkretes Angebot auf der Grundlage des Gesprächs erhält. Hierfür gestaltet die Auszubildende das Angebot, kalkuliert die Kosten und erstellt später - nach Auftragserteilung - das Buffet auf Grundlage des Angebots. Nach der Auftragsabwicklung wird Tatjana Kaschak eine Nachkalkulation erstellen und mit Familie Schönhauser auch ein Abschlussgespräch führen.

1.3 Betrieblicher Ausbildungsplan auf Grundlage der jeweiligen Ausbildungsordnung und des Ausbildungsrahmenplans

Bei allen Berufen ist als Anlage zur Ausbildungsordnung ein Ausbildungsrahmenplan | ► S. 54 | enthalten. Dieser gibt mit der zeitlichen und sachlichen Gliederung der Ausbildungsinhalte einen groben Rahmen für die Ausbildung vor. Er dient als Basis für eine detaillierte Planung, die sich dann stärker an der betrieblichen Praxis des jeweiligen Betriebes und auch an den individuellen Begabungen und Interessen der Auszubildenden orientiert.

Erstellung eines betrieblichen Ausbildungsplans

Auf der Grundlage des Ausbildungsrahmenplans muss für den Auszubildenden ein betrieblicher Ausbildungsplan erstellt werden, der pädagogisch sinnvoll aufgebaut ist und den tatsächlichen Ausbildungsverlauf im Betrieb in den einzelnen inhaltlichen und zeitlichen Abschnitten darstellt. Es muss konkret festgelegt werden, an welchen Arbeitsplätzen bzw. Maschinen oder Werkzeugen welche Lernziele bzw. Fertigkeiten wann und wie lange vermittelt werden sollen. Der betriebliche Ausbildungsplan ist Bestandteil des Ausbildungsvertrags. Er kann und sollte bei Bedarf an innerbetriebliche Gegebenheiten angepasst werden | ► Flexibilitätsklausel, S. 56 |.

rechtliche Grundlagen

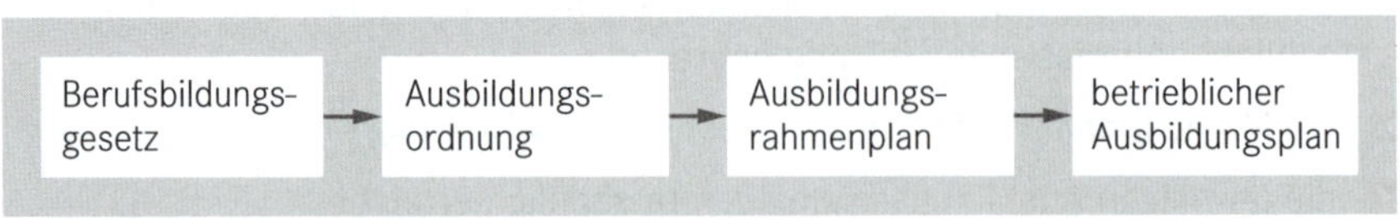

1.4 Kriterien für die Erstellung und Anpassung eines Ausbildungsplans

Welche Informationen müssen in den betrieblichen Ausbildungsplan hinein? Die Mindestbestandteile enthält der Ausbildungsrahmenplan.

die fünf „W“ für die inhaltliche Erstellung

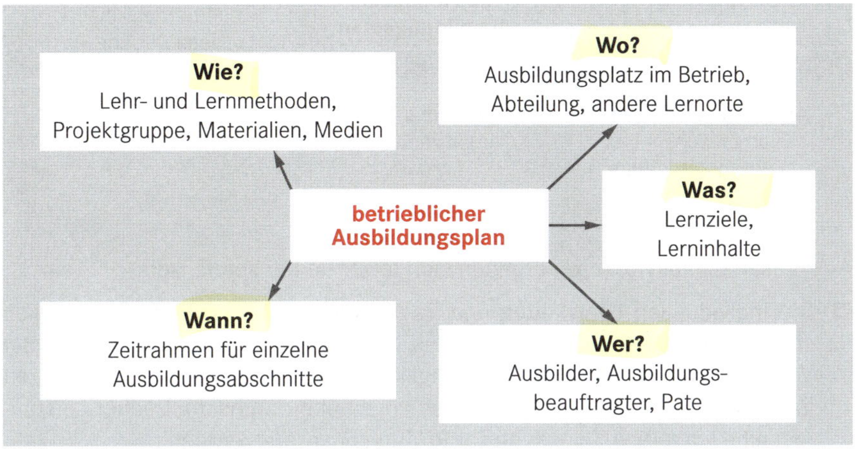

Quelle: BiBB

Für die praktische Umsetzung dieser Vorgaben und für die generelle Fragestellung, ob das Unternehmen die Lernziele insgesamt vermitteln kann, sollten die nachfolgenden Gesichtspunkte berücksichtigt werden:

- Welche betrieblichen Ausbildungsplätze stehen für die Vermittlung der Lernziele aus dem Ausbildungsrahmenplan zur Verfügung?

  Gibt es einzelne Lerninhalte, die im Betrieb selbst nicht vermittelt werden können? Wenn ja, wo könnten diese alternativ vermittelt werden?
- Sind Veränderungen notwendig und durchführbar, damit die Lernziele im Betrieb vermittelt werden können?
- Welche Ausbildungsmethoden/-materialien sollen zum Einsatz kommen?

  Welche betriebliche Ausstattung ist erforderlich?
- Hat der oder haben die zuständige/n Ausbilder die erforderliche persönliche und fachliche Eignung?
- Welcher zeitliche Rahmen ist für die Ausbildungsabschnitte vorgesehen?

Bei der Aufstellung des individuellen Ausbildungsplans ist die spezifische Betriebssituation, z.B. Grad der Spezialisierung, saisonale Auftragslagen o.Ä. zu berücksichtigen. Darüber hinaus gibt es weitere Faktoren, die bei der betrieblichen Planung der Ausbildung berücksichtigt werden müssen.

Möchten Sie üben? Tests und Aufgaben finden Sie im Sackmann-Lernportal.

Einflussfaktoren bei der Erstellung des betrieblichen Ausbildungsplans

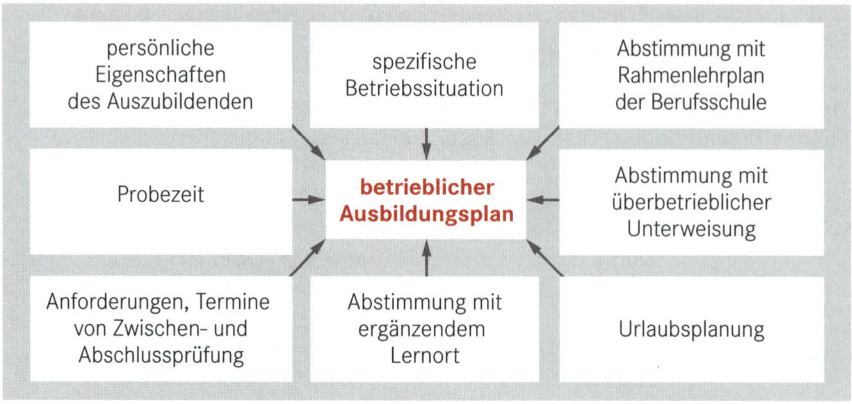

Konsequenzen für die Erstellung des Ausbildungsplans

Aus diesen Einflussfaktoren ergeben sich folgende Konsequenzen:

- Die individuellen Fähigkeiten und Begabungen der Auszubildenden wirken sich auf den Ausbildungsverlauf aus. Beispielsweise könnte aufgrund der Vorbildung (z.B. Berufsgrundbildungsjahr oder Abitur) die Ausbildungszeit im Ausbildungsvertrag verkürzt oder wegen überdurchschnittlicher Leistungen eine vorzeitige Zulassung zur Prüfung beantragt werden.
- Die Inhalte während der 1- bis 4-monatigen Probezeit sind so zu gestalten, dass vor Ablauf der Probezeit aussagekräftige Erkenntnisse über die Eignung des Auszubildenden für den betreffenden Beruf vorliegen.
- Der betriebliche Ausbildungsplan muss an den Anforderungen in der Zwischenprüfung und der Gesellen-/Abschlussprüfung ausgerichtet werden, d.h. es ist sicherzustellen, dass z.B. bis zur Zwischenprüfung alle dort verlangten Kenntnisse, Fertigkeiten und Fähigkeiten auch vermittelt werden.
- Einzelne Ausbildungsabschnitte sind bei besonderen Leistungen zu verkürzen; bei eklatanten Schwächen können sie - unter Beachtung der vertraglichen Ausbildungszeit - verlängert werden.
- Die zeitliche Gliederung der Ausbildungsinhalte soll überschaubare Abschnitte vorsehen und den Urlaub des Auszubildenden, Zeiten der überbetrieblichen Unterweisung sowie ggf. Phasen des Blockunterrichts der Berufsschule berücksichtigen.
- Die Ausbildungsinhalte sind so anzuordnen, dass die betrieblichen und überbetrieblichen Ausbildungsmaßnahmen sinnvoll ineinandergreifen und aufeinander aufbauen.
- Soweit möglich, sollte eine konkrete Abstimmung mit den Rahmenlehrplänen der Berufsschule und der überbetrieblichen Unterweisung vorgenommen werden.
- Die Lernorte und die Ausbildungsbeauftragten im Betrieb sind festzulegen und über die Ausbildungsinhalte zu informieren. Der Ausbilder muss die ordnungsgemäße Durchführung der Ausbildung - z.B. durch die Durchsicht des Ausbildungsnachweisheftes - regelmäßig überprüfen.

- Der Ausbilder muss den betrieblichen Ausbildungsplan von Zeit zu Zeit kritisch überprüfen und ggf. flexibel Aktualisierungen vornehmen, wenn persönliche oder betriebliche Gründe vorliegen.

Im folgenden Beispiel ist (in einem kleinen Teilbereich) der Weg dargestellt, wie ein betrieblicher Ausbildungsplan auf Grundlage der Ausbildungsordnung und des Ausbildungsrahmenplans erstellt werden kann.

Beispiel für einen betrieblichen Ausbildungsplan

Beispiel:

Ausbildungsberuf:	Bäckerin
Auszubildende:	Tatjana Kaschak
Verantwortlicher Ausbilder:	Luigi Marcello
Ausbildungsbeauftragte:	Stefanie Schöne

Ausbildungsberufsbild Bäcker/Bäckerin

§ 5 Ausbildungsberufsbild der VO über die Berufsausbildung zum/zur Bäcker/in

Gegenstand der Berufsausbildung sind mindestens die folgenden Fertigkeiten und Kenntnisse:

1. Berufsbildung, Arbeits- und Tarifrecht,
2. Aufbau und Organisation des Ausbildungsbetriebes
3. Sicherheit und Gesundheitsschutz am Arbeitsplatz,
4. Umweltschutz,
5. Umsetzen von Hygienevorschriften,
6. Umgehen mit Informations- und Kommunikationstechniken,
7. Vorbereiten von Arbeitsabläufen; Arbeiten im Team,
8. Durchführen von qualitätssichernden Maßnahmen,
9. Kundenberatung und Verkauf,
10. Handhaben von Anlagen, Maschinen und Geräten,
11. Lagern und Kontrollieren von Lebensmitteln, Verpackungsmaterialien und Betriebsmitteln,
12. Herstellen von Weizenbrot und Weizenkleingebäck,
13. Herstellen von Brot und Kleingebäck,
14. Herstellen von Feinen Backwaren aus Teigen,
15. **Herstellen und Weiterverarbeiten von Massen,**
16. Herstellen und Verarbeiten von Überzügen, Füllungen und Cremes,
17. Herstellen von Partykleingebäck,
18. Herstellen von Süßspeisen,
19. Entwerfen und Herstellen von Torten und Desserts,
20. Herstellen von Backwarensnacks,
21. Herstellen von kleinen Gerichten unter Verwendung frischer Rohstoffe.

Auszug Ausbildungsrahmenplan Bäcker/Bäckerin

Anlage (zu § 6) Ausbildungsrahmenplan

Abschnitt II: Berufliche Fachbildung (Auszug)

Lfd. Nr. 5: Herstellen und Weiterverarbeiten von Massen (§ 5 Nr. 15 Ausbildungsrahmenplan)

Lfd. Nr.	Teil des Ausbildungsberufsbildes	Zu vermittelnde Fertigkeiten und Kenntnisse	Zeitliche Richtwerte in Wochen im Ausbildungsjahr		
			1	2	3
1	2	3	4		
5	Herstellen und Weiterverarbeiten von Massen (§ 5 Nr. 15)	a) schwere Massen rühren, insbesondere für Sandkuchen und Kuchen mit Früchten b) Makronenmasse herstellen c) Florentiner und Nussecken herstellen d) Brandmasse herstellen e) Bienenstichmasse abrösten f) Baiser-Masse herstellen g) Massen dressieren, aufstreichen und einfüllen h) Backprozesse durchführen			12

Beispiel für zeitliche Gliederung

Oktober	November	Dezember
b) Makronenmasse herstellen (1 Wo)	a) schwere Massen rühren (1 Wo)	a) schwere Massen rühren (2 Wo)
c) Florentiner und Nussecken herstellen (2 Wo)	e) Bienenstichmasse abrösten (1 Wo)	h) Backprozesse durchführen (2 Wo)
d) Brandmasse herstellen (1 Wo)	f) Baiser-Masse herstellen (1 Wo)	
	g) Massen dressieren, aufstreichen und einfüllen (1 Wo)	

Besonders in kleinen Betrieben orientiert sich die Ausbildung überwiegend an den anfallenden Aufträgen. Hier hat sich die Nutzung einer Checkliste bewährt, in der alle Kenntnisse und Fertigkeiten bestimmter Zeiträume aufgeführt werden, die dann nach erfolgter Vermittlung abgehakt werden können. So kann man einen sehr guten Überblick erhalten, welche Inhalte bereits vermittelt wurden und welche noch zu vermitteln sind.

Checkliste zum betrieblichen Ausbildungsplan Tatjana Kaschak

Beispiel:

Lfd. Nr. 5	Inhalt	Wochen	Wer	Wann	Vermittelt
1a	Schwere Massen rühren, insbesondere für Sandkuchen und Kuchen mit Früchten	3	Schöne	08.12.17	
2b	Makronenmasse herstellen	1			
3c	Florentiner und Nussecken herstellen	2			
4d	Brandmasse herstellen	1			
5e	Bienenstichmasse abrösten	1			
6f	Baiser-Masse herstellen	1			
7g	Massen dressieren, aufstreichen und einfüllen	1			
8h	Backprozesse durchführen	2			

Der Ausbilder und auch der Auszubildende sind auf diese Weise ständig darüber informiert, welche Inhalte bereits abgehandelt wurden bzw. welche noch zu behandeln sind. Die Einträge in die Checkliste sind auch Grundlage für das Führen des Ausbildungsnachweisheftes.

Versetzungspläne

In größeren Betrieben (auch in größeren Handwerksbetrieben) kommen Versetzungspläne zum Einsatz, wenn es darum geht, für einen Auszubildenden einen betrieblichen Ausbildungsplan zu erstellen. In diesen Versetzungsplänen wird dann der Einsatz der Auszubildenden in den jeweiligen Abteilungen oder Bereichen eines Unternehmens organisiert. So kann z.B. in größeren Tischlereien der Einsatz der Auszubildenden in der Bautischlerei oder in der Möbeltischlerei erfolgen. In Sanitärbetrieben kann z.B. der Einsatz im Neubaubereich und im Kundendienst geregelt sein.

Kompetenzen

Das sollten Sie als zukünftiger Meister können:

- ✔ Bedeutung, Ziel und Inhalt eines betrieblichen Ausbildungsplans für eine geordnete Ausbildung begründen,
- ✔ die für die Ausbildungsplanung relevanten Inhalte der Ausbildungsordnung herausstellen,
- ✔ Bezug zwischen der sachlichen und zeitlichen Gliederung im Ausbildungsrahmenplan und den Arbeits- und Geschäftsprozessen des Betriebes herstellen,
- ✔ betrieblichen Ausbildungsplan unter Berücksichtigung betrieblicher Anforderungen und individueller Lernvoraussetzungen erstellen; zeitliche und organisatorische Rahmenbedingungen der unterschiedlichen Lernorte beachten,
- ✔ Umsetzung von Ausbildungsplänen überwachen und Pläne ggf. anpassen.

Möglichkeiten der Mitwirkung und Mitbestimmung der betrieblichen Interessenvertretungen in der Berufsbildung darstellen und begründen

Tatjana Kaschak, Auszubildende in der Bäckerei Panino GmbH, tritt an Karl-Heinz Ströbele, Mitglied im Betriebsrat, heran: „Herr Ströbele, hier bei Panino gibt es nun mittlerweile 5 Auszubildende. Wir saßen neulich zusammen und haben überlegt, ob wir uns nicht zusammenschließen und gemeinsam überlegen, was gut ist, was nicht so gut läuft, statt dass jeder mit seinen Anliegen zu Ihnen rennt. Wir könnten doch einen Jugend- und Auszubildendenvertreter wählen, der unsere Interessen vertritt", schlägt Tatjana vor. „Ja, das ist sicher sinnvoll, aber zunächst müssen Sie prüfen, ob alle Voraussetzungen dafür tatsächlich erfüllt sind."

2 Mitbestimmungsrechte in der Berufsbildung

2.1 Mitbestimmungsrechte der betrieblichen Interessenvertretung – Betriebsverfassungsrecht

Betriebsrat

Das Betriebsverfassungsgesetz regelt die Beziehung zwischen Arbeitgeber und Belegschaft. In Betrieben mit i.d.R. mindestens fünf ständig wahlberechtigten Arbeitnehmern, von denen drei wählbar sein müssen, kann ein Betriebsrat eingerichtet werden. Aufgabe des Betriebsrats ist es, durch das Zusammenwirken mit den Arbeitgebern dem Wohl des Betriebes und der Belegschaft zu dienen.

Mitbestimmungsrechte

Die Mitbestimmungsrechte des Betriebsrats erstrecken sich auf Fragen der Ordnung, der Arbeitszeit- und Pausenregelungen, der Zahlung der Arbeitsentgelte, der Urlaubsregelungen, der Einführung und Anwendung technischer Einrichtungen zur Überwachung der Arbeitnehmer, der Unfallverhütung, des Gesundheitsschutzes, der Ausgestaltung von Sozialeinrichtungen, der Festsetzung von Akkord- und Prämiensätzen, auf Regelungen zum Verhalten von Arbeitnehmern im Betrieb sowie auf das betriebliche Vorschlagswesen.

Mitbestimmen kann er auch bei der Durchführung von Maßnahmen der betrieblichen Berufsbildung.

Der Betriebsrat ist zu unterrichten bei der Planung von betrieblichen Räumen, technischen Anlagen und Fertigungsverfahren sowie in Fragen der Arbeitsplatzumgebung. Bei personellen Einzelmaßnahmen wie Auswahl und Einstellung von Mitarbeitern und Auszubildenden, Eingruppierung, Umgruppierung und Versetzungen ist er zu unterrichten. In diesen Fällen hat er das Recht, seine Zustimmung zu verweigern. Dies gilt auch für Kündigungen.

Zusammenarbeit zwischen Arbeitgeber und Betriebsrat

vertrauensvolle Zusammenarbeit

Arbeitgeber und Betriebsrat sollen, ggf. im Zusammenwirken mit den Gewerkschaften, unter Beachtung der geltenden Tarifverträge vertrauensvoll zum Wohl der Arbeitnehmer und des Betriebes zusammenarbeiten. Sie unterliegen einer Friedenspflicht (Unterlassen von Betätigungen, die das geordnete Zusammenarbeiten und den Frieden des Betriebes beeinträchtigen), können Betriebsvereinbarungen schließen und zur Beilegung von Meinungsverschiedenheiten eine Einigungsstelle bilden. Arbeitgeber und Betriebsrat sind keine direkten Tarifpartner.

Rechte des Betriebsrats in der Berufsausbildung

Betriebsrat in der Berufsausbildung

Die Berufsausbildung ist weitgehend gesetzlich geregelt. Die Beteiligungsrechte des Betriebsrats beschränken sich hier auf die Ausfüllung und Anpassung der Vorschriften an die betrieblichen Verhältnisse. Ein Mitbestimmungsrecht besteht bei der Erstellung der Pläne für die vom Auszubildenden zu durchlaufenden Stationen sowie bei Regelungen zur Führung und Überwachung der Ausbildungsnachweise. Der Einstellung eines Auszubildenden kann er die Zustimmung verweigern (§ 99 BetrVG).

Der Betriebsrat kann widersprechen oder die Abberufung verlangen, wenn er die mit der Durchführung der betrieblichen Berufsausbildung beauftragte Person persönlich oder fachlich für nicht geeignet hält (berufs- und arbeitspädagogische Eignung (§ 29 u. 30 BBiG) oder denkt, dass sie ihre Aufgabe vernachlässigt (§ 98 Abs. 2 BetrVG).

2.2 Mitbestimmungsmöglichkeiten der Jugend- und Auszubildendenvertretung

Beispiel: Tatjana Kaschak rechnet Betriebsrat Karl-Heinz Ströbele vor: „Wir sind 5 Auszubildende und haben drei ausgelernte Mitarbeiter unter 25 Jahren. Damit sind doch die Bedingungen für eine Jugendvertretung erfüllt, oder? Aber angenommen ich wäre Jugendvertreterin und der Chef ärgert sich über eine meiner Nachfragen beim Betriebsrat, dann laufe ich doch Gefahr, dass er mich nicht übernimmt ... “

In Betrieben, in denen ein Betriebsrat besteht, sowie in sonstigen Berufsbildungseinrichtungen (§ 51 BBiG) mit mindestens fünf Arbeitnehmern, die das 18. Lebensjahr noch nicht vollendet haben oder die zu ihrer Berufsausbildung

Kennen Sie das Sackmann-Lernportal?
Ihren Zugangscode finden Sie auf Seite 3.

Jugend- und Auszubildendenvertretung

beschäftigt sind und das 25. Lebensjahr noch nicht vollendet haben, werden Jugend- und Auszubildendenvertretungen gewählt. Dieser Personenkreis ist auch wahlberechtigt.

- Wählbar für die Jugendvertretung sind alle Arbeitnehmer des Betriebes, die das 25. Lebensjahr noch nicht vollendet haben.
- Die Größe der Jugend- und Auszubildendenvertretung richtet sich danach, wie viele Personen bei der JAV-Wahl im Betrieb wahlberechtigt sind (§ 62 Abs. 1 BetrVG

  5 bis 20 Wahlberechtigte: 1 JAV-Mitglied

  21 bis 50 Wahlberechtigte: 3 JAV-Mitglieder usw.)
- Die regelmäßige Amtszeit der Jugend- und Auszubildendenvertretung beträgt zwei Jahre.
- Während und bis zu einem Jahr nach Ende der Amtszeit in der Jugendvertretung ist die Kündigung unzulässig, es sei denn, dass Tatsachen vorliegen, die den Arbeitgeber zur Kündigung aus wichtigem Grund ohne Einhaltung einer Kündigungsfrist berechtigen, und dass die nach dem Personalvertretungsrecht erforderliche Zustimmung vorliegt oder durch gerichtliche Entscheidung ersetzt ist.
- Zudem begründet die Mitgliedschaft einen Regelanspruch, nach Beendigung der Ausbildung in ein unbefristetes Arbeitsverhältnis übernommen zu werden.

Interessenvertretung über den Betriebsrat

Ihre Interessen vertritt die Jugendvertretung in den Betriebsratssitzungen. Sie kann an allen Betriebsratssitzungen mit einem Vertreter teilnehmen. Werden Angelegenheiten behandelt, die insbesondere Jugendliche betreffen, so hat zu diesem Tagesordnungspunkt die gesamte Jugendvertretung das Recht, an der Betriebsratssitzung teilzunehmen. Die Jugendvertreter haben Stimmrecht im Betriebsrat in Angelegenheiten, die überwiegend jugendliche Arbeitnehmer bzw. Auszubildende betreffen.

Folgende Maßnahmen kann die Jugendvertretung ergreifen:

- Beantragung von Maßnahmen zur Berufsausbildung beim Betriebsrat,
- Überwachung der Durchführung der zugunsten der Jugendlichen und Auszubildenden geltenden Gesetze, Verordnungen, Unfallverhütungsvorschriften, Tarifverträge und Betriebsvereinbarungen,
- Entgegennahme von Anregungen der Jugendlichen in Fragen der Berufsbildung und, falls sie berechtigt erscheinen, Einwirkung auf den Betriebsrat im Hinblick darauf, dass sie aufgegriffen werden.

Die Jugendvertretung hat keine Möglichkeit der unmittelbaren Einwirkung auf die Geschäftsführung oder Geschäftsleitung eines Unternehmens, sondern kann nur über den Betriebsrat Einfluss nehmen.

Kompetenzen

Das sollten sie als zukünftiger Meister können:

- ✔ Möglichkeiten der betrieblichen Interessenvertretung in der Berufsbildung beschreiben,
- ✔ Mitwirkungsmöglichkeiten der Jugend- und Auszubildendenvertretung im Bereich der Berufsbildung darstellen.

Kooperationsbedarf ermitteln und inhaltliche sowie organisatorische Abstimmung mit Kooperationspartnern, insbesondere der Berufsschule, durchführen

Die neue Auszubildende Diana Kuntze ist mit Leib und Seele dabei, wenn es darum geht, in der Backstube mit anzupacken. Auch verfolgt sie aufmerksam, wie Bäckermeisterin Elena Bertani die Abläufe in der Backstube plant und durchführt. Am liebsten würde sie alle Tage der Woche hier ihren Einsatz bringen. Dass sie zur Berufsschule muss, behagt ihr nicht. Und jetzt hat Luigi Marcello sie auch noch für die überbetriebliche Unterweisung angemeldet. „Wozu soll das denn alles gut sein? Was bringt mir das?“

3 Kooperationspartner in der Ausbildung

3.1 Netzwerk wesentlicher Kooperationspartner in der Ausbildung

Die Berufsausbildung im dualen System setzt sich aus einer betrieblichen und einer schulischen Ausbildung zusammen. Der betrieblichen Ausbildung sind die Lernorte Betrieb und überbetriebliche Berufsbildungsstätte (ÜBS) zugeordnet, denen unterschiedliche Aufgaben zukommen, die sich aber nur gemeinsam als Netzwerk zum Wohle der Auszubildenden umsetzen lassen.

Lernorte im dualen System

3.1.1 Aufgaben des Lernorts Betrieb

Betriebe leisten in verschiedener Weise Beiträge zur Berufsbildung: Einarbeitung (Trainee-Programme), Praktikantenausbildung, innerbetriebliche Weiterbildung, Umschulung und Berufsausbildung. Ein Betrieb, der beruflich ausbildet, muss nach Berufsbildungsgesetz (BBiG) und Handwerksordnung (HwO) bestimmte Voraussetzungen (Eignungsvoraussetzungen) erfüllen | ► S. 62 |.

Sicherung Berufsnachwuchs

Eine gesetzliche Ausbildungspflicht besteht für die Betriebe nicht. Wenn sie sich zur Berufsausbildung entschließen, so verfolgen sie dabei ein berechtigtes Eigeninteresse: die Sicherung des dringend benötigten Berufsnachwuchses (Fachkräftemangel). Ein Aufgabenprofil, das sich ausschließlich an dieser Nutzenfunktion orientierte, würde allerdings den Interessen der Auszubildenden und der Volkswirtschaft nicht gerecht werden.

Aufgabenschwerpunkte Betrieb

Zusammengefasst ergeben sich folgende Aufgabenschwerpunkte des Lernorts Betrieb in der Berufsausbildung:

- Vermittlung der fachlichen Fertigkeiten, Kenntnisse und Fähigkeiten, die für eine qualifizierte berufliche Tätigkeit notwendig sind,
- Ermöglichung des Erwerbs von Berufserfahrungen,
- charakterliche Förderung,
- Vermeidung von sittlicher und körperlicher Gefährdung.

Der Lernort Betrieb umfasst je nach Branche wiederum verschiedene Arbeitsplätze, an denen die Ausbildung konkret stattfindet: z.B. in der Werkstatt, auf der Baustelle, in größeren Betrieben, in produktionsunabhängigen Lehrecken oder Lehrwerkstätten.

Die überbetriebliche Unterweisung ist sachlich und rechtlich Bestandteil des Lernorts Betrieb.

3.1.2 Aufgaben der überbetrieblichen Unterweisung

Ausbildungsordnungen fordern häufig breiter angelegte Fertigkeiten, Kenntnisse und Fähigkeiten als Mindestanforderungen des jeweiligen Ausbildungsberufs, als sie in Betrieben vermittelt werden können, die sich zunehmend auf bestimmte Teiltätigkeiten spezialisieren.

überbetriebliche Unterweisung

Die überbetriebliche Unterweisung (ÜLU/ÜBL) eignet sich dazu, in manchen Betrieben auch weniger umfänglich erarbeitete Fertigkeiten, Kenntnisse und Fähigkeiten konzentriert und systematisch zu vermitteln. Gleichzeitig bietet sie den Auszubildenden die Möglichkeit, Technologien kennenzulernen, die nicht in allen Unternehmen vorhanden sind. Somit bleibt die überbetriebliche Unterweisung ein wichtiger Teil der betrieblichen Ausbildung.

Aufgaben der überbetrieblichen Unterweisung sind u.a.:

- Anpassung an die technische Entwicklung (z.B.: Datenverdichtung im Bereich der Zahntechnik). Manche neuen Techniken können nicht sofort von allen Betrieben vermittelt werden.
- Ergänzungs- und Ausgleichsfunktion (§ 27 BBiG, § 21 HwO)
  Qualitätsunterschiede in der Ausbildung aufgrund der unterschiedlichen Struktur der Betriebe sollen durch überbetriebliche Unterweisung vermindert werden, indem sie für die erforderliche Ergänzung und den inhaltlichen Ausgleich sorgt.

- Systematisierung und Intensivierung der betrieblichen Ausbildung
  Bestimmte Fertigkeiten können besser unabhängig vom Produktionsablauf in kleinen Gruppen systematisch und intensiv vermittelt werden, z.B. die Fehlerdiagnose im Kfz-Handwerk an einem zu Übungszwecken von allen Seiten gut zugänglichen Verbrennungsmotor.

Aufgaben überbetrieblicher Unterweisung

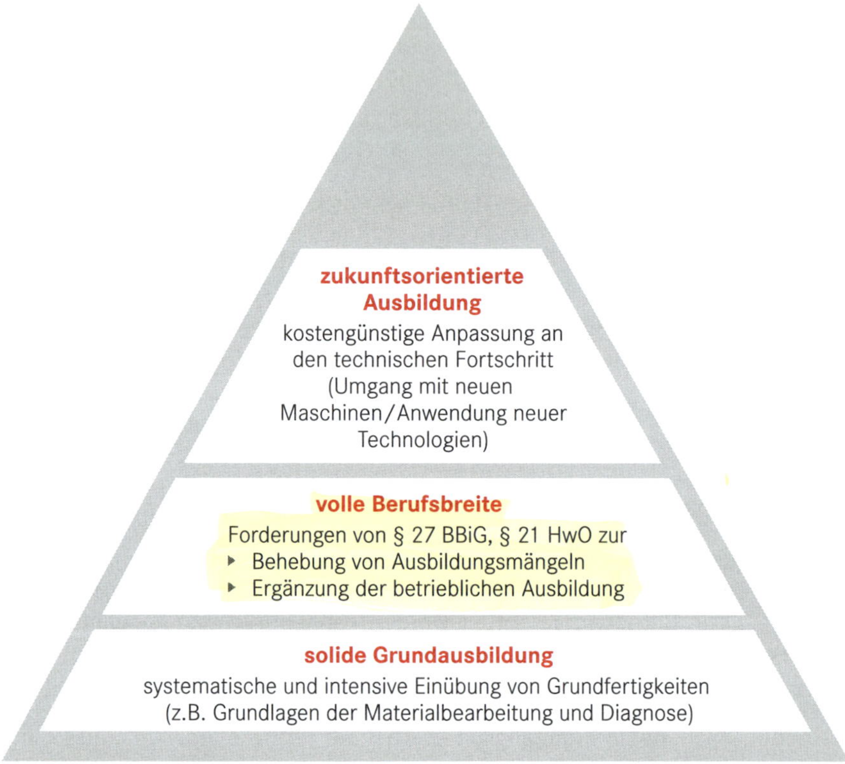

Funktionen ÜLU/ÜBL

Über diese Aufgaben hinaus hat die überbetriebliche Unterweisung folgende Funktionen:

- Sicherstellung eines gleichmäßigen Ausbildungsniveaus, insbesondere vor Prüfungen,
- Vermittlung handwerkstraditioneller Arbeitstechniken z.B. für alte Handwerke in den Bau- und Ausbaugewerken,
- zusätzliche Ausbildungsangebote in strukturschwachen Gebieten, für lernschwache Auszubildende oder als Unterstützung bei der Integration von jungen Menschen mit Migrationshintergrund,
- Angebot von Lehrgängen für die berufliche Weiterbildung.

Die überbetriebliche Unterweisung ist in einigen Berufen durch die Ausbildungsordnung zwingend vorgeschrieben (z.B. Bauberufe). Im Übrigen ist ihre Förderung eine gesetzliche Aufgabe der Kammern und Innungen. Die Handwerkskammern und hier der jeweilige Berufsbildungsausschuss sind berechtigt, Beschlüsse zur Durchführung der überbetrieblichen Berufsausbildung zu fassen. Wenn solche Beschlüsse vorliegen, besteht hinsichtlich der Teilnahme an den Lehrgängen

- für den Ausbildenden Freistellungspflicht,
- für den Auszubildenden Teilnahmepflicht.

Kosten überbetriebliche Ausbildung

Die Kosten der überbetrieblichen Unterweisung hat der Ausbildende zu tragen, soweit sie nicht durch Landes- oder Bundeszuschüsse bzw. Umlagen auf Innungs- oder Kammerebene gedeckt sind. Sie werden in Form von Gebühren auf der Grundlage einer Gebührenordnung erhoben.

Nutzen für die Betriebe

Die während der überbetrieblichen Unterweisung erworbenen Fertigkeiten, Kenntnisse und Fähigkeiten und die damit verbundene Anhebung des Leistungsstands kommen der Ausbildung im Betrieb zugute. Insofern hat sich diese Form der Ausbildung in den vergangenen Jahren als fester Bestandteil der Berufsausbildung etabliert, da sie wesentlich zum Ziel einer qualifizierten und mobilitätsfördernden Ausbildung beiträgt.

3.1.3 Aufgaben des Lernorts Berufsschule/Berufskolleg

Berufskolleg

In den meisten Bundesländern (z.B. in Nordrhein-Westfalen) werden die beruflichen Schulen mit ihrem gesamten Tätigkeitsfeld als Berufskollegs bezeichnet.

In Berufskollegs können erworben werden:

- allgemeinbildende Abschlüsse (vom Hauptschulabschluss bis zur allgemeinen Hochschulreife),
- berufliche Qualifikationen (von der beruflichen Grundbildung bis zu den Berufsabschlüssen).

Unter dem Sammelbegriff „Berufsschule“ werden in einigen Bundesländern die Bildungsgänge „Fachklassen des dualen Systems“, „Berufsgrundschuljahr“, „Berufsorientierungsjahr“ und „Klassen für Schülerinnen und Schüler ohne Berufsausbildungsverhältnis“ zusammengefasst.

zeitliche Organisation

Die Berufsschulen als Partner des dualen Systems (Fachklassen) sind Teilzeitschulen mit einem landesgesetzlich vorgeschriebenen Stundenvolumen. Es bewegt sich bei ca. 40 Schulwochen pro Jahr zwischen 480 und 560 Unterrichtsstunden à 45 Minuten. Das bedeutet 12–14 Unterrichtsstunden bzw. 1–2 Schultage pro Woche. Es gibt alternativ die Organisationsform des Blockunterrichts (12–13 Schulwochen Vollzeitunterricht, phasenweise über das Jahr verteilt) sowie die Kombination von Teilzeit- und Blockunterricht. Schließlich sind auch im Verlauf der Ausbildung wechselnde Regelungen möglich: Ein größerer Anteil von Schulstunden im 1. Ausbildungsjahr wird durch einen reduzierten Anteil im letzten Ausbildungsjahr ausgeglichen.

Zwei Drittel der Berufsschulzeit sind für die eigentliche Fachausbildung vorgesehen (8 U.-Std./Woche); ein Drittel steht für die Allgemeinbildung zur Verfügung (4 U.-Std./Woche).

Klassenorganisation

Die Klassenorganisation folgt den Erfordernissen in den einzelnen Berufen, so gibt es

- einzelberufliche, aufsteigende Fachklassen (z.B. Friseure),
- berufsfeldbreite Fachklassen (z.B. Grundausbildung in verschiedenen Metallberufen),
- gemischtberufliche Klassen (z.B. verschiedene Elektroberufe, HWK- und IHK-Berufe),
- einzelberufliche Bezirks- und Landesfachklassen für schwach besetzte Berufe (z.B. Vulkaniseure und Reifenmechaniker).

Die Schüler einer Berufsschulklasse sind im Hinblick auf Alter, Vorbildung, betriebliche Herkunft, vorhandenen Migrationshintergrund und Interessen oft sehr verschieden. Das erschwert den Unterricht mitunter beträchtlich.

Berufsschullehrer

Berufsschullehrer unterrichten i.d.R. zwei Schulfächer – nicht nur in der Teilzeit-Berufsschule, sondern auch in anderen Schulformen des berufsbildenden Schulwesens. Die universitäre Ausbildung der Berufsschullehrer zielt bislang vor allem auf die Vermittlung des berufstheoretischen Wissens. Bildungspolitisch möchte man immer stärker Meister, auch ohne Abitur, mit einem ergänzenden Hochschulstudium für die technischen Unterrichtsfächer der Berufsschule gewinnen. Gute Kontakte und Kooperationen mit Betrieben und Innungen sind in jedem Fall für eine ganzheitlich hochqualifizierte Ausbildung zwingend notwendig.

Teilweise organisieren Berufskollegs vollzeitschulische Berufsfachschulen, die zur Fachhochschulreife oder zur allgemeinen Hochschulreife führen und die Vermittlung beruflicher Fertigkeiten, Kenntnisse und Fähigkeiten bis hin zur vollen Berufsausbildung vorsehen.

Ferner bieten im Rahmen der Berufskollegs Fachoberschulen (z.B. höhere Handelsschule) ein- und zweijährige Bildungsgänge zum Erwerb der Fachhochschulreife an.

Fachschulen

Fachschulen (z.B. Technikerschulen), die vierte Säule der Berufskollegs, vermitteln, aufbauend auf einer beruflichen Erstausbildung, in mindestens zweijährigen Bildungsgängen eine berufliche Fortbildung und zusätzlich den Erwerb der Fachhochschulreife.

Beispiel: Lukas Gartmann hat als Quereinsteiger schon vier Semester Nahrungsmitteltechnologie studiert. Bei Beginn seiner Ausbildung war er schon 22 Jahre und jetzt möchte er ebenfalls nicht in die Berufsschule gehen. Die Ausbilderin Elena Bertani überlegt, ob es möglich und sinnvoll wäre, Diana in der Berufsschule anzumelden, aber Lukas nur zur ÜLU bzw. ÜBL zu schicken.

3.2 Möglichkeiten der Lernortkooperation

Verzahnung der Lernorte

Mit dem Begriff „duales System“ verbindet sich die Vorstellung und Forderung einer Verzahnung und Gleichwertigkeit der Lernorte. In der bildungspolitischen Diskussion findet diese Forderung allgemeine Zustimmung. In der Praxis ist dies aber keineswegs selbstverständlich und nicht überall gegeben.

In einer erfolgreichen berufspädagogischen Praxis ist aber die Information darüber, was am jeweils anderen Lernort geschieht, und eine gute Zusammenarbeit (Abstimmung über Ziele, Inhalte und Methoden) von Betrieb, Berufsschule und überbetrieblicher Berufsbildungsstätte von großer Bedeutung (§ 2 Abs. 2 BBiG gebietet die Zusammenarbeit der Lernorte bei der Durchführung der Berufsausbildung).

inhaltliche und zeitliche Abstimmung

Eine inhaltliche und zeitliche Abstimmung der Ausbildungsinhalte ist bereits durch die Erstellung von Ausbildungsordnungen und schulischen Rahmenlehrplänen von Seiten des Gesetzgebers auf Bundes- und Landesebene vorgegeben. Auf dieser Grundlage müssen vor Ort weitere konkrete Schritte der Zusammenarbeit unternommen werden.

Auf Bundes-, Landes- und Kammerebene sind Berufsbildungsausschüsse gesetzlich verankerte Einrichtungen. Die Berufsbildungsausschüsse beraten die Bundes- und Landesregierungen in Fragen der Berufsbildung, auf der Kammerebene bereiten sie die Entscheidungen der Vollversammlung in Fragen der Berufsbildung vor.

Effektive Lernortkooperationen vor Ort haben sich in den letzten Jahren dank der Verständigungsbereitschaft und des persönlichen Engagements aller Beteiligten wesentlich verbessert.

Technische Entwicklungen, z.B. in den Kfz- und Elektroberufen, machen eine erweiterte Handlungsorientierung unumgänglich und lassen Berufstheorie und betriebliche Praxis im Rahmen der Digitalisierung, z.B. bei der Fehlerdiagnose, immer stärker zusammenwachsen. Daher werden Abstimmungsmaßnahmen für eine gemeinsame Planung und Gestaltung der Ausbildung in ihrer Bedeutung weiter zunehmen.

Die Lernorte Betrieb, überbetriebliche Berufsbildungsstätte und Berufsschule haben eine generelle Zielsetzung: Gemeinsam wollen sie dafür sorgen, dass die Auszubildenden ihre Abschlussprüfung bestehen und auf ihre spätere berufliche Tätigkeit gut vorbereitet sind.

Zusammenarbeit Ausbildungsbetrieb, Ausbilder, Auszubildender

Was die direkte Zusammenarbeit und Abstimmung vor Ort betrifft, so tragen alle Beteiligten und Mitwirkenden dafür Verantwortung - der Ausbilder selber als der direkt Verantwortliche nimmt bei der Verwirklichung des gemeinsamen

Ziels eine Schlüsselstellung ein. Der Ausbildende trägt die rechtliche Verantwortung: Er schließt mit dem Auszubildenden den Ausbildungsvertrag ab.

Zusammenarbeit von Ausbilder und Berufsschule

Die Zusammenarbeit von Ausbilder und Berufsschule spielt eine zentrale Rolle. Vor allem sollte versucht werden, den betrieblichen Ausbildungsplan mit dem Lehrplan der Berufsschulklasse abzustimmen und zu diesem Zweck Kontakt mit der Berufsschule aufzunehmen. Ebenfalls sollte der Ausbilder regelmäßig die schulischen Leistungen des Auszubildenden verfolgen: Wie kommt er in der Fachtheorie voran? Gibt es Probleme, z.B. schlechte Noten in Klausuren, Verhaltensauffälligkeiten? Wie hoch sind die Fehlzeiten? Sind diese alle entschuldigt?

Kontaktpflege

Folgende Möglichkeiten bieten sich zur Aufnahme oder Festigung des Kontakts an:

- gegenseitige Besuche und Informationsaustausch über die Lernprozesse am jeweils anderen Ausbildungsort (z.B. Ausbildertage in der Berufsschule),
- wechselseitige Unterrichtsbesuche und Betriebspraktika,
- gemeinsame Besprechungen am „runden Tisch“ oder am Tag der offenen Tür,
- Beteiligung der Berufsschullehrer an Innungsversammlungen,
- gemeinsame Förderung und Beratung der Auszubildenden bei Lernschwierigkeiten und Disziplinproblemen,
- wechselseitige Abstimmung bei Integrationsproblemen von Auszubildenden mit Migrationshintergrund.

Zur Lösung konkreter Probleme können Arbeitsgruppen gebildet werden, z.B.

- zur Organisation der Ausbildungszeiten und Abstimmung der Ausbildungsinhalte (Betrieb, ÜLU/ÜBL, Berufsschule),
- zur gemeinsamen Mitwirkung in Prüfungsausschüssen, Gestaltung von Prüfungen und kritisch-konstruktiven Analyse von Prüfungsergebnissen,
- zur (gemeinsamen) Weiterbildung im Hinblick auf neue Technologien und veränderte betriebliche Produktionsabläufe.

Beispiel: Die Berufsschule organisiert zweimal jährlich Ausbildertage, Ausbilderin Elena Bertani nimmt daran teil und fragt bei dieser Gelegenheit in der Schule nach, ob Lukas Gartmann nicht lediglich in den letzten zwei Monaten vor der Gesellenprüfung am fachtheoretischen Unterricht teilnehmen könnte. Die Schule sagt zu, dass es theoretisch möglich sei, lehnt es aber ab, solche Sonderwünsche umzusetzen. Elena Bertani wird Lukas überzeugen, dass auch für ihn der Berufsschulunterricht gewinnbringend ist, weil er auf die Ausbildungsinhalte und Prüfung genau zugeschnitten ist.

Zusammenarbeit des Ausbilders mit der überbetrieblichen Berufsbildungsstätte

Die grundsätzlichen Aussagen zur Zusammenarbeit von Ausbilder und Berufsschule gelten ähnlich auch hier. Das bedeutet vor allem:

- inhaltliche und zeitliche Abstimmung der Ausbildungsinhalte,
- regelmäßiger Informationsaustausch,
- Einplanung der Termine der ÜLU/ÜBL.

Zusammenarbeit in der Ausbildung

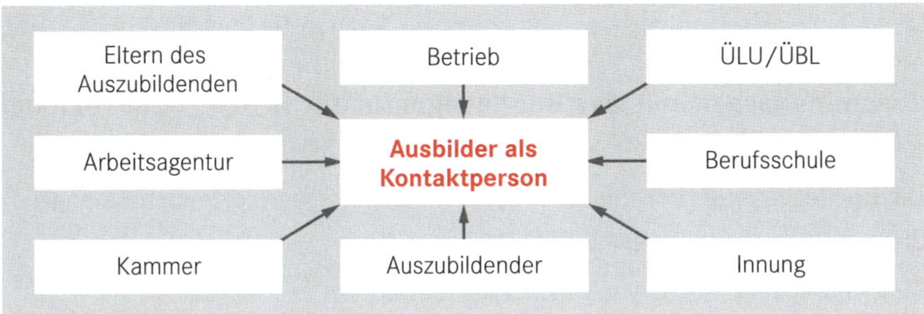

weitere Beteiligte an der Berufsausbildung

Im Hinblick auf eine erfolgreiche Ausbildung sollte die Zusammenarbeit nicht nur mit Berufsschule und überbetrieblicher Berufsbildungsstätte gesucht werden. Der Ausbilder sollte auch zu anderen Beteiligten in der Ausbildung Kontakt halten. Das wird sich nicht zuletzt bei Konflikten positiv auswirken.

Zusammenarbeit mit der Kammer als zuständiger Stelle

Für den Ausbildenden und Ausbilder ist die Kammer der wichtigste Ansprechpartner für folgende Aufgaben:

- Beschaffung von Ausbildungsvorschriften,
- Eintragung der Berufsausbildungsverträge in die Lehrlingsrolle,
- Anmeldung zu den Prüfungen,
- Beratung durch den Ausbildungsberater.

Beispiel: Der Betrieb von Luigi Marcello ist Mitglied der Bäckerinnung. Die Kollegen versuchen Stefanie Schöne zu überzeugen: „Du bist eine engagierte Kollegin und kannst gut mit jungen Menschen umgehen. Hättest Du nicht Lust, Beauftragte für Bildung zu werden?“ Als Stefanie Schöne irritiert guckt, klärt ihr Chef sie auf: „So werden Lehrlingswarte jetzt genannt.“ Stefanie Schöne überlegt: Sie ist an einer guten Qualifikation der Auszubildenden und einer möglichst reibungslosen Ausbildung an allen Lernorten sehr interessiert, weiß aber nicht, ob sie für diese Mittlerrolle als Beraterin für Betriebe und Auszubildende aber wirklich gut geeignet ist.

Zusammenarbeit mit der Innung

Kooperationsfelder

Mit der Innung ist die Kooperation bei folgenden Aufgaben gefragt:

- Information über überbetriebliche Ausbildungsmaßnahmen, ggf. Anmeldung zu den Prüfungen,
- Anrufung des Ausschusses zur Schlichtung von Lehrlingsstreitigkeiten,
- Beratung durch den Lehrlingswart (Ehrenamt), der bei Problemen in der Schule und im Betrieb beratend und ggf. vermittelnd zur Seite steht, auch wenn es um Rechte und Pflichten während der Ausbildung geht.
- gemeinsame Lehrlingswerbung (z.B.: „Wir können Technik.")

Zusammenarbeit mit der Bundesagentur für Arbeit, dem regional zuständigen Jobcenter

Aufgaben Bundesagentur für Arbeit

Die Bundesagentur für Arbeit ist Ansprechpartner in den folgenden Belangen:

- Meldung offener Ausbildungsstellen,
- Prüfung der Eignung von Ausbildungsbewerbern,
- Beratung über finanzielle Förderungsmöglichkeiten nach dem SGB III,
- Erfahrungsaustausch mit den Berufsberatern,
- Vorstellung aktueller Inhalte der Ausbildungsberufe.

Zusammenarbeit mit anderen Betrieben im Rahmen einer Verbundausbildung

Können wichtige Ausbildungsinhalte von einem Betrieb nicht vermittelt werden, kann die Vermittlung dieser Inhalte an kooperierende Unternehmen ausgelagert werden, dies nennt man Verbundausbildung | ► S. 67 |.

Zusammenarbeit mit den Eltern des Auszubildenden

Elternbelange

Die Eltern sollten bei folgenden Aspekten berücksichtigt werden:

- Einbeziehung beim Vorstellungsgespräch,
- Präsentation des Betriebes,
- regelmäßige Kontakte, insbesondere bei Lernschwierigkeiten und Fehlverhalten des Auszubildenden.

Sie wollen mobil lernen?
Den Sackmann gibt es auch digital im Lernportal.

Zusammenarbeit mit Beratungsexperten bei besonderen Problemstellungen

Internetplattform zur Neigungsfeststellung

Die Zentralstelle für Weiterbildung im Handwerk (ZWH) entwickelt aktuell eine Internetplattform zur Neigungsfeststellung bei der Berufsorientierung. Die Plattform kann von den Handwerkskammern in der Ausbildungsberatung oder auch bei der Beratung von Geflüchteten und Migranten zur passgenauen Vermittlung in Arbeit oder Ausbildung genutzt werden[1].

Wenn es um Fragen des Arbeitsschutzes geht, informieren und beraten die staatlichen Ämter für Arbeitsschutz, die Gewerbeaufsichtsämter oder die Bezirksregierungen (Regierungspräsidien). Infos unter: Bundesanstalt für Arbeitsschutz und Arbeitsmedizin [2].

Kompetenzen

Das sollten Sie als zukünftiger Meister können:

- ✔ Nutzen von Kooperationsnetzwerken, insbesondere Berufsschule, überbetriebliche Bildungsstätte, Berater in Kammer und Innung sowie Arbeitsagentur, beschreiben,
- ✔ Möglichkeiten der Zusammenarbeit mit den an der Ausbildung beteiligten Kooperationspartnern klären.

---

[1] *www.zwh.de*

[2] *www.baua.de*

Kriterien und Verfahren zur Auswahl von Auszubildenden auch unter Berücksichtigung ihrer Verschiedenartigkeit anwenden

Bäcker müssen üblicherweise früh aufstehen. Bereits mitten in der Nacht beginnen sie mit ihrer Arbeit, um rechtzeitig am Morgen die gewünschten Backwaren anzubieten. Luigi Marcello weiß aus Erfahrung, dass deshalb dieser Beruf für junge Menschen oft nicht attraktiv erscheint und er befürchtet, dass es auch dieses Jahr wieder schwierig wird, geeignete Auszubildende zu finden. Obwohl er das nicht verstehen kann. Schließlich ist das Bäckerhandwerk doch so abwechslungsreich und vielfältig. „Wir müssen einfach ganz neue Wege beschreiten, um junge Menschen anzusprechen und für das Bäckerhandwerk und seine Möglichkeiten zu begeistern. Wie kommen wir da zum Ziel?"

4 Planung und Durchführung von Einstellungsverfahren

4.1 Möglichkeiten zur Anwerbung von Ausbildungsinteressenten

Beispiel: Luigi Marcello erinnert sich an seine Meisterausbildung, in der ihm Problemlösungen mithilfe einer Mindmap vorgeschlagen wurden. Er überlegt also zunächst, was man alles bedenken sollte, um geeignete Bewerber für eine Ausbildung im Bäckerhandwerk zu gewinnen.

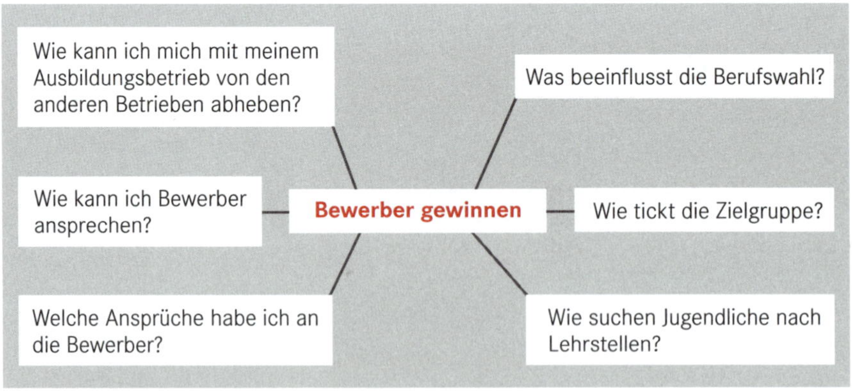

4.1.1 Charakteristika der Zielgruppe

Um die richtigen Bewerber für Ausbildungsstellen zu gewinnen, reicht es heute nicht aus, eine Anzeige in der regionalen Zeitung zu schalten. Will man auf Dauer sicherstellen, dass ausreichend Nachwuchs im eigenen Unternehmen herangezogen wird, muss man sich die Zielgruppe näher anschauen, um eine treffende Ansprache zu finden. Informationen finden sich dazu in der regelmäßig aktualisierten Shell-Jugendstudie[1], aus der die folgenden Tendenzen grob skizziert sind.

Wie tickt die Zielgruppe bzw. was beeinflusst ihre Berufswahl?

hohe Mediennutzung

Die Generation der 15- bis 30-Jährigen ist mit den interaktiven, digitalen Medien groß geworden und erschließt sich damit jeden Winkel der Welt. Ein Großteil dieser Altersgruppe surft täglich mehr als zwei Stunden im Netz. Somit ist das Internet das wichtigste Medium, über das man sich auch über Berufe und Ausbildung informiert.

soziale Netzwerke als Informationsquelle

Die Beschäftigung mit den entsprechenden Medien ist inzwischen wichtiger als der Besuch von Disco oder Kino. Das Medium Buch spielt eine vergleichsweise unbedeutende Rolle. Stattdessen informiert sich die Zielgruppe über soziale Netzwerke wie Facebook oder YouTube. Hier finden die jungen Menschen gut aufbereitete Informationen zu den Ausbildungsgängen, die von Handwerksorganisationen oder der Bundesagentur für Arbeit bereitgestellt werden.

Bedeutung des Elternhauses

Gleichzeitig hat diese Generation eine Unterstützung und Zuwendung der Eltern erfahren, die sie behütet und gefördert hat wie kaum eine Generation vor ihr. Das zeigt sich insbesondere auch in der Verweildauer im Elternhaus. Ein nicht geringer Teil der jungen Erwachsenen plant erst nach Abschluss der Ausbildung das Elternhaus zu verlassen.

Eltern spielen bei der Berufswahl dieser Generation eine Rolle, die Meinung wird eingefordert und berücksichtigt.

Problemlöseverhalten

Den Herausforderungen des Lebens begegnen sie mit einer offenen, suchenden Haltung. Sie arrangieren sich unauffällig mit den Gegebenheiten, die sie vorfinden, manövrieren und taktieren flexibel, um sich Vorteile zu verschaffen und gehen an alle Herausforderungen mit einer Mischung aus Pragmatismus und Neugier heran. Mit langfristigen Planungen tun sie sich eher schwer.

berufliche Werte

Ein Großteil der jungen Menschen wünscht sich vor allem eine Arbeit, die Spaß macht. Jedem Zweiten ist wichtig, dass die Tätigkeit übereinstimmt mit den eigenen Fähigkeiten und Neigungen und dass sie mit netten Arbeitskollegen zusammenarbeiten. Daneben spielen vor allem Sicherheitsaspekte eine Rolle sowie gute Erfolgs- und Zukunftschancen, aber auch die Anerkennung der eigenen Leistung sowie eine Arbeit, die persönlich voll und ganz erfüllt. Mehr als

[1] *vgl. https://www.shell.de/ueber-uns/die-shell-jugendstudie.html*

ein Drittel der unter 25 Jahre alten jungen Leute legt ganz besonderen Wert auf einen Beruf, der Zukunft hat, und darauf, dass die eigene Leistung anerkannt wird.

Diese Generation differenziert zwischen Arbeit und Privatleben. Selbstverwirklichung wird nicht nur in der Arbeit gesucht, sondern auch im starken Maße in der Freizeit und in sozialen Kontakten (Work-Life-Balance).

berufliche Perspektiven

Sie erleben politische Spannungen und Wirtschaftskrisen und realisieren, wie ungewiss der Übergang in den Beruf sein kann. In dieser Generation ist etwa ein Viertel der jungen Menschen aufgrund mangelnder Qualifikationen oder Kompetenzen von Arbeitslosigkeit bedroht. Ihnen gelingt es nicht, in ein Ausbildungs- oder Arbeitsverhältnis zu kommen.

Je niedriger der Schulabschluss, umso höher das Interesse an einer betrieblichen Ausbildung. Je höher der Abschluss, umso mehr nimmt das Interesse ab. Auch suchen Jugendliche mit den weniger guten Schulnoten in allen Schulformen eher nach einer betrieblichen Ausbildung, weil sie ihre Erfolgsaussichten für den Abschluss höherer Bildungsgänge als niedrig einschätzen.

Wie suchen Jugendliche nach Ausbildungsplätzen?

Familie, Freunde, Bekannte

Viele Jugendliche sind mit der Berufswahl aus mehr als 350 Ausbildungsberufen, die ihnen zunächst angeboten werden, überfordert. Das erklärt, warum sich die meisten für die 15 beliebtesten „Ausbildungsklassiker“ - wie z.B. den Kfz-Mechatroniker oder die Friseurin - entscheiden. Den weniger bekannten Berufen fehlt es an Empfehlungen. So entscheiden sie sich für einen Beruf, von dem sie schon mal gehört haben, oder der ihnen von einem vertrauenswürdigen Familienangehörigen, Freunden oder Bekannten empfohlen wird.

Internet

Fast drei Viertel der Jugendlichen suchen im Internet nach Lehrstellen und starten dabei häufig mit den oben genannten Empfehlungen. Sie besuchen spezielle Ausbildungsplatzbörsen oder auch interessante Websites von Unternehmen, von denen sie Positives gehört haben. Ausbildungsplatzangebote in Zeitungen hingegen werden von Jugendlichen nur noch selten wahrgenommen, hingegen von Eltern, Verwandten und anderen Kontaktpersonen älterer Generationen sehr bewusst gesucht.

Praktikum

Befragt man Auszubildende oder junge Berufstätige, welche Erfahrungen ihnen bei der Suche nach dem richtigen Ausbildungsplatz am meisten geholfen haben, nennen die meisten das Praktikum in einem Ausbildungsbetrieb an erster Stelle. Je praxisnäher die Erfahrungen, desto stärker beeinflussen sie die Berufswahl.

Möchten Sie üben? Tests und Aufgaben finden Sie im Sackmann-Lernportal.

Agentur für Arbeit

Mehr als die Hälfte der Schulabgänger meldet sich bei der zuständigen Agentur ausbildungsplatzsuchend. Insbesondere bei Jugendlichen mit Verhaltens-, Sprach- oder Lerndefiziten sind die Berater der Arbeitsagentur aufgrund ihres umfassenden Überblicks über den Ausbildungsmarkt von nicht zu unterschätzender Bedeutung.

4.1.2 Ansprüche an die Bewerber

Anforderungsprofil

Um sich darüber klar zu werden, was man von einem Bewerber erwartet, der eine erfolgreiche Ausbildung absolvieren soll, ist ein Anforderungsprofil hilfreich. Dieses umfasst sowohl fachliche Fähigkeiten als auch persönliche Merkmale, sog. Soft Skills (weiche Faktoren) und einige Daten aus schulischen Zeugnissen. Dem Nutzer dieses Anforderungsprofils bleibt es überlassen, weitere Fähigkeiten oder Merkmale je nach Ausbildungsgang zu ergänzen oder wegzulassen, sie jedoch auf jeden Fall zu gewichten.

Denn nicht jedes Merkmal ist für alle Berufe gleich wichtig. Für die meisten Ausbilder gibt es sog. Ausschlusskriterien, die einen Bewerber von vornherein disqualifizieren. Das können fehlende Schulabschlüsse, Fehltage oder Mindestnoten sein.

Checkliste Anforderungsprofil

Anforderungsprofil[1] **fachliche Fähigkeiten – persönliche Merkmale**	**Wichtigkeit (1 = sehr wichtig)**			
	1	**2**	**3**	**4**
schulische Merkmale				
Schulabschluss/Schulform				
Fehltage: nicht mehr als ___				
Mindestnote ___ im Fach ________________				
Mindestnote ___ im Fach ________________				
persönliche Merkmale/Soft Skills				
Zuverlässigkeit				
Leistungsbereitschaft				
Lernbereitschaft				
Belastbarkeit				
Konzentrationsfähigkeit				
Sorgfältigkeit				

[1] *vgl. Handbuch „Qualität in der Ausbildung – Nachwuchs werben und auswählen". Hrsg. Handwerkskammer Hannover und ZWH – Zentralstelle für die Weiterbildung im Handwerk*

Checkliste Anforderungsprofil

Anforderungsprofil **fachliche Fähigkeiten – persönliche Merkmale**	**Wichtigkeit** **(1 = sehr wichtig)**			
Frustrationstoleranz				
gute Umgangsformen				
soziales Verhalten				
Kommunikation				
Teamfähigkeit				
Kompromissfähigkeit				
Kritikfähigkeit				
fachliche Fähigkeiten und Fertigkeiten				
räumliches Vorstellungsvermögen				
Grundrechenarten				
Form- und Farbverständnis				
technisches Verständnis				
EDV-Kenntnisse				
zeichnerische Grundkenntnisse				
Sprachen				
Sonstiges				
Führerschein				
Mobilität				

Beispiel: Luigi Marcello schaut sich das Anforderungsprofil an und überlegt, welche Eigenschaften seine Auszubildenden auf jeden Fall haben sollten, damit die Ausbildung für alle Beteiligten erfolgreich ist: Persönliche Eigenschaften, wie Pünktlichkeit, Zuverlässigkeit, Sorgfalt und Sauberkeit sind wichtig. Hinzukommen aber auch soziale Fähigkeiten wie Teamfähigkeit oder Kompromissbereitschaft, die in einer Backstube unerlässlich sind. Fachliche Fähigkeiten wie räumliches Vorstellungsvermögen, Beherrschen der Grundrechenarten oder ein Form- und Farbverständnis dürfte er wohl erst im Rahmen eines Praktikums überprüfen können. Nicht zuletzt die Kreativität bei der Gestaltung von Backerzeugnissen unterscheidet die sehr guten von den durchschnittlichen Bäckern.

4.1.3 Ansprache der Zielgruppe und Darstellung des Unternehmens

Wenn der Ausbilder sich klar gemacht hat, wie die Zielgruppe tickt und welche Ansprüche er an die Bewerber auf Ausbildungsplätze stellt, kann er jetzt überlegen, auf welchen Kanälen er die Zielgruppe erreichen, wie er sie ansprechen und wie er sich von den Mitbewerbern abheben kann.

Über welche Kanäle kann ich die Zielgruppe ansprechen?

Kontakte zu allgemein- und berufsbildenden Schulen

Befragt man erfolgreiche Ausbildende, wie sie es immer wieder schaffen, geeignete Bewerber und gute Auszubildende zu gewinnen, so erwähnen viele die langjährigen, kontinuierlichen Kontakte zu allgemeinbildenden oder berufsbildenden Schulen. Der Kontakt kann wie folgt aussehen:

- Der Meister selbst erscheint als Experte im Unterricht.
- Ein Auszubildender berichtet von seiner Arbeit.
- Die Lehrkraft macht ein Praktikum im Ausbildungsbetrieb.
- Das schwarze Brett in der Schule wird für den Hinweis auf Praktikums- oder Ausbildungsplätze genutzt.

Ausbildungsplatzbörse

Bewerber mit einer hohen Eigeninitiative suchen gezielt nach Ausbildungsbetrieben im Internet. Der erste Kontakt läuft häufig über die Ausbildungsplatzbörsen der Agentur für Arbeit, der Handwerkskammern oder kommunaler Einrichtungen. Es ist also sinnvoll, die Stellenanzeige zunächst dort zu platzieren und sie mit der eigenen Website zu verlinken.

Website und Azubi-Blog

Auf der Website besteht die Möglichkeit,

- mithilfe von Bildern, Texten oder Videos die Aussagekraft der Stellenanzeige zu erhöhen,
- einen Azubi-Blog einzurichten, in dem die Auszubildenden über ihre Arbeit oder Projekte berichten (interessierte Bewerber können so ihre Fähigkeiten mit den Anforderungen des zukünftigen Ausbildungsbetriebes abgleichen.)

Darüber hinaus gehört die Beteiligung in sozialen Netzwerken mit zu den wichtigsten Strategien, um sich als modernes Unternehmen zu präsentieren.

Die Gewinnung von „Freunden“ oder „Followern“ auf Facebook, YouTube oder Twitter, denen man regelmäßig aktuelle Informationen zukommen lässt, dient der Kontaktpflege und verstärkt das Image eines modernen, zukunftsfähigen Unternehmens gegenüber der Zielgruppe.

Praktikumssuchmaschinen Fortschrittliche Ausbildungsbetriebe nutzen auch Praktikumssuchmaschinen, um möglichst frühzeitig Bewerber auf die eigenen Stellen aufmerksam zu machen. Potenzielle Bewerber für Ausbildungsplätze können im Rahmen eines Pflichtpraktikums, an Schnuppertagen oder im Rahmen eines Ferienjobs feststellen, wie attraktiv der Ausbildungsbetrieb ist. Gleichzeitig kann der Ausbildende feststellen, welcher der Kandidaten für ein Lehrstellenangebot infrage kommt.

Daneben gibt es die Möglichkeit, Mitarbeiter, Bekannte und Kunden über Ausbildungsplatzangebote zu informieren, die wiederum dieses Angebot an Interessierte in ihrem sozialen Umfeld weitergeben.

Beispiel: Luigi Marcello will nach reiflicher Überlegung mehrere Kanäle nutzen, um die Zielgruppe Haupt- und Realschüler auf sein Lehrstellenangebot aufmerksam zu machen. Er wird Kontakt zu den Schulen in seiner Nachbarschaft aufnehmen und anbieten, im Unterricht aus seiner Arbeit zu berichten. Den Lehrkräften wird er das Angebot unterbreiten, in seinem Betrieb zu hospitieren und mit den Klassen eine Besichtigung in der Backstube zu machen. Einzelnen Schülern bietet er auch ein Schnupperpraktikum an. Er wird Flyer in seinem Ladengeschäft auslegen. Zum Schluss wird er seine Auszubildende bitten, ein kurzes Video ihrer Arbeit mit Erläuterungen zu erstellen, das er anschließend auf seiner Website zusätzlich zur Stellenausschreibung einstellen wird.

Betriebserkundungen, Tag der offenen Tür, Ausbildungsmessen Auch Betriebserkundungen, Tage der offenen Tür oder Ausbildungsmessen können helfen, Kontakte zu potenziellen Bewerbern aufzubauen. Dabei muss nicht immer der Chef selbst präsent sein. Einzelne Kammern bieten inzwischen Kurse für engagierte Auszubildende an, um als Botschafter oder Pate das eigene Unternehmen auf diesen Veranstaltungen zu präsentieren.

Wie kann ich mein Unternehmen von Mitbewerbern abheben?

Beispiel: Luigi Marcello überlegt, was genau es ist, mit dem er potenzielle Bewerber für eine Ausbildung in seinem Betrieb gewinnen kann. Wie kann er sie bewegen, in seinem Unternehmen eine Ausbildung zu beginnen? Was bietet die Panino GmbH, was andere Bäckereien nicht bieten? Kann er damit überzeugen? Was lässt sich in der Zukunft noch an Angeboten realisieren?

Abgrenzungsmöglichkeiten Eine vielseitige, abwechslungsreiche Ausbildung in einem guten Betriebsklima ist heute selbstverständlich. Darüber hinaus kann ein Unternehmen sich von anderen abheben über:

- Möglichkeiten des selbstständigen Arbeitens,
- Ausbildungsprojekte oder Auslandsaufenthalte,

- Zusatzqualifikationen,
- Übernahme- und Aufstiegsmöglichkeiten,
- finanzielle Förderungen – Essenszuschuss, Erfolgsboni,
- Kostenübernahme der Lehrmittel | ► S. 141 |.

Mit diesen Anreizen setzt sich das erfolgreiche Unternehmen in einer Stellenanzeige oder auf der Website ab von den traditionellen Anzeigen der Mitbewerber.[1]

Eine Stellenanzeige, die Jugendliche anspricht, sollte folgende Inhalte und Informationen bieten und sie ermutigen, Kontakt mit dem Unternehmen aufzunehmen.[2]

Inhalte und Informationen einer Stellenanzeige

Inhalte	Informationen (und Bedeutung)
Betriebsbeschreibung, Unternehmensprofil	► Name, Branche, Historie, Größe (zeigen Solidität, aber auch Aufstiegschancen) ► Standort (wichtig für die Erreichbarkeit, nicht jeder Bewerber hat schon einen Führerschein) ► Betriebsklima, Leitbilder usw. (freundliches Betriebsklima und mitarbeiterfreundliche Leitbilder entsprechen insbesondere den Erwartungen junger Menschen)
Unternehmensangebot	► Anzahl der Stellen, Beginn der Ausbildung ► Entwicklungsmöglichkeiten, Zusatzangebote, Vergütungen usw. (Was hat das Unternehmen zu bieten? Was unterscheidet es von den Mitbewerbern?)
Aufgaben	Beschreibung ► des Berufsbildes ► der Aufgabengebiete ► der Einsatzorte (praxisnahe Beschreibung, konkrete Aufgaben zeigen die Attraktivität des Berufsbildes)
Anforderungsprofil	► schulische Voraussetzungen ► Kenntnisse und Fertigkeiten (Wie wichtig sind weiche Faktoren (Soft Skills)? Welche Ausschlusskriterien sind zu beachten?)

---

[1] *vgl. Handbuch „Qualität in der Ausbildung – Nachwuchs werben und auswählen". Hrsg. Handwerkskammer Hannover und ZWH – Zentralstelle für Weiterbildung im Handwerk*

[2] *vgl. Handbuch „Qualität in der Ausbildung – Praktikum effektiv nutzen". Hrsg. Handwerkskammer Hannover und ZWH – Zentralstelle für Weiterbildung im Handwerk*

Inhalte und Informationen einer Stellenanzeige

Inhalte	Informationen (und Bedeutung)
Bewerbungsverfahren	▶ Bewerbungsart – schriftlich, E-Mail, telefonisch (reichen digitale Unterlagen?) ▶ Bewerbungsunterlagen – Zeugnisse, Lebenslauf (Wie wichtig ist die äußere Form?) ▶ Bewerbungszeitraum
Kontaktdaten	▶ Ansprechperson ▶ Telefonnummer ▶ E-Mail-Adresse ▶ Unternehmens-Website (auf der Website Bild des Ansprechpartners)

Logos, Fotos oder kleine Video-Sequenzen vom Ausbildungsgang oder gar von der Ausbildung in diesem Betrieb auf der Website oder bei YouTube erhöhen die Attraktivität des Ausbildungsbetriebes aus der Sicht der Bewerber.

Überblick „Bewerber gewinnen“

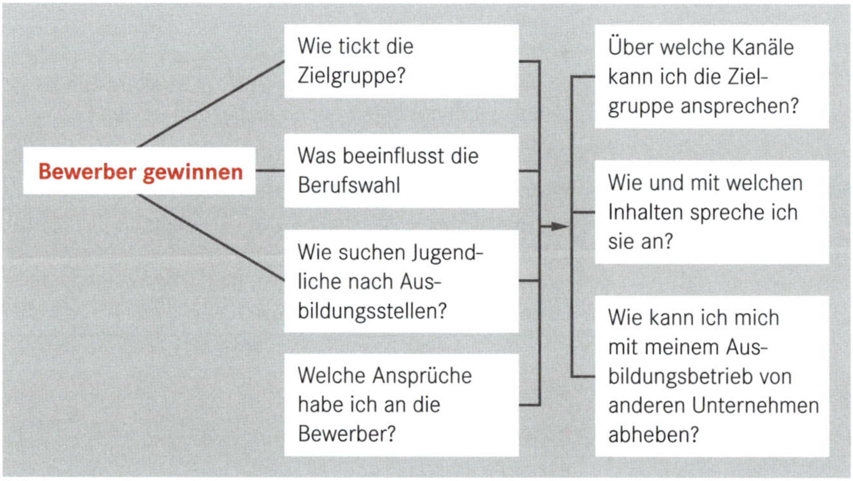

Alles verstanden?
Testen Sie Ihr Wissen im Sackmann-Lernportal.

4.1.4 Besondere Bewerbergruppen

Beispiel: Luigi Marcello hat bisher fast ausschließlich Realschüler für seine Ausbildungsplätze anwerben können. Er macht sich nun Gedanken, ob seine Zielgruppe nicht weiter gefasst werden kann. Zunächst bietet er ja Ausbildungsplätze, die sich von anderen Ausbildungsgängen deutlich unterscheiden. Einerseits sind die Arbeitszeiten aus der Bewerbersicht von nicht zu unterschätzendem Gewicht, andererseits sind der Kreativität bei der Gestaltung von Waren fast keine Grenzen gesetzt. Aufstiegschancen sind eher in einer Großbäckerei gegeben. Hingegen ist eine Ausbildung zum Bäcker möglicherweise der erste Schritt auf dem Weg in ein Studium der Lebensmittelchemie oder verwandter Studiengänge. Aber auch ein Patissier eines Edelrestaurants kann in einer Bäckerei mit der Ausbildung begonnen haben. Insofern kann der Bäckerberuf auch für einen Abiturienten, der Spaß an der Herstellung von Speisen und Backwaren hat, von Interesse sein.

Abiturienten

In der Regel findet man Abiturienten eher in Ausbildungsgängen, die ein höheres Abstraktionsvermögen oder eine höhere Leistungsstärke in den allgemeinbildenden Fächern und gute Fremdsprachenkenntnisse verlangen. Zunehmend findet man dort auch Studienabbrecher, die festgestellt haben, dass ein Studium direkt nach dem Abitur mit den aktuellen Ansprüchen für sie nicht der Weg in eine zufriedenstellende berufliche Tätigkeit ebnet. Für diese Zielgruppe bieten, anspruchsvolle Ausbildungsgänge des Handwerks - wie z.B. Berufe der IT-Branche, der Elektro- oder Ver- und Entsorgungstechnik - Möglichkeiten, sich beruflich zu verwirklichen. Es muss nicht immer die gut bezahlte Leitungsposition sein, die angestrebt wird. Inzwischen sind Unternehmen auch bereit, für spezialisierte Fachkräfte ähnlich hohe Gehälter zu zahlen.

Bewerber mit Migrationshintergrund

Gerade die Erfahrungen der letzten Jahre im Umgang mit Auszubildenden mit Migrationshintergrund zeigen, dass sie leistungs- und belastungsfähig sind und ihre Arbeitsmoral und -disziplin sehr zufriedenstellend ist. Für diese Zielgruppe bieten sowohl die Kammern als auch die Agentur für Arbeit und weitere Bildungsträger Fördermaßnahmen und Betreuungen (in Richtung sprachliche Förderung und besseres Verständnis der Fachtheorie), die einen erfolgreichen Abschluss des Ausbildungsganges ermöglichen sollen.

Lernbehinderte

Auch für die Gruppe der Lernbehinderten ist eine Ausbildung in bestimmten Praktikerberufen - wie z.B. Fachpraktiker für Bäcker oder Fachpraktiker elektronische Geräte und Systeme, - denkbar und realisierbar, wenn sie entweder in den Handwerksbetrieben oder von Bildungsträgern besonders betreut werden. Die hier notwendigen ausbildungsbegleitenden Hilfen sollen einerseits Stützunterricht zusätzlich zum Berufsschulunterricht geben, um vorhandene Konzentrations- oder Abstraktionsschwächen auszugleichen, andererseits gilt es

Kenntnislücken zu schließen, die aufgrund verlangsamter Lernprozesse entstehen können.

körperliche oder geistige Beeinträchtigungen

Auch Jugendliche mit körperlichen oder geistigen Beeinträchtigungen rücken im Rahmen der Diskussion um berufliche Integration zunehmend in den Fokus einer möglichen Ausbildung in Handwerksbetrieben. Nicht selten ist die Einbeziehung einer sonderpädagogischen Betreuung erforderlich. Zum Teil sind erhebliche räumliche und technische Bedingungen zu erfüllen, deren Finanzierung i.d.R. von den Arbeitsagenturen, den Integrationsämtern oder Rehabilitationsträgern übernommen wird. Der Nutzen für Handwerksbetriebe, die sich dieser Auszubildenden annehmen, ist nicht gering: Häufig besitzen diese Menschen Inselbegabungen - wie z.B. analytisches oder abstraktes Denken - die ihnen helfen, Probleme zu erkennen und zu lösen, bei denen andere Mitarbeiter einen viel höheren Zeitaufwand benötigen.

4.2 Verfahren für die Bewerberauswahl

Beispiel: Luigi Marcello hat auf seine Stellenanzeige mehrere Bewerbungen erhalten. Nun gilt es, aus den eingegangenen Bewerbungen die passenden Kandidaten herauszusuchen. Er hat sein Anforderungsprofil ausgefüllt und gleicht es nun mit dem Qualifikationsprofil der Bewerber ab und trifft dabei eine Vorauswahl. Er plant, die Bewerber dieser Vorauswahl danach zu einem Praktikum einzuladen, weil aus seiner Sicht beide Seiten so viel schneller erkennen können, ob es der richtige Bewerber bzw. ob es der richtige Ausbildungsgang im passenden Ausbildungsbetrieb ist. Danach kann er dann im Vorstellungsgespräch die Fragen klären, die im Praktikum offen geblieben sind. Einstellungstests oder gar Assessment Center sind aus seiner Sicht für den Bäckerberuf nicht so aussagekräftig.

Bewerbungsunterlagen

Zeugnisse und Lebenslauf erlauben erste Aussagen über Kenntnisse der Kandidaten und über deren Persönlichkeit. Anhand der folgenden Checkliste[1] lassen sich die Bewerbungsunterlagen mit dem Anforderungsprofil abgleichen.

[1] *vgl. Handbuch „Qualität in der Ausbildung - Nachwuchs werben und auswählen". Hrsg. Handwerkskammer Hannover und ZWH - Zentralstelle für die Weiterbildung im Handwerk*

Checkliste – Auswertung von Bewerbungsunterlagen

Unterlagen	Bemerkungen – noch zu prüfen
Vollständigkeit: Die Bewerbung enthält ... ☐ Anschreiben ☐ Lichtbild (darf nicht gefordert werden) ☐ Lebenslauf ☐ Zeugnisse ☐ Praktikumsbescheinigung ☐	
Anschreiben **Form** ☐ Rechtschreibung ☐ klare Gliederung ☐ Sauberkeit und Ordentlichkeit **Inhalt** ☐ Bewerber macht Aussagen zur Motivation ☐ Bewerber macht Aussagen zur Eignung ☐ Bewerber nennt persönliche Stärken ☐	
Lebenslauf ☐ klare Struktur ☐ lückenlos und aktuell ☐ Praktika ☐ besondere Kenntnisse/Fähigkeiten ☐	
Fachkompetenz ☐ Noten in wichtigen Fächern ☐ praktische Erfahrungen im Berufsfeld ☐ unentschuldigte Fehltage	 Mathe ____ Deutsch ____ Physik ____ Englisch ____
Weiteres Vorgehen ☐ Absage ☐ Telefonat für Nachfragen ☐ Einladen zum Eignungstest ☐ Einladen zum Vorstellungsgespräch ☐ Einladen zum Praktikum	
offene Fragen	

Praktikum

Seit Jahren klagen Handwerker darüber, dass sie nicht genügend Bewerber auf die freien Ausbildungsstellen finden. Der demografische Wandel wird dieses Problem noch verstärken. Umgekehrt bedeutet das für viele Handwerksbetriebe, die Nachwuchsgewinnung in den Mittelpunkt ihrer Personalarbeit zu rücken.

Ein bewährter Weg, Jugendliche für den Ausbildungsgang und den eigenen Betrieb zu interessieren, ist das Praktikum.

Es ist aber auch eine Möglichkeit, potenzielle Bewerber auf ihre Eignung zu testen bzw. den Praktikanten die Möglichkeit zu geben, herauszufinden, ob das für sie der passende Ausbildungsberuf ist. Auch wenn ein Praktikum der Bewerber vor dem Vorstellungsgespräch einen Aufwand bedeutet, der sich nicht immer problemlos in den Arbeitsalltag fügt, findet man auf diesem Weg zielsicherer geeignete Auszubildende.

Man unterscheidet dabei vier Arten von Praktika:

Pflichtpraktikum

- Das Pflichtpraktikum gibt Einblicke in die Arbeitswelt und bietet die Möglichkeit, ein bestimmtes Berufs- und Arbeitsfeld kennenzulernen. Es wird durchgeführt im Alter zwischen 14 und 17 Jahren in den Schulformen der Haupt-, Real- und Oberschulen sowie den Gymnasien, Gesamtschulen und der Berufsfachschule. Diese Form sollte von Ausbildungsbetrieben angeboten werden, die eine langfristige und systematische Nachwuchsarbeit anstreben.

  Es wird ein Praktikumsvertrag geschlossen, ein Praktikumsplan wird erstellt.[1] Dabei sollte man sich an den Fertigkeiten, Kenntnissen und Fähigkeiten orientieren, die ein Auszubildender im ersten Jahr seiner Ausbildung erwirbt. Das Jugendarbeitsschutzgesetz muss beim Einsatz des Praktikanten beachtet werden. Ein gesetzlicher Vergütungsanspruch besteht nicht. Der gesetzliche Haftpflicht- und Unfallversicherungsschutz wird durch den Schulträger abgedeckt.

  Zum Abschluss des Praktikums wird der Praktikant beurteilt.

freiwilliges Praktikum

- Um die Eignung eines Bewerbers festzustellen, ist eher das freiwillige Praktikum mit einer Dauer von einigen Tagen bis vier Wochen geeignet, das i.d.R. in den Ferien abgehalten und ohne schulischen Bezug erfolgt, da es in erster Linie Teil eines Auswahlverfahrens ist. Die Altersgruppe reicht von 15 bis 25 Jahren. Inhalte, Rahmenbedingungen wie auch Arbeitszeiten werden individuell abgesprochen.

berufsbezogenes Praktikum

- Schüler, die den berufsbezogenen Teil der Fachhochschulreife erwerben wollen, können diesen durch ein einjähriges berufsbezogenes Praktikum erbringen. Die Dauer dieses Praktikums beträgt i.d.R. zwölf Monate und wird

---

[1] *vgl. Handbuch „Qualität in der Ausbildung - Praktikum effektiv nutzen". Hrsg. Handwerkskammer Hannover und ZWH - Zentralstelle für die Weiterbildung im Handwerk*

in der Fachoberschule in der Klasse 11 bzw. nach Klasse 11 des Gymnasiums absolviert. Die Schüler sind i.d.R. zwischen 17 und 21 Jahre alt.

Einstiegsqualifizierung

- Eine vierte Form des Praktikums, die zunehmend von Ausbildungsbetrieben genutzt wird, die sich bezüglich der Ausbildungsreife ihrer Bewerber noch unsicher sind, ist die durch die Agentur für Arbeit geförderte und zum Teil von den Kammern betreute Einstiegsqualifizierung (EQ). Sie dient der Vorbereitung auf die Ausbildung und hat das Ziel der Übernahme nach der Maßnahme | ► S. 86 |.

Beispiel: Luigi Marcello bietet seinen Bewerbern ein freiwilliges Praktikum an, bei dem sie feststellen können, ob ihnen die Arbeit in der Bäckerei liegt und sie mit dem Team zurechtkommen. Weil er nicht genug Zeit hat, sich um die Praktikanten selbst zu kümmern, bittet er die Ausbildungsbeauftragte Stefanie Schöne, die Betreuung zu übernehmen, bei der sie sich durch Auszubildende in höheren Lehrjahren unterstützen lässt. Stefanie Schöne kann Luigi Marcello im Anschluss auch berichten, wer sich wie besonders hervorgetan hat.

Bewerbungsgespräche

Nachdem die Unterlagen bewertet wurden und ausgewählte Kandidaten Praktika absolviert haben, erfolgt die Einladung derjenigen Bewerber zu einem Bewerbungsgespräch, die für eine Ausbildung in Frage kommen.

Leitfaden Bewerbungsgespräch

Phase	Fragestellungen	Wirkung/Bedeutung
Gespräch eröffnen	Vorstellung, Frage nach der Verkehrsverbindung, Wetter usw.	durch Small Talk dem Bewerber die Nervosität nehmen
Bewerber	Fragen zur Schullaufbahn, Verhalten in der Schule, zu bestimmten Zeugnisnoten und zu Freizeitbeschäftigungen	einerseits den Kandidaten zum Reden bringen mit Themen, die ihm bekannt sind, andererseits auch hier schon prüfen, ob der Kandidat zur Selbstreflexion fähig ist;
	Warum dieser Beruf? Warum dieser Betrieb? Welche Erfahrungen im Praktikum?	prüfen, wie ernst es der Bewerber meint und wieweit er sich mit dem Betrieb beschäftigt hat; Motivation prüfen;
	„Welche Arbeiten gefallen Ihnen besonders, welche nicht?“	Kenntnisse und Erfahrungen ermitteln, Kommunikation prüfen

Leitfaden Bewerbungsgespräch

Phase	Fragestellungen	Wirkung/Bedeutung
Persönliches, Arbeitsverhalten	„Was sind Ihre Stärken?" „Was ist Ihnen bei der Arbeit wichtig?" „Mit welchen Menschen können Sie gut zusammenarbeiten?" „Welche Erwartungen haben Sie an Ihre Vorgesetzten, die Kollegen und das Unternehmen?"	Persönlichkeit, berufliche Werte und persönliche Ziele - sofern bereits möglich - kennenlernen
Informationen über Betrieb, Lehrstelle und Anforderungen	Unternehmensleitbild, Grundzüge der Ausbildung, Fördermöglichkeiten, Erwartungen an Mitarbeiter	Positionen des Unternehmens offenlegen
Gesprächsende	„Haben Sie noch Fragen?" Entscheidungstermin bekanntgeben, Dank und Verabschiedung	Zusammenfassung des Gesprächs Erläuterung, wie es weiter geht

Beispiel: Auf dieses Gespräch bereitet sich Luigi Marcello mithilfe des vorstehenden Leitfadens sorgfältig vor. Die Gesprächstermine werden exakt festgelegt, genügend Zeit wird einkalkuliert und mögliche Störungen werden von vornherein unterbunden.

unzulässige Fragen Einige Themen sollten im Vorstellungsgespräch aus rechtlichen Gründen außen vor bleiben. Dazu zählen Fragen, die folgende Punkte betreffen:

- finanzielle Verhältnisse,
- Parteimitgliedschaft,
- Religionszugehörigkeit,
- Krankheiten (Ausnahmen, wenn ein direkter Bezug zwischen Krankheit und beruflicher Tätigkeit besteht),
- Schwangerschaft, Kinderwunsch,
- Vorstrafen.

erster Eindruck Wenn der Bewerber kein Praktikum absolviert hat, ist der erste Eindruck im Bewerbungsgespräch oft nachhaltig und entscheidend. Deshalb sollten sich Ausbildende und Ausbilder bemühen, sich so wenig wie möglich von Vorurteilen leiten zu lassen. Um dieser Gefahr zu begegnen, führen größere Ausbildungsbetriebe Einstellungstests durch, mit denen man hofft, eine größere Objektivität bei der Beurteilung von Leistungen zu erzielen.

Einstellungstests

In den Einstellungstests können Rechtschreibung, Rechenfähigkeiten, Kenntnisse und Wissen abgeprüft werden. Konzentrations- und Belastungstests werden eingesetzt, um Kandidaten in Stresssituationen zu erleben. Die Ergebnisse der Bewerber können dann miteinander verglichen werden.

Neben diesen weniger aufwändigen Testverfahren werden manchmal auch zeitaufwändige Persönlichkeitstests eingesetzt, um charakterliche Merkmale der Bewerber näher kennenzulernen. Diese Tests sollten nur von Experten durchgeführt und bewertet werden. Auch ist zu bedenken, dass Tests immer nur Momentaufnahmen sind. Denn eine Erkrankung oder ein schlechter Tag, aber auch Prüfungsängste beeinflussen das Ergebnis.

4.3 Berufslaufbahn und Karrieremöglichkeiten

Die Erwartungen Jugendlicher und junger Erwachsener an den Beruf bzw. den Arbeitsplatz sind nicht nur karriereorientiert. Sie möchten Arbeiten und Leben im Sinne einer ausgewogenen Work-Life-Balance langfristig miteinander verbinden. Karriere bedeutet für viele nicht mehr Geld und mehr Einfluss, sondern die Frage, ob die Aufgaben nach einer Beförderung noch interessanter werden.[1] Die jüngere Generation glaubt nicht an den einen Job bis zur Rente. Sie glaubt an stetiges Lernen für einen sich stetig verändernden Job.

Die Lösung kann darin bestehen, dass Unternehmen erfolgreichen Auszubildenden nicht nur die traditionelle Karriereleiter bieten, die sie nach jeder Beförderung weiter von der ursprünglichen Arbeit entfernt, sondern auch Experten-Karrieren als alternative Aufstiegsmöglichkeiten anbieten, in denen sie sich selbst verwirklichen und weiterhin ihrer Lieblingsbeschäftigung nachgehen können.

Beispiel: Luigi Marcello bemerkt den deutlichen Trend, dass ein Großteil seiner Kunden Wert auf gesunde Ernährung legt und auch gezielt Fragen zu Inhaltsstoffen und Herstellung seiner Produkte stellt. Und sie erwarten kompetente Antworten. Hier möchte er zukünftig seinen Auszubildenden, die ein deutliches Interesse an Fort- und Weiterbildung zeigen, die Ernährungsberater/in im Bäckerhandwerk vorstellen. Seine Kunden bekommen Antworten auf ihre Fragen und die jungen Menschen eine Möglichkeit ihren Berufsweg auszubauen.

Zusatzqualifikationen

Diesen Erwartungen kommen Ausbildungsbetriebe und Kammern mit dem Angebot von Zusatzqualifikationen | ► S. 257 | entgegen.

[1] *vgl. https://www.shell.de/ueber-uns/die-shell-jugendstudie.html*

Diese reichen von zusätzlichen EDV-Kenntnissen und Fertigkeiten, über zusätzliche betriebswirtschaftliche Kenntnisse, Fremdsprachenkenntnisse, bis hin zum Erwerb der Fachhochschulreife.[1]

Vorteil der Zusatzqualifikationen

Für die Auszubildenden bedeutet das eine frühzeitige Spezialisierung und die Möglichkeit, die eigene Ausbildung mitzugestalten, ebenso wie die Erhöhung von Chancen auf dem Arbeitsmarkt. Für die Unternehmen dienen Zusatzqualifikationen der Anpassung an den betrieblichen Qualifikationsbedarf, die Gewinnung von Nachwuchskräften und die Förderung von leistungsstarken Auszubildenden | ► S. 253 |.

duales Studium

Auszubildende mit Fachhochschulreife oder Vollabitur haben die Möglichkeit, parallel zur Ausbildung im Rahmen des dualen Studienganges ein Studium zu absolvieren. Es schließt i.d.R. mit einem Bachelor. Die Ausbildungsgänge dauern i.d.R. vier bis viereinhalb Jahre, sind also deutlich kürzer, als wenn man beide Ausbildungen hintereinander absolvieren würde. Die Ausbildungsbetriebe übernehmen häufig einen Teil der Studiengebühren, außerdem erhält man während der Ausbildung das Auszubildenden- bzw. Gesellengehalt. Angeboten werden diese Studiengänge an Berufsakademien, Fachhochschulen und Hochschulen.

Wie zuvor beschrieben stellen sich Jugendliche und junge Erwachsene auf ein lebenslanges Lernen ein. Das schließt neben permanenten Zusatzqualifikationen, die sie inner- oder außerbetrieblich erwerben können, auch den Erwerb des Meistertitels ein.

Kompetenzen

Das sollten Sie als zukünftiger Meister können:

- ✔ Möglichkeiten zur Anwerbung von Ausbildungsinteressierten darstellen und bewerten,
- ✔ Anforderungen des Ausbildungsberufs und Eignungsvoraussetzungen als Auswahlkriterien herausstellen,
- ✔ geeignete Verfahren zur Auswahl von Bewerbern unter Berücksichtigung unterschiedlicher Bewerbergruppen anwenden und rechtliche Regeln beachten,
- ✔ Ausbildungsbewerbern die mit der Ausbildung verbundenen Berufslaufbahnperspektiven aufzeigen.

[1] *umfassende Informationen zu Zusatzqualifikationen finden sich unter https://www.bibb.de/ausbildungplus/de*

Berufsausbildungsvertrag vorbereiten und abschließen sowie die Eintragung bei der zuständigen Stelle veranlassen

Luigi Marcellos Bemühungen, für die neue Filiale der Bäckerei Panino GmbH Auszubildende zu finden, haben Früchte getragen: Jonas Reichelt und Romina Peters werden im Sommer eine Ausbildung beginnen. Mündlich wurde bereits alles Wichtige besprochen. Jetzt müssen noch die Verträge aufgesetzt und von beiden Seiten unterzeichnet werden. Auch wenn Luigi Marcello bereits viele Auszubildende eingestellt hat, befindet er sich diesmal in einer neuen Situation: Romina Peters ist gerade erst 17 Jahre alt geworden. Er fragt sich, welche Besonderheiten bei der Einstellung und Vertragsgestaltung von minderjährigen Auszubildenden zu beachten sind. Stefanie Schöne als neue Ausbildungsbeauftragte soll sich zum ersten Mal um die erforderlichen Anmeldungen kümmern und fragt: „Was genau ist zu tun? Wo müssen unsere Auszubildenden angemeldet werden?“

5 Abschluss des Ausbildungsvertrages

5.1 Rechtliche Grundlagen und Inhalte des Ausbildungsvertrages

Wenn der Ausbildende dem Ausbildungsplatzbewerber eine mündliche Zusage für ein Ausbildungsverhältnis gibt, ist ein Ausbildungsvertrag (gemäß § 10 BBiG) rechtswirksam zustande gekommen (§ 145 BGB).

Bevor die Ausbildung beginnt, müssen die Inhalte, die zur Begründung eines Berufsausbildungsverhältnisses erforderlich sind, schriftlich niedergelegt werden.

Mindestinhalte Ausbildungsvertrag

Die Mindestinhalte des Ausbildungsvertrages sind in § 11 Abs. 1 BBiG festgelegt:

- Art, sachliche und zeitliche Gliederung sowie Ziel der Berufsausbildung, insbesondere die Berufstätigkeit, für die ausgebildet werden soll,
- Beginn und Dauer der Berufsausbildung,
- Ausbildungsmaßnahmen außerhalb der Ausbildungsstätte,
- die Dauer der regelmäßigen täglichen Ausbildungszeit,
- die Dauer der Probezeit,
- die Zahlung und Höhe der Ausbildungsvergütung,
- die Dauer des Urlaubs,

- die Voraussetzungen, unter denen der Berufsausbildungsvertrag gekündigt werden kann,
- Tarifverträge, Betriebs- oder Dienstvereinbarungen, die auf das Berufsausbildungsverhältnis anzuwenden sind.

Um den Ausbildungsbetrieben das Ausfüllen der Verträge zu erleichtern und gleichzeitig eine Rechtssicherheit für die Niederschrift zu gewährleisten, haben viele Kammern auf ihren Internetseiten Vordrucke bereitgestellt, die digital ausgefüllt und ausgedruckt werden können und dann von beiden Parteien unterschrieben werden.

Zustimmung der gesetzlichen Vertreter

Ist der Auszubildende noch nicht volljährig, muss die Zustimmung der gesetzlichen Vertreter eingeholt werden (§ 11 Abs. 2 BBiG). Sollte ein Auszubildender einen Vormund haben, muss der Vertragsabschluss durch ein Vormundschaftsgericht genehmigt werden. Vertretungsberechtigt sind grundsätzlich beide Eltern gemeinsam, in Ausnahmefällen ein Elternteil oder ein Vormund.

Jeweils eine Ausfertigung erhalten die Auszubildenden und die Erziehungsberechtigten (§ 11 Abs. 3 BBiG) sowie die Kammer als zuständige Stelle.

Ausbildungsvertragsmuster

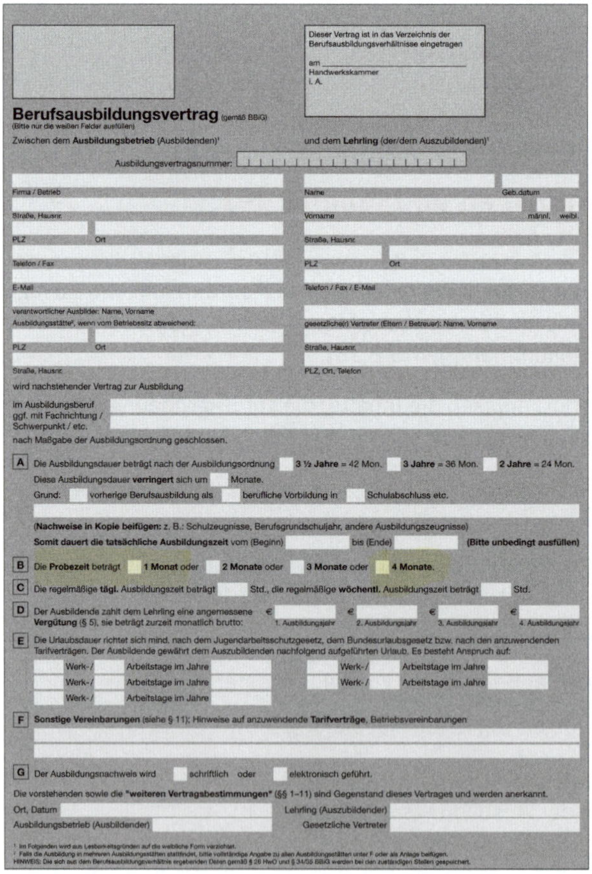
Dieser Vertrag ist in das Verzeichnis der Berufsausbildungsverhältnisse eingetragen
am
Handwerkskammer
i. A.

Berufsausbildungsvertrag (gemäß BBiG)
(Bitte nur die weißen Felder ausfüllen)

Zwischen dem **Ausbildungsbetrieb** (Ausbildenden)[1] und dem **Lehrling** (der/dem Auszubildenden)[1]

Ausbildungsvertragsnummer:

Firma / Betrieb
Straße, Hausnr.
PLZ Ort
Telefon / Fax
E-Mail
verantwortlicher Ausbilder: Name, Vorname
Ausbildungsstätte[2], wenn vom Betriebssitz abweichend:
PLZ Ort
Straße, Hausnr.

Name Geb.datum
Vorname männl. weibl.
Straße, Hausnr.
PLZ Ort
Telefon / Fax / E-Mail
gesetzliche(r) Vertreter (Eltern / Betreuer): Name, Vorname
Straße, Hausnr.
PLZ, Ort, Telefon

wird nachstehender Vertrag zur Ausbildung
im Ausbildungsberuf ggf. mit Fachrichtung / Schwerpunkt / etc.
nach Maßgabe der Ausbildungsordnung geschlossen.

A Die Ausbildungsdauer beträgt nach der Ausbildungsordnung ☐ **3 ½ Jahre** = 42 Mon. ☐ **3 Jahre** = 36 Mon. ☐ **2 Jahre** = 24 Mon.
Diese Ausbildungsdauer **verringert** sich um ☐ Monate.
Grund: ☐ vorherige Berufsausbildung als ☐ berufliche Vorbildung in ☐ Schulabschluss etc.
(**Nachweise in Kopie beifügen:** z. B.: Schulzeugnisse, Berufsgrundschuljahr, andere Ausbildungszeugnisse)
Somit dauert die tatsächliche Ausbildungszeit vom (Beginn) bis (Ende) **(Bitte unbedingt ausfüllen)**

B Die **Probezeit** beträgt ☐ **1 Monat** oder ☐ **2 Monate** oder ☐ **3 Monate** oder ☐ **4 Monate.**

C Die regelmäßige **tägl.** Ausbildungszeit beträgt Std., die regelmäßige **wöchentl.** Ausbildungszeit beträgt Std.

D Der Ausbildende zahlt dem Lehrling eine angemessene **Vergütung** (§ 5), sie beträgt zurzeit monatlich brutto: € 1. Ausbildungsjahr € 2. Ausbildungsjahr € 3. Ausbildungsjahr € 4. Ausbildungsjahr

E Die Urlaubsdauer richtet sich mind. nach dem Jugendarbeitsschutzgesetz, dem Bundesurlaubsgesetz bzw. nach den anzuwendenden Tarifverträgen. Der Ausbildende gewährt dem Auszubildenden nachfolgend aufgeführten Urlaub. Es besteht Anspruch auf:
Werk-/ Arbeitstage im Jahre
Werk-/ Arbeitstage im Jahre
Werk-/ Arbeitstage im Jahre
Werk-/ Arbeitstage im Jahre
Werk-/ Arbeitstage im Jahre

F **Sonstige Vereinbarungen** (siehe § 11); Hinweise auf anzuwendende **Tarifverträge**, Betriebsvereinbarungen

G Der Ausbildungsnachweis wird ☐ schriftlich oder ☐ elektronisch geführt.

Die vorstehenden sowie die **"weiteren Vertragsbestimmungen"** (§§ 1–11) sind Gegenstand dieses Vertrages und werden anerkannt.

Ort, Datum
Ausbildungsbetrieb (Ausbildender)
Lehrling (Auszubildender)
Gesetzliche Vertreter

[1] Im Folgenden wird aus Lesbarkeitsgründen auf die weibliche Form verzichtet.
[2] Falls die Ausbildung in mehreren Ausbildungsstätten stattfindet, bitte vollständige Angabe zu allen Ausbildungsstätten unter F oder als Anlage beifügen.
HINWEIS: Die sich aus dem Berufsausbildungsverhältnis ergebenden Daten gemäß § 28 HwO und § 34/35 BBiG werden bei den zuständigen Stellen gespeichert.

Beispiel: Stefanie Schöne füllt die Vordrucke des Ausbildungsvertrages aus und lässt sie von Luigi Marcello für die Panino GmbH sowie von den beiden zukünftigen Auszubildenden Jonas Reichelt und Romina Peters unterschreiben. Eine Besonderheit ist aber noch zu beachten. Romina Peters ist gerade erst 17 Jahre alt geworden. Die Niederschrift des Vertrages muss also auch von Rominas Eltern unterschrieben werden.

Bezeichnung des Ausbildungsberufs

Die Niederschrift des Vertrages beinhaltet die genaue Bezeichnung des Ausbildungsberufes. In einigen Ausbildungsgängen - insbesondere des Handwerks - muss ggf. in einer zweiten Zeile die Fachrichtung oder der Schwerpunkt der Ausbildung eingefügt werden. Dabei unterscheidet man zwischen Ausübungsberuf bzw. Gewerbebezeichnung in der Anlage A (z.B. Maurer und Betonbauer) und Ausbildungsberuf. Hier können auch mehrere Ausbildungsberufe (z.B. Maurer, Beton- und Stahlbetonbauer, Feuerungs- und Schornsteinbauer) existieren.

Ziele und sachliche sowie zeitliche Gliederung der Ausbildung

Ausbildungsplan

Die Niederschrift des Berufsausbildungsvertrages muss nach § 4 BBiG Angaben zur sachlichen und zeitlichen Gliederung - einen Ausbildungsplan | ► S. 96 | - enthalten, der sicherstellt, dass das Ausbildungsziel in der vorgesehenen Zeit erreicht wird. Er muss sich am Ausbildungsrahmenplan orientieren, der Bestandteil jeder Ausbildungsordnung ist. Der betriebliche Ausbildungsplan ist als Anlage dem Berufsausbildungsvertrag beizufügen. Verträge ohne diese Angaben entsprechen nicht den Anforderungen des Berufsbildungsgesetzes.

Beispiel: Luigi Marcello muss dafür sorgen, dass er den neuen Auszubildenden Jonas Reichelt und Romina Peters die berufliche Handlungsfähigkeit vermittelt, die zum Erreichen des Ausbildungszieles und des erfolgreichen Bestehens der Gesellenprüfung erforderlich ist. Sein Fachverband bietet Musterausbildungspläne bzw. Vordrucke an, auf die er gerne zugreift. Er muss auf dieser Basis für jeden Auszubildenden einen individuellen betrieblichen Ausbildungsplan erstellen.

Beginn und Dauer der Ausbildung

Regelausbildungszeit

In der Ausbildungsordnung ist die Regelausbildungszeit festgelegt. Sie ist so bemessen, dass ein Auszubildender mit durchschnittlicher Begabung und Schulbildung in dieser Zeitspanne sein Ausbildungsziel erreichen kann.

Beispiel: Im Vordruck des Ausbildungsvertrages muss Stefanie Schöne die Ausbildungsdauer eintragen. Sie beträgt für den Bäcker drei Jahre und das ist auch die Ausbildungszeit, die im Handwerk vorherrscht. Aber Stefanie Schöne weiß, dass es da durchaus Ausnahmen gibt.

Bei einigen Ausbildungsberufen, wie z.B. dem Kfz-Mechatroniker, dem Anlagenmechaniker für Sanitär-, Heizungs- und Klimatechnik oder dem Goldschmied beträgt die Regelausbildungszeit 3,5 Jahre. Daneben gibt es Ausbildungsberufe, für die eine zweijährige Ausbildungszeit gilt. Dazu zählen z.B. der Ausbaufacharbeiter, der Fahrradmonteur oder die Änderungsschneiderin. Für diese zweijährigen Ausbildungsgänge gibt es, falls sich der Auszubildende bewährt, eine Anrechnung, sodass er in einem Fortsetzungsberuf auch das dritte Jahr absolvieren kann | ► Stufenausbildung, S. 58 |.

Verkürzung oder Verlängerung der Ausbildung

Die Ausbildungszeit kann in bestimmten Fällen vor Beginn der Ausbildung bereits verkürzt oder verlängert werden (§§ 7, 8 BBiG; §§ 27a, 27b HwO).

Beispiel: Jonas Reichelt schaut beim Vertragsabschluss etwas skeptisch, denn er hatte die Hoffnung, mit seinem erweiterten Sekundarabschluss I, den er an der Realschule erworben hatte, nach zweieinhalb Jahren seine Ausbildung abschließen zu können. Stefanie Schöne informiert sich deshalb bei der zuständigen Stelle, vertreten durch den Ausbildungsberater der Handwerkskammer.

Verkürzung Auf gemeinsamen Antrag der Vertragsparteien ist die zuständige Stelle verpflichtet, die Ausbildungszeit zu verkürzen, wenn zu erwarten ist, dass die Auszubildenden das Ausbildungsziel in der gekürzten Zeit erreichen. Verkürzung ist erstens möglich aufgrund der schulischen Vorbildung (z.B. Fachhochschulreife oder Abitur). Zweitens kann eine vorausgegangene Ausbildung die Verkürzung rechtfertigen | ► Verkürzung der Ausbildungsdauer, S. 259 |.

Verlängerung Die Ausbildungszeit kann auch vor Beginn der Ausbildung in Ausnahmefällen verlängert werden, wenn die Verlängerung erforderlich ist, um das Ausbildungsziel zu erreichen (z.B. bei körperlicher, geistiger oder psychischer Behinderung oder im Falle einer Teilzeitausbildung). Dieser Antrag muss vom Auszubildenden gestellt werden | ► S. 251 |.

Sie wollen mobil lernen?
Im Lernportal finden Sie digitale Angebote.

Beispiel: Der Ausbildungsberater muss Jonas Reichelt enttäuschen. Sein erweiterter Sekundarabschluss 1 reicht noch nicht aus, um eine Anrechnung und damit Verkürzung zu gewähren. Er macht ihm jedoch Hoffnung: Sollten seine Leistungen im Betrieb und in der Schule so gut sein, dass die Erreichung des Ausbildungszieles in kürzerer Zeit zu erwarten ist, kann er gemeinsam mit dem Ausbildenden während seiner Ausbildungszeit, nachdem Betrieb und Berufsschule angehört wurden, einen Antrag auf Verkürzung stellen und vorzeitig zur Prüfung zugelassen werden.

Ergänzende Ausbildungsmaßnahmen

Das BBiG in § 5 und die HwO in § 26 fordern, dass „Teile der Berufsausbildung in geeigneten Einrichtungen außerhalb der Ausbildungsstätten durchgeführt werden, wenn und soweit es die Berufsausbildung erfordert". Diese Regelungen zielen insbesondere auf Ausbildungsbetriebe, die eine hohe Spezialisierung erreichen - wie es in der Bauwirtschaft üblich ist - und dennoch ausbilden wollen. Diesen Betrieben steht auch die Kooperation mit Partnerbetrieben im Rahmen einer Verbundausbildung | ► S. 67 | offen, sodass die fehlenden Inhalte vermittelt werden können.

Regelmäßige tägliche Ausbildungszeit

Beispiel: Jonas Reichelt, 18 Jahre alt, ist erstaunt: Gelten für ihn als 18-jährigen Auszubildenden bezüglich der Arbeitszeit andere Grundlagen als bei der 17-Jährigen Romina Peters? Er fragt nach und Stefanie Schöne zeigt ihm entsprechende Regelungen im Jugendarbeitsschutzgesetz, die für ihn aber nicht mehr gelten.

Das Jugendarbeitsschutzgesetz sieht Folgendes vor:

- eine Beschränkung der täglichen Arbeitszeit auf acht Stunden und der wöchentlichen Arbeitszeit auf 40 Stunden (§ 8). Ist allerdings die Arbeitszeit an einzelnen Werktagen auf weniger als acht Stunden verkürzt, können Jugendliche an den übrigen Werktagen derselben Woche bis zu achteinhalb Stunden beschäftigt werden. *Arbeitszeit*
- Einhaltung einer ununterbrochenen Freizeit von mindestens 12 Stunden nach der täglichen Arbeitszeit (§ 13). *Freizeit*
- An Samstagen dürfen Jugendliche laut § 16 nicht beschäftigt werden.

Beispiel: Sollte Romina Peters also am Englisch-Förderkurs, der abends von 18.00 bis 19.30 Uhr in der Berufsschule angeboten wird, teilnehmen, darf sie am nächsten Morgen nicht um 5.00 Uhr in der Backstube stehen.

Romina darf jedoch in der Backstube auch samstags arbeiten (§ 16 Abs. 2 JArbSchG), wenn zwei Samstage pro Monat frei bleiben und ein Ausgleich an einem anderen berufsschulfreien Werktag der gleichen Woche erfolgt (§ 16 Abs. 3 JArbSchG).

erwachsene Auszubildende

Für erwachsene Auszubildende gilt das Arbeitszeitgesetz, das im Regelfall eine werktägliche Arbeitszeit von acht Stunden vorsieht, also eine Wochenarbeitszeit von 48 Stunden. Es lässt aber weitreichende Abweichungen zu (§ 3 ArbZG). Insbesondere ist zu prüfen, welche tariflichen Vereinbarungen zur Arbeitszeit getroffen worden sind, die auch für Auszubildende gelten.

Beispiel: Nun schauen Romina Peters und Jonas Reichelt mal genauer in das Jugendarbeitsschutzgesetz und stoßen auf § 14 Abs. 1. Da steht, dass Jugendliche grundsätzlich nur in der Zeit von 6.00 bis 20.00 Uhr beschäftigt werden dürfen. Luigi Marcello hatte ihnen aber gesagt, dass der Arbeitstag auch mal vor 6.00 Uhr beginnen kann. Stefanie Schöne klärt die beiden auf. Sie hätten den § 14 zu Ende lesen müssen ...

In § 14 Abs. 2 und 3 sind u.a. Ausnahmeregelungen für Bäckereien und Konditoreien festgelegt, aber auch für Betriebe mit Schichtdienst, landwirtschaftliche Betriebe und für das Gaststätten- und Schaustellergewerbe, damit sich die Ausbildung in die notwendigen Abläufe der Betriebe fügt.

Ruhepausen

Jugendlichen stehen laut § 11 JArbSchG im Voraus festgelegte Ruhepausen zu. Diese betragen

- bei mehr als viereinhalb und bis zu sechs Stunden Arbeitszeit insgesamt mindestens 30 Minuten,
- bei mehr als sechs bis acht Stunden Arbeitszeit insgesamt mindestens 60 Minuten.

Dauer der Probezeit

Für die Dauer der Probezeit gibt es einen Spielraum von mindestens einem Monat und höchstens vier Monaten (§ 20 Berufsbildungsgesetz).

Beispiel: Luigi Marcello überlegt, wie viel Zeit die Ausbilder benötigen, um die Auszubildenden ausreichend kennenzulernen und zu entscheiden, ob das Ausbildungsverhältnis fortgesetzt wird. Er entscheidet, insbesondere weil Jonas Reichelt noch einen unsicheren Eindruck macht, vier Monate festzulegen.

Zahlung und Höhe der Vergütung

Die Auszubildenden erhalten vom Ausbildenden während der Ausbildung eine angemessene Vergütung (§ 17 Abs. 1 BBiG). Sie richtet sich nach dem Alter der Auszubildenden und der Dauer der Berufsausbildung. Die Vergütung ist so zu bemessen, dass sie mindestens jährlich ansteigt.

Beispiel: Da die Panino GmbH Mitglied im Landesinnungsverband ist, muss Luigi Marcello die Regelungen des Tarifvertrages für die Höhe der Ausbildungsvergütungen beachten.

Die Ausbildungsvergütung muss spätestens am letzten Arbeitstag des Monats gezahlt werden. Im Krankheitsfall wird die Vergütung bis zu sechs Wochen weitergezahlt. Der Ausbildende zahlt die Vergütung auch für die Zeit der Freistellung für den Berufsschulunterricht und für Prüfungen weiter (§ 19 Abs. 1 BBiG).

Eine über die vereinbarte regelmäßige tägliche Arbeitszeit hinausgehende Beschäftigung ist besonders zu vergüten oder durch Freizeit abzugelten (§ 17 Abs. 3 BBiG).

Dauer des Urlaubs

Auch die Dauer des Urlaubs muss im Ausbildungsvertrag festgehalten werden. Dabei gelten für Minderjährige die Regelungen des § 19 JArbSchG: Die Dauer des Urlaubs richtet sich nach dem Alter der Auszubildenden:

Staffelung nach Alter

- Für noch nicht 16 Jahre alte Auszubildende beträgt der gesetzliche Jahresurlaub mindestens 30 Werktage,
- für noch nicht 17 Jahre alte Auszubildende mindestens 27 Werktage,
- für noch nicht 18 Jahre alte Auszubildende mindestens 25 Werktage.

Für erwachsene Auszubildende gilt das Bundesurlaubsgesetz, das einen Urlaubsanspruch von 4 Wochen, entsprechend 24 Werktagen bei einer Sechs-Tage-Woche vorsieht (§ 3 BurlG).

Günstigkeitsprinzip

Sofern der Ausbildungsbetrieb eine tarifliche Regelung zugrunde legt, darf sie für den Auszubildenden nicht schlechter als der gesetzliche Urlaubsanspruch sein. Es gilt immer die günstigere Regelung.

Kündigungsvoraussetzungen

Der Vordruck des Ausbildungsvertrages berücksichtigt auch die Voraussetzungen, unter denen ein Berufsausbildungsvertrag gemäß § 22 BBiG gekündigt werden kann | ► S. 148 |.

Nichtige Vereinbarungen

Beispiel: Jens Gerber, ein Freund von Jonas Reichelt, der auch mit einer Berufsausbildung zum Bäcker beginnen will, berichtet Jonas irritiert von den Ankündigungen seines zukünftigen Ausbildenden: „In den nächsten drei Jahren investiere ich eine Menge Zeit und Geld, um aus dir einen vernünftigen Bäcker zu machen. Ich erwarte, dass du danach wenigstens drei Jahre bleibst. Wenn du vorzeitig gehst, möchte ich die Rückzahlung der Kursgebühren für die überbetrieblichen Lehrgänge. Wechselst du zur Konkurrenz, dann bitte an einen anderen Ort, nicht hier vor Ort. Und wenn dir eine Torte missglückt, ziehe ich das von deiner Ausbildungsvergütung ab."

Jonas Reichelt spricht Stefanie Schöne an. Er fragt sie, ob das mit rechten Dingen zugeht. Sie verweist auf das Berufsbildungsgesetz und spricht von nichtigen Festlegungen.

Nach § 12 BBiG sind folgende Regelungen in einem Ausbildungsvertrag von vornherein nichtig:

nichtige Regelungen

- Bleibeverpflichtung des Auszubildenden nach Ablauf der Ausbildungszeit. Wird eine Weiterbeschäftigung nach der Ausbildung gewünscht, kann sie erst in den letzten sechs Monaten der Ausbildung vereinbart werden,
- Verpflichtung des Auszubildenden zur Zahlung einer Ausbildungsentschädigung,
- Untersagen der Berufsausübung am Ausbildungsort nach Ende der Ausbildungszeit,
- Vertragsstrafen bei Schlechtleistungen.

5.2 Rechte und Pflichten des Ausbildenden und des Auszubildenden

---

Beispiel: Jens Gerber hat trotz eines unguten Gefühls seine Ausbildung zum Bäcker begonnen und zeigt sich in den ersten Tagen nach Beginn sehr engagiert. Er bekundet auch sein Interesse an veganen Backwaren, die im Trend der Zeit liegen. Sein Chef entgegnet ihm nur: „Steht nicht im Ausbildungsrahmenplan. Müssen wir deshalb auch nicht vermitteln!“ Stattdessen verpflichtet er Jens, in den ersten Wochen die Backstube nach Ende der Arbeitszeit auszufegen. Und dann möge er bitte zum Geburtstag seiner Frau einen schönen Blumenstrauß beschaffen, dann könne er doch gleich auch den Ausbildungsnachweis in der Kreishandwerkerschaft abholen. Die passende Berufskleidung könnte er sich selbst besorgen und bezahlen. Die Messer und sonstigen Werkzeuge wolle er ihm aber zur Verfügung stellen. Am Ende der Ausbildung erwarte er, dass sie gepflegt und gut erhalten zurückgegeben werden. Jens Gerber fragt sich, was er tatsächlich machen muss und was nicht.

Pflichten des Ausbildenden

berufliche Handlungsfähigkeit

Der Ausbildende verpflichtet sich, gemäß § 14 Abs. 1 Nr. 1 BBiG dafür Sorge zu tragen, dass den Auszubildenden die berufliche Handlungsfähigkeit in der vorgesehenen Ausbildungszeit vermittelt wird, die zum Erreichen des Ausbildungszieles nach der Ausbildungsordnung erforderlich ist.

Dazu kann der Ausbildende jedoch auch einen Ausbilder beauftragen (§ 14 Abs. 1 Nr. 2 BBiG). Darüber hinaus sollen Auszubildende zur Ausübung einer qualifizierten Tätigkeit in einer sich wandelnden Arbeitswelt gemäß § 1 Abs. 3 BBiG befähigt werden.

Auszubildenden dürfen gemäß § 14 Abs. 3 BBiG nur Aufgaben übertragen werden, die dem Ausbildungszweck dienen und den Auszubildenden nicht überfordern.

Nicht unmittelbar ausbildungszweckbezogene Arbeiten sind allenfalls dann vertretbar, wenn sie nicht ausschließlich oder überwiegend dem Auszubildenden übertragen werden.

unzulässige Arbeitsaufträge

Unzulässige Verrichtungen sind

- berufsfremde Arbeiten,
- Routinearbeiten, die für den Auszubildenden keinen Ausbildungswert mehr besitzen,
- Reinigungs- und Wartungsarbeiten außerhalb des Arbeitsbereiches oder in einem berufsunüblichen Ausmaß sowie
- Handreichungen im zwischenmenschlichen Bereich, es sei denn, sie sind auch unter den übrigen Kollegen üblich (wie z.B. Kaffee kochen oder Blumen besorgen).

Ausbildungsmittel bereitstellen

Ausbildungsmittel (Werkzeuge, Werkstoffe) sind den Auszubildenden für den Einsatz im Ausbildungsbetrieb, bei außerbetrieblichen Ausbildungsmaßnahmen und zur Ablegung von Prüfungen vom Ausbildenden kostenlos zur Verfügung zu stellen (§ 14 Abs. 1 Nr. 3 BBiG). Eigentümer bleibt allerdings der Ausbildende. Der Auszubildende bekommt nur das Recht, sie für die Zeit der Ausbildung zu nutzen.

Ausbildungsnachweise zählen auch zu den Ausbildungsmitteln.

Kosten für Ausbildungsmittel, die in der Berufsschule zum Einsatz kommen, trägt der Auszubildende selbst, ebenso wie branchenübliche Berufskleidung. Wenn jedoch die Berufsgenossenschaft aus Sicherheitsgründen Schutzkleidung oder der Ausbildende Berufskleidung vorschreibt, sind die Kosten vom Ausbildungsbetrieb zu übernehmen. Die Reinigung der Kleidung liegt beim Auszubildenden.

Beispiel: Jens Gerber hätte gemäß § 1 Abs. 3 BBiG einen Anspruch, auch über die Herstellung veganer Backwaren etwas zu lernen, selbst wenn es nicht explizit in der Ausbildungsordnung steht, wenn das Erlernen dieser Fertigkeit in einer sich wandelnden Arbeitswelt sinnvoll ist. Das Ausfegen der Backstube über einen längeren Zeitraum zählt zu den unzulässigen Verrichtungen ebenso wie das Beschaffen von Blumen für die Frau seines Ausbildenden oder der Kauf des Ausbildungsnachweises. Besteht sein Ausbildender auf einer einheitlichen Kleidung in der Backstube und hinter der Theke, so muss er sie den Auszubildenden kostenlos zur Verfügung stellen. Die Reinigungskosten kann er jedoch von der Ausbildungsvergütung abziehen.

Pflicht zur Freistellung

Der Ausbilder muss seine Auszubildenden nicht nur für den Besuch der Berufsschule und außerbetrieblicher Ausbildungsmaßnahmen freistellen, sondern sie auch dazu auffordern. Gleiches gilt für die Teilnahme an Prüfungen (§ 15 BBiG). Verstößt ein Ausbildender gegen seine Pflichten zur Freistellung oder zum Anhalten des Berufsschulbesuchs, kann die zuständige Stelle den Sachverhalt prüfen und ggf. Bußgelder bis zu einer Höhe von € 5 000,- veranlassen.

Pflichten des Auszubildenden

Beispiel: Jens Gerber googelt die passenden Rezepte für vegane Backwaren im Internet. Wie er überhaupt findet, dass die Berufsschule gar nicht so interessant sei. Er würde das alles viel besser im Internet lernen und die Zeit in der Berufsschule besser nutzen können. Auch den Ausbildungsnachweis zu führen, ist nicht sein Ding. Schon nach den ersten Wochen ist er deutlich im Verzug. Sein Ausbilder fordert ihn deshalb auf, in seiner Freizeit den Ausbildungsnachweis zu aktualisieren.

Weisungen befolgen

Generell müssen Auszubildende an der eigenen Berufsausbildung aktiv mitwirken und sich bemühen, die berufliche Handlungsfähigkeit zu erwerben, die erforderlich ist, um das Ausbildungsziel zu erreichen (§ 13 BBiG). Sie haben die Weisungen zu befolgen, die ihnen im Rahmen der Berufsausbildung von Ausbildenden oder Weisungsberechtigten erteilt werden. Sie müssen Weisungen nicht befolgen,

unzulässige Weisungen

- die unzulässig sind, wie z.B. Verstöße gegen Sicherheitsbestimmungen,
- die nicht oder nicht mehr der Erreichung des Ausbildungszieles dienen, wie z.B. das Reinigen der Arbeitsplätze von Kollegen,
- die ihre körperlichen Kräfte übersteigen,
- bei denen sie gesundheitlichen oder sittlichen Gefahren ausgesetzt sind,
- wenn sie die Gestaltung ihres Äußeren betreffen (Art. 2 GG).

Ausnahmen in Bezug auf die Gestaltung des Äußeren können durch Sicherheits- und Hygienevorschriften oder die Ordnung der Ausbildungsstätte begründet werden.

Beispiel: Färbt sich Jonas Reichelt die Haare rot, so könnte die Ausbildungsbeauftragte Stefanie Schöne gemäß Artikel 2 des Grundgesetzes, der das Recht der freien Entfaltung der Persönlichkeit garantiert, keine Weisungen erteilen. Lässt er sein Haar jedoch wachsen und trägt es offen, dann kann sie ihn aufgrund von Hygienevorschriften anhalten, entsprechende Haarnetze oder Kopfbedeckungen zu tragen. Wenn er darüber hinaus auch noch hinter der Ladentheke eingesetzt würde, ist zu prüfen, ob er mit seinem Äußeren ein berufs- und geschäftsschädigendes Verhalten gegenüber seinem Ausbildenden zeigt, weil Kunden in einer Bäckerei eine andere äußere Erscheinung erwarten.

Führen von Ausbildungsnachweisen

Zur aktiven Mitgestaltung der Ausbildung zählt auch das Führen von schriftlichen Ausbildungsnachweisen. Diese sind in der Ausbildungszeit zu führen bzw. wenn sie in der Freizeit geführt werden, auf die Ausbildungszeit anzurechnen. Das Führen der Ausbildungsnachweise ist gemäß § 43 BBiG eine Zulassungsvoraussetzung für die Abschlussprüfung.

Beispiel: Jens Gerber muss, wenn er zur Prüfung zugelassen werden will, seinen Ausbildungsnachweis führen, ebenso wie er – trotz seiner Volljährigkeit – zur Berufsschule gehen muss. Der Ausbildungsnachweis ist das Dokument, mit dem sein Ausbilder nachweisen kann, dass er gemäß dem Ausbildungsrahmenplan ausgebildet hat. Es muss also in seinem Interesse liegen, wenn er sorgfältig geführt wird.

Berufsschulpflicht

Die Berufsschulpflicht ist in den Bundesländern unterschiedlich geregelt. Während z.B. Auszubildende in Niedersachsen generell eine Berufsschulpflicht haben, gilt dies in Nordrhein-Westfalen nur für diejenigen, die bis zur Vollendung des 21. Lebensjahres eine Ausbildung begonnen haben. Wer nach dem 21. Lebensjahr eine Ausbildung beginnt, kann die Berufsschule besuchen.

Nehmen sie daran nicht teil, ist der Ausbildungsbetrieb verpflichtet, ihnen die in der Berufsschule vermittelten, im Rahmenlehrplan festgelegten Inhalte beizubringen bzw. die Zeit einzuräumen, die für das Lernen der theoretischen Kenntnisse erforderlich ist.

Je nach Bundesland gibt es unterschiedliche Regelungen, wenn der Auszubildende seiner Berufsschulpflicht aus eigenem Verschulden nicht nachkommt. Die Maßnahmen reichen z.B. bei fehlenden Entschuldigungen von Bußgeldern, dem Ableisten von Sozialstunden bis hin zur Überprüfung der Zulassung zur Abschlussprüfung.

Über Betriebs- und Geschäftsgeheimnisse haben Auszubildende wie auch alle übrigen Mitarbeiter Stillschweigen zu bewahren.

ärztliche Untersuchung

Für jugendliche Auszubildende besteht die Pflicht einer ärztlichen Untersuchung vor und ein Jahr nach Beginn der Berufsausbildung, bei der der Gesundheits- und Entwicklungsstand der Jugendlichen festgestellt und überprüft wird. Über die Untersuchung ist eine ärztliche Bescheinigung beizubringen (§ 32 f. JArSchG). Wird die ärztliche Bescheinigung nicht vorgelegt, müssen Auszubildende damit rechnen, dass ihr Ausbildungsverhältnis im Verzeichnis bei der zuständigen Kammer gelöscht wird (§ 35 Abs. 2 BBiG).

Übersicht Rechte und Pflichten des Ausbildenden und des Auszubildenden

Aus den Pflichten des Ausbildenden ergeben sich auch die Rechte des Auszubildenden und aus den Pflichten des Auszubildenden die Rechte des Ausbildenden.

Pflichten des Ausbildenden/ Auszubildenden

Pflichten des Ausbildenden	Pflichten des Auszubildenden
Vermitteln beruflicher Handlungsfähigkeit, um das Ausbildungsziel in der vorgesehenen Zeit zu erreichen	Erwerb der Fertigkeiten, Kenntnisse und Fähigkeiten, die für die Erreichung des Ausbildungszieles erforderlich sind
Übertragen ausschließlich ausbildungszweckbezogener Aufgaben	sorgfältige Ausführung der übertragenen Aufgaben
Benennen weisungsberechtigter Personen	Befolgen von Weisungen weisungsberechtigter Personen
Freistellen zum Berufsschulbesuch sowie zur Teilnahme an außerbetrieblichen Ausbildungsmaßnahmen und Prüfungen	Teilnehmen am Berufsschulunterricht, an überbetrieblichen Ausbildungsmaßnahmen und an Prüfungen

Pflichten des Ausbildenden/ Auszubildenden

Pflichten des Ausbildenden	Pflichten des Auszubildenden
Kontrolle der Ausbildungsnachweise	Führen der Ausbildungsnachweise
kostenlose Bereitstellung von Ausbildungsmitteln und vorgeschriebener Berufskleidung	pflegliche Behandlung von Ausbildungsmitteln und betrieblichen Einrichtungen sowie Beachtung der Betriebsordnung
Sorgen für die charakterliche Förderung und Vermeiden körperlicher und sittlicher Gefährdung	Wahren von Betriebs- und Geschäftsgeheimnissen
Anhalten der jugendlichen Auszubildenden zur Teilnahme an ärztlichen Untersuchungen	Teilnehmen an ärztlichen Untersuchungen, Benachrichtigung im Krankheitsfalle
Gewähren einer angemessenen Vergütung	
Zeugniserteilung	

5.3 Eintragung in das Verzeichnis der Berufsausbildungsverhältnisse

Ausbildende im Handwerk müssen unmittelbar nach Abschluss des Berufsausbildungsvertrages die Eintragung in das Verzeichnis der Berufsausbildungsverhältnisse beantragen (§ 36 BBiG, § 30 HwO). Die Kosten der Eintragung übernimmt der Ausbildungsbetrieb. Das Beantragen erfolgt bei den Innungen, Kreishandwerkerschaften oder direkt bei den Handwerkskammern.

Lehrlingsrolle

Das Verzeichnis trägt den Namen „Lehrlingsrolle“ und dient der Regelung, Überwachung und Förderung sowie zum Nachweis der Berufsausbildung. Die Eintragung wird nur vorgenommen, wenn der Vertrag den gesetzlichen Vorgaben und der Ausbildungsordnung entspricht. Darüber hinaus müssen die persönliche und fachliche Eignung des Ausbildungspersonals sowie die Eignung der Ausbildungsstätte vorliegen | ► S. 63 |. Bei jugendlichen Auszubildenden ist die Bescheinigung über die medizinische Erstuntersuchung nach § 32 Abs. 1 JArSchG vorzulegen. Sollten Anrechnungsgründe für eine Verkürzung der Ausbildung vorliegen, so sind die entsprechenden Zeugnisse in beglaubigter Kopie einzureichen.

Beispiel: Stefanie Schöne füllt den Antrag auf Eintragung in das Verzeichnis der Berufsausbildungsverhältnisse aus und reicht ihn bei der Kreishandwerkerschaft ein, die den Antrag nach Vorabprüfung an die Handwerkskammer weiterleitet. Stefanie Schöne fügt zwei Ausfertigungen des Ausbildungsvertrages sowie den betrieblichen Ausbildungsplan bei.

Hat die zuständige Stelle die Ordnungsmäßigkeit des Berufsausbildungsvertrages festgestellt, reicht sie die Ausfertigungen mit einem Eintragungsvermerk zurück. Der Ausbildungsbetrieb lässt dem Auszubildenden sowie - falls erforderlich - dessen gesetzlichem Vertreter eine Ausfertigung des Vertrages unverzüglich zukommen.

5.4 Anmeldung bei der Berufsschule

Der Ausbildende hat den Auszubildenden bei der Berufsschule anzumelden. Um die Auszubildenden in die richtige Klasse einschulen zu können, benötigen die Berufsschulen i.d.R. die Kopie des Ausbildungsvertrages sowie die Kopie des Zeugnisses der zuletzt besuchten allgemeinbildenden Schule.

Freistellung

Die Zeit der Freistellung für die Berufsschule umfasst den Unterricht einschließlich der Pausen und die Wegstrecke zwischen der Ausbildungsstätte und der Berufsschule. Auch für Veranstaltungen im Rahmen des Berufsschulunterrichts, die außerhalb der Unterrichtszeit durchgeführt werden und den Unterricht notwendig ergänzen, müssen die Auszubildenden freigestellt werden.

Anrechnung auf die Arbeitszeit

Für jugendliche Auszubildende wird ein Berufsschultag pro Woche mit acht Stunden auf die Arbeitszeit angerechnet, wenn mehr als fünf Unterrichtsstunden von mindestens je 45 Minuten erteilt worden sind (§ 9 Abs. 1 JArSchG). Der zweite Berufsschultag wird mit der in der Berufsschule verbrachten Zeit inklusive aller Pausen angerechnet. Sollten Auszubildende am zweiten Tag noch im Betrieb erscheinen, ist die Fahrtzeit zwischen Schule und Betrieb als Arbeitszeit anzurechnen.

Für erwachsene Auszubildende werden die Berufsschultage generell mit der in der Berufsschule verbrachten Zeit inklusive aller Pausen angesetzt.

Beispiel: Im Ausbildungsvertrag der beiden neuen Auszubildenden ist eine wöchentliche Ausbildungszeit von 40 Stunden vereinbart. Der Berufsschulunterricht findet an zwei Wochentagen im ersten Ausbildungsjahr von 8.00 bis 15.00 Uhr und von 8.00 bis 13.00 Uhr statt. Die Fahrtzeit mit öffentlichen Verkehrsmitteln zwischen Betrieb und Berufsschule beträgt 30 Minuten.

	Romina, 17 Jahre **Stunden**	**Jonas, 18 Jahre** **Stunden**
Wochenausbildungszeit	40	40
1. Berufsschultag	- 8	- 7
2. Berufsschultag	- 5	- 5
verbleibende Zeit für die betriebliche Ausbildung	27	28

Romina und Jonas würden nach dem Unterricht am zweiten Berufsschultag noch für maximal drei Stunden im Betrieb arbeiten. Die Fahrtzeit zwischen Schule und Betrieb wird als Arbeitszeit hinzugerechnet. Jonas müsste am ersten Berufsschultag noch eine Stunde arbeiten, es sei denn, er kann diese Zeit an einem der anderen betrieblichen Tage ableisten.

5.5 Rechtliche Möglichkeiten der Kündigung sowie der Beendigung von Ausbildungsverhältnissen

5.5.1 Reguläre Beendigung des Ausbildungsverhältnisses

Das Berufsausbildungsverhältnis endet nach § 21 BBiG regelmäßig mit Ablauf der vorgeschriebenen Ausbildungszeit. Besteht der Auszubildende die Gesellen- oder Abschlussprüfung vor Ablauf der vereinbarten Ausbildungszeit, so endet das Ausbildungsverhältnis mit der Bekanntgabe der Prüfungsergebnisse. In der Regel ist dies der Tag der praktischen Prüfung.

Beispiel: Der Ausbildungsvertrag von Tatjana Kaschak endet regulär am 31. Juli, da sie am 1. August vor drei Jahren ihre Ausbildung begonnen hat. Am 10. Mai nimmt sie an der schriftlichen Abschlussprüfung teil. Die Abschlussprüfung schließt sie mit dem Bestehen des praktischen Prüfungsteils am 10. Juli erfolgreich ab. Der Prüfungsausschuss teilt ihr am Nachmittag des 10. Juli mit, dass sie die Prüfung bestanden hat. Darüber erhält sie am gleichen Tag noch eine Bescheinigung.

Besteht ein Auszubildender die Prüfung nicht, ist das Ausbildungsverhältnis auf Antrag des Auszubildenden bis zur nächstmöglichen Wiederholungsprüfung zu verlängern, höchstens jedoch um ein Jahr (§ 21 Abs. 3 BBiG).

Vereinbarung der Weiterbeschäftigung

Es ist unzulässig, bereits im Berufsausbildungsvertrag eine Weiterbeschäftigung nach Beenden der Ausbildung festzulegen (§ 12 Abs. 1 BBiG). Ausbildender und Auszubildende können dies erst während der letzten sechs Monate der Ausbildung vereinbaren. Werden Auszubildende im Anschluss an die Ausbildung beschäftigt, ohne dass hierüber ein Arbeitsvertrag geschlossen worden ist, so wird ein Arbeitsverhältnis auf unbestimmte Zeit begründet (§ 24 BBiG).

Kennen Sie das Sackmann-Lernportal?
Ihren Zugangscode finden Sie auf Seite 3.

Beispiel: Kommt Tatjana Kaschak am Tag nach Bekanntgabe ihrer Prüfungsergebnisse in die Bäckerei und erhält von Luigi Marcello Arbeitsaufträge, ist mündlich ein gültiger Arbeitsvertrag geschlossen worden, für den die Kündigungsregelungen des Arbeitsrechts gelten. Sie hat ab diesem Tag einen Anspruch auf die Vergütung einer Fachkraft. Luigi Marcello sollte daher seine Auszubildenden rechtzeitig - sicherheitshalber schriftlich - über das Ende der Beschäftigung und die Nichtübernahme informieren.

Mitglieder der Jugend- und Auszubildendenvertretung | ► S. 103 | müssen grundsätzlich nach Beendigung des Ausbildungsverhältnisses weiterbeschäftigt werden, wenn sie dies verlangen (§ 78a BetrVG).

Beispiel: Ist Tatjana Kaschak noch Mitglied der Jugend- und Auszubildendenvertretung, kann ihr frühestens ein Jahr nach Ausscheiden aus diesem Gremium gekündigt werden. Sie muss jedoch in den letzten drei Monaten vor Ablauf der Ausbildung ihrem Arbeitgeber schriftlich mitteilen, dass sie weiterbeschäftigt werden möchte.

5.5.2 Kündigung des Ausbildungsverhältnisses

Der Ausbildungsvertrag ist gemäß BBiG so angelegt, dass Kündigungen nur in ganz besonderen Fällen erfolgen sollten. Die Rechtsprechung zu den Kündigungsgründen und -verfahren hat dazu einige Klärungen gebracht, an die sich die Arbeitsgerichte halten.

Beispiel: Nach drei Monaten möchte Luigi Marcello von seiner Ausbildungsbeauftragten einen Zwischenstand über das Verhalten und die Leistungen seiner neuen Auszubildenden erhalten. Schließlich möchte er wissen, ob sich Romina Peters und Jonas Reichelt in der Probezeit bewährt haben. Mit Romina Peters ist Stefanie Schöne sehr zufrieden. Sie ist interessiert und fleißig. Zu Jonas Reichelt hat sie Mitteilungen über unentschuldigte Fehltage in der Berufsschule erhalten. Auch seine Pünktlichkeit im Betrieb lässt zu wünschen übrig. An jedem zweiten Morgen kommt er manchmal zehn Minuten, manchmal 30 Minuten zur spät zur Arbeit. Das hat die Auswertung der Zeiterfassung ergeben. Sie hat ihm deswegen eine Abmahnung geschrieben. Sein Verhalten hat sich aber nicht geändert.

Kündigung während der Probezeit

Während der Probezeit kann der Berufsausbildungsvertrag von beiden Vertragsparteien ohne Einhaltung einer Kündigungsfrist und ohne Angabe von Gründen gekündigt werden (§ 22 Abs. 1 BBiG). Die Kündigung muss schriftlich erklärt werden (§ 22 Abs. 3 BBiG) und dem Vertragspartner zugehen.

Kündigung nach der Probezeit – wichtiger Grund

Nach der Probezeit kann der Berufsausbildungsvertrag nur aus einem wichtigen Grund - ohne Einhaltung einer Kündigungsfrist - gekündigt werden. Wichtige Gründe sind i.d.R. schwerwiegende Verstöße gegen die Pflichten aus dem Ausbildungsvertrag, die dem jeweils anderen Vertragspartner die Fortsetzung der Ausbildung bis zum Ausbildungsende unzumutbar machen. Diese können sein:

aus Sicht des Ausbildenden	aus Sicht des Auszubildenden
häufige, selbstverschuldete Verspätungen	Fehlverhalten des Ausbildenden oder der von ihm Beauftragten (wie körperliche und seelische Gewalt)
unentschuldigte Fehlzeiten im Ausbildungsbetrieb	mangelhafte Qualität der Ausbildung
unentschuldigte Fehlzeiten in der Berufsschule	häufige Übertragung ausbildungsfremder Tätigkeiten
Diebstahl oder Unterschlagungen	Nichtzahlung der Ausbildungsvergütung
mutwillige Zerstörungen von Werkzeugen oder Materialien	

Die fristlose Kündigung aus wichtigem Grund ist unwirksam, wenn sie mehr als zwei Wochen nach Bekanntwerden des Ereignisses ausgesprochen wird, auf das sich die Kündigung bezieht.

Rolle des Betriebsrats bei Kündigung

Existiert im Ausbildungsbetrieb ein Betriebsrat, ist dieser vor der Kündigung anzuhören. Die Gründe für die Kündigung hat der Ausbildende ihm mitzuteilen (§ 102 BetrVG). Eine Kündigung ist gerechtfertigt, wenn eine Fortsetzung des Ausbildungsverhältnisses für den Ausbildenden - unter Abwägung aller Umstände des Einzelfalls - nicht zumutbar ist.

Beispiel: Luigi Marcello lässt Jonas Reichelt drei Wochen vor Ablauf der viermonatigen Probezeit eine schriftliche Kündigung zukommen. Die Angabe von Gründen kann in diesem Fall unterbleiben.

Vor zwei Jahren hat Luigi Marcello erst nach Ablauf der Probezeit einem Auszubildenden wegen ständigen Zuspätkommens gekündigt. Er hatte vorher eine Abmahnung erteilt und deutlich gemacht, dass er zukünftig absolute Pünktlichkeit erwartet. Als der Auszubildende dann erst gegen Mittag erschien, war für Luigi Marcello das Maß voll. Ihm war klar, spätestens innerhalb der nächsten 10 Tage erhält er die schriftliche Kündigung, in der die Gründe eindeutig dargelegt sind. Chancen zu einer Verhaltensänderung hatte er ihm genug gegeben.

ordentliche Kündigung des Auszubildenden

Neben den aufgeführten wichtigen Gründen, die zu einer fristlosen Kündigung berechtigen, kann der Auszubildende mit einer Frist von vier Wochen kündigen, wenn er die Berufsausbildung aufgeben oder eine andere Berufsausbildung anstrebt (§ 22 Abs. 2 Nr. 2 BBiG). Ist der Auszubildende noch nicht volljährig, müssen die gesetzlichen Vertreter dessen Kündigung mit unterschreiben. Im Falle der Kündigung durch den Ausbildenden hat dieser den gesetzlichen Vertretern eine Zweitschrift der Kündigung zukommen zu lassen.

Ersatz für tatsächlich eingetretene Schäden

Wird das Berufsausbildungsverhältnis nach Ablauf der Probezeit aus wichtigem Grund vorzeitig gelöst, kann der Ausbildende oder der Auszubildende Ersatz für tatsächlich eingetretene Schäden verlangen, „wenn die andere Person den Grund für die Auflösung zu vertreten hat“ (§ 23 BBiG). Dieser Anspruch muss jedoch innerhalb von drei Monaten nach Beendigung des Ausbildungsverhältnisses geltend gemacht und in der entstandenen Höhe nachgewiesen werden.

Wenn Kündigungsgründe sowohl auf Seiten des Ausbildenden als auch auf Seiten des Auszubildenden für eine ordentliche oder auch außerordentliche Kündigung nicht reichen, besteht die Möglichkeit eines Aufhebungsvertrages.

Im Rahmen dieses Vertrages kann das Ausbildungsverhältnis - ohne Angabe von Gründen - in gegenseitigem Einvernehmen vorzeitig beendet werden. Bei jugendlichen Auszubildenden ist der Aufhebungsvertrag auch von den gesetzlichen Vertretern zu unterzeichnen. Der Ausbildende sollte in diesem Fall jedoch die Auszubildenden über die Folgen aufklären, die sich insbesondere auf Ansprüche gegenüber der Agentur für Arbeit beziehen.

Kompetenzen

Das sollten Sie als zukünftiger Meister können:

- ✔ wesentliche Inhalte eines Ausbildungsvertrages darstellen; Ausbildungsvertrag abschließen;
- ✔ Rechte und Pflichten des Ausbildenden und des Auszubildenden aus dem Vertrag darstellen;
- ✔ Voraussetzungen für die Eintragung des Ausbildungsvertrages in die Lehrlingsrolle erläutern; Antrag auf Eintragung in das Ausbildungsverzeichnis stellen;
- ✔ Auszubildende bei Berufsschule anmelden;
- ✔ Möglichkeiten und Grenzen der Beendigung, insbesondere der Kündigung eines Ausbildungsverhältnisses beschreiben.

Möglichkeiten prüfen, ob Teile der Berufsausbildung im Ausland durchgeführt werden können

Luigi Marcello möchte motivierten und leistungsstarken Auszubildenden etwas Besonderes bieten. Die Kunst, italienisches Gebäck herzustellen, lernt man einfach besser vor Ort in Italien. Er nimmt Kontakt zu Freunden in der Toskana auf. „Vielleicht wäre es ja eine Möglichkeit, dass sie für drei Monate dort ihre Ausbildung fortsetzen", denkt er. Er berichtet seiner Ausbildungsbeauftragten Stefanie Schöne von der Idee und überlegt mit ihr gemeinsam, wie das auf die Beine zu stellen ist. Sie halten Fragen fest, die auf jeden Fall zu klären sind: Wie verhält es sich z.B. mit den Fehlzeiten in der Berufsschule? Muss die Zeit im Ausland auch im Ausbildungsvertrag festgehalten werden? Muss für diese Zeit ein eigener Ausbildungsplan erstellt werden?

Stefanie Schöne entwickelt eine Mindmap rund um das Projekt „Ausbildung im Ausland":

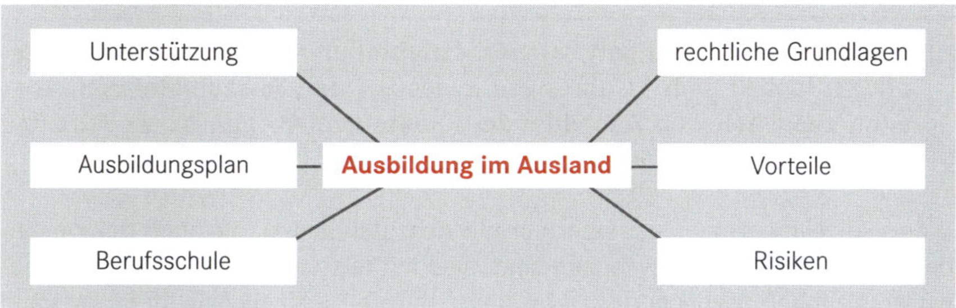

6 Ausbildungsteile im Ausland

6.1 Vorteile und Risiken

Bevor man sich mit den rechtlichen Bedingungen und gängigen Vorgehensweisen eines Ausbildungsteils im Ausland beschäftigt, ist es wichtig, grundsätzliche Vorteile und Risiken abzuwägen, um eine klare Tendenz zu entwickeln, ob dieser Weg für das Unternehmen und die Auszubildenden der richtige ist.

Möchten Sie üben? Tests und Aufgaben finden Sie im Sackmann-Lernportal.

Vorteile Auslandsaufenthalt

Vorteile Auslandsaufenthalt

- rechtlich ein Teil der Berufsausbildung
- Erwerb von
  - interkultureller Kompetenz
  - sprachlicher Kompetenz
  - Europakompetenz
- grenzüberschreitende Mobilität
- Pflege zu Partnerbetrieben im Ausland
  - Erfahrungsaustausch
  - mögliche Akquise von Aufträgen

Mobilitätsberater | ► S. 155 | berichten, dass insbesondere sprachliche, interkulturelle oder Europakompetenzen erworben sowie die sog. Soft Skills wie Selbstständigkeit, Organisationsfähigkeit und Problemlösungsfähigkeit bei einem Auslandsaufenthalt weiterentwickelt werden.

Wird der Kontakt zu den Partnerbetrieben im Ausland regelmäßig gepflegt, lassen sich Erfahrungen zwischen den Auszubildenden, aber auch zwischen den Ausbildenden, austauschen, ggf. sogar Aufträge im Ausland zu generieren.

Diese Vorteile ergeben sich aber nur mit Auszubildenden, die auch den besonderen Anforderungen gewachsen sind, also mit leistungsstarken und selbstbewussten jungen Menschen. In Abwägung mit den Risiken bzw. dem Aufwand eines Auslandsaufenthalts wird noch deutlicher, dass nicht jeder Auszubildende in Frage kommt.

Risiken Auslandsaufenthalt

Risiken Auslandsaufenthalt

- Belastungen aufgrund von
  - kulturellen Unterschieden
  - Umgangsformen
  - sprachlichen Defiziten
  - Trennung von Familie und Freundeskreis
- unnötiger Organisationsaufwand, Zeit und Kosten bei Abbruch
- nicht ausreichende Dokumentation des Auslandsaufenthaltes durch Auszubildende

Kriterien Eignung

Ein Ausbildender, der einen Auslandsaufenthalt für seine Auszubildenden plant, sollte sich seine Kandidaten genau ansehen.

- Sind sie vorbereitet auf die kulturellen Unterschiede zwischen Deutschland und dem Ausland?
- Beherrschen sie die notwendigen Umgangsformen sowie die sprachlichen Grundkenntnisse, um erfolgreich mit den ausländischen Kollegen zu kommunizieren und das deutsche Unternehmen im Ausland angemessen zu repräsentieren?
- Wird der Ausbildungsnachweis weiterhin sorgfältig geführt und damit der Aufenthalt angemessen dokumentiert?
- Wie verkraften sie eine mehrwöchige oder gar dreimonatige Trennung von Familie und Freunden, insbesondere wenn sie noch jünger sind und Auslandsaufenthalte eine neue Erfahrung darstellen?
- Was passiert, wenn das Heimweh so groß wird, dass der Aufenthalt abgebrochen werden muss?

6.2 Rechtliche Grundlagen und Vorgehensweise für Ausbildungsteile im Ausland

rechtlicher Status: Teil der Berufsausbildung

Rechtlich gesehen kann ein Auslandsaufenthalt Teil der Berufsausbildung sein, sofern er dem Ausbildungsziel dient (§ 2 Abs. 3 BBiG). Dieses Ziel wird erreicht, wenn die im Ausland vermittelten Ausbildungsinhalte und -kompetenzen den Inhalten des Ausbildungsrahmenplans entsprechen.

rechtliche Regelungen und Vorgehensweisen

Folgende rechtliche Regelungen und gängige Vorgehensweisen stecken den Rahmen für diesen Aufenthalt ab:

- Auszubildende können bis zu einem Viertel der gesamten Ausbildungsdauer im Ausland verbringen.
- Ab einer Länge von vier Wochen muss der Auslandsaufenthalt gemäß § 11 Abs. 1 Nr. 3 BBiG im Ausbildungsvertrag als Ausbildungsmaßnahme außerhalb der Ausbildungsstätte vereinbart werden.
- Falls sich Auszubildender und Ausbildender erst nach Abschluss des Ausbildungsvertrages zu einem Auslandsaufenthalt entschließen, muss die nachträgliche Vereinbarung im Ausbildungsvertrag festgehalten und die Änderung an die zuständige Stelle zur Eintragung weitergeleitet werden.
- Die Ausbildungsvergütung wird weiterhin vom entsendenden Betrieb gezahlt.
- Falls der Auszubildende Erträge erwirtschaftet, kann der aufnehmende Betrieb für die ganze Zeit des Auslandsaufenthalts die Vergütung übernehmen.
- Der Schutz der deutschen Sozialversicherungen besteht im Ausland weiter, da der Auslandsaufenthalt Teil der Ausbildung ist.

- Auch während des Auslandsaufenthalts müssen die Auszubildenden den Ausbildungsnachweis weiterführen und dieses vom Ausbilder später überprüfen lassen.
- Um die im Ausland erworbenen Sprach- und interkulturellen Kompetenzen zu dokumentieren, sollte der Europass verwendet werden | ► S. 158 |.
- Die Reise- und Unterbringungskosten hat der Auszubildende selbst zu tragen. Jedoch gibt es einige Förderprogramme, die mit Zuschüssen helfen | ► S. 157 |.

Es empfiehlt sich für den entsendenden wie den aufnehmenden Betrieb ein Vertrag, in dem festgelegt wird, welche Ausbildungsinhalte vermittelt werden, aber auch wie die Finanzierung der Ausbildung sowie der Versicherungsschutz geregelt werden.

Ausbildungsstätte im Ausland und Ausbildungsplan

Die Handwerkskammer als zuständige Stelle erwartet bei Auslandsaufenthalten von mehr als vier Wochen einen speziellen Ausbildungsplan für diesen Zeitraum. Wünschenswert ist aus Sicht der zuständigen Stelle darüber hinaus der Nachweis der Eignung von Ausbildungspersonal und Ausbildungsstätte. Problematisch ist jedoch, dass Eignungsvoraussetzungen, wie sie in Deutschland selbstverständlich sind, im Ausland nicht unbedingt definiert sind und somit nicht dokumentiert werden können.

Klärungspunkte entsendender/aufnehmenderBetrieb

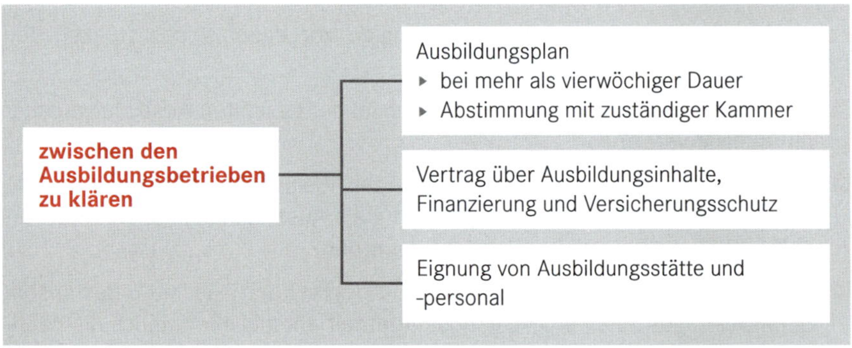

Beispiel: Luigi Marcellos Idee wird konkreter: Er wird den leistungsstarken und sprachtalentierten Auszubildenden das Angebot eines Aufenthalts in Italien unterbreiten. Vorstellen kann er sich das insbesondere bei seiner Auszubildenden Romina Peters. Luigi Marcello wird mit den Freunden in der Toskana einen Vertrag schließen, der den dreimonatigen Aufenthalt sowie Ausbildungsinhalte und -kompetenzen in einem speziellen Ausbildungsplan regelt und sicherstellt, dass dieser Auslandsaufenthalt als Ausbildungsmaßnahme außerhalb der Ausbildungsstätte durch die Handwerkskammer anerkannt wird. Er wird dort einen Auszug aus dem Ausbildungsplan einreichen. Gleichzeitig zeigt er damit der zuständigen Stelle an, dass der Ausbildungsvertrag geändert wird.

Berufsschule

Berücksichtigung der Berufsschule

Im dualen System der Berufsausbildung muss

- der duale Partner, die Berufsschule, über den Auslandsaufenthalt informiert
- und ein Antrag auf Beurlaubung vom Berufsschulunterricht gestellt werden.

Der Auszubildende muss versäumten Unterrichtsstoff eigenständig nachholen. Aus Sicht der Berufsschulen ist es wünschenswert, dass der Aufenthalt in die Ferienzeit oder bei Blockunterricht in die unterrichtsfreie Zeit fällt.

Nicht wenige berufsbildende Schulen pflegen Kontakte zu schulischen Einrichtungen im europäischen Ausland. Auch diese Kontakte können Auszubildende nutzen, um ausländische Betriebe und die dortige Ausbildung näher kennenzulernen.

6.3 Beratungs- und Unterstützungsmöglichkeiten für die Realisierung von Ausbildungsteilen im Ausland

Handwerkskammern

Über die Internetseiten der Handwerkskammern können sich interessierte Auszubildende, Ausbildende und auch Fachkräfte über das „Lernen und Arbeiten im Ausland" informieren. Einige Kammern pflegen Kontakte zu Partnerkammern oder vergleichbaren Institutionen im Ausland und bieten Auslandspraktika (im Austausch) an. Darüber hinaus bieten sie auf ihren Internetseiten eine Fülle von Links und Downloads an, wie Checklisten für Teilnehmer, einen Mustervertrag Auslandspraktikum, einen Muster-Ausbildungsplan, einen Antrag auf Freistellung von der Berufsschule und weitere sinnvolle Formulare.

„Berufsbildung ohne Grenzen"

Diese Seiten sind i.d.R. mit der bundesweiten Seite „Berufsbildung ohne Grenzen"[1] verlinkt, die durch das Bundesministerium für Wirtschaft und Energie (BMWi) gefördert und gemeinsam mit den Dachverbänden DIHK (Deutscher Industrie- und Handelskammertag e.V.) und ZDH (Zentralverband des Deutschen Handwerks) umgesetzt wird. Hier können sich Auszubildende, Fachkräfte, Ausbilder, Lehrer und Ausbildungsbetriebe umfassend informieren.

Mobilitätsberater

Zusätzlich beraten und unterstützen deutschlandweit ca. 50 Mobilitätsberater Unternehmen, Auszubildende und junge Fachkräfte bei der Realisierung von Auslandsaufenthalten. Die Mobilitätsberater, häufig angesiedelt bei den Kammern, helfen konkret bei allen Fragen rund um das Thema Auslandspraktika.

---

1 *http://www.berufsbildung-ohne-grenzen.de/*

Zum Beispiel:

- bei der Planung, Durchführung, Auswertung und Abrechnung von Auslandsaufenthalten,
- bei der Abstimmung des Aufenthalts zwischen Unternehmen, Berufsschule, Teilnehmer, Kammer und Partnerbetrieb,
- bei der Suche geeigneter Partnerbetriebe im Ausland,
- bei der Suche nach Fördermitteln und bei deren Beantragung,
- bei der Vermittlung von Vorbereitungsmaßnahmen wie z.B. Sprachkursen oder interkulturellen Trainings,
- bei der Vermittlung von Praktikumsplätzen in Deutschland für ausländische Jugendliche und junge Arbeitnehmer.

EU-Bildungsprogramm Erasmus+

Gefördert werden Auslandsaufenthalte innerhalb der Europäischen Union z.B. durch das EU-Bildungsprogramm Erasmus+[1], dessen nationale Agentur für berufliche Bildung im Bundesinstitut für Berufsbildung (BiBB) angesiedelt ist. Ziel des Programms ist es, internationale Fachkompetenz, soziale und interkulturelle Kompetenzen sowie Fremdsprachenkompetenz zu fördern. Anträge können gestellt werden von Unternehmen, Kammern und Trägern der außer- und überbetrieblichen Ausbildung. Zielgruppe des Programms sind Auszubildende, Fachkräfte und Arbeitssuchende. Die Förderung erfolgt in Form von Zuschüssen für Reise- und Aufenthaltskosten, Kosten der sprachlichen und interkulturellen Vorbereitung sowie Organisationskosten zur Durchführung des Projekts.

Bildungsprogramm „Ausbildung weltweit"

Um Auslandsaufenthalte außerhalb der EU zu ermöglichen, wird neben dem Erasmus+-Programm das Programm „Ausbildung weltweit"[2] angeboten. Ebenso wie Erasmus+ bietet es Zuschüsse zu Reise- und Aufenthaltskosten, Informationsveranstaltungen zur Vor- und Nachbereitung sowie Hilfen bei der Organisation des Auslandsaufenthalts. Gefördert wird das Programm durch das Bundesministerium für Bildung und Forschung. Angesiedelt ist es ebenfalls bei der nationalen Agentur für berufliche Bildung im Bundesinstitut für Berufsbildung.

Poolprojekte

Für Unternehmen, die keinen eigenen Erasmus+-Antrag stellen, aber dennoch ihren Auszubildenden die Erfahrungen im Ausland ermöglichen möchten, gibt es die „Poolprojekte". Einrichtungen stellen ihren eigenen Pool an Stipendien deutschlandweit Interessenten zur Verfügung, d.h. einzelne Auszubildende können sich bei einem solchen Poolprojektträger um Fördergelder bewerben, unabhängig davon, ob der Ausbildungsbetrieb mit dieser Institution verbunden ist oder nicht.

---

[1] *http://www.erasmusplus.de/*

[2] *https://www.go-ibs.de/angebote/fuer-unternehmen/ausbildung-weltweit/*

Initiative „let's go!"

Ein für Auszubildende im Handwerk besonders entwickeltes Poolprojekt ist die „let's go!"-Initiative[1], die sowohl als Austausch- und Präsentationsplattform für Auszubildende mit Erfahrung in Sachen Auslandspraktikum gedacht ist, ebenso auch als Informations- und Motivationsplattform für diejenigen, die gerne ein Auslandspraktikum in ihrer Ausbildungszeit machen würden.

Übersicht Förderung

Förderung durch Information, Beratung, Programme und finanzielle Unterstützung

Handwerkskammern
- Informationen zum Lernen und Ausbilden im Ausland
- Links und Downloads zu Musterformularen und -verträgen
- Auszubildenden-Austausch

Berufsbildende Schulen
- Schüleraustausch, Information und Beratung

Mobilitätsberater
- häufig bei Kammern
- Beratung und Begleitung (Suche von geeigneten Unternehmen und Fördermöglichkeiten) von Unternehmen, Auszubildenden und jungen Fachkräften

Erasmus+-Programm
- finanzielle Förderung von Auslandsaufenthalten in der EU
- Anträge für Projekte von Unternehmen, Kammern, Berufsbildungseinrichtungen

Berufsbildung ohne Grenzen
- finanzielle Förderung von Auslandsaufenthalten außerhalb der EU
- Anträge für Projekte von Unternehmen, Kammern, Berufsbildungseinrichtungen

„let's go!"-Initiative (speziell für Auszubildende im Handwerk)
- Informationen und Erfahrungsberichte, Austausch
- finanzielle Förderung von Auslandsaufenthalten im Rahmen des Erasmus+-Programms

Poolprojekte
- Einrichtungen stellen ihren eigenen Pool an Stipendien deutschlandweit Interessenten zur Verfügung

[1] *https://letsgoazubi-de.prossl.de/Initiative-let-s-go-/Initiative-let-s-go.html*

Beispiel: Romina Peters Interesse an einem Auslandsaufenthalt ist groß. Stefanie Schöne hat daraufhin Kontakt mit dem Mobilitätsberater der Handwerkskammer aufgenommen. Er hat sie auf die Fördermöglichkeiten des Erasmus+-Programms aufmerksam gemacht und wird sie bei den Anträgen unterstützen. Zusätzlich hat Stefanie Schöne die Vorlagen für den Praktikumsvertrag, den Ausbildungsplan und den Antrag zur Freistellung von der Berufsschule heruntergeladen. Klären wird sie, ob eine zusätzliche Haftpflichtversicherung für die Auszubildende während des Praktikums nötig ist, während Romina Peters sich um eine zusätzliche Krankenversicherung kümmern wird. Bei der Volkshochschule will sie einen Grundkurs in Italienisch belegen.

6.4 Dokumentation von Auslandsaufenthalten

Beispiel: Im Gespräch mit der Auszubildenden Romina Peters wird schnell klar, dass sie von ihrem Auslandsaufenthalt viel erwartet. Sie möchte möglichst umfassend lernen, um ihre ehrgeizigen Pläne, später mal ihre eigene, ganz besondere Bäckerei zu führen, auch realisieren zu können. Wer aber dokumentiert diese neu erworbenen Kenntnisse, Fähigkeiten und Fertigkeiten? Was kann sie in ihrer späteren beruflichen Laufbahn mit diesen neu erworbenen Kompetenzen anfangen?

Ausbildungsnachweis

Da der Auslandsaufenthalt Teil der Berufsausbildung ist, besteht für die Auszubildenden weiterhin die Pflicht, diese zusätzlich erworbenen Kenntnisse und Fertigkeiten im Ausbildungsnachweis zu dokumentieren.

Europass

Darstellung beruflicher Qualifikationen

Darüber hinaus gibt es den in Europa weitgehend anerkannten Europass[1]. Er besteht aus fünf Dokumenten, die Auszubildenden und Fachkräften helfen, ihre Qualifikationen, Fähigkeiten und Kompetenzen klar und nachvollziehbar darzustellen. Ziel des Europasses ist es, Mobilitätshindernisse zu überwinden, die auf der mangelnden Transparenz beruflicher Qualifikationen beruhen.

[1] *http://europass.cedefop.europa.eu/de*

Lebenslauf und Sprachenpass

Auszubildende erstellen selbst folgende Dokumente:

- Lebenslauf,
- Sprachenpass.

Mit dem Lebenslauf können Auszubildende ihre Qualifikationen wirksam und klar darstellen. Der Sprachenpass dient der Selbsteinschätzung der Sprachkenntnisse und listet die Diplome und Zertifikate auf. Die Formulare können auf der Internetseite zum Europass heruntergeladen werden.

von Einrichtungen zu erstellende Dokumente

Von Einrichtungen der allgemeinen und beruflichen Bildung werden die folgenden Dokumente ausgestellt:

- Europass Mobilität,
- Zeugniserläuterungen,
- Diplomzusätze (Diplomasupplement).

Europass Mobilität

Der Europass Mobilität beschreibt den Zweck bzw. das Ziel der konkreten Mobilitätsinitiative und erfasst die Kenntnisse und Fähigkeiten, die ein junger Mensch während eines Lernaufenthalts im europäischen Ausland erworben hat. Auszubildende im Handwerk erhalten ihn i.d.R. von ihrer Handwerkskammer (Entsendeorganisation).

Kammern oder Ausbildungsbetriebe beantragen bei einer der Ausgabestellen den Europass Mobilität (u.a. Zentralverband des deutschen Handwerks[1], Nationale Agentur für Bildung in Europa beim BIBB[2]). Stellung nehmen muss aber auch die aufnehmende Institution im Ausland (Gastorganisation), die die erlernten Fähigkeiten und Kompetenzen sowie die übertragenen Aufgaben dokumentiert.

Zeugniserläuterungen

Die Zeugniserläuterungen beschreiben Kenntnisse und Fähigkeiten über die die Inhaber beruflicher Abschlusszeugnisse verfügen.

Die Diplomzusätze beschreiben die Kompetenzen, die Inhaber von Hochschulabschlüssen erworben haben.

Beispiel: Stefanie Schöne wird die Handwerkskammer bitten, für Romina Peters einen Europass Mobilität zu erstellen. In Italien wird dann der befreundete Ausbilder die erworbenen Fähigkeiten und Kompetenzen ergänzen. Dieses Dokument kann Romina Peters nach ihrer Lehre den Bewerbungsunterlagen hinzufügen. Damit hat sie einen deutlichen Vorteil vor anderen Mitbewerbern.

---

[1] *www.zdh.de*

[2] *www.na-bibb.de*

Kompetenzen

Das sollten Sie als zukünftiger Meister können:

- ✔ Vorteile und mögliche Risiken von Ausbildungsabschnitten im Ausland für Auszubildende und den Betrieb abwägen;
- ✔ Rechtsgrundlagen für die Entscheidungsfindung zur Durchführung von Ausbildungsteilen im Ausland heranziehen;
- ✔ Formen der Berufsausbildung in anderen europäischen Ländern bei der Planung des Auslandsaufenthaltes beachten;
- ✔ Beratungs- und Unterstützungsmöglichkeiten für die Durchführung von Auslandsaufenthalten darstellen;
- ✔ Dokumentation von Auslandsaufenthalten nachvollziehen.

Handlungsfeld 3:
Ausbildung durchführen

Lernförderliche Bedingungen und motivierende Lernkultur schaffen, Rückmeldung geben und empfangen

Thorsten Mainau, Geschäftsführer der Maurerprofis Mainau & Roth GmbH, beobachtet schon länger, dass Auszubildende hochmotiviert in ihre Ausbildung einsteigen. Im Verlauf der Ausbildungszeit fallen dann Initiative und Energie ab. Die Auszubildenden bleiben hinter ihren Möglichkeiten zurück. Thorsten Mainau denkt, dass häufig einfach nicht die Zeit und Ruhe zum Lernen gegeben ist. Er bespricht das Problem mit den ausbildenden Meistern Ali Resa und Fred Schumann. Er will erfahren, wie sie das Ganze beurteilen, und Wege finden, die Ausbildung im Betrieb zu verbessern. „Ich möchte, dass unsere Auszubildenden in vielen Situationen im Betrieb etwas lernen, sich fortentwickeln und daran Freude haben. Was können wir tun, damit uns das besser gelingt?“

1 Lernvoraussetzungen, Lernförderung und Lernkultur

1.1 Lernen, Lernkompetenz, Lernkultur des selbstgesteuerten Lernens

Die wichtigste Aufgabe des Ausbildenden bzw. Ausbilders ist es, dem Auszubildenden die berufliche Handlungskompetenz zu vermitteln, die zum Erreichen des Ausbildungsziels nach der Ausbildungsordnung erforderlich ist. Er hat darauf zu achten, dass dem Auszubildenden in der vorgesehenen Ausbildungszeit alle geforderten Fähigkeiten, Fertigkeiten und Kenntnisse vermittelt werden. Damit dies gelingt, muss Folgendes beachtet werden:

- Die Ausbildung muss von Anfang an gut geplant werden. *Planung*
- Es ist ein Grundverständnis notwendig, wie Lernen, Motivieren und Führen funktionieren. Dem Ausbilder stehen diverse Ausbildungsmethoden zur Verfügung, mit deren Hilfe er dem Auszubildenden die Ausbildungsinhalte vermitteln kann. *Grundverständnis Lernen – Motivieren – Führen*
- Wichtig sind die Voraussetzungen, die der Auszubildende bereits mitbringt, sowie seine Motivation, Neues zu lernen. Der Ausbilder muss die individuellen Voraussetzungen des Auszubildenden berücksichtigen und seine Art der Ausbildung danach ausrichten. Ein wichtiger Aspekt ist, Stärken zu stärken und Schwächen zu mildern. *individuelle Voraussetzungen*

1.1.1 Lernen

Mit dem Begriff Lernen werden oft Inhalte aus der Schulzeit verbunden: Vokabeln in Englisch, Formeln in Mathe oder auch Jahreszahlen in Geschichte. Doch dieses Schullernen ist nur ein sehr kleiner Teil des Lernens:

Lernen im Lebenslauf

- Bereits Säuglinge lernen, sich zu drehen,
- Kleinkinder lernen das Laufen und viele andere körperliche Aktivitäten,
- Erwachsene lernen neue Computerprogramme, die sie am Arbeitsplatz benötigen und
- ältere Menschen lernen, sich mithilfe eines Rollators fortzubewegen, um weiterhin aktiv am Leben teilzunehmen.

Lernen beginnt also mit der Geburt und dauert ein Leben lang an. Was aber ist Lernen? Wann ist etwas gelernt?

Lernen ist ein Prozess, der als Ergebnis von Erfahrungen relativ langfristige Änderungen im Verhaltenspotenzial erzeugt[1].

Das fortlaufende Verarbeiten von Erfahrungen erweitert die Möglichkeiten des Handelns. Lernen ist also ein Veränderungsprozess, der durch Erfahrungen ausgelöst wird. Dieser Lernprozess kann absichtlich oder beiläufig erfolgen und sich auf geistigem, körperlichem, charakterlichem oder sozialem Gebiet vollziehen. Er führt dazu, dass wir unser Verhalten in Bezug auf diverse Anforderungen des Lebens perfektionieren.

Beispiel: Luis Felix, ein Auszubildender der Maurerprofis Mainau & Roth GmbH, soll eine Außenwand verklinkern. Vor der Wand steht ein Gerüst. Die Ziegelsteine liegen außerhalb des Gerüsts. Neben den Ziegelsteinen steht ein Mörtelkübel. Luis merkt, dass es viel Zeit in Anspruch nimmt, jeden Stein einzeln vom Stapel zu holen und sich jedes Mal dafür unter dem Gerüst durchzuzwängen. Außerdem hat ihn der Geselle ausgelacht, weil er sich mehrfach den Kopf am Gerüst gestoßen hat.

Daher schafft er nun mithilfe der Steinzange eine größere Menge an Steinen sowie einen Kübel mit Mörtel direkt vor die Arbeitsfläche. So verkürzt er die benötigte Arbeitszeit und senkt sein eigenes Unfallrisiko. Der Auszubildende hat gelernt, sich zu Beginn seiner Arbeit seinen Arbeitsplatz einzurichten.

---

[1] *vgl. Anderson, J.R. Learning and memory: An integrated approach. 2nd edition. John Wiley, New York 2000*

Aber mit dem Lernen von Fachwissen und motorischen Fertigkeiten ist es noch nicht getan, um in der heutigen Arbeitswelt bestehen zu können. Der Auszubildende benötigt weitere berufsübergreifende Kompetenzen zur Erlangung der beruflichen Handlungskompetenz | ► S. 22 |.

Er soll am Ende seiner Ausbildung in der Lage sein, mit Vorgesetzten, Kollegen und Kunden zu kommunizieren. Er soll Probleme in Form von Arbeitsaufträgen lösen und selbstständig arbeiten können. Erst wenn er alle diese Fähigkeiten beherrscht, besitzt er berufliche Handlungskompetenz. Dies ist das oberste Ziel der Ausbildung.

verändertes Lernen in der Ausbildung

Das Lernen in der Ausbildung hat sich im Laufe der Zeit sehr verändert. Bis vor einigen Jahren wurden praktische Aufgaben überwiegend nach der „Vier-Stufen-Methode“ | ► S. 220 | und theoretische Inhalte durch ein Lehrgespräch vermittelt. Der Auszubildende hat hierbei häufig eine passive Rolle eingenommen. Er bekam nur selten die Möglichkeit, eigene Gedanken oder Ideen einzubringen. Um dem Anspruch der heutigen Arbeitswelt gerecht zu werden und eine moderne und zielführende Ausbildung durchzuführen, müssen Kompetenzen wie z.B. Selbstständigkeit, Kommunikations- und Konfliktfähigkeit sowie Abstraktionsfähigkeit intensiv gefordert und gefördert werden.

1.1.2 Lernkompetenz

Lernkompetenz ist die Fähigkeit, sich eigenständig neue Lerninhalte zu erschließen, in schon vorhandene gedankliche Strukturen einzuordnen und diese langfristig im Gedächtnis zu verankern. Der Ausbilder als Lernbegleiter soll dem Auszubildenden dabei helfen, diese Kompetenz zu entwickeln. Zur Lernkompetenz gehören Fähigkeiten, die den Auszubildenden in die Lage versetzen, seinen Lernprozess zu organisieren und zu steuern. Der Auszubildende muss die Bereitschaft zum Lernen mitbringen und auch lernfähig sein. Das lässt sich auf eine einfache Formel bringen:

LKW-Formel

Leistung = Können x Wollen (LKW-Formel).

Motivation

Die Lernbereitschaft, das Wollen, zeigt sich in der Motivation des Auszubildenden. Hat er Interesse an den Tätigkeiten seines Berufes und verfolgt er mit dem Bestehen seiner Ausbildung ein konkretes Ziel? Die Motivation wird gestärkt, wenn er eigene Ideen umsetzen und ausprobieren darf. Eine positive Fehlerkultur im Betrieb (es dürfen Fehler gemacht werden und alle lernen daraus) unterstützt die Motivation zusätzlich.

Schlüsselqualifikationen der Lernkompetenz

Zum Aufbau der Lernkompetenz sind zugehörige Schlüsselqualifikationen erforderlich, die beim Auszubildenden bereits im Ansatz vorhanden sein sollten und im Rahmen der Ausbildung mithilfe des Ausbilders weiterentwickelt werden:

kognitive Fähigkeiten

- kognitive Fähigkeiten
  Der Auszubildende ist in der Lage, Neues aufzunehmen, zu verstehen und zu behalten. Er hat bereits im Rahmen seiner Bewerbung durch seine Schulzeugnisse nachgewiesen, dass er in der Lage ist zu lernen. Das Niveau der

verschiedenen Ausbildungsberufe im Handwerk ist unterschiedlich. Der ausbildende Betrieb entscheidet, ob und welchen Schulabschluss er für die Aufnahme eines Auszubildenden voraussetzt. Der Gesetzgeber hat hier keine Regelung getroffen. Jeder Jugendliche, der seine Vollzeitschulpflicht erfüllt hat, kann eine Ausbildung beginnen.

Konzentrations- und Merkfähigkeit

- Konzentrations- und Merkfähigkeit
  Gerade zu Beginn der Ausbildung erfährt der Auszubildende viel Neues und muss die Grundlagen seines Ausbildungsberufs erlernen. Dies erfordert eine gute Konzentrations- und Merkfähigkeit.

Kommunikationsfähigkeit

- Kommunikationsfähigkeit
  „Man kann nicht nicht kommunizieren", sagte schon Watzlawick[1]. Während der gesamten Ausbildungszeit kommuniziert der Auszubildende mit seinem Ausbilder, den Gesellen, den Mitauszubildenden, mit Kunden und Lieferanten. Kommunikation ist aber eben nicht nur der Austausch von Worten, sondern das gesamte Verhalten, das dem Gegenüber entgegengebracht wird. Der Auszubildende sollte in der Lage sein bzw. lernen, mit allen Personen, auf die er in seiner Ausbildung trifft, angemessen zu kommunizieren | ► S. 272 |.

Abstraktionsfähigkeit

- Abstraktionsfähigkeit
  Sie beinhaltet, aus einer Vielzahl von Einzelfällen, Aufgaben, Gegenständen die wesentlichen gemeinsamen Elemente, Eigenschaften herauszuarbeiten, indem unwesentliche Merkmale außer Acht gelassen werden (lat. abstrahere = abziehen). So werden eine Vielzahl von Dingen und Aufgaben in eine überschaubare Struktur gebracht. Ein Stuhl kann z.B. eine hohe oder niedrige Lehne haben, er kann eckige oder runde Stuhlbeine besitzen und aus unterschiedlichsten Materialien gefertigt sein. Das Wesentliche an jedem Stuhl ist jedoch seine Funktion, dass man darauf sitzen kann.

Übertragungsfähigkeit

- Übertragungsfähigkeit (Transferfähigkeit)
  Die Übertragungsfähigkeit bedeutet, dass der Auszubildende in der Lage ist, Lösungsansätze von einer Aufgabe auf eine ähnliche Aufgabe zu übertragen. Sie steht im engen Zusammenhang mit der Abstraktionsfähigkeit, weil es auch hier zunächst darum geht, das Gemeinsame an zwei Sachverhalten oder Aufgaben zu erkennen.

  Beispiel: Ein Auszubildender hat gelernt, bei einem PKW einen Ölwechsel vorzunehmen. Wenn er dann z.B. in der Lage ist, diese Tätigkeit in angepasster Form an einem LKW vorzunehmen, besitzt er Übertragungsfähigkeit.

Zeitmanagement

- Zeitmanagement
  Der Auszubildende soll lernen, die ihm gestellten Aufgaben in der vorgegebenen Zeit zu erledigen. Auch soll er die verschiedenen Aufgaben nach Dringlichkeit und Wichtigkeit sortieren und in der richtigen Reihenfolge abarbeiten können.

---

[1] *Paul Watzlawick, österreichisch-amerikanischer Kommunikationswissenschaftler, 1921-2007*

- Kreativität
  Diese Kompetenz ist besonders bei gestalterischen Ausbildungen, wie z.B. Tischler, Maler- und Lackierer oder Konditor gefragt. Der Auszubildende sollte ein Gespür für Farben, Formen und Kreationen mitbringen, das im Rahmen der Ausbildung noch gefördert wird.

Kreativität

- Kooperations- oder Teamfähigkeit
  In der Ausbildung wird der Auszubildende mit unterschiedlichen Mitarbeitern und anderen Auszubildenden zusammenarbeiten. Hierfür ist es wichtig, dass der Auszubildende sich auf die produktive und konstruktive Zusammenarbeit mit verschiedenen Charakteren und Rollen in der Gruppe einstellen kann | ► S. 294 |.

Kooperations- und Teamfähigkeit

- Kritikfähigkeit
  Die Arbeitsabläufe in der Ausbildung sind für den Auszubildenden neu. Dass ihm Fehler passieren, ist wahrscheinlich. Wenn der Auszubildende von seinem Ausbilder kritisiert wird, muss er lernen, dieses Feedback | ► S. 190 | anzunehmen und positiv umzusetzen.

Kritikfähigkeit

Inwieweit diese Schlüsselqualifikationen schon vorhanden sind bzw. weiter ausgebildet werden können, hängt auch von den familiären und gesellschaftlichen Voraussetzungen ab, die den Auszubildenden in seinem bisherigen Leben geprägt haben. Hierzu gehört das private Umfeld und die Kultur, in der der Auszubildende aufgewachsen ist, aber auch die Schule.

1.1.3 Lernverhalten der Generation Z

Eine Ausbildung sollte immer adressatengerecht durchgeführt werden, damit der Auszubildende sein Lernziel auch erreicht. Deshalb ist es sinnvoll, genau hinzuschauen, wie die Generation tickt, die jetzt und zukünftig in ihre Ausbildung im Handwerk startet. Welche Einstellungen, Werte und Verhaltensweisen junge Menschen prägen, wird gegenwärtig in Studien immer intensiver untersucht (z.B. Shell-Studien) | ► S. 117 |.

Für das Lernen der aktuellen Generation Z (Jahrgänge ab ca. 1995) ist Folgendes von Bedeutung:

Charakteristika der Generation Z

- Sie ist mit Smartphone, PC und Spielkonsole groß geworden und somit an den Umgang mit Technik gewöhnt.
- Sie hat kaum Berührungsängste zur Digitalisierung, die bereits für sie zum Alltag gehört.
- Sie lernt verstärkt autodidaktisch, z.B. durch das Anschauen von YouTube-Videos.
- Sie sucht sich schnell erfassbare Informationen im Netz.
- Sie ist häufig ungeübt im Erfassen längerer Texte und benötigt hierbei Hilfestellung.
- Sie ist durch die sozialen Netzwerke gewohnt, für Aktivitäten unmittelbar ein Feedback zu bekommen, dies erwartet sie auch häufig im Arbeitsleben.

1.1.4 Aufnehmen und Speichern von Informationen

Um den Lernstoff für den Auszubildenden passend aufzubereiten, ist es sinnvoll zu wissen, wie unser Gehirn arbeitet. Das Gehirn ist in die linke und die rechte Hälfte (Hemisphäre) aufgeteilt, die jeweils schwerpunktmäßig spezialisiert sind:

- Die linke Hemisphäre verarbeitet überwiegend Rationales, also sprachliche, analytische, zeitlich lineare und logische Prozesse.
- Über die rechte Hemisphäre laufen eher bildhafte, kreative und intuitive Prozesse ab.

Hemisphärenmodell des menschlichen Gehirns

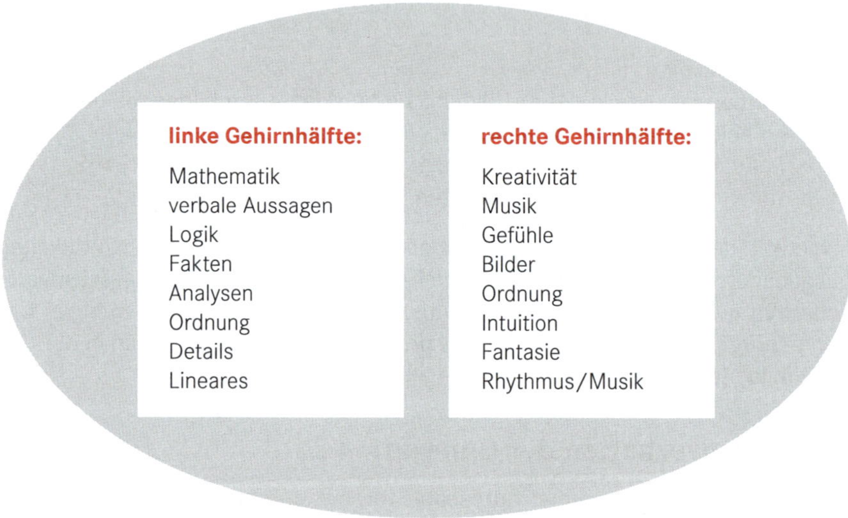

Am besten nimmt das Hirn Informationen auf und verarbeitet sie, wenn beide Hirnhälften angesprochen werden. Das geschieht, wenn möglichst unterschiedliche Sinne angesprochen werden (z.B. durch Erklärungen, Schaubilder, konkrete Modelle, Vormachen und Nachmachen von Arbeitsvorgängen, Lösungsvorschläge selbst erarbeiten).

Kanäle der Wahrnehmung

Folgende fünf Kanäle spielen bei der Wahrnehmung und beim Lernen eine Rolle:

visuell

- visuell: mit den Augen
  Der Auszubildende sieht zu, wenn der Ausbilder ihm neue Arbeitsschritte und fertige Produkte zeigt. Er schaut sich Lehrfilme oder Schaubilder an. Auch das Durchlesen von Informationen fällt in den visuellen Bereich.

  Beispiel: Der Ausbilder zeigt allen Auszubildenden zuerst einmal anhand von Schaubildern, wie ein Arbeitsgerüst aufgebaut wird, bevor es an die praktische Umsetzung geht.

auditiv

- auditiv: mit den Ohren
  Dem Auszubildenden wird ein Arbeitsvorgang erklärt oder er hört sich einen Vortrag zu einem Ausbildungsthema an.

Beispiel: Der Ausbilder erklärt seinen Auszubildenden, welche Bestandteile in welchem Mischungsverhältnis zu Beton angerührt werden. Sie hören aufmerksam zu und erfahren auch gleich, was passiert, wenn das Mischungsverhältnis nicht eingehalten wird.

- kinästhetisch: durch Bewegung
  Dem Auszubildenden wird ein Arbeitsvorgang praktisch vorgeführt und er führt ihn anschließend entsprechend selber aus.

  Beispiel: Der Ausbilder setzt die ersten Betonsteine für eine Mauer aufeinander. Danach setzt der Auszubildende diesen Vorgang fort.

kinästhetisch

- olfaktorisch: durch Geruch
  Das Riechen bzw. die olfaktorische Wahrnehmung funktioniert auf der Basis von chemischen Reizen, wobei Geruchsempfindungen in einem gewissen Rahmen auch subjektiv sind.

  Beispiel: Der Bäckermeister bittet seinen Auszubildenden, an verschiedenen Lebensmitteln zu riechen und festzustellen, ob diese bereits verdorben sind.

olfaktorisch

- gustatorisch: durch Geschmack
  Auch die gustatorische Wahrnehmung basiert in erster Linie auf chemischen Reizen und ist mit dem Geruchssinn verknüpft.

  Beispiel: Der Ausbilder bittet seinen Auszubildenden, ein Lebensmittel zu probieren und ein Statement hierzu abzugeben.

gustatorisch

Wie sinnvoll das Lernen mit allen Sinnen und unter Einbeziehung der beiden Hirnhälften ist, zeigt das folgende Schaubild:

Behaltensquoten

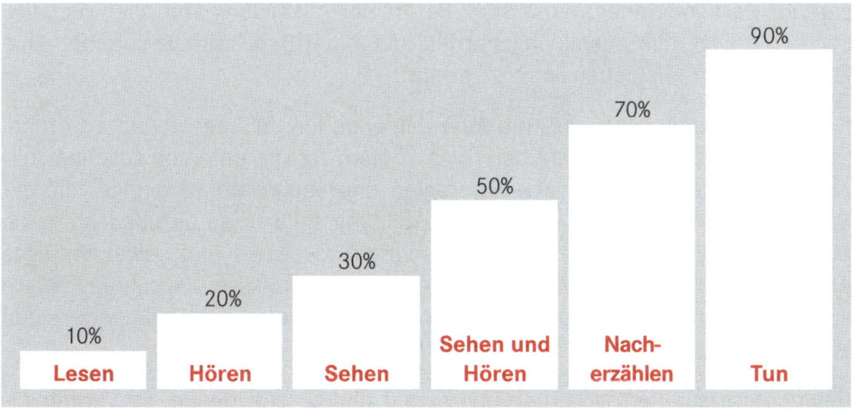

© Verlagsanstalt Handwerk GmbH

Die Grafik zeigt, dass die Behaltensquote mit der Anzahl der angesprochenen Wahrnehmungskanäle steigt. Der Auszubildende behält durchschnittlich 20% von dem, was der Ausbilder ihm erklärt. Wenn der Ausbilder ihm gleichzeitig die Arbeitsschritte zu seinen Ausführungen zeigt, so merkt sich der Auszubildende schon 50%. Der Wissenszuwachs ist jedoch am höchsten, wenn der Auszubildende die zu erlernende Tätigkeit selbst ausführen darf.

Wichtig ist es, sich klarzumachen, dass das Gegenteil des Behaltens hier das Vergessen ist. Das bedeutet, dass es ganz natürlich ist, dass der Auszubildende Dinge, die ihm der Ausbilder nur erklärt hat, wahrscheinlich (zu 80%) wieder vergessen wird.

Beispiel: Thorsten Mainau ist sich mit Ali Resa und Fred Schumann einig: Den Auszubildenden macht es am meisten Spaß, neue Tätigkeiten selbst auszuführen. Dabei lernen sie am schnellsten und effektivsten. Ali Resa berichtet, dass der Auszubildende Luis Felix häufig Probleme hat, sich Arbeitsschritte in der richtigen Reihenfolge zu merken. Da er gleichzeitig sehr motiviert ist, hat er um Erlaubnis gebeten, die Erklärungen seines Ausbilders mit seinem Handy aufzunehmen. Seither hört und sieht er sich anschließend alles noch mehrfach auf seinem Handy an und macht kaum noch Fehler.

Das bringt Thorsten Mainau auf die Idee, doch generell einmal über den Einsatz ganz unterschiedlicher Medien in der Ausbildung nachzudenken.

1.1.5 Lernkultur des selbstgesteuerten Lernens

Durch die fortschreitende Digitalisierung, die Globalisierung und die schnelle Entwicklung neuer Technologien ist das Lernen heute zu einem stets andauernden Prozess geworden. Wer hier nicht mithält, ist schnell abgehängt. Damit die Auszubildenden den Anforderungen der Wirtschaft des 21. Jahrhunderts gerecht werden können, muss sich die Art der Ausbildung anpassen. Positive Lernerfahrungen im Ausbildungsbetrieb und in der Berufsschule schaffen eine gute Grundlage für „lebenslanges Lernen“.

lebenslanges Lernen

Eine Voraussetzung ist, dass die Auszubildenden in die Lage versetzt werden, selbstständig zu lernen. Das heißt, sie können für die unterschiedlichen Aufgabenstellungen angemessene Strategien und Techniken anwenden, die zur Lösung des Problems führen. In der Ausbildung sollen die Auszubildenden die Möglichkeit erhalten, sukzessive selbstverantwortliches und selbstständiges Arbeiten zu üben und ihre Arbeitsergebnisse zu kontrollieren. Aus ihren Fehlern sollen sie lernen dürfen. Der Ausbilder wandelt somit seine Rolle vom reinen Wissensvermittler hin zum Lernbegleiter.

Wandel der Ausbilderrolle

Beim selbstgesteuerten Lernen übernimmt der Auszubildende die Verantwortung für die Durchführung der ihm übertragenen Aufgabe. Er trifft eigenständig die Entscheidung darüber, in welcher Reihenfolge er die Aufgaben ausführt, welche Materialien, Hilfsmittel und Werkzeuge er benutzt und nach welcher Methode er die Aufgabe löst. Das Lerntempo bestimmt er genauso wie die Sozialform. Wenn möglich, entscheidet er, ob er die Aufgabe allein löst oder mit anderen Auszubildenden gemeinsam. Das selbstgesteuerte Lernen ermöglicht dem Auszubildenden, seine eigenen Stärken und Schwächen zu erkennen. Der Ausbilder wandelt sich so zum Lernbegleiter.

1.2 Der Ausbilder als Lernbegleiter

Beispiel: Thorsten Mainau möchte seine Auszubildenden zum selbstständigen Arbeiten ermuntern. In der Vergangenheit haben alle den Auszubildenden immer genau erklärt, was sie wie zu tun haben. Ihm ist im Gespräch mit Ali Resa und Fred Schumann klar geworden, dass sie die Jugendlichen mit ihren Vorgaben einschränken, statt ihre Selbstständigkeit zu fördern.

Er hat sich Folgendes überlegt: Der Auszubildende Luis Felix erhält die Aufgabe, einen gemauerten Grillkamin für den Freizeitbereich auf dem Betriebshof zu entwerfen. Er soll eine Materialliste erstellen, die Materialien einkaufen und anschließend den Grillkamin mauern. Länge und Höhe werden vorgegeben und es soll auf Mauermaß gemauert werden. Luis Felix soll einen passenden Platz auf dem Betriebsgelände aussuchen und hierbei auch die Statik (ebenes Gelände, fester Untergrund) beachten.

Nach der Fertigstellung soll der Grillkamin mit allen Mitarbeitern eingeweiht werden. Seine einzige Vorgabe ist, dass Luis Felix sein Vorgehen mit ihm nach Abschluss der Planung bespricht.

Zunächst schien der Auszubildende mit dieser Aufgabe und den spärlichen Informationen überfordert. Doch dann erkannte er seine Chance, die gesamte Aufgabe nach seinen Vorstellungen durchführen zu können. Er entwickelte Fantasie und entwarf einen großartigen Grill. Sein Bauplan und seine Vorgehensweise waren gut durchdacht. Nach einer Woche feierten alle gemeinsam ein kleines Fest und weihten den perfekt gemauerten Grillkamin ein.

Im Nachgang setzt sich Thorsten Mainau mit Luis Felix zusammen, um das Projekt auszuwerten. Thorsten Mainau fragt ihn, was gut gelaufen ist und was er beim nächsten Mal verändern würde. Luis Felix kann seine Fehler gut beschreiben und auch schon Lösungen nennen. Er ist sehr stolz auf seine Arbeit und sein Selbstbewusstsein und seine Motivation sind gestärkt.

Auszubildende kommen häufig als junge Erwachsene in die Ausbildung und erwarten als solche behandelt zu werden. Sie sind z.T. aus ihrem Elternhaus gewohnt, bei Entscheidungen gefragt zu werden und mitwirken zu können. Eine Unterweisung nach dem Schema „erklären - vormachen - nachmachen - üben“ entspricht nicht mehr ihren Erwartungen und Wünschen und demotiviert sie. Sie wollen bereits in die Ausbildung ihre eigenen Ideen und Erfahrungen einbringen und Dinge ausprobieren.

„Soft Skills“ für „lebenslanges Lernen“

Auch die Herausforderungen einer sich ständig verändernden Arbeitswelt haben dazu geführt, dass sich Ausbilder immer mehr zu Lernbegleitern entwickeln. Mit dem Anspruch des „lebenslangen Lernens“ gewinnen „Soft Skills“

(weiche Faktoren) wie Flexibilität, Teamfähigkeit, Kommunikationsfähigkeit, Kundenorientierung neben dem fachlichen Können an Bedeutung und müssen vom Ausbilder gefördert werden.

Im Idealfall erhalten Auszubildende Aufgaben und müssen den Weg, wie sie diese Aufgabe bewältigen, selbstständig finden. Der Ausbilder hält sich zurück, beobachtet den Auszubildenden und steht für Gespräche bereit, wenn Unterstützung benötigt wird.

Herausforderungen an den Lernbegleiter

Das fordert auch den Ausbilder in besonderer Weise heraus. Für ihn ist es nicht immer einfach, den Auszubildenden bei der Lösung einer Aufgabe nur zu beobachten und zu begleiten und lediglich einzugreifen, wenn Gefahr droht. Er muss es ertragen, wenn sich sein Auszubildender über andere Wege einer Lösung nähert, als er es selber tut und auch, wenn dabei Fehler gemacht werden - natürlich nur, sofern sie nicht bedrohlich oder gefährlich sind. Aus diesen „Umwegen“ und auch aus Fehlern kann der Auszubildende nachhaltig lernen, wenn sie im Anschluss ausführlich und vor allem sachlich besprochen werden.

Handeln wird am effektivsten und intensivsten durch Ausprobieren, Scheitern, selbst Korrigieren und wiederholtes Probieren gelernt. Der Auszubildende macht seine eigenen Erfahrungen und speichert sie ab. Voraussetzung ist die Fähigkeit, selbstständig und aus eigener Kraft lernen zu können, die sog. Selbstlernkompetenz.

Begleitung des Lernprozesses

Für die Begleitung des Lernprozesses sind folgende Schritte erforderlich. Der Ausbilder

- stellt den Lernstand und Lernbedarf seines Auszubildenden fest,
- überlegt Lernwege und strukturiert seine Lernbegleitung,
- entwickelt Aufgaben, bereitet sie vor und übergibt sie an den Auszubildenden,
- beobachtet während der Aufgabenbearbeitung und steht für Fragen bereit,
- kontrolliert das Ergebnis und führt nach Fertigstellung ein Feedbackgespräch.

Besonders wichtig ist am Ende der Aufgabe ein Feedbackgespräch, bei dem der Auszubildende reflektiert, welche Fehler er gemacht hat, was er anders oder besser machen könnte. Erst diese Auswertung sichert den Lernerfolg.

Für den Ausbilder liegt der Schwerpunkt seines Handelns in der Vorbereitung und Nachbereitung der Aufgabenstellung. Während der Aufgabenbearbeitung muss der Auszubildende aktiv werden. Der Ausbilder gibt keine Lösungen vor, sondern beobachtet sorgfältig, unterstützt nur wenn notwendig, ermuntert und ermutigt und wägt ab, wann Fehler lehrreich sind bzw. wann er eingreifen muss.

1.3 Didaktische Prinzipien zur Lernförderung

Begriff Didaktik

Der Begriff „Didaktik“ kommt aus dem Griechischen und bedeutet übersetzt „unterrichten“, „lehren“ sowie auch „belehrt werden“ und „lernen“.

Die Didaktik beschäftigt sich mit der Theorie und Praxis des Lehr- und Lernprozesses. Sie beinhaltet die Phasen beginnend mit der Planung einer Lernsituation bis hin zu deren Gestaltung und Durchführung. Sie umfasst somit neben den Inhalten und Methoden auch das Handeln der Lernenden und Lehrenden. Der Ausbilder muss jedoch beachten, dass Lehren und Lernen darüber hinaus auch von folgenden Faktoren abhängt:

- individuelle Voraussetzungen des Auszubildenden,
- didaktische Fähigkeiten des Ausbilders,
- Bedingungen der konkreten Lernsituation (Lernumfeld).

Die wechselseitigen Beziehungen zwischen dem Ausbilder, dem Auszubildenden und dem Lerninhalt in der jeweiligen Lernsituation werden im Lerndreieck dargestellt:

Lerndreieck bei erfolgreichem Lernen

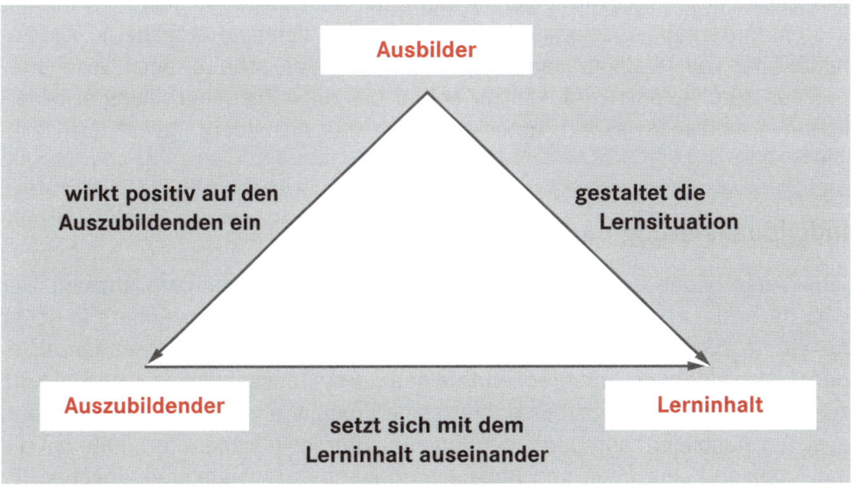

Didaktische Prinzipien sind Leitlinien für didaktisches Handeln des Ausbilders. Die für die betriebliche Ausbildung relevanten Prinzipien werden im Folgenden vorgestellt.

Orientierung an Lernzielen

Um das höchste Ziel der Ausbildung, das Bestehen der Gesellenprüfung, zu erreichen, muss der Auszubildende die Kompetenzen und Lerninhalte des Ausbildungsrahmenplans für seinen Beruf beherrschen. Aufgabe des Ausbilders ist es, dem Auszubildenden die einzelnen Themen so zu vermitteln, dass dieser sie am Ende der Ausbildung beherrscht.

geeignete Ausbildungsmaßnahmen

Der Ausbilder muss sich über die konkreten Lernziele im Klaren sein, um entsprechend geeignete Ausbildungsmaßnahmen auszuwählen. Bei jeder Unterweisung weiß der Ausbilder also von Beginn an, welches Lernziel der Auszubildende am Ende dieser Lehreinheit erreicht haben soll. Hierfür wendet er die ihm zur Verfügung stehenden Ausbildungsmethoden und Ausbildungsmittel richtig an.

Beispiel: Ali Resa vermittelt seinem Auszubildenden Jonas Schottke das Herstellen von einfachen Baukörpern aus Steinen. Er erklärt, welche Arbeitsgeräte nötig sind und wie die Arbeit ausgeführt werden muss, führt sie ihm im Einzelnen vor und lässt ihn die Schritte direkt praktisch nachvollziehen. Er achtet darauf, dass der Auszubildende genau dieses Ziel erreicht. Jonas kann am Ende der Lehreinheit eine gerade Mauer erstellen. Das Mauern von z. B. Rundungen und Ecken sind Themen von zukünftigen Unterweisungen und hier nicht relevant.

Handlungsorientierung/Aktivitätsförderung

vollständige Handlung

Der größte Lernerfolg wird erreicht, wenn der Auszubildende sich aktiv mit der gestellten Aufgabe auseinandersetzt. Hier bietet sich eine Aufgabe an, die anhand einer vollständigen Handlung an einem realen Arbeits- oder Geschäftsprozess durchgeführt wird. Hierfür soll er die zur Aufgabenerfüllung erforderlichen Arbeitsschritte, ggf. unter Anleitung des Ausbilders, selbst ausführen | ► S. 200 und 221 |.

Individualisierung und Differenzierung

Individualisierung gemäß Lernvoraussetzung

Jeder Auszubildende ist anders. Der eine lernt schnell, der andere langsam. Der eine muss die erforderlichen Handgriffe viele Male üben, der andere benötigt nur eine Wiederholung. Bei der Individualisierung achtet der Ausbilder darauf, jeden Auszubildenden entsprechend seinen Lernvoraussetzungen | ► S. 163 | zu fordern und zu fördern. Er richtet seine Planung und Durchführung danach aus. Der Ausbilder kann durch den Einsatz unterschiedlicher Methoden auf die individuellen Fähigkeiten und Begabungen eines Auszubildenden eingehen. Er erreicht, dass Auszubildende mit unterschiedlichen Voraussetzungen einen annähernd gleichen Lern- und Leistungsstand erzielen können.

Beispiel: Für den langsam lernenden Auszubildenden Luis Felix nimmt sich Ali Resa viel Zeit und erklärt ihm die auszuführende Tätigkeit. Er macht sie ihm ggf. mehrmals vor und lässt den Auszubildenden die Tätigkeit schrittweise wiederholen. Dem schnell lernenden Auszubildenden Jonas Schottke erklärt der Ausbilder mit knappen Worten, wie er eine Tätigkeit ausführen soll und macht sie einmalig im Zusammenhang vor. Der Auszubildende versteht den Inhalt und beginnt mit der selbstständigen Ausführung.

Differenzierung

Bei der Differenzierung geht es um die unterschiedliche Behandlung von Auszubildenden einer Gruppe (z. B. eines Lehrjahres). Der Ausbilder achtet darauf, dass kein Auszubildender über- oder unterfordert wird und passt den Umfang oder den Anspruch einer Aufgabe an jeden einzelnen Auszubildenden entsprechend an.

Überforderung

Denn wenn die gestellten Aufgaben zu schwer oder zu komplex für den Auszubildenden sind, wird seine Motivation sinken und er wird hinter seinen Möglichkeiten zurückbleiben. Eine ständige Überforderung führt zu Misserfolgen und entmutigt den Auszubildenden. Er ist frustriert, wird gleichgütig und hat keine Freude mehr an seiner Ausbildung.

Unterforderung

Bei einer Unterforderung sind die gestellten Aufgaben zu leicht und fordern den Auszubildenden nicht. Bei schwierigen Aufgaben darf er nur zuschauen. Als Konsequenz daraus langweilt er sich und fühlt sich nicht ernst genommen. Eine ständige Unterforderung kann ebenfalls zu Lustlosigkeit und Desinteresse führen.

Anschaulichkeit/Fasslichkeit

Beispiele/ Vergleiche

Mit dem Prinzip der Anschaulichkeit achtet der Ausbilder darauf, dass der Auszubildende insbesondere abstrakte Sachverhalte versteht und diese auch mit eigenen Worten wiedergeben kann. Er nutzt hierfür konkrete Beispiele oder Vergleiche, verwendet eine bildhafte Sprache und zeigt Schaubilder.

Lernerfolgssicherung

Am Ende der Ausbildung soll der Auszubildende alle relevanten Tätigkeiten für seinen Beruf beherrschen. Es ist nicht nur die Aufgabe des Ausbilders, dem Auszubildenden alle Tätigkeiten beizubringen, sondern auch dafür zu sorgen, dass das Erlernte gesichert wird und auch noch über das Ende der Ausbildung hinaus verfügbar ist. Dies gewährleistet er dadurch, dass der Auszubildende das Gelernte laufend wiederholt. Am einfachsten gelingt dies, wenn der Auszubildende sein Wissen in praktischen Situationen anwenden kann.

Anforderungen, die den Auszubildenden herausfordern ohne ihn zu überfordern, sind genau richtig. Sie fördern die Motivation und sorgen dafür, dass der Auszubildende sich wertgeschätzt fühlt. Er wird die ihm übertragenen Aufgaben sorgfältig und mit Interesse ausführen.

Sie wollen mobil lernen?
Im Lernportal finden Sie digitale Angebote.

Didaktische Regeln

Ein Lernprozess wird oft leichter und motivierender in Gang gesetzt, wenn der Ausbilder bei der Vermittlung der Lerninhalte die folgenden didaktischen Regeln bzw. Gesichtspunkte beachtet. Sie erleichtern das Lernen für den Auszubildenden und lassen ihn Zusammenhänge leichter verstehen.

didaktische Gesichtspunkte

	vom
B	**B**ekannten zum Unbekannten
A	**A**llgemeinen zum Speziellen
L	**L**eichten zum Schwierigen
K	**K**onkreten zum Abstrakten
E	**E**inzelnen zum Zusammengesetzten
N	**N**ahen zum Entfernten

1.4 Phasen und Fördermöglichkeiten des Lernprozesses

Lernprozess

Ein Lernprozess in der Ausbildung lässt sich wie folgt beschreiben: Ein Auszubildender steht vor einer Aufgabe, deren Lösung er noch nicht kennt. Er möchte aber eine Lösung finden, weil er weiß, dass deren Bewältigung zum Aufgabengebiet des Berufes gehört. Er ist motiviert, sich mit der Aufgabe auseinanderzusetzen.

Ein Lernprozess wird in Gang gesetzt, wenn der Auszubildende erkennt, dass er das Problem mit seinen bisherigen Fähigkeiten nicht lösen kann. Aufbauend auf seinem Wissen und seinen bisherigen Erfahrungen wird der Auszubildende verschiedene Lösungswege entwickeln und ausprobieren. Der Ausbilder kann ihm hier beratend zur Seite stehen. Nachdem er einen Lösungsweg gefunden hat, wird er durch mehrfache Wiederholung sein neues Wissen im Langzeitgedächtnis speichern, um jederzeit darauf zurückgreifen zu können.

Ein Lernprozess findet immer in bestimmten aufeinanderfolgenden Phasen statt. Wenn eine Phase übersprungen wird oder sie nicht ausreichend intensiv ist, wird der Lernerfolg nicht in der gewünschten Qualität eintreten.[1]

---

[1] *Heinrich Roth: Pädagogische Psychologie des Lehrens und Lernens, 1983, S. 109ff*

sechs Phasen des Lernens

Name der Phase	Bedeutung	Beispiel
Phase der Motivation	Begegnung mit einer Aufgabe, die ein Auszubildender lösen soll und will	Da ein Geselle erkrankt ist, soll Jonas Schottke die Ziegelsteine für einen Giebel im richtigen Winkel flexen. Er ist hochmotiviert, den Gesellen bestmöglich zu vertreten.
Phase der Schwierigkeiten/ Probleme	Die Aufgabe wird vom Auszubildenden als Problem identifiziert, weil er die ihm gestellte Aufgabe mit seinem bisherigen Können und Wissen nicht lösen kann.	Jonas Schottke hat keine Ahnung, wie er den Winkel berechnen, die Markierung anbringen und die Steine flexen soll.
Phase der Lösungen	Der Auszubildende erarbeitet aus seinen Erfahrungen heraus mindestens einen Lösungsvorschlag. Die Lösung kann der Auszubildende durch eigenes Nachdenken oder durch geleitete Erfahrungen (Unterweisung, Unterricht, bei Kollegen zuschauen) entwickeln.	Jonas Schottke weiß, dass der Winkel des Giebels aus den Bauplänen ersichtlich ist. Er hat bei anderen Gesellen gesehen, dass diese einige Steine in Reihe gelegt haben, um eine entsprechende Markierung anzubringen und die Steine dann zu flexen. Er hat bereits gelernt, wie Steine zu flexen sind.
Phase des Tuns und Ausführens	▶ Der beste Lösungsvorschlag wird in die Praxis umgesetzt. ▶ Die Aufgabe wird richtig gelöst: Das neue Verhalten wurde gelernt und kann dann durch Wiederholen gefestigt werden. ▶ Die Aufgabe wird nicht richtig gelöst: Der Auszubildende geht eine Stufe zurück und erarbeitet einen neuen Lösungsvorschlag, wobei er Ansätze aus der vorherigen Lösung mit einbeziehen kann. Der Auszubildende nähert sich durch seine Versuche der Lösung immer weiter an, bis sie endgültig erreicht ist.	Jonas Schottke baut sich eine Unterlage, auf die er die Steine legt. Dann legt er mehrere Steine in eine Reihe, um den Arbeitsablauf zu beschleunigen. Er bringt die Markierung an und flext dann nacheinander die Vorder- und die Rückseite der Steine, wobei er darauf achten muss, jeweils eine gerade Schnittkante herzustellen. Sollten die Steine nicht das richtige Maß aufweisen oder eine unsaubere Schnittkante haben, so muss Jonas Schottke eine Stufe zurück und einen neuen Lösungsweg entwickeln.

sechs Phasen des Lernens

Name der Phase	Bedeutung	Beispiel
Phase des Behaltens	Die neu erlernte Fähigkeit zur Lösung einer bestimmten Aufgabe wird durch Wiederholen im Langzeitgedächtnis gespeichert. Hier ist sie nun jederzeit abrufbar.	Jonas Schottke flext alle Steine, die für den Giebel benötigt werden.
Phase der Übertragung	Das neu Erlernte ist im Langzeitgedächtnis fest verankert und wird bei Bedarf automatisch angewendet, ohne dass der Auszubildende lange darüber nachdenken muss. Durch diesen Vorgang der Automatisierung werden im Gehirn Kapazitäten frei, die dazu genutzt werden können, auf das bereits erlernte Wissen neue Fähigkeiten aufzubauen.	Der Auszubildende Jonas Schottke ist in der Lage, Steine im gewünschten Maß zu flexen. Wenn er eine hierauf aufbauende Aufgabe bekommt, z. B. ein Ziermauerwerk herzustellen und die Steine entsprechend zu kürzen, so kann er auf seine Erfahrungen und sein Wissen zurückgreifen und muss sich nur auf die neu hinzukommenden Aspekte konzentrieren.

1.4.1 Lernziele vereinbaren

Ein Lernziel beschreibt, welches Verhalten der Auszubildende durch das Lernen entwickeln soll. Um dieses Ziel festlegen zu können, muss der Ausbilder die Vorgaben und Inhalte des Ausbildungsrahmenplans und des betrieblichen Ausbildungsplans berücksichtigen.

individuelle Lernvoraussetzungen

Darüber hinaus muss der Ausbilder die individuellen Lernvoraussetzungen des Auszubildenden feststellen. Dazu befragt er die Gesellen, die mit dem Auszubildenden bisher gearbeitet haben, sowie den Auszubildenden selbst, ob dieser bereits Kenntnisse zu dem jeweiligen Thema hat, um ihn mit der Aufgabe weder zu über- noch zu unterfordern. Im Anschluss daran bestimmt er das Lernniveau. Je nach Struktur und Bedeutung der Aufgabe für die spätere berufliche Tätigkeit legt der Ausbilder zudem noch fest, in welchen Lernbereichen er die Aufgabe vermitteln möchte.

Ein Lernziel ist die Beschreibung eines gewünschten Lernergebnisses. Das Erreichen des Lernziels ist am Verhalten des Auszubildenden bei der Durchführung einer entsprechenden Aufgabe erkennbar.

Lernziele dienen der

- Ausbildungsplanung,
- Information über das beabsichtigte Vorgehen,
- Strukturierung der zu vermittelnden Ausbildungsinhalte,
- Beurteilung des angestrebten Lernerfolgs.

In der Ausbildung unterscheidet man Lernziele

- nach dem Grad der Genauigkeit,
- nach dem Niveau,
- nach dem Bereich.

Lernziele nach dem Grad der Genauigkeit

Lernziele – Grad der Genauigkeit

Ziel	Bedeutung	Beispiel
~~Leitlernziel~~	Bestehen der Gesellenprüfung und Erreichen der beruflichen Handlungsfähigkeit	Prüfung zum Maurergesellen bestehen sowie alle für den Maurerberuf benötigten Fähigkeiten, Fertigkeiten und Kenntnisse beherrschen
Richtlernziel	alle Anforderungen des Ausbildungsberufsbildes gemäß Ausbildungsordnung	u.a. „Herstellen von Baukörpern aus Steinen“ (Berufsbild Maurer)
Groblernziel	alle Anforderungen des Ausbildungsrahmenplans gemäß Ausbildungsordnung	z.B. „Mauerwerk aus klein- oder mittelformatigen Steinen herstellen“ (Ausbildungsrahmenplan, Berufliche Fachbildung, 2. Ausbildungsjahr)
Feinlernziel	eine vom Ausbilder geplante und durchgeführte Unterweisung	eine Garagenwand mit den Maßen 6 m x 3,50 m herstellen

Lernziele nach dem Niveau

Je nach Wichtigkeit für die Ausübung des Berufs und je nach Auffassungsvermögen des Auszubildenden legt der Ausbilder das Lernzielniveau für die jeweilige Aufgabe fest.

Lernziele – Niveau

Lernzielniveau	Bedeutung	Beispiel
Reproduktion	Die Tätigkeiten werden durch Nachmachen ausgeführt. Gelerntes kann aus dem Gedächtnis wiedergeben werden.	Der Ausbilder Ali Resa zeigt seinem Auszubildenden Jonas Schottke, wie Mauerziegel aufeinandergesetzt werden. Jonas Schottke kann diesen Vorgang wiederholen.
Reorganisation	Der Auszubildende versteht das Gelernte und kann es erklären.	Unten muss Mörtel fester sein als oben, weil sich die unteren Steine ansonsten verschieben könnten.

Lernziele – Niveau

Lernzielniveau	Bedeutung	Beispiel
Transfer	Der Auszubildende kann eine gelernte Tätigkeit auf andere, ähnliche Situationen oder Aufgaben übertragen.	Wer mit kleinen Steinen mauern kann, der kann auch mit Plansteinen mauern. Diese Steine werden mit Dünnbettmörtel verklebt.
schöpferische Leistung	Der Auszubildende entwickelt unter Anwendung des bereits Gelernten neue Lösungen.	Jonas Schottke versucht eine Abmauerung im Badezimmer herzustellen, um den Spülkasten hinter dem WC zu verdecken.

Lernziele nach dem Bereich

Der Ausbilder legt fest, in welchen Bereichen die neuen Tätigkeiten erlernt werden sollen. Die Lernzielbereiche im Handwerk sind der kognitive, der affektive und der psychomotorische Bereich.

Lernzielbereiche

Lernzielbereich	Erläuterung	Bedeutung	Beispiel
kognitiv (Kopf)	▶ Zusammenhänge und Regeln erkennen ▶ theoretisches Wissen verstehen	Der Auszubildende weiß, wie er eine Aufgabe lösen kann.	Jonas Schottke kann mit Worten erklären, wie er eine Wand mauert.
affektiv (Herz)	▶ Einstellung und Werte des Auszubildenden ▶ Sorgfalt, Genauigkeit, Pünktlichkeit, Disziplin	Der Auszubildende arbeitet sorgfältig und genau.	Jonas Schottke achtet darauf, dass der Mörtel die für die entsprechende Situation erforderliche Konsistenz hat.
psychomotorisch (Hand)	▶ praktische handwerkliche Tätigkeiten	Der Auszubildende kann mit seinen Händen die Aufgabe praktisch ausführen.	Jonas Schottke kann mit seinen Händen eine Mauer errichten.

1.4.2 Motivation stärken

Der Begriff Motivation wird im Zusammenhang mit der Ausbildung häufig benutzt: In Stellenanzeigen wird nach einem „motivierten Auszubildenden“ gesucht. Der Ausbilder klagt: „Er könnte viel besser sein, wenn er motivierter wäre.“ Ratgeber versprechen: „Mit Motivation können Sie Ihre Ziele erreichen.“

Der Begriff selbst geht auf das lateinische Verb „movere“ (bewegen, antreiben) zurück. Woher kommt nun aber die Motivation? Welches Ziel hat ein Auszubildender? Der amerikanische Psychologe Abraham Maslow hat mit seiner Bedürfnispyramide die grundlegenden Bedürfnisse eines jeden Menschen beschrieben. Erst wenn die niederen Bedürfnisse befriedigt sind, wendet sich die Motivation den höheren Bedürfnissen zu.

Bedürfnispyramide nach Maslow

Wenn der Auszubildende beispielsweise noch bei seinen Eltern wohnt, sind die Grundbedürfnisse und die Sicherheit gegeben. Auch einen Freundeskreis wird er noch aus seiner Schulzeit haben.

Er lernt wahrscheinlich, um Anerkennung von der Familie und aus dem Freundeskreis zu erhalten. Vielleicht möchte er auch von zuhause ausziehen und sich eine eigene Wohnung mieten. Dann benötigt er die Ausbildung als Grundlage für seine Existenz.

Es gibt viele weitere Gründe, die einen Auszubildenden motivieren könnten, eine Ausbildung zu absolvieren. Die alltägliche Motivation kann jedoch eine ganz andere sein, z.B. Spaß mit den Kollegen bei der Arbeit haben.

Die Psychologie beschreibt die Motivation als die Bereitschaft, Zeit und Energie zu investieren, um ein bestimmtes Ziel zu erreichen.

Es gibt zwei Arten von Motivation:

intrinsische Motivation

Die intrinsische Motivation ist eine innere, aus sich selbst entstehende Motivation. Sie veranlasst den Auszubildenden, Dinge zu tun

- für die er sich interessiert,
- die seinen eigenen Werten entsprechen,
- die für ihn einen Sinn ergeben,
- für die er eine Notwendigkeit erkennt,
- die ihm Spaß machen,

Die Tätigkeiten werden ausgeführt, ohne eine Belohnung dafür zu erhalten oder, um eine Bestrafung zu vermeiden.

extrinsische Motivation

Die extrinsische Motivation wird durch äußere Reize hervorgerufen. Hier steht der Wunsch nach Belohnung (Lob vom Ausbilder) oder die Vermeidung von Bestrafung (schlechte Beurteilung) im Vordergrund.

Intrinsische und extrinsische Motivationen schließen einander nicht aus. Der Auszubildende kann die ihm gestellten Aufgaben ausführen, weil er sich dafür interessiert und auch, weil er damit das Geld verdient, welches er benötigt, um seinen Lebensunterhalt zu verdienen.

Durch die Anwendung geeigneter Maßnahmen kann der Ausbilder die Motivation seines Auszubildenden aufrechterhalten und weiter fördern.

Stärkung der Motivation

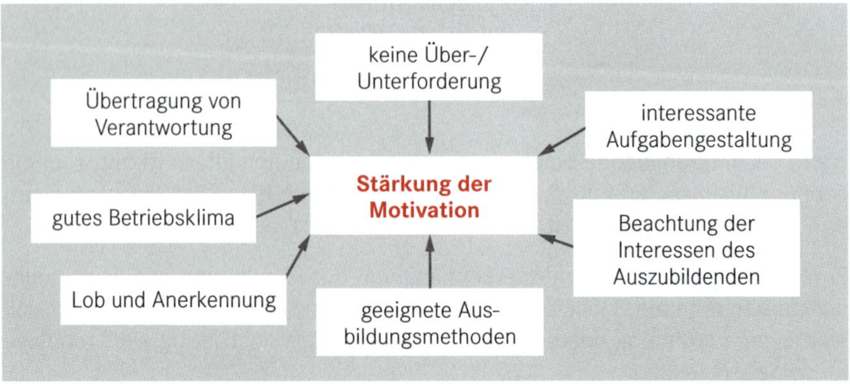

Erfolge schaffen Motivation und Motivation schafft Erfolg. Ein Auszubildender, der eine Aufgabe erfolgreich gelöst hat, ist glücklich und sein Selbstwertgefühl ist gestärkt. Er ist motiviert, die nächste Aufgabe anzugehen. Bekommt er zusätzlich noch ein Lob von seinem Ausbilder, wirkt dieses wie ein Verstärker.

Motivierung durch den Ausbilder

Um die Motivation des Auszubildenden aufrechtzuerhalten, sollte der Ausbilder

- die Aufgabe derart gestalten, dass der Auszubildende weder über- noch unterfordert wird. Somit ist ein erfolgreiches Lösen der gestellten Aufgabe wahrscheinlich.

- ein persönliches Vertrauensverhältnis zum Auszubildenden aufbauen, damit dieser sich traut, bei Schwierigkeiten um Hilfe zu bitten.
- dem Auszubildenden erklären, wie sich seine Aufgabe in den gesamten Arbeitsablauf einfügt, damit er den Sinn für seine Tätigkeit erkennen kann.
- wenn möglich, durch eine geschickte Aufgabenstellung an die Interessen des Auszubildenden anknüpfen. Die intrinsische Motivation ermöglicht hier ein gutes Ergebnis.
- eine Ausbildungsmethode auswählen, die den Kenntnissen und Fähigkeiten des Auszubildenden entspricht, um einen größtmöglichen Erfolg zu erzielen.
- dem Auszubildenden die Verantwortung für seine Aufgabe übertragen, für Fragen aber immer zur Verfügung stehen. Dies gibt dem Auszubildenden Sicherheit.
- dem Auszubildenden die benötigte Zeit für die Ausführung seiner Aufgabe zu geben, ohne dass er zwischenzeitlich andere Aufgaben erledigen muss. Durch Unterbrechungen und Störungen sinkt die Konzentration und es fällt dem Auszubildenden zunehmend schwerer, sich auf seine Aufgabe zu konzentrieren.
- den Auszubildenden seine Aufgabe praktisch lösen lassen. Lernerfolge sind durch aktives Arbeiten schneller zu erreichen als durch theoretische Vorträge.
- den Auszubildenden sein Ergebnis am Ende selbst beurteilen lassen. Dadurch wird seine Selbstreflexion trainiert und der Auszubildende lernt, sein Tun kritisch zu hinterfragen.
- den Auszubildenden am Ende der Tätigkeit angemessen loben, auch wenn das Ergebnis noch nicht ganz perfekt ist. Er lernt, dass sein Einsatz gewürdigt wird und er als Auszubildender noch nicht perfekt sein muss.

Stufen zum Erfolg bzw. Misserfolg

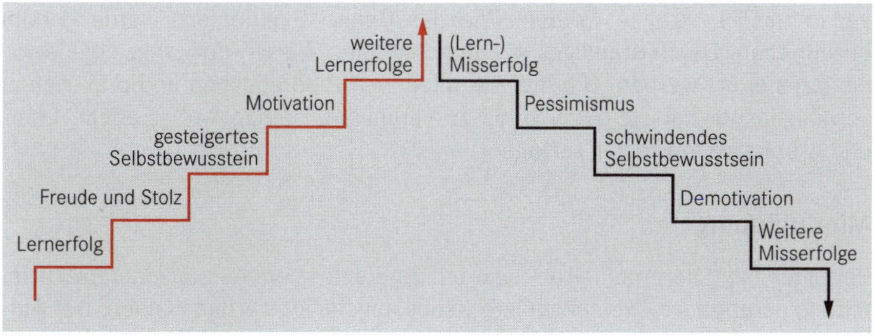

1.4.3 Lernerfolge sichern

Während der gesamten Ausbildungszeit lernt der Auszubildende viel Neues. Vieles ist für den Auszubildenden nachvollziehbar, doch wenn es sich um ein völlig neues Arbeitsgebiet handelt, kann es für ihn schwierig werden, weil er noch keine Erfahrungen in diesem Bereich hat und evtl. den Sinn der Tätigkeit noch nicht erkennt.

Vergessenskurve nach Ebbinghaus

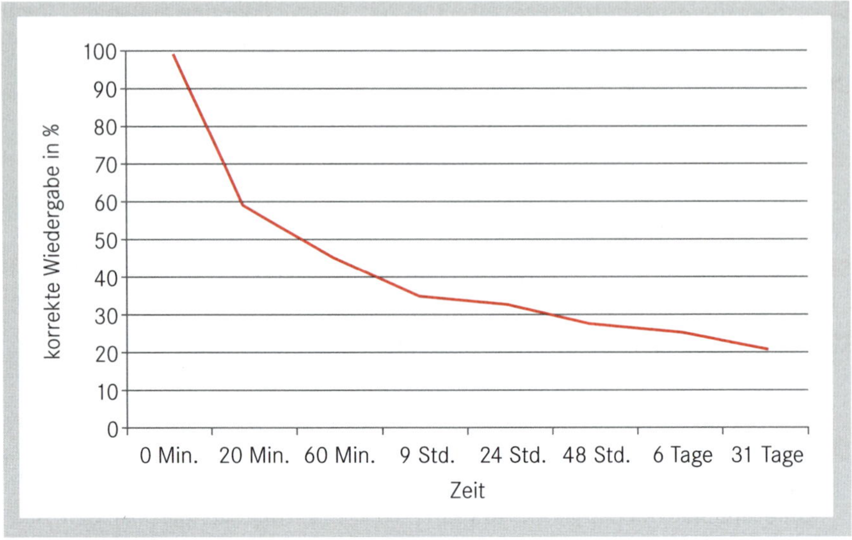

Wenn der Auszubildende unter diesen Voraussetzungen eine neue Tätigkeit nach Vorgaben des Ausbilders ausführt, so wird er dies schnell wieder vergessen, weil die Informationen noch nicht im Langzeitgedächtnis verankert sind, sodass sie mühelos abgerufen werden können. Hierzu bedarf es mehrerer Wiederholungen. Die Vergessenskurve von Hermann Ebbinghaus[1] zeigt, wie schnell Lerninhalte vergessen werden, wenn sie nicht wiederholt werden.

1.4.4 Lern- und Arbeitstechniken

Langzeitgedächtnis

Nach dem Lernen von neuen Inhalten ist es wichtig, dass diese ins Langzeitgedächtnis übertragen werden. Wie das Gehirn funktioniert, wurde bereits beschrieben. Durch ständiges Wiederholen kann Wissen ins Langzeitgedächtnis transferiert werden. Um die verschiedenen theoretischen und praktischen Lerninhalte im Langzeitgedächtnis zu verankern, stehen verschiedene Lern- und Arbeitstechniken zur Verfügung.

Mindmapping

Bei einer Mindmap handelt es sich um eine selbst erstellte Gedächtniskarte, mittels derer ganze Themengebiete visuell abgebildet werden können. Der Aufbau einer Mindmap ähnelt der Struktur der Gedanken im Gehirn, dadurch lässt sie sich gut merken. Die Inhalte werden von innen nach außen strukturiert. Es wird zunächst das Wesentliche erfasst und dann werden die zugehörigen Themen entsprechend ergänzt.

---

[1] *Quelle verfügbar unter: http://psychclassics.yorku.ca/Ebbinghaus/index.htm*

Beispiel für eine Mindmap

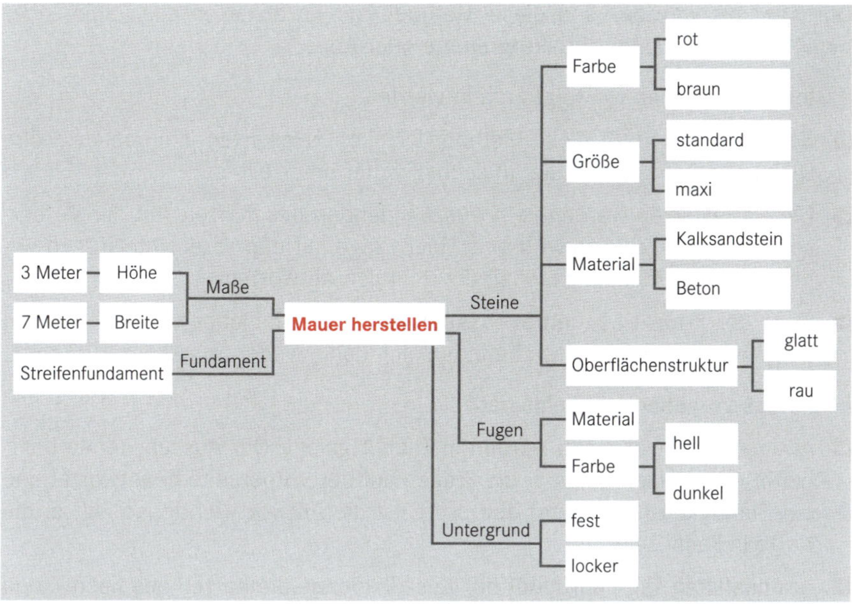

Insbesondere für die Prüfungsvorbereitung bietet sich diese Methode an, weil der Lernstoff strukturiert und kreativ aufbereitet wird. Durch die Erstellung einer Mindmap beschäftigt sich der Auszubildende intensiv mit dem Thema und visualisiert dieses entsprechend. Sein fotografisches Gedächtnis hilft ihm zusätzlich, sich die entsprechenden Begriffe zu merken. Durch die wiederholte Beschäftigung mit dem Thema übt und festigt er den Lernstoff.

Erstellen einer Mindmap

Eine Mindmap wird wie folgt erstellt:

- Das Hauptthema wird in die Mitte eines großen Blattes geschrieben.
- Die wichtigsten Schlüsselwörter, die zu diesem Thema gehören, werden kreisförmig um das Hauptthema herum platziert und auf sog. Äste (durch Linien dargestellt) geschrieben.
- Durch weiterführende Zweige können detailliertere Unterthemen zusätzlich aufgenommen werden.
- Den einzelnen Unterthemen können wiederum weitere Unterpunkte durch weitere Zweige zugefügt werden.

Mindmaps können auch durch kostenlose PC-Programme erstellt werden.

Karteikarten

Der Vorteil des Lernens mit Karteikarten liegt darin, dass der Auszubildende den Lernstoff vor dem eigentlichen Lernen gut aufbereiten muss. Er setzt sich dadurch, dass er die Themen strukturiert, Fragen entwickelt und Antworten formuliert, intensiv mit den Inhalten auseinander und beginnt schon jetzt, diese zu verinnerlichen.

Durchgeführt werden kann diese Methode mit Karteikarten aus Papier oder mithilfe entsprechender PC-Programme oder Apps.

Erstellen von Karteikarten

Karteikarten können wie folgt erstellt werden:

- Benötigt werden für diese Methode blanko Karteikarten, am besten Größe DIN A6 und ein Kasten, der in sechs Fächer unterteilt ist.
- Die Karteikarten werden vom Auszubildenden beschriftet. Auf der Vorderseite einer Karteikarte wird eine Hauptfrage mit max. drei Unterfragen notiert. Auf der Rückseite stehen die richtigen Antworten.
- Statt der Fragen können auch Abbildungen mit fehlenden Beschriftungen aufgebracht werden, diese befinden sich dann wiederum auf der Rückseite.

Arbeiten mit Karteikarten

Folgendes Vorgehen empfiehlt sich:

- Alle neuen Karteikarten werden in Fach 1 gelegt. Der Auszubildende bearbeitet eine Karte, indem er die Fragen auf der Vorderseite beantwortet und auf Richtigkeit (Rückseite) überprüft. Ist die Antwort richtig, so legt er die Karte in Fach 2.
- Am nächsten Tag bearbeitet der Auszubildende die Karten aus Fach 1 und 2. Sind die Antworten falsch, so wandert die Karte in Fach 1 zurück, sind sie richtig, so wandert sie ins nächst höhere Fach. Der Abstand der Bearbeitung der Fächer sollte am Anfang niedrig sein, dann aber größer werden.

Beispiel: Ali Resa erklärt Luis Felix, wie er die Lerninhalte vor der Prüfung so lernen kann, dass er sie sicher beherrscht. Er erklärt ihm, wie er mit einem System von Karteikarten lernen kann.

Fach-Nummer	Lerntage
1	heute
2	+ 1 Tag
3	+ 3 weitere Tage
4	+ 5 weitere Tage
5	+ 8 weitere Tage
6	+ 14 weitere Tage

Der Lernprozess einer Frage dauert im günstigsten Fall einen Monat. Wenn die Antworten aus Fach 6 richtig sind, kann davon ausgegangen werden, dass der Lerninhalt im Langzeitgedächtnis verankert ist.

5-Schritt-Lesemethode

Auszubildenden im Handwerk fällt es oft schwer, Sachtexte effizient zu lesen und die Inhalte zu verstehen. Zumeist fehlt ihnen eine Strategie, wie sie sich Texte inhaltlich erschließen können.

systematisches Vorgehen

Mit der 5-Schritt-Lesemethode können sie die Informationen des Textes herausarbeiten, verstehen und verinnerlichen:

1. Text überfliegen:
   Insbesondere auf Überschriften, Markierungen und Fettgedrucktes achten und einen groben Überblick über den Inhalt bekommen.
2. Fragen an den Text stellen:
   Worum geht es im Text? Welche Themen werden behandelt?
   Die Fragen schriftlich niederschreiben und später in Gedanken beantworten.
3. Text gründlich und genau lesen:
   Die niedergeschriebenen Fragen durch den Text beantworten lassen.
4. Wichtige Abschnitte im Text markieren und Textinhalte zusammenfassen:
   Nach jedem Abschnitt kurz innehalten, den Text gedanklich oder schriftlich zusammenfassen und sich selbst die Frage beantworten, welches die Kernaussagen dieses Abschnitts sind.
5. Am Ende Wichtiges wiederholen:
   Markierungen und eigene Notizen nochmals lesen. Sind alle notierten Fragen beantwortet?

Der Auszubildende sollte nun in der Lage sein, den Text kurz inhaltlich zusammenzufassen oder seinen Mitauszubildenden einen kurzen Vortrag hierüber zu halten.

Wichtig ist bei allen Methoden, dass sich der Auszubildende in einer guten Lernatmosphäre befindet. Dazu gehört ein ruhiger Arbeitsplatz, Störungen durch andere Personen oder Geräte sollten vermieden werden. Das bedeutet auch, dass Radio, Fernseher und Smartphone ausgeschaltet werden. Auf dem Laptop werden nur die Seiten geöffnet, die zum Lernen notwendig sind.

Zeitmanagement

Zum effektiven Lernen gehört ebenso wie die Lernmethoden ein gutes Zeitmanagement. Die Pomodoro-Technik[1] ist ein Instrument, um Ablenkungen und

---

[1] *Erfunden wurde sie vom italienischen Unternehmer Francesco Cirillo, der zur Durchführung einen Kurzzeitwecker in Form einer Tomate (ital.: pomodore = Tomate) benutzte.*

Störungen bewusst zu verhindern und durch häufige Pausen die geistige Fitness zu erhalten.

Schritte der Pomodoro-Technik

Das Vorgehen beinhaltet folgende Schritte:

1. Zunächst werden alle zu erledigenden Aufgaben stichpunktartig aufgeschrieben.
2. Es wird ein Wecker auf 25 Minuten gestellt. In dieser Zeit werden die genannten Aufgaben so weit wie möglich bearbeitet. Störungen durch Telefone, eingehende Nachrichten o. Ä. werden ignoriert.
3. Wenn der Wecker klingelt, werden alle bis dahin erledigten Aufgaben auf der Liste gekennzeichnet.
4. Der Wecker wird auf fünf Minuten gestellt: Pause. Jetzt können Nachrichten beantwortet werden, Kaffee gekocht oder Telefonate geführt werden.
5. Nach der Pause beginnt die nächste Arbeitsphase von 25 Minuten.
6. Nach vier Arbeitsphasen folgt eine Pause von 30 Minuten.

1.5 Feedback-Möglichkeiten

Feedback (engl. für „Rückmeldung“) ist die Möglichkeit, die persönliche Sichtweise eines anderen Menschen (Feedback-Geber) auf einen selbst und das eigene Verhalten (Feedback-Nehmer) zu erhalten. Der Feedback-Nehmer hat hierdurch die Möglichkeit, seine Wirkung auf andere zu erfahren und sein Verhalten zukünftig zu verändern.

Feedback in der Ausbildung bedeutet, dass der Ausbilder dem Auszubildenden eine Rückmeldung z.B. zu bestimmten Verhaltensweisen gibt und es ihm ermöglicht, sein Verhalten zu überdenken, zu korrigieren oder Fähigkeiten zu verfeinern bzw. Stärken auszubauen.

1.5.1 Richtig Feedback geben

Damit der Feedback-Nehmer das Feedback auch anzunehmen bereit ist, sollte der Feedback-Geber generell folgende Grundsätze beachten:

Ich-Form

- Feedback immer in der Ich-Form geben.
  Der Feedback-Geber zeigt so, dass er seine eigene, subjektive Meinung äußert.

Beispiel: Ausbilder Ali Resa: „Jonas, ich habe das Gefühl, dass du dich in einigen Situationen von anderen Auszubildenden leicht ablenken lässt. Auch sehe ich dich oft mit dem Smartphone in der Hand und weiß von mir selber, wie sehr das meine Aufmerksamkeit von der Arbeit wegbringt und ich dann den Faden bei der Arbeit verliere.“

---

positives Feedback zuerst

- Zuerst ein positives, dann ein negatives Feedback geben.
  Wenn der Feedback-Nehmer zunächst ein positives Feedback bekommt und danach Vorschläge hört, was genau er an seiner Arbeit oder seinem Verhalten ändern sollte, fällt es ihm leichter, dieses zu akzeptieren und anzunehmen.

Beispiel: Ausbilder Ali Resa: „Jonas, du hast die Wand gerade hochgezogen. Das sieht schon richtig gut aus. Wenn du genau hinschaust, sind die Abschlüsse aber noch nicht ganz optimal. Es wäre prima, wenn du beim nächsten Mal noch darauf achtest, dass auch die Abschlüsse am Rand ganz gleichmäßig sind“.

---

keine Pauschalkritik

- Keine Pauschalkritik äußern, sondern einzelne Kritikpunkte genau benennen.
  Wenn der Feedback-Geber genau erklärt, welchen Fehler beispielsweise der Feedback-Nehmer gemacht hat, wird dieser zuhören und verstehen, was gemeint ist. Wenn der Ausbilder die Arbeit pauschal kritisiert, indem er z.B. sagt: „Was du da gemacht hast, ist ja komplett falsch!“, wird der Auszubildende versuchen, sich gegen diese Pauschalaussage zu verteidigen.

Beispiel: Ausbilder Ali Resa: „Die Mauer, die du heute errichtest hast, ist noch nicht ganz frei von Mängeln. Es ist für die Stabilität der Mauer wichtig, dass die Fugen eine bestimmte einheitliche Breite haben. Wenn du aber mal nachmisst, haben die Fugen hier eine unterschiedliche Breite. Darauf musst du beim nächsten Mal achten.“

Hinweis auf Konsequenzen

- Auf mögliche Konsequenzen - positive oder negative - hinweisen.
  Es ist für den Feedback-Nehmer leichter zu verstehen, warum er sein Verhalten ändern soll, wenn der Feedbackgeber erklärt, welche Folgen sich ansonsten ergeben könnten.

Beispiel: Ausbilder Ali Resa: „Jonas, wenn du die Drainagerohre nicht mit dem erforderlichen Gefälle genau in der erforderlichen Tiefe verlegst und sehr sorgfältig an den Kanalanschluss anschließt, kann das sehr schnell zu Problemen führen. Wenn es stark regnet, wird wahrscheinlich der Keller des Gebäudes voll Wasser laufen.“

Möchten Sie üben? Tests und Aufgaben finden Sie im Sackmann-Lernportal.

Nennen von Verbesserungsvorschlägen

- Bei Kritik möglichst auch konkrete und realisierbare Änderungsvorschläge nennen.
  Der Feedback-Geber hilft dem Feedback-Nehmer am besten, sein Verhalten oder seine Arbeitsweise zu verbessern, indem er ihm konkret erklärt, was er an seiner Vorgehensweise verändern sollte, damit seine Arbeit besser gelingt.

Beispiel: Ali Resa empfiehlt Jonas Schottke: „Du holst dir gerade nur so viele Ziegelsteine von der Palette, wie du im Arm tragen kannst. Um effektiver zu arbeiten, ist es sinnvoll, wenn du dir die Steinzange nimmst und dir immer ca. 50 Ziegelsteine direkt neben deine Arbeitsstelle legst und diese verarbeitest, bevor du dir die nächsten 50 Steine holst."

---

richtiger Zeitpunkt

- Geeigneten Zeitpunkt für das Feedback wählen.
  Der Feedback-Geber sollte dem Feedback-Nehmer möglichst zeitnah auf das Fehlverhalten aufmerksam machen. Er sollte aber darauf achten, dass dieser in dem Moment auch aufnahmebereit ist. Solange dieser sehr aufgebracht oder traurig darüber ist, dass etwas nicht so funktioniert hat, wie er es sich gedacht hat oder wenn er sehr erschöpft ist, wird er kaum zuhören.

Beispiel: Als Ali Resa sieht, dass die gemauerte Wand von Jonas Schottke gerade in sich zusammengefallen ist und dieser darüber völlig niedergeschlagen ist, schaut er schon, was die Ursache für den Fehler war, verzichtet aber darauf, sofort die Fehler zu benennen und wartet damit, bis Jonas sich wieder beruhigt hat.

1.5.2 Feedbackgespräche

Rückmeldungen

Feedbackgespräche sind für den Auszubildenden sehr wichtig. Gerade die junge Generation, die daran gewöhnt ist, von Freunden und Bekannten mehrmals täglich in Form von Smileys oder Likes Feedback zu erhalten, fühlt sich ohne ständige Rückmeldungen leicht verunsichert. Der Ausbilder sollte seinem Auszubildenden nach der Erledigung von Aufträgen in Form eines kurzen Feedbacks - hier genügt manchmal schon ein kurzes Kopfnicken oder ein freundliches „gut so" - signalisieren, ob er mit der Ausführung zufrieden ist oder ob Handlungsbedarf besteht.

Feedback zur Gesamtsituation

Weiterhin sollte der Ausbilder sich regelmäßig Zeit nehmen und mit seinem Auszubildenden ein ausführliches Feedbackgespräch führen. Hierbei kann der Ausbilder nicht nur auf die praktischen Arbeiten, die der Auszubildende erledigt hat, eingehen, sondern auch darauf, wie er sich insgesamt in den Betrieb einfügt und welche Rückmeldungen er von den anderen Mitarbeitern über den Auszubildenden bekommen hat.

gegenseitiges Feedback

In diesem Gespräch soll auch der Auszubildende seinerseits die Möglichkeit erhalten, dem Ausbilder ein Feedback darüber zu geben, wie ihm seine Arbeit gefällt, wie er die Zusammenarbeit mit anderen Mitarbeitern erlebt und ob ihm seine Ausbildung grundsätzlich gefällt. Der Auszubildende sollte die Feedback-Regeln ebenso beachten wie der Ausbilder. Es ist ratsam, dass die im Betrieb geltenden Kommunikations- und Feedback-Grundsätze dem Auszubildenden gleich zu Beginn der Ausbildung vermittelt werden.

Feedback richtig angewendet mit der Absicht, ernsthaft zu einer Verbesserung beizutragen, schafft die Basis für ein solides Vertrauensverhältnis zwischen Ausbilder und Auszubildendem.

Kompetenzen

Das sollten Sie als zukünftiger Meister können:

- ✔ individuelle Voraussetzungen der Auszubildenden für die Gestaltung von Lernprozessen berücksichtigen,
- ✔ Entwicklung einer Lernkultur des selbst gesteuerten Lernens unterstützen sowie die Rolle des Ausbilders als Lernbegleiter reflektieren,
- ✔ Lernen durch Beachtung grundlegender didaktischer Prinzipien fördern,
- ✔ Lernprozesse durch Zielvereinbarung, Stärkung der Motivation und Transfersicherung unterstützen,
- ✔ Lernen durch Vermittlung von Lern- und Arbeitstechniken sowie durch geeignete Rahmenbedingungen fördern,
- ✔ Lernergebnisse ermitteln und dem Auszubildenden seine Kompetenzentwicklung durch geeignetes Feedback aufzeigen sowie Rückmeldungen empfangen.

Ahmet Demir ist der neue Auszubildende bei den Maurerprofis Mainau & Roth GmbH. Gerade seine ersten Tage im Unternehmen möchte Thorsten Mainau sehr genau planen, um Ahmet den Start in seinem Betrieb zu erleichtern. Ahmet Demir überzeugte im Rahmen seiner Bewerbung mit seinem handwerklichen Geschick, jedoch waren seine Zeugnisnoten in einigen Fächern nur ausreichend. Thorsten Mainaus Ziel ist es, seinen Auszubildenden gut strukturiert durch die ersten Wochen und Monate zu führen. Er überlegt, mit welchen Aufgabenstellungen er gerade Ahmet herausfordern kann. Und er fragt sich, welcher seiner Mitarbeiter für die Begleitung von Ahmet Demir wohl am besten geeignet ist und ihm verlässliche Rückmeldungen über seine Entwicklung geben könnte. Darüber hinaus denkt er darüber nach, ob er die sonst in seinem Betrieb übliche Probezeit von zwei Monaten in diesem Fall verlängern soll, um mehr Sicherheit in der Entscheidung über Ahmets Eignung zu bekommen.

2 Bedeutung, Gestaltung und Auswertung der Probezeit

2.1 Bedeutung und Dauer der Probezeit

Wenn ein Auszubildender alle Hürden des Bewerbungsprozesses genommen hat und mit seiner Ausbildung startet, ist dies für ihn ein großer Schritt. Bislang saß er gemeinsam mit Gleichaltrigen im Klassenzimmer.

Im Betrieb ist er mehr auf sich allein gestellt. Es wird von ihm erwartet, dass er sich gut einfügt, Eigeninitiative entwickelt und verantwortungsbewusst handelt. Eventuell gibt es weitere Auszubildende in seinem oder in anderen Jahrgängen. Aber er wird nicht immer mit diesen gemeinsam arbeiten, sondern überwiegend mit den im Betrieb beschäftigten Gesellen. Der Auszubildende weiß das und entwickelt Vorstellungen und Hoffnungen, wie es ihm in den ersten Tagen in seiner Ausbildung ergehen wird.

Dauer der Probezeit

Im Ausbildungsvertrag wurde eine Probezeit vereinbart. Diese beträgt mindestens einen Monat und maximal vier Monate (§ 20 BBiG). Im Rahmen dieser gesetzlichen Vorgabe bestimmt der Betrieb die Probezeit und schreibt sie im Ausbildungsvertrag fest | ► S. 148 |.

- Eine kurze Probezeit bietet sich an, wenn der Auszubildende bereits bekannt ist, weil er z.B. ein Praktikum absolviert hat. Dies zeigt, dass der Ausbildende dem Auszubildenden gegenüber eine positive Einstellung hat und ihm vertraut. *kurze Probezeit*
- Wenn der Auszubildende dem Betrieb noch völlig fremd ist und er noch keine Berührungspunkte mit dem Handwerk hatte, bietet sich eine längere Probezeit an. Ausbilder und Auszubildender können dann in Ruhe prüfen, ob die Ausbildung voraussichtlich erfolgreich verlaufen wird. *lange Probezeit*

Zweck Probezeit für den Auszubildenden

Die Probezeit dient dem Auszubildenden dazu, sich ein Bild von der Ausbildung und vom Ausbildungsbetrieb zu machen. Er sollte in dieser Zeit für sich selber klären, ob die Ausbildungsinhalte seinen Interessen und Neigungen entsprechen und auch, ob die Chemie zwischen ihm und den Mitarbeitern und Vorgesetzten im Betrieb stimmt.

Der Auszubildende sollte während der Probezeit einen guten Überblick über die im Betrieb anfallenden berufstypischen Arbeiten erhalten und nicht nur monotone Routinetätigkeiten ausführen müssen. Der Ausbilder sollte den Auszubildenden gerade in der Probezeit intensiv beobachten und diese Beobachtungen schriftlich dokumentieren.

Zweck Probezeit für den Ausbilder

Der Ausbilder muss in dieser Zeit klären, ob der Auszubildende die erforderlichen Voraussetzungen erfüllt und er einen erfolgreichen Ausbildungsverlauf erwartet. Es ist wichtig, dass der Ausbilder während der gesamten Probezeit mit dem Auszubildenden im Gespräch bleibt und ihm Feedback über sein Verhalten und seine Leistungen gibt. So können Missverständnisse schnell ausgeräumt werden und der Ausbilder kann seinen Auszubildenden zielführend unterstützen.

2.2 Gestaltung der Probezeit

Pate

Der Ausbilder kann schon vor Beginn der Ausbildung dafür Sorge tragen, dass der Ausbildungsstart seines Auszubildenden gut gelingt. Um dem Auszubildenden von Anfang an Sicherheit zu geben, kann schon vorab für ihn ein Pate bestimmt werden. Dies kann ein Geselle sein oder aber auch ein Auszubildender aus einem höheren Ausbildungsjahr. Er begleitet den jungen Auszubildenden in den ersten Wochen und hilft ihm, sich im Betrieb zurechtzufinden. Der Vorteil eines Auszubildenden als Paten besteht darin, dass dieser sich noch an seinen eigenen Start ins Berufsleben und die damit verbundenen Herausforderungen erinnern kann.

Damit der Start des neuen Auszubildenden gelingt, kann die nachfolgende Checkliste hilfreich sein.

Sie suchen weitere Infos? Nutzen Sie das Zusatzmaterial im Sackmann-Lernportal.

Checkliste zum Ausbildungsbeginn

Checkliste zum Ausbildungsbeginn		
Name des Auszubildenden:		
Name des Paten:		
Erstellung eines Durchlaufplans (der einzelnen Abteilungen)		erledigt ☐
Schriftliche Informationen über Betrieb (Standort) zuschicken (sofern vorhanden)		☐
Persönliche Schutzausrüstung, z.B.:		
▶ Schutzbrille	Größe: ____________	☐
▶ Helm	Größe: ____________	☐
▶ Sicherheitsschuhe	Größe: ____________	☐
▶ Handschuhe	Größe: ____________	☐
▶ Gehörschutz	Größe: ____________	☐
…		
…		
Arbeitsplatz:		
▶ Werkbank herrichten	Werkbank Nr.: __________	☐
▶ persönliches Werkzeug		☐
▶ Kelle		☐
▶ Eimer		☐
▶ Zugangsdaten für PC	Kennung: ______________	☐
Individuelles:		
▶ Arbeitskittel mit Namen	Größe und Name: _______	☐
	------------------------------	☐
▶ Namensschild zum Anstecken	Name: ________________	☐
▶ Spind mit Schlüssel	Spind-Nr.: _____________	☐
▶ Schlüssel für Personaleingang	Schlüssel-Nr.: __________	☐
…		
…		

Beispiel: Thorsten Mainau hat aus den Fehlern der Vergangenheit gelernt. Durch eine gute Vorbereitung kann er sich ebenso wie sein Ausbilder Ali Resa vom ersten Tag an um die Ausbildung von Ahmet Demir kümmern. Es wird zu keinen Verzögerungen mehr kommen, so wie damals, als sein Geselle Bernd Küster einen Auszubildenden mit auf eine Baustelle genommen hatte und erst vor Ort feststellte, dass dieser den erforderlichen Helm noch nicht bekommen hatte. Dem Auszubildenden war das wahrscheinlich sehr unangenehm und peinlich. Und Bernd Küster ärgerte sich darüber, dass der

Auszubildende dies nicht wusste und darüber, dass sich niemand vorher darum gekümmert hatte. Diese Verärgerung hatte sich damals in seinem Verhalten gegenüber dem Auszubildenden niedergeschlagen und auch auf seine Arbeitsweise auf der Baustelle.

Der erste Arbeitstag des Auszubildenden ist ein besonderer Tag und muss daher ebenfalls gut vorbereitet werden.

Checkliste für den ersten Tag

Checkliste für den ersten Tag	
	erledigt
Vorstellung des Ausbilders, der Meister und des Paten	☐
Vorstellung der Gesellen in der Start-Abteilung	☐
Zeigen der Räumlichkeiten	☐
Information über Arbeits- und Pausenzeiten	☐
Einführung Unfallverhütungsvorschriften	☐
Aushändigung (sofern vorhanden) von	
▶ Arbeitskleidung	☐
▶ Namensschildern	☐
▶ Spind-Schlüssel	☐
▶ PC-Zugangsdaten	☐
▶ persönlicher Schutzausrüstung	☐
▶ persönlichem Werkzeug	☐
....	
Aushändigung des Durchlaufplans (der einzelnen Abteilungen) für die Zeit der Ausbildung	☐

2.3 Auswertung der Probezeit

Um am Ende der Probezeit einen umfassenden Gesamteindruck über das Verhalten, die Eignung und die Leistungsbereitschaft des Auszubildenden zu haben, ohne dass die Protokollierung zu viel Zeit in Anspruch nimmt, kann ein standardisierter Beurteilungsbogen hilfreich sein, den der Ausbilder im Verlauf der Probezeit in regelmäßigen Abständen ausfüllt.

Beurteilungsbogen

Auch die Gesellen, die mit dem Auszubildenden zusammengearbeitet haben, sollten einen Bogen ausfüllen. So erhält der Ausbilder am Ende ein weitgehend objektives Bild über den gesamten Zeitraum, der nicht von wenigen besonders positiven oder negativen Eindrücken der letzten Tage und Wochen geprägt ist. Stattdessen können Entwicklungen sichtbar gemacht werden.

objektiver Gesamteindruck

Aspekte der Auswertung

Folgende Aspekte sollten dabei u.a. berücksichtigt werden:

- Interesse am Beruf,
- Auffassungsgabe,
- Konzentrationsfähigkeit,
- handwerkliches Geschick,
- Leistungsbereitschaft,
- Kommunikationsfähigkeit,
- sorgfältige Arbeitsweise,
- Zusammenarbeit mit Kollegen,
- Verhalten gegenüber Kunden.

Feedbackgespräch zum Ende der Probezeit

Zum dem Ende der Probezeit führt der Ausbilder mit dem Auszubilden ein Feedbackgespräch über den Verlauf der Probezeit. Der Ausbilder fragt zunächst den Auszubildenden nach seinen Eindrücken und lässt ihn berichten, welche Erfahrungen er gemacht hat, was er bereits gelernt hat und was er sich vom weiteren Verlauf der Ausbildung erhofft.

Danach erhält der Auszubildende das Feedback des Ausbilders. Dieser hat die über den gesamten Zeitraum von verschiedenen Mitarbeitern ausgefüllten Beurteilungsbögen vorbereitend zusammengefasst und ausgewertet. Er kann dem Auszubildenden seine Entwicklung darstellen und ihm ein umfangreiches Feedback darüber geben.

Abschluss und Konsequenzen

Am Ende teilt der Ausbilder dem Auszubildenden mit, ob er nach der Probezeit seine Ausbildung weiterführen kann und fragt nach, ob dies dem Wunsch des Auszubildenden entspricht.

Wenn der Betrieb den Auszubildenden nicht weiter beschäftigen möchte, ist es ratsam, dass der Ausbilder dies mit stichhaltigen Argumenten begründet, die vom Auszubildenden nachvollziehbar sind. Wenn der Ausbilder bei seinem Auszubildenden Kompetenzen und Interessen festgestellt hat, die nicht zum derzeitigen Ausbildungsberuf passen, aber für einen anderen nützlich sind, dann kann er ihm einen Wechsel zu diesem Beruf empfehlen.

Ein Feedbackgespräch mit negativer Prognose muss dennoch wertschätzend geführt werden, damit sich der Auszubildende aktiv damit auseinandersetzt. Ziel des Gespräches sollte dann sein, dass der Auszubildende einsieht, weshalb eine Fortführung der Ausbildung keinen Sinn ergibt und er sich nach einem anderen Ausbildungsbetrieb und evtl. auch nach einem anderen Berufsfeld umsieht.

Kompetenzen

Das sollten Sie als zukünftiger Meister können:

- ✔ inhaltliche und organisatorische Gestaltung der Probezeit festlegen und rechtliche Grundlagen beachten,
- ✔ Lernaufgaben zur Ermittlung von Eignung und Neigung des Auszubildenden für die Probezeit auswählen,
- ✔ die Einführung des Auszubildenden in den Betrieb planen,
- ✔ Entwicklung des Auszubildenden während der Probezeit bewerten und mit dem Auszubildenden rückkoppeln, Durchführung und Ergebnis der Probezeit bewerten.

Aus dem betrieblichen Ausbildungsplan und den berufstypischen Arbeits- und Geschäftsprozessen betriebliche Lern- und Arbeitsaufgaben entwickeln und gestalten

Ahmet Demir hat sich gut im Betrieb der Maurerprofis Mainau & Roth GmbH eingelebt und fährt zum ersten Mal mit zu einer für ihn neuen Baustelle, der Errichtung eines Einfamilienhauses. Thorsten Mainau hat ihm schon vorab die Pläne und den Ablauf zur Durchführung des Auftrages auf einfache Weise erklärt. Ali Resa, der die Baustelle betreut, möchte ihn direkt in die Arbeiten an den Zwischenwänden der zweiten Etage des Neubaus miteinbeziehen. Als Ahmet die große Baustelle sieht, wird ihm mulmig, aber der Meister spricht ihm Mut zu: „Keine Sorge, ich erkläre Ihnen Schritt für Schritt, welche Aufgaben anstehen und wir überlegen gemeinsam, bei welchen Sie mit Anleitung mithelfen bzw. welche Sie vielleicht schon alleine angehen können."

3 Ausbildung in berufstypischen Auftrags- und Geschäftsprozessen

3.1 Methodenkonzept der auftrags- und geschäftsprozessorientierten Ausbildung

neue Methodenkonzepte in der Ausbildung

Während Auszubildende in Klein- und Mittelbetrieben, vor allem im Handwerk, immer schon überwiegend im Rahmen konkreter Kundenaufträge lernen, war dies früher in Lehrwerkstätten der Großbetriebe oder in überbetrieblichen Lehrwerkstätten weniger der Fall. Hier stand die Arbeitsunterweisung, also Vormachen und Nachmachen, im Vordergrund. Ähnlich war das in der Berufsschule: Früher wurde fachsystematisch Wissen vermittelt; heute erfolgt der Unterricht handlungsorientiert. Dazu werden schwerpunktmäßig Teilnehmer aktivierende Methoden angewandt.

Methodenkonzepte in der Ausbildung haben sich bereits seit einiger Zeit in ihrer Ausrichtung grundlegend geändert. (Ein Methodenkonzept beschreibt, wie man im gesamten Ausbildungsablauf methodisch vorgehen kann, um die Ausbildungsziele zu erreichen.)

Lernen in Auftrags- und Geschäftsprozessen

Heute wird stärker versucht, die Ausbildung an Aufträgen (z.B. in den Metall- oder Elektrohandwerken) oder Geschäftsprozessen (z.B. bei den Nahrungsmittelhandwerken) auszurichten. Dazu werden zunehmend Methoden eingesetzt, die das selbstständige Arbeiten und die Zusammenarbeit der Auszubildenden fördern, wie die Leittextmethode oder die Projektmethode. Mit Blick auf geänderte Anforderungen in vielen Ausbildungsberufen, besonders im Metall- und

Elektrobereich oder im IT-Bereich wurden vor allem in Großunternehmen spezifische Ausbildungskonzepte entwickelt. Sie sehen i.d.R. vor, dass die Auszubildenden häufiger auch in produktionsintegrierten Lernorten ausgebildet werden.

Die auftragsorientierte Ausbildung ist für Klein- und Mittelbetriebe in den meisten Gewerken eigentlich nichts Neues. Dennoch werden die damit verbundenen Lernchancen oft gar nicht richtig genutzt. Die Auszubildenden werden nicht immer optimal in Aufträge eingebunden. Es kommt aber wesentlich darauf an, wie Auszubildende in Kundenaufträgen mitarbeiten können.

Beispiel: Thorsten Mainau ist es wichtig, dass seine Auszubildenden schon früh im Alltag auf der Baustelle erfahren, wie Arbeiten systematisch geplant und optimal durchgeführt werden. Dazu überlegt er mit seinen Ausbildern Ali Resa und Fred Schumann, wie sie bei Aufträgen konkret vorgehen können, damit die Azubis Arbeitsabläufe rasch erkennen und verstehen sowie Arbeitsschritte immer selbstständiger umsetzen können.

Das Methodenkonzept der auftragsorientierten Ausbildung im Handwerk umfasst die wesentlichen betrieblichen Ausbildungsmethoden, die besonders in Klein- und Mittelbetrieben eine Rolle spielen: das Lehren/Lernen in Arbeitsaufträgen, die Arbeitsunterweisung, das Lehrgespräch und den Lernauftrag.

Methodenkonzept der auftragsorientierten Ausbildung

Dieses Konzept beschreibt, in welchen Situationen diese Methoden jeweils besonders Erfolg versprechend sind, und vor allem, wie sie gestaltet werden können. Welche dieser Methoden sich jeweils besonders eignet, hängt vor allem ab von der konkreten Zielsetzung, den organisatorischen Bedingungen im Betrieb und den Voraussetzungen des Auszubildenden.

3.1.1 Bedeutung und Ziel der auftragsorientierten Ausbildung

berufliche Handlungsfähigkeit im Vordergrund

Die Förderung der beruflichen Handlungsfähigkeit der Auszubildenden wird immer wichtiger. Denn die immer schneller aufeinanderfolgenden Veränderungen in der Arbeitswelt fordern von den Beschäftigten, dass sie sich immer häufiger auf neue Situationen einstellen und ihr Handeln an geänderte Bedingungen anpassen müssen.

Damit steht nicht mehr das einmal gelernte Fachwissen, sondern die berufliche Handlungsfähigkeit im Vordergrund. Sie befähigt Auszubildende, neue berufliche Situationen fachgerecht, selbstständig und verantwortungsbewusst zu bewältigen und sich ständig weiterzuentwickeln. Das setzt - neben fachlichen Fertigkeiten und Kenntnissen - Methodenkompetenz und Lernkompetenz voraus.

Die Entwicklung beruflicher Handlungsfähigkeit orientiert sich grundlegend am Modell der vollständigen Handlung | ► S. 221 |. Es umfasst die folgenden sechs Schritte.

Modell der vollständigen Handlung

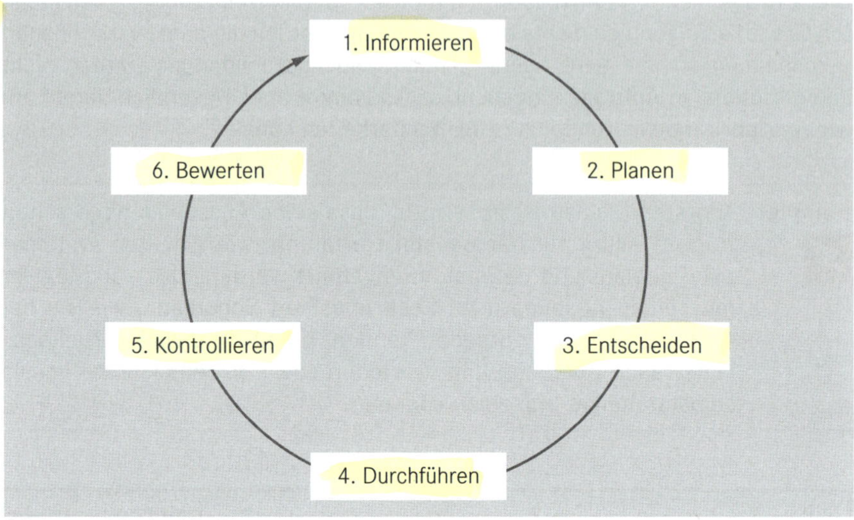

Ein Auszubildender, der einen Auftrag selbstständig durchführen soll,

- muss sich zuerst die dazu notwendigen Informationen beschaffen.
- Er plant dann die erforderlichen Arbeitsschritte und Arbeitsmittel.
- Besonders bei verschiedenen möglichen Vorgehensweisen muss er sich für das aus seiner Sicht geeignete Vorgehen entscheiden.
- Die geplanten Arbeitsschritte führt er dann konkret aus.
- Anhand geeigneter Kriterien muss er prüfen, ob er seine Arbeit sachgerecht durchgeführt hat.
- Im letzten Schritt reflektiert und bewertet er den Arbeitsprozess und das Ergebnis mit Blick auf künftige Verbesserungen.

In Kapitel 3.2.3 ist beschrieben, wie der Ausbilder diese Schritte gezielt unterstützen kann, damit der Auszubildende im Verlauf der Ausbildung lernt, zunehmend selbstständig zu arbeiten.

Vom Gesellen wird erwartet, dass er in der Arbeit eigenverantwortlich denkt und handelt und so zum wirtschaftlichen Erfolg des Unternehmens beiträgt. Das kann er jedoch nur, wenn er in der Ausbildung gelernt hat, Arbeitsaufgaben selbstständig zu planen, durchzuführen und zu kontrollieren.

motivierende Mitarbeit an Kundenaufträgen

Die Mitarbeit an konkreten Kundenaufträgen ist für Auszubildende besonders motivierend. Sie lernen im Ernstfall und können dadurch betriebliche Abläufe und Prozesse i.d.R. schneller und besser verstehen. Durch die Mitwirkung leisten sie außerdem auch einen wirtschaftlichen Beitrag zum Betriebsergebnis, der umso größer wird, je eigenständiger die Auszubildenden arbeiten können und dürfen. Das setzt Vertrauen in die Leistungsfähigkeit und die Arbeit der Auszubildenden voraus.

Voraussetzungen für erfolgreiches Lernen

Auftragsorientierte Ausbildung erfordert aber auch, dass sich der Ausbilder Gedanken macht, worauf es ankommt, damit Auszubildende in Arbeitsprozessen erfolgreich lernen können. Zwei Aspekte sind dabei wichtig:

- In der handwerklichen Ausbildung werden Auszubildende oft von Gesellen betreut und in Arbeiten einbezogen. Hier muss der Ausbilder - i.d.R. der Handwerksmeister - den Gesellen die Chancen und die Möglichkeiten des auftragsorientierten Lernens bewusst machen. Und er muss die dazu erforderliche Zeit einplanen.
- Die Lernmöglichkeiten eines Kundenauftrages sollten umfassend genutzt werden. Ein Kundenauftrag umfasst mehrere Phasen: meist Akquisition, Planung, Durchführung, Übergabe und Auswertung.

Die betriebliche Praxis zeigt, dass Gesellen und damit auch die Auszubildenden vorrangig in die Phase der Auftragsdurchführung eingebunden werden. Zum Teil wirken sie noch in den Phasen der Planung und der Übergabe mit. Die anderen Phasen bleiben oft dem Meister vorbehalten. Für die Handlungsfähigkeit und damit die kompetente und erfolgreiche Mitarbeit der Auszubildenden und der Gesellen wäre eine Einbeziehung in alle Phasen sehr hilfreich.

Einbeziehen des Auszubildenden in den gesamten Kundenauftrag

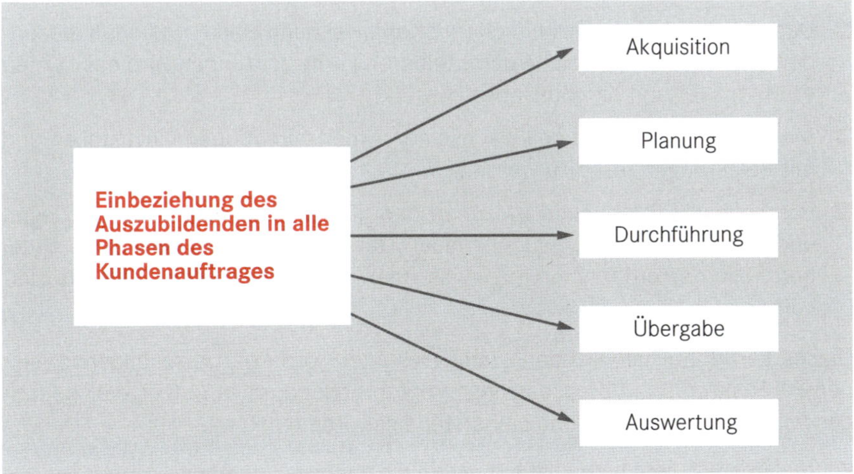

Lernen mit Arbeit verzahnen

Insgesamt ist die auftragsorientierte Ausbildung darauf ausgerichtet, die Selbstständigkeit des Auszubildenden zu fördern. Charakteristisch für diese Form der Ausbildung ist die Verzahnung von Lernen und produktiver Mitarbeit. Der Auszubildende ist in den Prozess der betrieblichen Leistungserstellung einbezogen. Sein Lernen vollzieht sich in engem Zusammenhang mit der Produktion und mit den Arbeitsaufgaben des Betriebes.

Entscheidend für den Lernerfolg des Auszubildenden ist, dass er möglichst früh anfängt, sein Handeln und Lernen zumindest teilweise selbst zu organisieren und zu steuern.

Es liegt sicherlich im Eigeninteresse des Ausbilders, den Auszubildenden dabei zu unterstützen, denn mit einem Mitarbeiter, der eigenständig vorgeht und mitdenkt, kann er viel erfolgreicher arbeiten.

Beispiel: Ahmet Demir fühlt sich gut ... Ali Resa hat ihm einen anstehenden Auftrag erklärt und ihn gebeten, das erforderliche Werkzeug zusammenzustellen und nichts fehlte. Direkt von Anfang an hatte Ali Resa ihm erklärt, welche Werkzeuge für welchen Arbeitsschritt gebraucht werden und wie sie funktionieren, und nun kann er das schon fast ganz alleine. „Dich können wir gut gebrauchen!“, lacht Ali Resa und schlägt Ahmet Demir auf die Schulter.

Lernpotenzial der auftragsorientierten Ausbildung

In der auftragsorientierten Ausbildung liegt ein beachtliches Lernpotenzial:

- Ein vollständiger Handlungsablauf von der Planung über die Durchführung bis zur Kontrolle wird miterlebt oder bei kleineren Aufträgen sogar selbst durchgeführt. Zusammenhänge werden so anschaulich und besser verständlich.
- Das Lernen erfolgt ganzheitlich (mit Kopf, Herz und Hand) und damit besonders intensiv. Durch solche unmittelbaren Lernerfahrungen wird das Lernen erfolgreicher und die Motivation gestärkt.
- Man lernt, sich auf schnell wechselnde Arbeitssituationen einzustellen und mit Belastungen fertig zu werden.
- Persönliche Beziehungen zwischen dem Auszubildenden, seinen Kollegen und dem Ausbilder werden aufgebaut. Der Auszubildende lernt dabei neue, betrieblich erforderliche Umgangsformen und verbessert so seine Sozialkompetenz.

Dieses Lernpotenzial wird dann richtig genutzt, wenn der Auszubildende, seinen Fähigkeiten und Voraussetzungen entsprechend, so in Aufträge eingebunden wird, dass er zunehmend selbstständiger arbeiten kann.

Zu Beginn der Ausbildung sollten besondere Anstrengungen unternommen werden, den Auszubildenden mit den grundlegenden Anforderungen der Auftragsabwicklung vertraut zu machen. Dabei muss beachtet werden, dass in einigen Berufen zunächst notwendige Grundlagen außerhalb von Arbeitsaufträgen gelegt werden müssen.

Beispiel: Ahmet Demir ist zum zweiten Mal mit Ali Resa auf der Baustelle. Neue Zwischenwände müssen nun eingezogen werden. In der überbetrieblichen Ausbildung hat er bereits gelernt, eine Baustelle einzurichten und ein Mauerwerk aus klein- oder mittelformatigen Steinen herzustellen. Da wird er mit Ali Resa an seiner Seite jetzt mal den Ernstfall proben ... und es klappt schon ganz gut.

hohe Ausbildungsqualität

Eine in diesem Sinne auftragsorientierte Ausbildung bietet i.d.R. eine hohe Ausbildungsqualität und hilft damit, Ausbildungsabbrüche zu vermeiden. Betriebe, die sich durch eine derartige Ausbildungsqualität auszeichnen, werden auch dann Bewerber um einen Ausbildungsplatz finden, wenn es künftig weniger von ihnen aufgrund einer geringeren Geburtenrate geben wird.

3.1.2 Organisation der auftragsorientierten Ausbildung im Betrieb

Im Vergleich zu Großbetrieben mit einem festen Produktionsprogramm kann in Klein- und Mittelbetrieben die Ausbildung nicht detailliert im Voraus geplant werden, da die Art der Aufträge, ihre Anzahl und ihre Verteilung über das Jahr ständig variieren. Der Ausbilder entscheidet häufig je nach Entwicklung der Auftragssituation über den Einsatz des Auszubildenden. Daraus ergeben sich Folgen für die Arbeitsorganisation und die Organisation der Ausbildung.

Die folgende Abbildung[1] macht deutlich, wie sich Ausbildungsplanung und -steuerung im Rahmen der auftragsorientierten Lernorganisation einordnen.

auftragsorientierte Lernorganisation

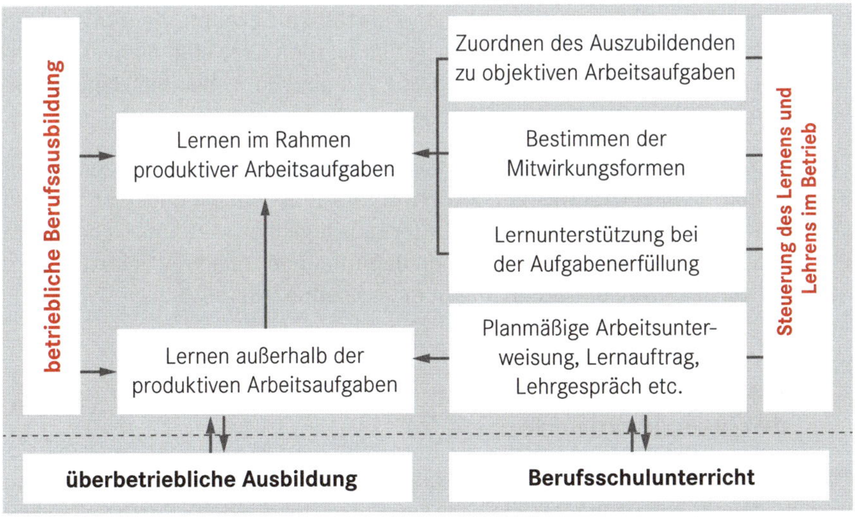

[1] *vgl. Stratenwerth, Wolfgang: Leitgedanken zur auftragsorientierten Lernorganisation in Ausbildungsbetrieben des Handwerks, in: Auftragsorientiertes Lernen im Handwerk, hrsg. vom Bundesinstitut für Berufsbildung, Berlin 1992*

Die wesentlichen beruflichen Fertigkeiten, Fähigkeiten und Kenntnisse sollen in betrieblichen Arbeitsaufgaben vermittelt und erlernt werden. Dies ist jedoch nicht bei allen in der Ausbildungsordnung angegebenen Fertigkeiten und Kenntnissen möglich. In bestimmten Fällen wird es erforderlich, geeignete andere Methoden einzusetzen, wie Arbeitsunterweisung, Lehrgespräch oder Lernauftrag.

Andere Methoden sind einmal dann gefragt, wenn für die in der Ausbildungsordnung geforderten Inhalte keine entsprechenden Aufträge im Betrieb anfallen, zum anderen dann, wenn Aufgaben mit besonderen Gefahren oder sehr komplexen Arbeitsabläufen verbunden sind.

Beispiel: Das Verlegen von Fliesen und Platten gehört nicht zum Leistungsangebot der Maurerprofis Mainau & Roth GmbH, muss aber laut Ausbildungsordnung in der breiten beruflichen Grundbildung zum Maurer erlernt werden. Thorsten Mainaus erste Wahl ist in diesem Fall, Ahmet Demir für diese Teile der Ausbildung in einen anderen Betrieb zu schicken, mit dem er kooperiert. Wenn das mal nicht funktioniert, müssen solche Inhalte mithilfe anderer Methoden - z.B. mit einem Lernauftrag - oder in der überbetrieblichen Ausbildung vermittelt werden.

Ausbildungsfortschritte überwachen

Wenn die Ausbildung stark von der Auftragssituation des Betriebes abhängt, ist es wichtig, dass der Ausbilder anhand des betrieblichen Ausbildungsplans bzw. des Ausbildungsrahmenplans in bestimmten Zeitabschnitten kontrolliert, ob sich der Auszubildende die dort aufgeführten Fertigkeiten, Kenntnisse und Fähigkeiten aneignen konnte. Für viele Berufe wurden dazu sog. Ausbildungstafeln erstellt, die diese Kontrolle erleichtern. Sie sind i.d.R. bei den Handwerkskammern erhältlich.

Festgestellte Ausbildungsdefizite müssen durch betriebliche Zusatzunterweisungen und Übungen sowie ggf. durch ergänzende Ausbildungsmaßnahmen in überbetrieblichen Berufsbildungsstätten ausgeglichen werden. Dabei sollte die Entscheidung für das Lehren/Lernen außerhalb der realen Arbeitsaufgaben nach der Devise erfolgen: So oft wie nötig, so selten wie möglich.

3.2 Auswahl geeigneter Arbeitsaufgaben und Einbindung der Auszubildenden

Schwachstellen in der Praxis

Einen Auszubildenden im Rahmen produktiver Arbeitsaufgaben systematisch auszubilden, scheint zunächst einfach. Die Praxis zeigt jedoch Schwachstellen. So kommt es immer wieder vor, dass Auszubildende nur in einfache oder vorbereitende Tätigkeiten eingebunden werden. Sie bleiben dann auf relativ niedrigem Qualifikationsniveau stehen und gelangen nicht zum selbstständigen Arbeiten.

Beispiel: In der Berufsschule bekommt Ahmet Demir mit, wie sich Schüler aus dem zweiten Lehrjahr unterhalten: „Bei mir läuft's immer gleich: Wenn wir auf der Baustelle ankommen, darf ich das Werkzeug ausladen und anreichen und danach aufräumen, das war's. Erst fand ich das noch okay, aber langsam reicht es mir, habe keine Lust mehr auf nichts!" Da ist Ahmet Demir doch froh, dass er von Beginn an bei allem nicht nur dabei, sondern mittendrin war, auch wenn ihn das anfangs manchmal angestrengt hat.

Wie und in welchen Schritten auftragsorientiertes Lernen in der Ausbildung erfolgreich umgesetzt werden kann, soll im Folgenden behandelt werden.

3.2.1 Analyse und Auswahl von Arbeitsaufgaben

Auswahl aus vielfältigen beruflichen Tätigkeiten

Wenn in einem Betrieb individuelle Kundenaufträge den Schwerpunkt bilden, wie es z.B. im Handwerk üblich ist, wenn komplexe Produkte und Leistungen erbracht werden, so sind auch die Tätigkeiten der Mitarbeiter sehr vielfältig. Dieses breite Spektrum der Arbeitsaufgaben muss für das auftragsorientierte Lernen mit Blick auf die Anforderungen der Ausbildungsordnung und den erstellten Ausbildungsplan analysiert und bewertet werden. Der Ausbildungsplan gibt an, welche Ausbildungsinhalte in welchen Ausbildungsabschnitten und in welchem Arbeitsbereich vermittelt werden sollen. Zu diesen Ausbildungsinhalten ist zu prüfen, welche konkreten Kundenaufträge oder Arbeitsprozesse im Betrieb für eine Vermittlung geeignet sind.

Beispiel: Im Betrieb der Maurerprofis Mainau & Roth GmbH ist Luis Felix mittlerweile im zweiten Ausbildungsjahr angekommen und muss nun u.a. laut Ausbildungsplan das Herstellen von Bauteilen im Trockenbau erlernen. Thorsten Mainau klärt dazu mit seinen ausbildenden Meistern, welche Aufträge sich jeweils eignen, damit sich Luis Felix diese Fertigkeiten sukzessive aneignet.

Standardaufgaben

Zunächst kann man bei der Analyse der Arbeits- und Auftragsstrukturen in einem Betrieb typische Standardaufgaben bzw. -aufträge herausstellen, die in ähnlicher Form immer wiederkehren (z.B. Herstellen von Baukörpern aus Steinen oder Bauteilen aus Beton und Stahlbeton im Maurer-Handwerk) und sowohl für den Betrieb als auch für die Ausbildung besonders wichtig sind. Darüber hinaus sind auch übergreifende betriebliche Aufgaben zu berücksichtigen, wie Aufgaben im Lager oder in der Verwaltung.

Kennen Sie das Sackmann-Lernportal?
Ihren Zugangscode finden Sie auf Seite 3.

Grundtypen Arbeitsaufgaben

Dann können im Hinblick auf den Bezug zum Kundenauftrag folgende Grundtypen von Arbeitsaufgaben unterschieden werden:

- Arbeitsaufgaben, die einen gesamten Kundenauftrag abdecken
  Beispiel: Planung und Erstellung einer Gartenmauer aus Natursteinen.
- Teilaufgaben eines komplexen Kundenauftrages
  Beispiel: Zusammenstellen von Material und Werkzeugen.
- auftragsübergreifende Arbeitsaufgaben
  Beispiel: Lagerarbeiten, Aufräumarbeiten, Verwaltungsarbeiten.

Auswahl von Arbeitsaufgaben bei der auftragsorientierten Ausbildung

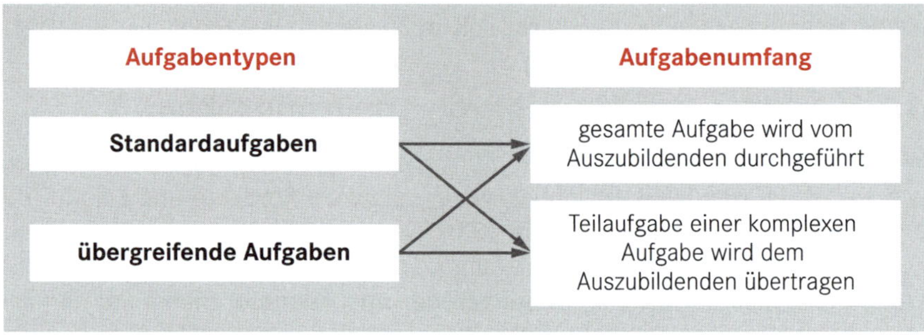

Gesichtspunkte für die Auswahl von Arbeitsaufgaben

Bei der Auswahl der Arbeitsaufgaben sollten folgende Bereiche abgedeckt werden:

- Es sollten vor allem Arbeitsaufgaben ausgewählt werden, die üblicherweise vom Gesellen ausgeführt werden. Diese liegen meist im Fertigungs- oder Dienstleistungsbereich und dienen dazu, dem Auszubildenden die im Ausbildungsberufsbild aufgeführten technisch-fachlichen Fertigkeiten und Kenntnisse zu vermitteln.
- Darüber hinaus sollten Aufgaben ausgewählt werden, die dem Auszubildenden betriebswirtschaftliche, arbeitsorganisatorische, gestalterische und ökologische Zusammenhänge vermitteln.
- Außerdem sollte dem Auszubildenden die Möglichkeit gegeben werden, im Bereich der Lager- und Materialverwaltung, der Produktgestaltung und des Kundendienstes mitzuwirken.

Planung und Kontrolle berücksichtigen

Bei der Auswahl der Arbeitsaufgaben muss insbesondere berücksichtigt werden, dass der Auszubildende in allen diesen Bereichen auch zu lernen hat, wie man eine Arbeit planen und wie man sie kontrollieren kann. Unter diesem Aspekt sind in ausreichendem Maße Arbeitsaufgaben zu stellen, die vom Auszubildenden ein überlegtes, zielgerichtetes und kontrolliertes Handeln verlangen. Dies ermöglichen insbesondere Arbeitsaufgaben, die einen gesamten Kundenauftrag abdecken.

Vor allem soll der Auszubildende nicht einseitig auf solche Aufgaben festgelegt werden, die er beispielsweise besonders gut beherrscht oder die von anderen

Mitarbeitern nicht gerne übernommen werden (z.B. Schlitze klopfen im Ausbaubereich).

Im Mittelpunkt der Ausbildung stehen natürlich die berufstypischen Standardaufgaben. Die sichere Bewältigung dieser Aufgaben setzt viel Übung und Erfahrung voraus. Daher ist dafür zu sorgen, dass der Auszubildende genügend Gelegenheit erhält, diese Aufgaben mehrfach möglichst selbstständig durchzuführen.

Problemaufgaben als Herausforderung

Wenn ein Auszubildender mitunter eine Situation miterlebt, bei der qualifizierte Arbeitskollegen oder der Meister um Lösungen ringen, wirkt dies für ihn besonders motivierend. Er macht die Erfahrung, was es heißt, strategisch bei der Lösung von Problemen vorgehen zu müssen. Deshalb sollten Auszubildende auch an Aufgaben herangeführt werden, die eine besondere Herausforderung darstellen und bei denen Problemlösungsstrategien entwickelt werden müssen.

3.2.2 Mitwirkungsformen des Auszubildenden

Nach der Auswahl von Arbeitsaufgaben muss in einem zweiten Schritt entschieden werden, wie und in welchem Umfang der Auszubildende eingebunden werden soll und wie er bei bestimmten Arbeiten mitwirken kann und soll.

Rolle der Gesellen

Bei Klein- und Mittelbetrieben leisten oft die Gesellen einen wichtigen Beitrag in der Ausbildung. Sie betreuen die Auszubildenden im Alltag und arbeiten i.d.R. eng mit ihnen zusammen. Ob sie diese Aufgabe gerne oder eher unwillig übernehmen, hängt besonders davon ab, welche Bedeutung die Ausbildung im Betrieb hat. Erhalten die Gesellen Unterstützung durch die Geschäftsführung, wirkt sich das meist positiv auf die Ausbildung aus. Der Meister muss den Gesellen bewusst machen, dass nur eine erfolgreiche Ausbildung dem Betrieb nützt. Dazu sollte er sie gut auf die Ausbildungsaufgabe vorbereiten und ihnen bei konkreten Fragen zur Seite stehen. Für eine gute Ausbildung ist es auch hilfreich, den Auszubildenden eindeutig einem Gesellen zuzuordnen.

Mitwirkungsformen bei Arbeitsaufgaben

Es gibt fünf aufeinander aufbauende Mitwirkungsformen des Auszubildenden bei Arbeitsaufgaben:

- 1. Zuschauen, Zuhören, Beobachten, Fragen
  Der Auszubildende wird einem qualifizierten Mitarbeiter zugeordnet. Er erhält die Aufgabe, diesem bei seiner Arbeit zuzuschauen und möglichst viele Eindrücke zu sammeln oder bestimmte Sachverhalte aufmerksam zu beobachten.

Beispiel: Auf dem Plan steht heute das Herstellen einer Schalung. Das ist nun ganz neu für Ahmet Demir. Ali Resa fordert ihn auf, dabei genau zuzusehen und später konkret zu beschreiben, was er beobachtet hat.

---

weitere Mitwirkungsformen bei Arbeitsaufgaben

- 2. Hilfeleistungen/Handreichungen
Der Auszubildende wird zu einzelnen Handreichungen herangezogen, die in einem sinnvollen Zusammenhang mit einem Arbeitsauftrag stehen.

Beispiel: Bei dem Herstellen der nächsten Schalung soll Ahmet Demir Werkzeug und Baumaterial anreichen. Ali Resa gibt dabei zunächst keine Anweisung, sondern lässt ihn zuerst selbst überlegen, was nun in welcher Reihenfolge gebraucht wird.

- 3. Nebenarbeiten und Vorarbeiten
Dem Auszubildenden wird eine eng begrenzte Teilaufgabe zur selbstständigen Erledigung übertragen.

Beispiel: Ali Resa bittet Ahmet Demir, die Arbeit an den Zwischenwänden der Baustelle vorzubereiten. Er soll die nach Vorgabe abgerufenen Bau- und Bauhilfsstoffe auf der Baustelle transportieren und entsprechend den einzelnen Arbeitsschritten lagern.

- 4. Partnerarbeit
Der Auszubildende arbeitet mit den Arbeitskollegen zusammen. Dabei werden ihm von dem Ausbilder oder einem Gesellen Arbeits- und Lernhilfen gegeben.

Beispiel: Bei der dritten Schalung weiß Ahmet Demir schon ziemlich genau, was wie zu tun ist. Ali Resa und Ahmet Demir stellen gemeinsam die Schalung für ein Fundament her. „Hand in Hand" erledigen sie alle Schritte vom Vermessen und Abstecken, über das Verschrauben der Schalung und die Kontrolle der Schalung bis zum Einfüllen des Betons. Bemerkt Ali Resa bei Ahmet Demir eine Unsicherheit, erklärt er ihm, was noch nicht klar ist und verrät ihm noch ein paar Tipps, die die Arbeit erleichtern.

- 5. selbstständige Alleinarbeit
Der Auszubildende erhält eine komplexe Aufgabenstellung zur selbstständigen Abwicklung, wobei Hilfestellungen nur in dem im Betriebsalltag üblichen Rahmen gegeben werden.

Beispiel: Die Arbeit auf der Baustelle ist schon recht weit fortgeschritten. Eine Zwischenwand muss noch gesetzt werden. Nachdem Ali Resa nun gemeinsam mit Ahmet Demir die notwendigen Schritte mehrmals durchgeführt hat, lässt er ihn an eine Wand mit mittelformatigen Steinen jetzt alleine ran.

Bei den Hilfeleistungen (Handreichungen), den Neben- und Vorarbeiten und bei der Partnerarbeit hat der Auszubildende die Möglichkeit, das ganze Umfeld der Arbeitsaufgaben mit den einzelnen Tätigkeiten kennenzulernen. Die dabei gewonnenen Informationen kann er in den nachfolgenden Arbeits- und Lernphasen nutzen.

Die Art der Mitwirkungsform sollte der Komplexität/Schwierigkeit der Arbeitsaufgabe und dem Ausbildungs- und Lernstand des Auszubildenden angepasst sein. Das mehrmalige Wiederholen gleicher oder ähnlicher Aufgaben steigert schrittweise das Leistungsniveau.

Mitwirkung bei Standardaufgaben

Mitwirkungsformen[1]	Durchgänge in der gleichen Arbeitsaufgabe					
	1.	2.	3.	4.	5.	6.
5. selbstständige Alleinarbeit					X	X
4. Partnerarbeit				X		
3. Neben- und Vorarbeiten			X			
2. Hilfeleistungen (Handreichungen u.a.)		X				
1. Zuschauen, Zuhören, Beobachten, Fragen	X					

Kriterien für die Mitwirkung

Bei einfachen Aufgaben kann der Auszubildende eventuell einzelne Mitwirkungsstufen überspringen; der Ausbilder kann ihm schon bald die selbstständige Durchführung derartiger Arbeiten übertragen. Dagegen wird er bei komplexen Problemaufgaben (z.B. Fehlersuche in einer defekten technischen Anlage) die höchste Stufe der selbstständigen Alleinarbeit erst nach längerer Mitarbeit erreichen.

3.2.3 Gestaltung von Arbeitsaufträgen

Die selbstständige Alleinarbeit auf der fünften Mitwirkungsstufe erfordert vom Ausbilder, dass er geeignete Arbeitsaufträge stellt. Diese sollen durch den Auszubildenden eigenständig geplant, durchgeführt und kontrolliert werden.

Lernunterstützung

Damit der Auszubildende die ihm übertragenen Arbeitsaufträge fachgemäß erfüllen kann und dabei auch die Arbeitszusammenhänge und -abläufe erlernt, braucht er eine angemessene Lernunterstützung. In der Regel sind zu Beginn Hinweise zur Aufgabenstellung, später dann Lernhilfen bei der Aufgabenerfüllung erforderlich.

---

[1] *vgl. Stratenwerth, W.: Leitgedanken zur auftragsorientierten Lernorganisation in Ausbildungsbetrieben des Handwerks, Seite 76.*

Aufgabenstellung

Aufgabe des Ausbilders

Der Auszubildende muss wissen, wie er bei der Durchführung eines Arbeitsauftrages mitwirken soll und welche konkrete Aufgabe er zu leisten hat. Dabei kann es notwendig sein, dass der Ausbilder ihm auch den Zusammenhang zwischen der konkreten Teilaufgabe und der gesamten Arbeitsaufgabe bzw. dem Kundenauftrag klarmacht.

Arbeitsanweisungen dürfen nicht zu detailliert vorgegeben werden, da dies den Denk- und Verhaltensspielraum des Auszubildenden einschränkt und seine Lernchancen verringert. Außerdem könnte der Auszubildende zum gedankenlosen „Abarbeiten" von Vorgaben verleitet werden. Eher offene Aufgaben fördern dagegen das Erlernen flexibler Verhaltensweisen durch den Auszubildenden.

Informationsbeschaffung durch den Auszubildenden

Auszubildende müssen in der Lage sein, eine Arbeit nach Plan auszuführen. Sie müssen im Verlauf ihrer Ausbildung aber auch lernen, mit Aufträgen umzugehen, die nur wenige oder knappe Informationen enthalten. Sich die fehlenden Informationen zu besorgen - auch das will gelernt sein! Der hierzu erforderliche Lernprozess ist langwierig, bleibt aber niemandem erspart. Daher sollte man dem Auszubildenden ausreichend Gelegenheit geben, mit knappen Arbeitsanweisungen zurechtzukommen und dabei eigenständig Erfahrungen zu sammeln.

Verständnisfragen klären

Wenn ein Auszubildender zum ersten Mal einen Auftrag selbstständig übernimmt, muss sich der Ausbilder vergewissern, dass der Auszubildende die Aufgabe verstanden hat und in der Lage ist, sie weitgehend eigenständig, d.h. ohne ständiges Eingreifen durch den Ausbilder, zu bewältigen.

Wenn der Ausbilder feststellt, dass der Auszubildende mit der gestellten Aufgabe nicht richtig klarkommt, sollte er die fehlende Information jedoch nicht unmittelbar und vollständig vorgeben. Günstiger ist es zu versuchen, das Verständnis des Auszubildenden durch gezielte Impulse in einem kurzen Gespräch zu fördern.

Beispiel: Ali Resa zeigt Ahmet Demir auf der Baustelle zunächst die auf der ersten Etage erstellten Zwischenwände. Sie sind mit Ziegelsteinen gemauert. Dabei klärt er, dass Ahmet Demir dazu bereits einige Vorkenntnisse aus der überbetrieblichen Ausbildung mitbringt. Dann zeigt er ihm anhand der Pläne, welche Zwischenwände für die zweite Etage vorgesehen sind. Ahmet Demir erhält nun den Auftrag, eine kurze nichttragende Zwischenwand ohne Türaussparung zu mauern. Ali Resa bespricht mit ihm die einzelnen Arbeitsschritte, besonders die Vorbereitung, das Herstellen des Mörtels und den Wandanschluss. Dazu lässt er Ahmet Demir zunächst selbst beschreiben, wie er vorgehen möchte, und gibt ihm zu einzelnen Schritten noch wichtige Hinweise. Da Ali Resa an der anderen Zwischenwand arbeitet, hat er Ahmet Demir immer im Blick. So kann er schnell erkennen, ob dieser die Arbeitsschritte korrekt ausführt und ihm bei Problemen helfen. Nachdem Ahmet mit der Zwischenwand fertig ist, bespricht Ali Reza mit ihm das Arbeitsergebnis. Er ist mit der Ausführung sehr zufrieden und Ahmet Demir ist stolz auf seine Leistung.

Lernhilfen bei der Aufgabenerfüllung

Der Ausbilder soll den Auszubildenden vor allem bei den ersten Versuchen der selbstständigen Auftragsabwicklung im Auge behalten und seine Arbeit an kritischen Punkten kontrollieren. Er sollte aber nur dann eingreifen, wenn er sieht, dass der Auszubildende nicht mehr weiterkommt bzw. es danach aussieht, dass er schwerwiegende Fehler macht oder in eine völlig falsche Richtung geht. Dabei muss der Ausbilder abwägen, wann ein eigenständiges längeres Suchen des Auszubildenden nach einer Lösung oder ein gemachter Fehler fruchtbar sind und wann er besser intervenieren sollte. Ein gutes Arbeitsklima und eine Fehlerkultur, d.h., dass Fehler auch als Lernchancen gesehen werden, sind die Voraussetzung dafür.

Fehler als Lernchancen begreifen

Vorgehen bei selbstständigem Arbeitsauftrag

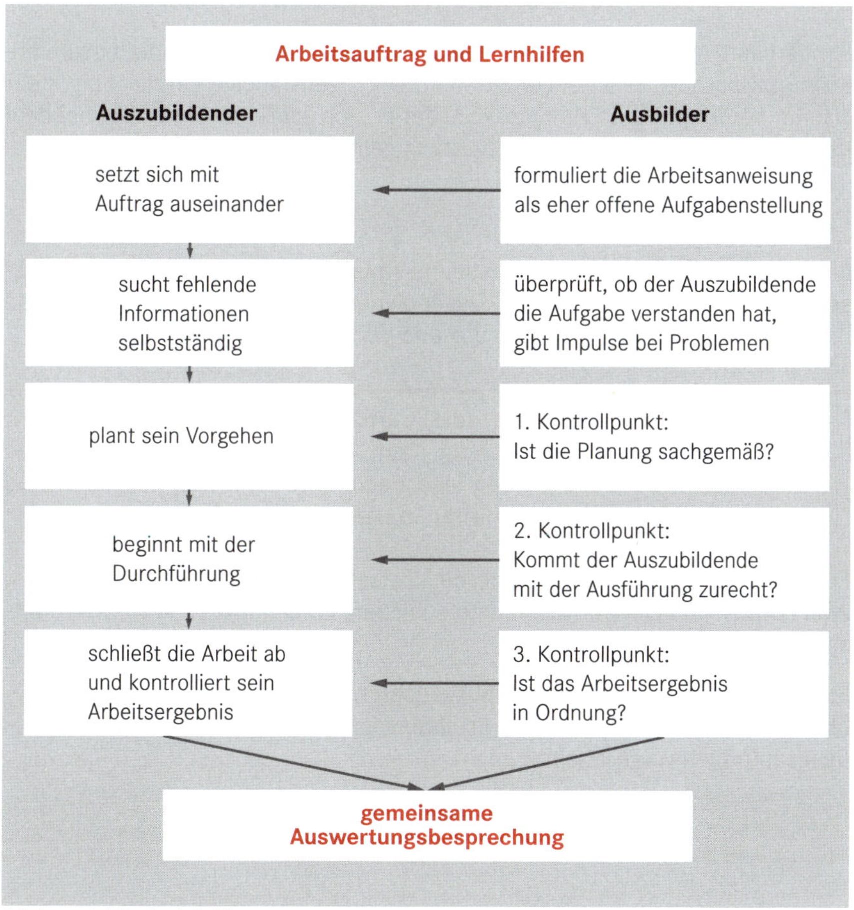

Bei komplexen Arbeitsaufträgen, die der Auszubildende erstmals selbstständig bearbeitet, ist die Vereinbarung von Kontrollpunkten sinnvoll, beispielsweise nach der Arbeitsplanung oder nach ersten Schritten bei der Arbeitsausführung. Der Ausbilder kann mit dem Auszubildenden die Planung kurz besprechen und freigeben oder Tipps zur weiteren Abwicklung geben.

Wesentlich bei den Lernhilfen ist das gezielte „auf die Sprünge helfen". Langatmige Erläuterungen und Vorweg-Erklärungen sollten möglichst vermieden werden.

Auswertungsgespräche und Feedback

Ein wichtiger Punkt sind Auswertungsgespräche und ein geeignetes Feedback | ► S. 190 | nach Abschluss vor allem von komplexen Arbeitsaufträgen. Sie sollen dazu beitragen, dass der Auszubildende Kriterien für eine Selbstbeurteilung entwickelt und in seiner Bewertung zunehmend unabhängiger wird.

3.3 Gestaltung von Lernaufträgen

Abgrenzung Lern-/Arbeitsauftrag

Ein Lernauftrag dient dazu, dass der Auszubildende selbstständig bestimmte Erkenntnisse oder Erfahrungen gewinnt. Die eigenständige Lernleistung steht also im Vordergrund. Darin unterscheidet er sich vom Arbeitsauftrag, bei dem es um das Erbringen einer Arbeitsleistung geht.

Formen von Lernaufträgen

Lernaufträge setzen meist ein bestimmtes Maß an Lernerfahrung und Vorwissen beim Auszubildenden voraus. Daher eignet sich diese Ausbildungsmethode besonders zur Anwendung, Festigung und Vertiefung des Gelernten.

Der Auszubildende ist gefordert, aufbauend auf seinen Kenntnissen und Erfahrungen, selbstständig nach weiterführenden Lösungen zu suchen. Lernaufträge eignen sich besonders auch für Aufgaben, bei denen noch fehlende Informationen beschafft werden müssen.

Entsprechend diesen unterschiedlichen Zielsetzungen werden im Wesentlichen zwei Formen von Lernaufträgen unterschieden: Erkundungs- und Anwendungsaufträge.

Erkundungsauftrag

Erkundungsaufträge sind darauf ausgerichtet, Informationen zu sammeln, Beobachtungen durchzuführen und Erfahrungen zu machen. Oft sind sie Anwendungsaufträgen vorgeschaltet.

Beispiel: Die Maurerprofis Mainau & Roth GmbH erhält immer wieder Anfragen von Kunden zur Erstellung von Gartenmauern. Um Ahmet Demir auf die Durchführung derartiger Aufträge vorzubereiten, bespricht Fred Schumann mit ihm, welche Gesichtspunkte bei der Herstellung einer Gartenmauer beachtet werden sollten. Dann erteilt er ihm den Erkundungsauftrag, zu recherchieren, welche unterschiedlichen Steine sich für Gartenmauern eignen. Dazu soll er notieren, welche besonderen Anforderungen bei der Verarbeitung zu beachten sind.

Anwendungsauftrag

Bei Anwendungsaufträgen geht es darum, vorhandenes Wissen und erworbene Fähigkeiten auf neue, oft komplexere Situationen zu übertragen. Sie sind sinnvoll im Anschluss an Arbeitsunterweisungen, Lehrgespräche oder Erkundungsaufträge.

Beispiel: Fred Schumann gibt Ahmet Demir das Bild eines Einfamilienhauses und erteilt ihm den Lernauftrag, eine Skizze für eine Gartenmauer zur Straßenseite zu erstellen. Dazu soll er geeignete Steine auswählen und seine Auswahl begründen. Nachdem Ahmet Demir die Skizze erstellt hat, bespricht Fred Schumann mit ihm, ob er wesentliche der genannten Gesichtspunkte berücksichtigt hat und gibt Anregungen für Verbesserungen. Dazu zeigt er ihm Fotos von Gartenmauern, die bisher durch die Firma erstellt wurden.

Auswahl von Lernaufträgen

Die Nähe zur betrieblichen Leistung ist für den Auszubildenden meist interessant und motivierend. Bei der Auswahl und Gestaltung von Lernaufträgen sollte der Ausbilder daher besonders Lernaufträge einbeziehen, die dem Auszubildenden helfen, künftige Arbeitsaufträge besser zu bewältigen. Lernaufträge können aber auch sinnvoll sein zum selbstständigen Erlernen von Grundfertigkeiten im Rahmen von kleineren Projekten.

Lernaufträge stehen zwar in engem Bezug zu betrieblichen Aufgaben, ihr Hauptzweck ist jedoch das Lernen und nicht die Produktionsleistung.

Der Ausbilder muss den Lernauftrag sorgfältig auf die individuellen Fähigkeiten des Auszubildenden abstimmen, damit dieser nicht überfordert und durch Misserfolg demotiviert wird; er soll aber auch nicht unterfordert werden und dadurch die Freude am Lernen verlieren.

Durchführung von Lernaufträgen

Ziel und Inhalt von Lernaufträgen sollen klar formuliert werden, komplizierte Aufträge schriftlich.

Beim Lernauftrag spielt der Ausbilder, im Gegensatz zu Arbeitsunterweisung und Lehrgespräch, eher eine passive Rolle: Er formuliert die Aufgabenstellung, legt die Rahmenbedingungen fest und gibt ggf. Hinweise zum methodischen Vorgehen.

Besprechung der Ergebnisse

Die Auszubildenden müssen die Möglichkeit haben, sich beim Ausbilder oder anderen Fachkräften Rat und Informationen zu holen. Das Lernergebnis muss kontrolliert und mit den Auszubildenden durchgesprochen werden. Dabei ist der Bezug zu konkreten Arbeiten herauszustellen.

Kleinere Fehler sollte der Auszubildende nach der Besprechung selbst beheben; bei größeren Problemen ist zu überlegen, ob sie im Rahmen eines weiteren Lernauftrages oder stattdessen besser im Rahmen eines Lehrgespräches beseitigt werden.

Kompetenzen

Das sollten Sie als zukünftiger Meister können:

- ✔ Bedeutung des Lernens in Auftrags- und Geschäftsprozessen herausstellen,
- ✔ Ausbildungsplan sowie Arbeits- und Geschäftsprozesse analysieren und hieraus geeignete Lern- und Arbeitsaufgaben gestalten,
- ✔ Auszubildende unter Berücksichtigung individueller Voraussetzungen in Arbeitsaufgaben einbinden.

Ausbildungsmethoden und -medien zielgruppengerecht auswählen und situationsspezifisch einsetzen

Der Auszubildende Ahmet Demir kommt schon gut mit vielen anfallenden Arbeiten bei den Maurerprofis Mainau & Roth GmbH zurecht. Natürlich klappt nicht immer alles auf Anhieb. Daher führt der ausbildende Meister Ali Resa hin und wieder sog. Lehrgespräche mit ihm, um einzelne Details im Nachhinein zu klären und zu besprechen. Manchmal hat er den Eindruck, Ahmet Demir driftet dabei gedanklich ab und kann sich das vermittelte Wissen nicht besonders gut merken. Ali Resa wundert sich, denn eigentlich hat er ihn auf der Baustelle als sehr pfiffigen Auszubildenden erlebt. Bei Arbeitsunterweisungen ist er interessiert dabei und hat gute Ideen, wie man die Dinge vielleicht noch etwas anders machen könnte. Er scheint in der praktischen Umsetzung einfach besser zu lernen. Ob Thorsten Mainau ihm vielleicht noch Ausbildungsmethoden erklären kann, mit denen er Ahmet Demir besser gerecht wird?

4 Ausbildungsmethoden und -mittel

Bedeutung geeigneter Lernarrangements und Ausbildungsmethoden

Um erfolgreiches Lernen effektiv zu unterstützen, müssen Themen und Aufgaben, Impulse und Materialien inhaltlich und systematisch den gesetzten Lehr- und Lernzielen an- und zugeordnet werden. In der Fachsprache nennt man diese Zuordnungen auch Lernarrangements. Dabei spielen auch Ausbildungsmethoden eine wichtige Rolle. Der Einsatz der jeweils „richtigen", d.h. bezogen auf die jeweilige Situation geeigneten, Methode kann den Auszubildenden motivieren und ihn zu einer Auseinandersetzung mit den Ausbildungsinhalten veranlassen, selbst wenn er diese im Einzelfall als uninteressant empfindet.

Der Umgang mit Lernarrangements und Methoden erfordert Methodenkompetenz auf Seiten des Ausbilders wie des Auszubildenden.

Für den Ausbilder bedeutet Methodenkompetenz die Fähigkeit, unterschiedliche Ausbildungsmethoden sicher und gezielt zur Auslösung, Unterstützung und Bewertung von Lernprozessen einzusetzen. Dies erfordert Kenntnisse über ein breites Spektrum von Methoden und Lehrverfahren sowie deren Wirkungsbereich und Grenzen.

Außerdem muss der Ausbilder sorgfältig die Kenntnisse, Fertigkeiten und Fähigkeiten seines Auszubildenden analysieren, um sich für Ausbildungsmethoden zu entscheiden, die der Auszubildende auch umsetzen kann und die ihn nicht über- oder unterfordern.

Planung des methodischen Vorgehens

Vor allem zu Beginn der Ausbildertätigkeit, aber natürlich auch danach, sollte das jeweils gewählte methodische Vorgehen sorgfältig geplant und vorbereitet werden. Dazu gehört ggf. die schriftliche Darstellung von wichtigen Ausbildungseinheiten.

Wenn z.B. Entwürfe für Unterweisungen und Lehrgespräche angefertigt worden sind, sollten sie gesammelt werden. Das gilt auch für interessante Lernaufträge. Zunächst ist das sicherlich mit Arbeit verbunden. Solche Unterlagen erleichtern jedoch die künftige Ausbildertätigkeit enorm, da immer wieder auf sie zurückgegriffen werden kann.

4.1 Überblick über Lehrverfahren und Ausbildungsmethoden sowie Kriterien für deren Auswahl

4.1.1 Unterscheidungskriterien für Lehrverfahren und Ausbildungsmethoden

Förderung der Eigenaktivität des Auszubildenden

Um dem Auszubildenden berufliche Handlungsfähigkeit zu vermitteln, muss der Ausbilder zielgerichtet Ausbildungsmethoden auswählen, die die Eigenaktivität des Lernenden fördern und den Erwerb von Schlüsselqualifikationen | ► S. 24 | ermöglichen.

Das Erproben neuer Lehrverfahren und Ausbildungsmethoden kann dazu verhelfen, adressatengemäßer und damit interessanter auszubilden. Die Wahl einer Ausbildungsmethode oder eines Lehrverfahrens ist dabei immer auch eine Entscheidung über die Handlungsspielräume für den Auszubildenden.

Ausbilder wie Auszubildende müssen im Lehr-Lern-Prozess aktiv werden, der Grad der Aktivität beider kann dabei sehr unterschiedlich sein.

Es werden verschiedene Lehrverfahren unterschieden.

darbietendes Lehrverfahren

- Darbietendes Lehrverfahren
  Der Ausbilder kann dem Auszubildenden den neuen Lerninhalt darbieten. Die Aktivität liegt überwiegend beim Ausbilder; der Auszubildende hört zu und beobachtet, es ist daher ein ausbilderzentriertes Lehrverfahren. Nach der Darbietung durch den Ausbilder muss der Auszubildende aber unbedingt Gelegenheit erhalten, sich selbst mit dem Lerninhalt auseinanderzusetzen.

Beispiel: Der Ausbilder Ali Resa führt Ahmet Demir eine Mischmaschine vor und erläutert deren Funktion und Arbeitsweise, macht Aufbau und Funktionsweise einer Rüttelplatte anhand eines Schaubildes oder eines Lehrfilmes klar, hält einen Kurzvortrag über die Unfallgefahren am Arbeitsplatz und auf der Baustelle. Am nächsten Tag nimmt der Geselle Alfred Rahn Ahmet Demir mit zu einer Baustelle, auf der gerade eine Rüttelplatte im Einsatz ist, und Ahmet erhält so die Gelegenheit, diese selbst auszuprobieren und damit zu arbeiten.

---

entwickelndes Lehrverfahren

- Entwickelndes Lehrverfahren
  Beim entwickelnden oder erarbeitenden Lehrverfahren sind Ausbilder und Auszubildender im weitesten Sinne gleich aktiv. Der Ausbilder entwickelt – unter mehr oder weniger großer Lenkung – Schritt für Schritt etwas Neues gemeinsam mit dem Auszubildenden.

  So lenkt der Ausbilder den Auszubildenden etwa durch gezielte, aufeinander aufbauende Fragen in eine bestimmte Richtung, um ein Thema oder eine Aufgabe zu erarbeiten. Er fordert den Auszubildenden zu Stellungnahmen, Bewertungen, einzelnen Arbeitshandlungen etc. auf. Er gibt Impulse (z.B. hält ein Werkzeug hoch) und veranlasst den Auszubildenden zu Reaktionen (z.B. Antworten oder Arbeitshandlungen).

Beispiel: Der Auszubildende im 2. Lehrjahr, Luis Felix, begleitet seinen Ausbilder Ali Resa zu einer neu eingerichteten Baustelle, auf der nach der Fertigstellung der Bodenplatte heute ein Meterriss zur Vorbereitung der Maurerarbeit eingemessen werden muss. Die Eckhölzer mit der dazugehörigen Schichteneinteilung hatten sie bereits gestern aufgestellt. Über kleinschrittige Fragen ermuntert Ali Resa den Auszubildenden zu überlegen, wie das Stativ des Rotationslasers ordnungsgemäß aufgestellt und fixiert wird, um dann die Messung durchzuführen und die Messergebnisse aufzutragen. Sobald die Arbeitsschritte auf diese Weise richtig und vollständig erarbeitet worden sind, lässt der Ausbilder sie Luis Felix praktisch umsetzen.

---

aufgebendes Lehrverfahren

- Aufgebendes Lehrverfahren
  Als dritte Alternative kann der Ausbilder dem Auszubildenden aber auch die Aufgabe stellen, sich das neue Wissen oder Können weitgehend selbstständig zu erarbeiten. Bei dem aufgebenden Lehrverfahren liegt die Aktivität im Wesentlichen beim Auszubildenden. Die Ausbilderaktivität konzentriert sich hier hauptsächlich auf die erste Phase des Lernprozesses, in der ein Thema und ein Lernziel vorgegeben und erläutert werden. Der Auszubildende erhält ggf. Lernmittel und Informationsquellen, anhand derer er sich den Lerninhalt erarbeiten kann. Nach Erteilung und Erläuterung des Lernauftrages zieht sich der Ausbilder zurück und lässt den Lernenden weitgehend alleine seine Lernaktivitäten entfalten, man bezeichnet dies auch als lernerzentriertes Lehrverfahren.

Beispiel: Ali Resa informiert Jonas Schottke, dass er nun noch lernen soll, wie man fachgerecht einen Rundbogen mauert. Er händigt ihm einen Bauplan und eine YouTube-Adresse aus, wo gezeigt wird, wie der Bau eines Rundbogens vorbereitet und dieser dann gemauert wird. Der Lernauftrag lautet: „Erstelle zunächst eine Material- und eine Werkzeugliste und ermittle dann aus dem Bauplan die Werte zur Fertigung des Bogenkranzes!“

Lernunterstützung

Natürlich steht der Ausbilder jederzeit für eine Lernunterstützung zur Verfügung und greift ein, wenn dies wegen unüberwindbarer Lernschwierigkeiten erforderlich wird. Zum Schluss bespricht der Ausbilder das erreichte Lernergebnis mit dem Auszubildenden.

Einsatzfelder für die drei Lehrverfahren

Alle drei Lehrverfahren haben in der Ausbildungspraxis ihre Berechtigung; ihr Einsatz hängt von der konkreten Ausbildungssituation ab. Oft werden die drei Verfahren in der Praxis auch gar nicht in Reinform eingesetzt, sondern miteinander kombiniert oder lösen einander fließend ab.

Das entwickelnde und das aufgebende Lehrverfahren fordern und fördern stärker die Selbstständigkeit des Auszubildenden. Dabei wird das entwickelnde Lehrverfahren in der Praxis sicher häufiger als das aufgebende Lehrverfahren zur Anwendung gelangen, da die eigenständige Erarbeitung von Wissen und Können besonders zeitintensiv ist.

Einsatzfelder für entwickelnde und aufgebende Ausbildungsmethoden liegen im Wesentlichen bei Lernprozessen, in denen es darum geht, vorhandenes Wissen und Können zu vertiefen und auf andere Aufgaben zu übertragen (Lerntransfer). Dabei hat die damit verbundene hohe Eigenaktivität des Auszubildenden zwei Vorteile: Die Lernergebnisse sind besonders nachhaltig und führen durch die starke Eigenbeteiligung zu einer höheren Motivation.

Beispiel: Ahmet Demir soll Mörtelmischungen kennenlernen. Im darbietenden Verfahren erläutert der Meister Ali Resa das Mischverhältnis, z.B. Mörtelgruppe IIa = 8 Schaufeln Sand, 2 Schaufeln Kalk, 1 Schaufel Zement, und zeigt Ahmet Demir dann, wie man die Mischung herstellt. In der entwickelnden (erarbeitenden) Ausbildungsmethode stellen Ahmet Demir und Ali Resa die Mischung gemeinsam her und der Meister erläutert dabei das Mischverhältnis. In der aufgebenden Methodik erhält Ahmet Demir beispielsweise den Erkundungsauftrag, selbstständig mithilfe des Lehrbuchs oder durch Befragung der Gesellen das richtige Mischverhältnis für die Mörtelgruppe IIa herauszufinden.

Ausbildungsmethoden unterscheiden sich durch stärkere oder geringere Aktivität des Ausbilders und Lenkung des Lernprozesses durch ihn. Man spricht von ausbilder- oder lernerzentrierten Ausbildungsmethoden.

Alles verstanden? Testen Sie Ihr Wissen im Sackmann-Lernportal.

ausbilder- und lernerzentrierte Methoden

ausbilderzentrierte Methoden	**nichtzentrierte Dialog-Methoden**	**lernerzentrierte Methoden**
Arbeitsunterweisung/ Vier-Stufen-Methode Lehrgespräch Lehr-/Fachvortrag	erarbeitendes/ entwickelndes Lehrverfahren Lehrgespräche als Dialog angeleitete Übung	Lernauftrag Sechs-Stufen-Methode (Methode der vollständigen Handlung) Fallmethode Projektarbeit Leittext-Methode Rollenspiel Planspiel

Entscheidung für eine Ausbildungsmethode

Die Entscheidung für eine Ausbildungsmethode hängt von der Struktur des Lerninhaltes und/oder von den Vorkenntnissen der Auszubildenden und/oder den gegebenen (zeitlichen, örtlichen) Rahmenbedingungen ab.

- Wenn der Ausbilder bestimmte Sachverhalte darstellen will, eine neue Arbeitstätigkeit vorführt oder über Unfallgefahren und Unfallverhütungsmaßnahmen informiert, bietet sich z.B. die Unterweisung an. Ihr Verlauf wird im Normalfall vom Ausbilder kontrolliert und bestimmt; sie ist ausbilderzentriert.

Beispiel: In der gesetzlich vorgeschriebenen Erstunterweisung in Arbeitssicherheit am ersten Tag der Ausbildung stellt Ali Resa Ahmet Demir anhand einer Folienpräsentation der Berufsgenossenschaft die Grundlagen des Arbeitsschutzes und die wichtigsten Erste-Hilfe-Maßnahmen vor und erläutert danach die entsprechenden innerbetrieblichen Regelungen. Anschließend führt der Ausbilder Ahmet Demir durch den Betrieb und zeigt ihm mögliche Gefahrenquellen.

- Wenn Vorkenntnisse und Fähigkeiten des Auszubildenden es zulassen und eine zu erlernende Tätigkeit nicht zu komplex ist, können Ausbilder und Auszubildender einen Lerninhalt gemeinsam erarbeiten. Im Regelfall wird der Ausbilder die Erarbeitung leiten, doch ist der Aktivitätsgrad beim Auszubildenden deutlich höher als in einer Arbeitsunterweisung nach der 4-Stufen-Methode.

Beispiel: Der Ausbilder Ali Resa nimmt Ahmet Demir mit, um eine neue Baustelle einzurichten. Zunächst soll das Schnurgerüst erstellt werden. Gemeinsam schlagen sie Holzpflöcke in den Baugrund außerhalb der späteren Gebäudekanten ein, dann verschrauben sie Eckbretter an den Pfosten, um dann die Außenmaße des Gebäudes entsprechend den Architektenvorgaben im Bauplan an diesen Brettern zu markieren. Abschließend wird das Höhenmaß ermittelt und mit einem Stahlbolzen auf den Brettern markiert. Die praktischen Arbeiten führen die beiden gemeinsam aus; dabei erklärt Ali Resa, wozu ein Schnurgerüst benötigt wird, nach welchen Vorgaben es errichtet wird und wie die Schnüre einzumessen sind.

- Der Einsatz von lernerzentrierten Ausbildungsmethoden setzt voraus, dass der Auszubildende entweder notwendiges Basiswissen und -können besitzt, um den Lerninhalt allein zu erarbeiten, oder fähig ist, sich diesen selbstständig mit den erforderlichen Materialien und Informationsquellen zu erarbeiten.

Beispiel: Ahmet Demir erhält einen typischen (Teil-)Arbeitsauftrag: „Eine Betonwand soll vorbereitet werden. Welches Schalungssystem ist hierfür geeignet? Welche Materialien werden benötigt? Erstelle eine Arbeitsplanung mit den notwendigen Arbeitsschritten zur Erstellung einer Schalung!“ Dazu stellt Ali Resa Ahmet Demir ein Handbuch oder eine einschlägige Internetadresse zur Verfügung und weist ihn darauf hin, dass er den Auftrag so zu bearbeiten hat, dass seine Recherche-Ergebnisse in einem kurzen Vortrag vorgestellt werden können.

4.1.2 Überblick über Ausbildungsmethoden und ihre Wirkungsweise

Das Lehren und Lernen in Klein- und Mittelbetrieben findet häufig während der Bearbeitung von Kundenaufträgen statt. Allerdings können nicht alle Lerninhalte im Rahmen eines Auftrags vermittelt werden.

Überblick über Ausbildungsmethoden

Methoden	Vorgehen	Einsatzmöglichkeiten und -bedingungen
Arbeitsunterweisung/ Vier-Stufen-Methode ❘ ► S. 228 ❘	Die zu vermittelnde Tätigkeit wird vom Ausbilder vorgemacht und erklärt, danach vom Auszubildenden versuchsweise nachgemacht und durch Wiederholungen eingeübt.	Die Arbeitsunterweisung dient vor allem der Vermittlung von Fertigkeiten. Sie ist besonders geeignet für die Einführung von Arbeiten, die mit Gefahren verbunden sind, sowie für sehr komplexe Tätigkeiten.

Überblick über Ausbildungsmethoden

Methoden	Vorgehen	Einsatzmöglichkeiten und -bedingungen
Lehrgespräch | ► S. 223 |	In einem Lehrgespräch werden Kenntnisse vermittelt bzw. neues Wissen erarbeitet.	Behandelt werden Lerninhalte, die besonders grundlegend und wichtig sind. In Ausbildungsberufen mit hohem Theorieanteil werden Lehrgespräche häufiger durchgeführt als in Berufen, in denen manuelle Arbeiten überwiegen.
Lehr-/ Fachvortrag	Vortrag mit visualisierten Inhalten zwecks Informationsvermittlung, z.B. Einführung in ein neues Thema oder Kurzdarstellung von Fachwissen.	Wichtige Lerninhalte werden mit relativ geringem Zeitaufwand vermittelt. Auch Auszubildende können Kurzreferate halten; wichtig ist eine eindeutige Aufgabenstellung.
Lernauftrag	Bei einem Lernauftrag soll der Auszubildende für ein Problem oder eine Aufgabe selbstständig Lösungswege planen, durchführen und kontrollieren.	Der Auszubildende muss bereits über ein bestimmtes Maß an Wissen, Können und Selbstständigkeit verfügen. Der Lernauftrag muss auf die individuellen Fähigkeiten des Auszubildenden abgestimmt sein.
Sechs-Stufen-Methode | ► S. 200 |	Die Sechs-Stufen-Methode ist das Modell der vollständigen Handlung und besteht aus sechs Handlungsschritten: ► Informieren, ► Planen, ► Entscheiden, ► Ausführen, ► Kontrollieren, ► Bewerten. Diese Lernmethode spiegelt so die typischen Phasen, den „Handlungskreislauf“, jeder beruflichen Aufgaben- und Problemlösung wider.	Der Auszubildende erhält einen typischen Arbeitsauftrag, holt Informationen zu diesem ein, plant den Ablauf und entscheidet, ggf. zusammen mit dem Ausbilder, über die Planausführung. Dann führt er die erarbeiteten Arbeitsschritte selbstständig aus, kontrolliert das Ergebnis und bewertet es möglichst selbstständig. Die Methode aktiviert den Auszubildenden in besonders hohem Maße und fördert die Selbstständigkeit und die Fähigkeit zur Problemlösung. Sie ist auch geeignet für Partner- oder Kleingruppenarbeit und fördert dann die Teamfähigkeit.

Sie wollen mobil lernen?
Im Lernportal finden Sie digitale Angebote.

Überblick über Ausbildungsmethoden

Methoden	Vorgehen	Einsatzmöglichkeiten und -bedingungen
Fallmethode	Für ein konkretes Fallbeispiel werden Informationen eingeholt, Rahmenbedingungen analysiert, Entscheidungen getroffen.	Ein Problemfall aus der Arbeitspraxis wird vorgegeben. In Einzelarbeit oder im Team wird das Fallmaterial studiert, dann werden Lösungsvorschläge erarbeitet, diskutiert und bewertet. Bearbeitung kann Stunden/Tage dauern.
Projektarbeit	Zeitlich befristetes, komplexes Projekt wird im Team bearbeitet. Die Beteiligten sollen den Arbeitsauftrag weitgehend selbstständig planen, durchführen, dokumentieren, kontrollieren und bewerten.	Im Regelfall handelt es sich um eine komplexe Aufgabe aus der realen betrieblichen Praxis. Hohe fachliche und soziale Anforderungen werden gestellt. Ein Projekt kann auf einige Tage, Wochen, Monate angelegt sein. Deshalb eher Einsatz in Großbetrieben, ÜBL, Berufsschule.
Leittext-Methode	Leittexte sind schriftliche Ausbildungsunterlagen. Hierbei wird ein Arbeits- oder Lernprozess inhaltlich und zeitlich so strukturiert, dass Auszubildende/kleinere Azubigruppen sich die Kenntnisse selbstständig aneignen und die Probleme eigenständig bearbeiten können. Leittexte bestehen aus Leitfragen, Arbeitsplanunterlagen, Kontrollbögen und Leitsätzen.	Methode ermöglicht in hohem Maße das Selbstlernen und die Selbstunterweisung der Auszubildenden, ist allerdings mit relativ hohem Aufwand verbunden. Einsatz vor allem in Großbetrieben. Leittexte sind auch käuflich zu erwerben (erstellt vom BIBB). Das Vorgehen bei der Leittext-Methode entspricht dem in der realen Arbeitswelt.
Rollenspiel	Auszubildende müssen sich in bestimmte Rollen, wie die eines Kunden oder eines Chefs, hineinversetzen und diese in einer vorgegebenen Rahmensituation durchspielen.	Rollenspiele dienen dazu, die Sozialkompetenz und die kommunikativen Fähigkeiten der Auszubildenden zu fördern. Sie können mit wenig Aufwand organisiert werden (z.B. Konfliktgespräche, Reklamationsgespräch).
Planspiel	Methode, in der reale Problemsituationen mit mehreren Beteiligten simuliert werden, z.B. Konflikte mit anderen Gewerken auf der Baustelle. Die Teilnehmer nehmen verschiedene Rollen ein und sehen dadurch Dinge aus unterschiedlichen Perspektiven. Die typischen Phasen sind Vorbereitung, Rollenvergabe, Simulation und Auswertung.	Die Auszubildenden lernen, Problemlösungsstrategien zu entwickeln für Situationen, in denen unterschiedliche Interessen vertreten werden. Die Methode fördert Schlüsselqualifikationen wie Kommunikationsfähigkeit, Verantwortungsbereitschaft, Kreativität und Teamfähigkeit.

systematisches Vorgehen

Die Vermittlung von Basiskenntnissen und -fertigkeiten, sehr anspruchsvollen Tätigkeiten und solchen, mit denen besondere Gefahren oder Kosten verbunden sind, verlangt ein systematisches Vorgehen. Sie sollte nicht unter Zeitdruck geschehen, wie er im Rahmen der Bearbeitung von Arbeits- und Kundenaufträgen normalerweise besteht.

Es gibt verschiedene Ausbildungsmethoden (auch Organisationsformen des Lehrens und Lernens genannt) für diese systematische Vermittlung von Lerninhalten, die in der vorhergehenden Übersicht vorgestellt wurden. Diese können sicher nicht in jedem Fall im Rahmen der betrieblichen Ausbildung eingesetzt werden. Manche kommen verstärkt in größeren Betrieben bzw. Lehrwerkstätten zum Einsatz. Ihre Kenntnis erhöht aber die Methodenkompetenz des (zukünftigen) Ausbilders für die Auswahl einer geeigneten Ausbildungsmethode in bestimmten Situationen.

4.2 Planung und Realisierung von Lehrgesprächen und Arbeitsunterweisungen

Vermittlung von Grundkenntnissen

Um in realen Arbeitssituationen mitarbeiten zu können, muss der Auszubildende zunächst über die erforderlichen Grundkenntnisse (z.B. Funktion eines Gerätes) und -fertigkeiten (z.B. Sägen, Bohren, Stemmen mit dem Presslufthammer) verfügen. Auch in Arbeitsbereichen wie Umweltschutz oder Gesundheitsschutz kann sich der Auszubildende nur nach entsprechender Vorbereitung vorschriftsmäßig verhalten.

Neben dem Lernen in Arbeitsaufträgen sind daher weitere Ausbildungsmethoden notwendig, in denen der Auszubildende systematisch auf diese Mitarbeit vorbereitet wird. Dafür eignen sich in kleinen und mittleren Betrieben besonders Lehrgespräche, Arbeitsunterweisungen und Lernaufträge.

Da in der Ausbildung festgesetzte Lernziele zu erreichen sind, müssen diese Ausbildungsmethoden systematisch und professionell geplant und umgesetzt werden.

4.2.1 Lehrgespräche

Bedeutung von Lehrgesprächen

Im Lehrgespräch soll der Auszubildende Wissen und Erkenntnisse gewinnen. Dadurch unterscheidet es sich sowohl von der Arbeitsunterweisung als auch von anderen Gesprächsformen, wie etwa dem Konfliktgespräch. Je nach Zielsetzung können Lehrgespräche auf folgende Schwerpunkte ausgerichtet sein:

Zielsetzung/ Schwerpunkte

- Erarbeiten von Erkenntnissen
  Der Ausbilder gibt dem Auszubildenden klar strukturierte Informationen zu einem Thema und erarbeitet mit ihm bestimmte Sachverhalte und Zusammenhänge. Ein solches Lehrgespräch kann u.U. durch den Einsatz geeigneter Medien wie Schaubilder, Funktionsmodelle oder Flipcharts unterstützt werden.

Beispiel: Ali Resa erläutert Ahmet Demir den Aufbau und die Funktionsweise eines Fugenschneiders.

Zielsetzung/ Schwerpunkte

- Lösen von Problemen
  Der Ausbilder bespricht mit dem Auszubildenden, wie man in Problemsituationen vorgehen kann, um zu einer Lösung zu kommen. Ziel ist dabei zum einen, die konkrete Lösung für eine Aufgabe zu finden, zum anderen, generelle Problemlösungsstrategien zu erarbeiten.

Beispiel: Ali Resa erklärt Ahmet Demir, wie er einem begangenen Messfehler bei der Arbeit mit dem Nivelliergerät auf die Spur kommt.

- Aufarbeiten von Erfahrungen
  Der Auszubildende soll unter Anleitung des Ausbilders Eindrücke und Erlebnisse aus dem Arbeits- und Ausbildungsalltag überdenken und auswerten.

Beispiel: Ali Resa geht mit Ahmet Demir die Angaben im Ausbildungsnachweis vom letzten Monat durch und bespricht mit ihm die Erfahrungen, die er bei den dort beschriebenen Tätigkeiten gemacht hat.

- Beratung bei Lernproblemen
  Es sollen Fragen zu Lernschwierigkeiten besprochen und dem Auszubildenden dabei Anregungen zu sinnvollen Lernstrategien gegeben werden.

Beispiel: Ali Resa sucht gemeinsam mit Ahmet Demir nach Möglichkeiten, wie er aktuelle Schwierigkeiten in der Berufsschule im Fach Deutsch bewältigen kann.

Strukturierung von Lehrgesprächen

Beispiel: Während des Neubaus eines Einfamilienhauses führt Ali Resa mit Ahmet Demir ein Fachgespräch zu dem anstehenden Thema der effektiven Wärmedämmung. Einleitend fragt er ab, was Ahmet bereits über Ökologie und Energieeffizienz weiß und ergänzt das vorhandene Wissen um für die anstehende Dämmung notwendige Fakten. Dann erläutert er die jetzt benötigten Materialien und fragt seinen Auszubildenden, welche Funktion sie wohl in der Dämmschicht haben. Abschließend bittet er Ahmet um eine kurze Zusammenfassung.

unterschiedlicher Bedarf an Lehrgesprächen

Wie oft Lehrgespräche stattfinden und wie lange sie dauern, hängt von mehreren Faktoren ab, beispielsweise vom Ausbildungsberuf, aber auch von den Lernvoraussetzungen des Auszubildenden. So ergibt sich z.B. in Ausbildungsberufen, die stark mit moderner Technologie zu tun haben, ein höherer Bedarf an Lehrgesprächen.

Lehrgespräche sollten auf jeden Fall geplant und vorbereitet werden. Wichtig ist, dass Lehrgespräche regelmäßig durchgeführt werden. Sie sollten möglichst in besonderen, vom Arbeitsplatz bzw. von der Produktionswerkstatt getrennten Räumen durchgeführt werden, um Störungen zu vermeiden.

Damit ein Lehrgespräch zum gewünschten Erfolg führt, ist es notwendig, das Gesprächsziel festzulegen. Der Ausbilder sollte an aktuelle Situationen oder Fragen des Auszubildenden anknüpfen und den Gesprächsablauf klar strukturieren. Am Ende sollte eine Zusammenfassung der Ergebnisse, ggf. durch den Auszubildenden, erfolgen.

Gesprächsführung

Die Gesprächsführung liegt beim Ausbilder. Dabei hängt der Grad der Gesprächslenkung sowohl vom Ausbildungsstand als auch von den Fähigkeiten des Auszubildenden ab. Generell sollte der Ausbilder darauf achten, dass er keine langen Vorträge hält, sondern ein echter Gedankenaustausch entsteht. Der Auszubildende sollte zu eigenen Überlegungen und Schlussfolgerungen angeregt werden und soweit möglich Gelegenheit erhalten, das Gelernte in der Praxis zu erproben.

Fragetechniken

Fragetechniken sind ein sehr gutes Instrument für eine gezielte Gesprächsführung. Gut gestellte Fragen fordern zum Mitdenken bei Problemlösungen auf und regen so Lernprozesse an. Fragen können - je nachdem welcher Art sie sind - Lernprozesse fördern oder auch hemmen. Deshalb ist es wichtig, Fragetechniken und ihre Wirkung zu kennen:

- Offene Fragen verlangen ausführlichere Antworten; sie können nicht nur mit Ja oder Nein beantworten werden. Sie fordern eine Beschreibung von Sachverhalten oder Meinungen, z.B. „Wie bewerten Sie diesen Sachverhalt?“, „Wie funktioniert das?“, „Was resultiert daraus?“, „Warum funktioniert das?“.
- Geschlossene Fragen grenzen das Spektrum der Antwort stark ein, sie erlauben eigentlich nur „Ja“ oder „Nein“, eine klare Angabe eines Sachverhalts oder „Ich weiß es nicht“. Beispiele sind: „Können Sie das bis morgen erledigen?“, „Wie breit ist das?“.
- Alternativfragen erlauben eine begründbare Entscheidung des Auszubildenden, z.B. „Halten Sie den Einsatz des Werkzeuges A oder Werkzeuges B für besser?“ Sie wirken motivationsfördernd, weil dem Auszubildenden eine Meinung zugetraut und ein Mitspracherecht eingeräumt wird.

Eher hemmend wirken solche Fragen auf den Lernprozess:

- Suggestivfragen sind eigentlich keine echten Fragen, denn sie nehmen die Antwort bereits vorweg: „Sind Sie auch der Meinung, dass Pünktlichkeit in der Zusammenarbeit unabdingbar ist?"
- Rhetorische Fragen beinhalten in gewisser Weise bereits die Antworten: „Wollen wir nicht alle, dass Sie auch einen guten Abschluss machen?" Auf rhetorische Fragen gibt es kaum informative Antworten, allenfalls Zustimmung oder Ablehnung. Daher eignet sich diese Fragetechnik auch weniger zur Erarbeitung von Inhalten als zur pädagogischen Führung und Erziehung.
- Ironisierende oder tadelnde Fragen verunsichern und hemmen: „Wie sind Sie auf die tolle Idee gekommen?", „Was haben Sie sich dabei gedacht?"

Lehrgesprächsskizze

Um das Lehrgespräch methodisch vorzubereiten, empfiehlt es sich, eine Lehrgesprächsskizze anzufertigen, in der wichtige Aspekte für die Planung und Durchführung des Lehrgespräches schriftlich festgehalten werden. Sie ist eine Gedächtnisstütze für den Ausbilder und sichert einen systematischen Ablauf des Lehrgesprächs.

Eine Lehrgesprächsskizze sollte die folgenden Angaben enthalten:

- Gesprächsthema,
- Einordnung in den Ausbildungsrahmenplan,
- vorgesehener Lernort,
- verwendete Ausbildungsmittel (z.B. eine technische Zeichnung, ein Schaltplan oder ein Ausschussteil, an dem Fehler verdeutlicht werden können),
- geplante Zeit,
- Lernziele und die damit angestrebten Kompetenzen,
- Gesprächsablauf mit kurzen Notizen zur Einführung (Bedeutung des Themas, Voraussetzungen des Auszubildenden), zur gemeinsamen Erarbeitung (Hinweise zu den Gesprächsschwerpunkten und Impulse zur Lernunterstützung) sowie zum Gesprächsabschluss (Zusammenfassung wesentlicher Ergebnisse).

4.2.2 Arbeitsunterweisungen

Bedeutung der Arbeitsunterweisung

Wie bereits im Überblick über die verschiedenen Ausbildungsmethoden dargestellt, dient die Arbeitsunterweisung der Vermittlung von Fertigkeiten | ► S. 23 |. Durch sie erlernt der Auszubildende bestimmte Fertigkeiten systematisch. Die Arbeitsunterweisung wird i.d.R. am Arbeitsplatz durchgeführt und orientiert sich an Tätigkeiten aus der betrieblichen Praxis.

Vier-Stufen-Methode

Eine Form der Arbeitsunterweisung ist die Vier-Stufen-Methode. Sie eignet sich besonders beim Erlernen manueller Tätigkeiten, z.B. bestimmter Arbeitsabläufe. Sie erfolgt in vier Schritten:

1. Der Ausbilder bereitet den Auszubildenden vor und motiviert ihn.
2. Der Ausbilder macht die zu erlernende Tätigkeit vor und erläutert sie.
3. Der Auszubildende macht das Gelernte nach und erklärt es mit eigenen Worten. Fehler werden vom Ausbilder korrigiert.
4. Der Auszubildende übt und wiederholt die zu erlernende Tätigkeit so lange, bis er die notwendige Sicherheit in der Arbeitsdurchführung erlangt hat.

Diese Methode ist sehr zeitökonomisch, hat aber den Nachteil, dass sie nur wenig dazu beiträgt, die heute in den Ausbildungsordnungen geforderte selbstständige Arbeitsweise der Auszubildenden zu fördern. Der Auszubildende kann Arbeiten zwar genau nach Anweisung durchführen, er wird jedoch nicht befähigt, eigenständig Problemlösungen zu erarbeiten.

erarbeitende Unterweisungsformen

Vor dem Hintergrund, dass Handlungskompetenz Ziel jeder Ausbildung im dualen System geworden ist, haben sich immer mehr stärker erarbeitende Unterweisungsformen durchgesetzt. Dabei wird davon ausgegangen, dass der Auszubildende in der täglichen Mitarbeit bereits eine Reihe von Beobachtungen und Erfahrungen macht, die in der Unterweisung aufgearbeitet werden können.

Beispiel: Ahmet Demir, der den Gesellen Bernd Küster häufig auf Baustellen begleitet und ihm beim Verputzen von Wänden zugesehen hat, ist nun sicherlich in der Lage, bei der Unterweisung zu beschreiben, wie man dabei vorgeht. Außerdem kann er wahrscheinlich einige Arbeitsschritte selbstständig ausprobieren.

Auch die erarbeitende Methode geht von aufeinander aufbauenden Schritten der Arbeitsunterweisung aus:

- Vorbereitungsphase,
- Erarbeitungsphase,
- Kontrollphase,
- Übungsphase.

Innerhalb dieser vier Schritte werden die Unterschiede deutlich: In der Vier-Stufen-Methode beschränkt sich die Aktivität des Auszubildenden auf Nachmachen und Üben; in der erarbeitenden Unterweisung ist der Auszubildende aktiver und nähert sich schon einer selbstständigen Arbeitsweise.

Das Prinzip „Vormachen – Nachmachen" hat jedoch immer dann seine uneingeschränkte Berechtigung, wenn bei gefährlichen Arbeiten aus Sicherheitsgründen eine ganz bestimmte Vorgehensweise zwingend erforderlich ist.

Im Folgenden werden die traditionelle Vier-Stufen-Methode und die erarbeitende Unterweisungsmethode einander gegenübergestellt, um die Weiterentwicklung aufzuzeigen.

Gegenüberstellung: Vier-Stufen-Methode und erarbeitende Unterweisung

Vier-Stufen-Methode der Unterweisung

1. Den Auszubildenden vorbereiten und motivieren
   - Lernvoraussetzungen (u.a. Vorkenntnisse und Erfahrungen) feststellen.
   - Interesse wecken und motivieren.
   - Auf Ziele und Aufgaben hinweisen.
   - Mit dem Arbeitsplatz bekannt machen und über Maßnahmen zur Unfallverhütung informieren.
2. Vormachen und Erklären
   - Der Auszubildende soll in gleicher Richtung wie der Ausbilder stehen.
   - Gesamtvorgang im Zusammenhang und im Originaltempo vormachen.
   - Komplizierte Arbeitsvorgänge in Teilvorgänge aufteilen und nacheinander vormachen.
   - Wiederholtes Vormachen mit deutlichem Absetzen der einzelnen Arbeitsschritte und in langsamem Tempo.
   - Bei der Erklärung der Arbeitsschritte die Kernpunkte herausstellen. Dem Auszubildenden die Möglichkeit geben, Fragen zu stellen.
3. Ausführungsversuche machen lassen
   - Den Auszubildenden zu eigenen Versuchen ermuntern.
   - Den Auszubildenden bei seinen ersten Versuchen nicht gleich durch Kritik und Korrektur unterbrechen, um ihn nicht zu entmutigen.
   - Auf grobe Fehler hinweisen.
   - Nicht zu schnell arbeiten lassen; Arbeitsgenauigkeit geht vor Schnelligkeit.
   - Den Auszubildenden mit eigenen Worten erklären lassen, warum und wie er etwas macht.
4. Üben und Festigen
   - Ausreichend Gelegenheit zum Üben geben.
   - Übungsfortschritte kontrollieren und anerkennen.
   - Darauf achten, dass sich beim Üben keine Fehler einschleichen.
   - Übungsbedingungen variieren.
   - Allmähliches Anpassen an die echten Arbeitsbedingungen (z.B. Schnelligkeit).

Erarbeitende Unterweisungsmethode

Gegenüberstellung: Vier-Stufen-Methode und erarbeitende Unterweisungsmethode

1. Vorbereitungsphase
   - Tätigkeit angeben und in den Ausbildungszusammenhang stellen (Was ist vorher erarbeitet worden, was folgt danach?).
   - Bedeutung für den Beruf bzw. für den Betrieb erfragen, ggf. Hinweise auf konkrete Aufträge geben.
   - Vorkenntnisse und Vorerfahrungen feststellen (z.B. Beobachtungen in konkreten Arbeitssituationen).
   - Auf Unfallgefahren hinweisen bzw. gemeinsam mit dem Auszubildenden ermitteln.
2. Erarbeitungsphase
   - Den Auszubildenden für die Arbeitsdurchführung richtig positionieren.
   - Fragen an den Auszubildenden zur Vorgehensweise stellen und Begründungen angeben lassen (Wie kann man vorgehen? Warum gerade so?); dabei konkrete Maßnahmen zur Unfallverhütung gemeinsam erarbeiten.
   - Den Auszubildenden einzelne Arbeitsschritte selbst ausprobieren lassen.
   - Wichtig: Bei gefährlichen Tätigkeiten genaue Anweisungen geben oder einzelne Schritte vormachen.
   - Falls erforderlich, Korrekturhinweise geben, aber den Auszubildenden selbst arbeiten lassen.
3. Kontrollphase
   - Den Auszubildenden seine Arbeit selbst beurteilen lassen; dazu ggf. Beurteilungskriterien gemeinsam erarbeiten oder zum Teil vorgeben.
   - Wesentliche Kernpunkte der Arbeit durch den Auszubildenden zusammenfassen lassen.
   - Gegebenenfalls weitere Fragen zum Verständnis der Zusammenhänge stellen.
4. Übungsphase
   - Nach Abschluss der Unterweisung dem Auszubildenden konkrete Übungsaufgaben stellen; dabei sollten die Übungsbedingungen variiert werden.
   - Übungsergebnisse besprechen und darauf achten, dass sich keine Fehler verfestigen.
   - Dem Auszubildenden Gelegenheit geben, das Erlernte in ersten Aufträgen anzuwenden.

Strukturierung von Arbeitsunterweisungen

Arbeitszergliederung

Ein wichtiges Hilfsmittel zur Vorbereitung einer Arbeitsunterweisung ist die Analyse der Arbeitsaufgabe, auch Arbeitszergliederung genannt. Durch diese wird der Gesamtvorgang einer Arbeit in überschaubare Arbeitsschritte zerlegt.

Funktionen

Die Arbeitszergliederung hat folgende Funktionen:

- Die Arbeitszergliederung enthält alle Angaben zum Ablauf einer Arbeitstätigkeit. Damit ist sie die Grundlage für die Planung der Unterweisung.
- Das Zerlegen einer Arbeitstätigkeit in einzelne Schritte macht dem Ausbilder wieder Einzelheiten bewusst, über die er sich aufgrund der Routine normalerweise keine Gedanken mehr macht. Er kann sich dadurch besser in die Situation eines Anfängers versetzen und läuft nicht so leicht Gefahr, den Auszubildenden zu überfordern.
- Durch die Arbeitszergliederung können schneller kritische Stellen im Lernprozess erkannt werden. Zu den erwarteten Lernschwierigkeiten können schon im Voraus entsprechende Lernhilfen geplant werden.
- Eine schriftlich ausgearbeitete Arbeitszergliederung kann auch zur Einarbeitung neuer Mitarbeiter genutzt werden oder als Checkliste, mit der ein Auszubildender sich bei einfacheren Tätigkeiten die Ausführung selbstständig aneignen kann.

Vorarbeiten für Arbeitsunterweisung

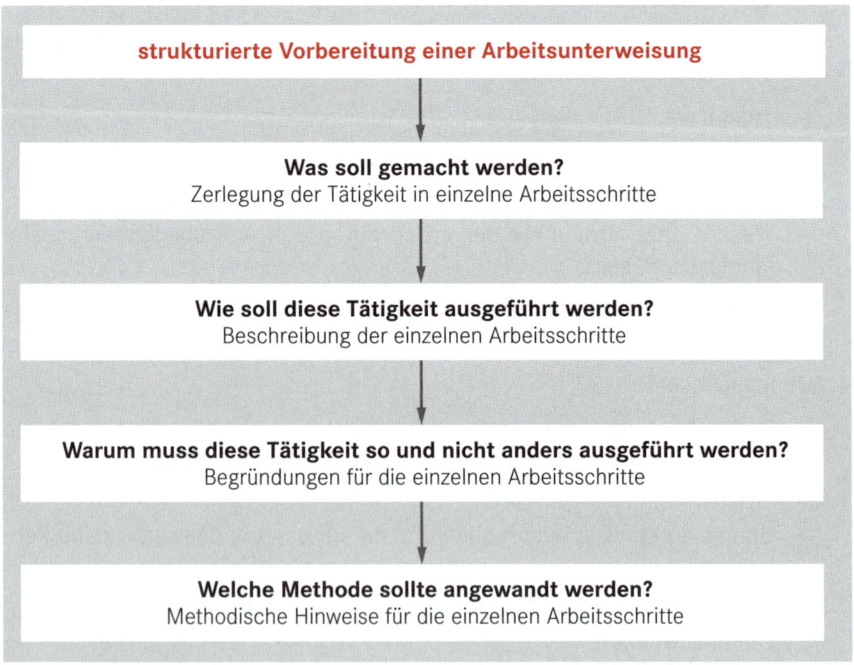

Beispiel: Arbeitszergliederung zu dem Arbeitsvorgang „Einmessen eines Meterrisses mit Hilfe eines Rotationslasergerätes“: Die Baustelle ist vorbereitet, d.h., die Eckhölzer wurden bereits aufgestellt, Wasserwaage, Gliedermaßstab und Bleistift liegen bereit, Stativ ist vorhanden und Rotationslaser und Laserempfänger sind auf Funktionsbereitschaft überprüft worden.

Beispiel für eine Arbeitszergliederung

Teilvorgänge (Was geschieht?)	Kernpunkte (Wie geschieht es?)	Begründung (Warum geschieht es so und nicht anders?)
1. Ermittlung des Stativstandpunktes	Es wird eine umgehbare und standfeste Stelle gewählt	Es müssen beide Eckhölzer von dem Laser erfasst werden können und ein Verrutschen vermieden werden, weil dann neu ausgerichtet werden müsste
2. Aufstellung des Stativs	Das dreibeinige Stativ wird mit gespreizten Beinen so aufgestellt, dass die Kopflatte horizontal ausgerichtet ist und sich für den Messenden in ergonomischer Höhe befindet	Es soll ermöglicht werden, dass der Laser die automatische Selbstnivellierung ausführen kann. Der Laser sollte sich dabei nicht genau auf Augenhöhe befinden, die nachfolgenden Arbeiten aber dennoch in gesunder Haltung ausgeführt werden können
3. Aufsetzen und Befestigen des Rotationslasers auf die Kopfplatte	Nach Aufsetzen des Lasers auf die Kopfplatte des Stativs wird er mit Hilfe der Feststellschraube des Stativs fixiert	Der Laserkopf ist festgestellt und etwa vor Beschädigungen durch Herabfallen gesichert
4. Überprüfung der Standfestigkeit und des ordnungsgemäßen Aufbaus	Sichtkontrolle des aufgestellten Lasers	Um die Funktionstüchtigkeit während der gesamten Messung sicherzustellen
5. Befestigung des Laserempfängers an der Wasserwaage	Mit der Halteklammer des Laserempfängers wird dieser im oberen Drittel der Wasserwaage montiert	Um im Verlauf der Einmessung die benötigte Markierung zum Ausgleich der Höhenunterschiede auf der Wasserwaage anbringen zu können
6. Einschalten des Rotationslasers	Die Ein-/Aus-Taste drücken	Um den Laser in Betrieb zu setzen und die automatische Selbstnivellierung zu starten

Beispiel für eine Arbeitszergliederung

Teilvorgänge (Was geschieht?)	Kernpunkte (Wie geschieht es?)	Begründung (Warum geschieht es so und nicht anders?)
7. Einschalten des Laserempfängers	Die Ein-/Aus-Taste drücken: das LCD-Display zeigt die Betriebsbereitschaft an	Um den Empfänger in Betrieb zu setzen und seine Betriebsbereitschaft sicherzustellen
8. Überprüfung der Einsatzbereitschaft des Rotationslasers	Sichtprüfung des Dauerleuchtens der Kontrollleuchte und des Laserkopfes	Um sicherzustellen, dass die Selbstnivellierung der Horizontalautomatik abgeschlossen ist und der Laserkopf rotiert
9. Vorbereitung der ersten Messung	Anlegen der Wasserwaage an einem der beiden Eckhölzer; der Laserempfänger muss Richtung Rotationslaser ausgerichtet und freie Sicht zwischen Laser und Empfänger gewährleistet sein	Um anschließend die Messung ohne Unterbrechungen oder Störungen durchführen zu können
10. Durchführung der ersten Messung	Wasserwaage langsam auf- und abbewegen und dabei auf die Anzeige des Empfängers und der zusätzlichen akustischen Signale achten; so wird der Empfänger so lange ausgerichtet, bis er sich genau auf der Höhe des Lasers befindet. Auf dem Display zeigen Pfeile, in welche Richtung ausgerichtet werden muss. Bei Erreichung der Höhe ertönt ein Dauerton und es leuchtet eine grüne LED. An dieser Stelle muss die Wasserwaage nun festgehalten werden	Dadurch wird das Sensorfenster in den Bereich des rotierenden Lasers bewegt, möglichst genau ausgerichtet und so das genaueste Messergebnis erzielt
11. Markierung des Messpunktes	Mit dem Bleistift auf Höhe der Sollniveau-Mittenmarkierung des Laserempfängers einen waagerechten Strich auf dem Eckholz ziehen	Um das ermittelte Messergebnis festzuhalten
12. Vorbereitung, Durchführung der zweiten Messung und anschließende Markierung	Wie in Schritt 9 bis 11 beschrieben, jetzt aber am zweiten Eckholz	Um die zu vergleichende Höhe zu ermitteln und festzuhalten

Beispiel für eine Arbeitszergliederung

Teilvorgänge (Was geschieht?)	Kernpunkte (Wie geschieht es?)	Begründung (Warum geschieht es so und nicht anders?)
13. Messen und Notieren der beiden Höhenmarkierungen	Mit Hilfe des Gliedermaßstabes werden die Höhen zwischen Bodenplatte und den beiden markierten Punkten gemessen und notiert	Zur Feststellung der Messergebnisse und anschließender Auswertung
14. Auswertung der Messergebnisse	Durch Vergleichen der beiden Messergebnisse wird der höchste Punkt der Bodenplatte ermittelt; dabei stellt das kleinere Ergebnis diesen dar. Subtrahiert man nun 1 000 cm von diesem Ergebnis, erhält man den Referenzwert	Den höchsten Punkt der Bodenplatte zu ermitteln, welcher dann ausschlaggebend für den Meterriss ist, ist der eigentliche Kern der Messung, denn mit Hilfe des Referenzwertes kann nun der Meterriss an dem 2. Eckholz aufgetragen werden
15. Auftragen des Referenzwertes auf die Wasserwaage	Mittels Gliedermaßstab und Bleistift wird der Referenzwert von der Sollniveau-Mittenmarkierung abwärts auf der Wasserwaage angezeichnet	Um die nachfolgende Übertragung der Referenzhöhe zu ermöglichen
16. Übertragung der Referenzhöhe	Die Wasserwaage erneut an beiden Eckhölzern anlegen und ausrichten (wie oben beschrieben) und die Markierungen (auf der Wasserwaage) auf beide Eckhölzer übertragen. Abschließend wird diese Markierung durch einen Pfeil (Höhenkote) markiert	Um den Meterriss auf beiden Eckhölzern möglichst exakt anzubringen

Anfertigung eines Unterweisungsentwurfs

Unterweisungsentwurf

Um eine Arbeitsunterweisung methodisch zu planen und systematisch Schritt für Schritt unter Berücksichtigung der Fähigkeiten des Auszubildenden durchzuführen, ist die Anfertigung eines Unterweisungsentwurfs empfehlenswert. Dort werden wichtige Rahmenbedingungen und Aspekte für die Planung und Durchführung der Arbeitsunterweisung schriftlich festgehalten.

Kennen Sie das Sackmann-Lernportal?
Ihren Zugangscode finden Sie auf Seite 3.

Angaben im Unterweisungsentwurf

Ein Unterweisungsentwurf sollte die folgenden Angaben enthalten:

- die Tätigkeit, die vermittelt werden soll, deren Einordnung in den Ausbildungsrahmenplan und die Bedeutung für den Auszubildenden,
- eine Beschreibung des Auszubildenden und seiner Lernvoraussetzungen als Basis für inhaltliche und methodische Entscheidungen (z.B. Alter, Ausbildungsjahr, Schulabschluss, bereits erworbene Fertigkeiten, Kenntnisse und Kompetenzen, Arbeitshaltung, Sozialverhalten, Lernschwierigkeiten, soziales Umfeld),
- die Sicherheitsvorschriften, die bei dieser Tätigkeit zu beachten und ggf. ausdrücklich mit dem Auszubildenden zu behandeln sind,
- die Lernziele sowie die mit diesen angestrebten Kompetenzen; hierbei sollten kognitive, psychomotorische und affektive Lernziele unterschieden werden, die nachprüfbar formuliert sind,
- eine Arbeitsaufgabenanalyse/Arbeitszergliederung der geplanten Tätigkeit,
- die Unterweisungsmethode mit einer Begründung, die aus den gegebenen Rahmenbedingungen und der Analyse des Auszubildenden resultiert,
- Lernort, Lernzeit und organisatorische Gesichtspunkte für die Unterweisung,
- verwendete Materialien, Werkzeuge, Maschinen und sonstige Ausbildungsmittel,
- eine Beschreibung des Unterweisungsablaufs (mit den einzelnen Stufen der Unterweisung, den einzelnen Schritten der Arbeitstätigkeit entsprechend der Arbeitszergliederung und Hinweisen für die Lernunterstützung),
- die geplante Erfolgskontrolle und
- kurze Angaben zu den vorgesehenen Übungsphasen.

In einem Unterweisungsentwurf sollen die didaktischen und methodischen Überlegungen skizziert werden, die einer professionell organisierten Arbeitsunterweisung zugrunde liegen.

Die Vorlage eines Unterweisungsentwurfs kann von Prüfungsausschüssen für die praktische Prüfung im Rahmen der Meisterprüfung in Teil IV bzw. der Ausbilder-Eignungsverordnung gefordert werden. Auch wenn die Vorgaben zur Abfassung von Unterweisungsentwürfen von Prüfungsausschuss zu Prüfungsausschuss etwas unterschiedlich sein können, so sind doch Grundüberlegungen zu den o.g. Punkten i.d.R. erforderlich.

4.3 Praktische Prüfung nach der AEVO: Präsentation einer Ausbildungssituation

In der praktischen Prüfung im Rahmen der Meisterprüfung in Teil IV bzw. der Ausbilder-Eignungsprüfung ist die Präsentation oder praktische Durchführung einer berufstypischen Ausbildungssituation vorgesehen. Ziel ist es, dass der Prüfungsteilnehmer überzeugend darstellt, wie er die vorgesehene Aufgabe plant, durchführt und kontrolliert.

Die Allgemeine Meisterprüfungsverordnung - AMVO legt fest:

§ 4 Abs. 4: „Der praktische Teil der Prüfung besteht aus

1. **einer Präsentation oder einer praktischen Durchführung einer Ausbildungssituation und**
2. **einem Fachgespräch.**

Für die Präsentation oder die praktische Durchführung wählt der Prüfling eine berufstypische Ausbildungssituation aus. Die Auswahl und Gestaltung der Ausbildungssituation sind im Fachgespräch zu erläutern."

§ 5 Abs. 1: „ (...) Der praktische Teil der Prüfung soll insgesamt höchstens 30 Minuten dauern, wobei die Präsentation oder die praktische Durchführung einer Ausbildungssituation 15 Minuten nicht überschreiten soll."

Auswahl der Ausbildungssituation

Was die Auswahl der Ausbildungssituation betrifft, so hat der Prüfungsteilnehmer nun wesentlich mehr Möglichkeiten als früher. Er kann beispielsweise komplexe Ausbildungssituationen aus höheren Ausbildungsjahren sowie besondere methodische Formen, wie die Projektausbildung oder die Anwendung der Leittext-Methode, präsentieren. Auch die Festlegung eines betrieblichen Ausbildungsplans oder Führung eines Beurteilungsgesprächs können für die Präsentation gewählt werden. Die Durchführung einer Unterweisung ist natürlich weiterhin möglich.

Vorbereitung der Präsentation

Zur Vorbereitung der Präsentation ist es hilfreich - und wird von den Prüfungsausschüssen häufig auch verlangt - einen schriftlichen Entwurf zu erstellen. Er sollte klar gegliedert sein, z.B. in eine Einführung mit den Zielen der Präsentation, die Darstellung der Ausbildungssituation und ggf. einer kurzen Zusammenfassung.

Für die Durchführung der Präsentation sind hierbei die folgenden Aspekte relevant:

- Einführung,
- Beschreibung der Ausbildungssituation: Zielsetzung, Planung und Realisierung der Ausbildungssituation; Bewertung der Ergebnisse,
- Zusammenfassung.

Präsentationstechniken

Von besonderer Bedeutung sind oft die eingesetzten Präsentationstechniken. Im Vordergrund steht dabei die Vortragstechnik, bei der es darauf ankommt, dass der Prüfungsteilnehmer klar und deutlich spricht, Wörter gut betont und seine Körpersprache dem Vortrag angepasst ist.

Hilfreich ist die Unterstützung des Vortrages durch geeignete Präsentationsmedien, z.B. mit Tafelbild oder Flipchart. Außerdem sollten vorgesehene Arbeitsmittel wie Geräte oder Aufgabenblätter etc. vorgestellt werden. Der Vortragende muss die Einhaltung des zeitlichen Rahmens für die Präsentation beachten.

4.4 Funktionen und Auswahl von Ausbildungsmitteln und -medien

Ausbildungsmittel und -medien unterstützen den Ausbilder bei der Vermittlung von Fertigkeiten, Kenntnissen und Fähigkeiten. Dem Auszubildenden helfen sie, Lerninhalte besser zu erfassen.

Ausbildungsmittel zur Veranschaulichung

Ausbildungsmittel und Beispiele
(geordnet nach Realitätsnähe)

Ausbildungsmittel	Beispiele
originale Gegenstände des Betriebs	▸ Maschinen ▸ Werkzeuge ▸ fehlerhafte Produkte ▸ Azubi-Arbeiten
Modelle und Nachbildungen (dreidimensional)	▸ Schnittmodelle ▸ Großmodelle ▸ verkleinerte Modelle
Filme Internet + Sofware	▸ Videos/Videoportale ▸ interaktive Lernprogramme ▸ Computeranimationen
Abbildungen (zweidimensional)	▸ Skizzen ▸ Schaubilder ▸ technische Zeichnungen ▸ Fotos und Dias ▸ Tafelbild/Flipchart
symbolische Darstellungen	▸ Tabellen ▸ Diagramme ▸ Netzpläne
Texte	▸ Fachbücher, -zeitschriften ▸ Nachschlagewerke ▸ Checklisten ▸ Arbeits-/Übungsblätter

Als Ausbildungsmittel werden alle materiellen Hilfsmittel bezeichnet, die der Ausbilder einsetzen kann, um das Lehren und Lernen zu unterstützen.

Der Erfolg der Ausbildung hängt wesentlich davon ab, ob die Kommunikation zwischen Ausbilder und Auszubildendem gelingt. Ausbildungsmittel sind dabei „zusätzliche Vermittler", durch die Informationen (Lerninhalte) zwischen Ausbilder und Auszubildendem ausgetauscht werden.

individuelles Lernverhalten

Es ist wissenschaftlich nachgewiesen, dass es einen Zusammenhang zwischen der Art der Informationsaufnahme und dem Erfolg des Lernens und Einprägens gibt. Jeder Mensch lernt anders, jeder Mensch ist ein individueller Lerntyp. Das sollte bei der Auswahl von Ausbildungsmethoden und Medien berücksichtigt werden. Sie sollten also soweit wie sinnvoll möglich auf den Lerntyp des jeweiligen Auszubildenden zielen, um ihm das Verständnis zu erleichtern und um als attraktiv empfunden zu werden. Denn der Lern- und Behaltenserfolg dieser Lerntypen wird dadurch bestimmt, über welche Sinnesorgane (Wahrnehmungskanäle) ein Lerninhalt bevorzugt und am effektivsten aufgenommen wird | ► S. 168 |.

unterschiedliche Lerntypen

So kann man folgende Lerntypen unterscheiden:

- Der visuelle Lerntyp lernt gut durch Sehen, Beobachten und Lesen; er schaut dem Gesellen zu, liest im Lehrbuch nach, schaut einen Lehrfilm an.
- Der auditive Lerntyp lernt gut durch Hören; er folgt den Erläuterungen seines Ausbilders oder hört ein Hörbuch.
- Der audio-visuelle Lerntyp lernt am besten durch Hören und Beobachten; er sieht einen Lehrfilm oder folgt den Erklärungen und Demonstrationen seines Ausbilders nach der Vier-Stufen-Methode oder im erarbeitenden Verfahren.
- Der haptische oder motorische Lerntyp lernt durch eigenes praktisches Handeln; er probiert etwas aus oder setzt nachvollzogene Handlungen in die Praxis um.

In ähnlicher Weise kann man den eher kommunikativen Lerntyp, der besonders in Diskussionen und im Dialog lernt, den personenorientierten Lerntyp, dessen Lernerfolge von Sympathie oder Antipathie gegenüber seinem Ausbilder oder Lehrer abhängen, oder auch den medienorientierten Lerntypen, der erfolgreich im E-Learning | ► S. 240 | lernt, unterscheiden.

All diese Lerntypen kommen aber kaum in „Reinform" vor; die meisten Menschen sind „Mischtypen".

Wenn ein neuer Lerninhalt vermittelt werden soll, muss man sich aber nicht für einen und gegen die anderen Lernwege entscheiden. Es ist empfehlenswert, verschiedenartige Ausbildungsmittel und damit Lernwege zu nutzen.

verschiedenartige Ausbildungsmittel nutzen Aus der Lernpsychologie wissen wir, je mehr Sinne gleichzeitig angesprochen und je mehr unterschiedliche Lernwege eröffnet werden, desto eher wird nachhaltig gelernt und die entsprechende neue Information behalten | ► S. 168 f. |.

4.4.1 Kategorisierung und Funktionen von Ausbildungsmitteln

Repräsentationsmedien Ein großer Teil der Ausbildungsmittel dient der Veranschaulichung von Dingen oder Sachverhalten. Sie können als Repräsentationsmedien bezeichnet und nach dem Grad ihrer Realitätsnähe geordnet werden. Unter diesem Aspekt stehen an erster Stelle die originalen Objekte. In der auftragsorientierten Ausbildung in Klein- und Mittelbetrieben sind die dort vorhandenen Maschinen, Werkzeuge, Musterexemplare von Produkten etc. sicherlich die wichtigsten Ausbildungsmittel.

originale Gegenstände Zu den originalen Gegenständen des Ausbildungsbetriebes, die sehr lerneffizient eingesetzt werden können, zählen z.B.:

- fehlerhafte Materialien und Arbeitsprodukte, die als Demonstrationsobjekte verwendet werden,
- einfach konstruierte Geräte und Maschinen, die als Anschauungsobjekte benutzt werden,
- gelungene Azubi-Arbeiten, die für längere Zeit ausgestellt werden.

Der direkte Umgang und die direkten Erfahrungen des Lernenden mit den realen Gegenständen können weder durch ein Modell noch durch eine grafische Darstellung ersetzt werden.

Modelle und Nachbildungen Doch auch Modelle und Nachbildungen sind noch sehr realitätsnah. Sie können eine wertvolle Ergänzung der unmittelbaren Erfahrungen sein. Nachbildungen werden z.B. eingesetzt, um nicht Wahrnehmbares (Verdecktes, Unsichtbares) oder schlecht Wahrnehmbares (zu klein oder zu groß, zu schnell oder zu langsam) wahrnehmbar zu machen. Beispiele: Schnittmodell, Großmodell eines Kernlochbohrers.

Durch Filme, Videos, Computeranimationen oder PC-Lernprogramme können Dinge oder Sachverhalte präsentiert werden, die im Betrieb oder in der Nähe des Betriebes nicht verfügbar sind.

Abbildungen Weniger realitätsnah (weil nur zweidimensional) sind Abbildungen. Sie können jedoch das Wesentliche an einem Objekt oder Vorgang verdeutlichen, z.B. durch farbige Markierung oder durch Weglassen unwichtiger Einzelheiten. Beispiel: Skizzen, Schaubilder, schematische oder technische Zeichnungen, Fotos oder Dias von Meisterstücken oder von neuen bzw. besonderen Produkten.

symbolische Darstellungen Die größte Entfernung zur Realität weisen symbolische Darstellungen auf. Sie ermöglichen es in besonderer Weise, eine Vielzahl von Einzelinformationen zusammenzufassen und damit übersichtlicher zu machen. Sie können auch abstrakte gedankliche Vorstellungen und Zusammenhänge veranschaulichen. Beispiel: Tabellen, Flussdiagramme, Netzpläne, Schemata über begriffliche Zusammenhänge, Netzwerke.

Texte aus Lehr- oder Fachbüchern, Nachschlagewerke, Checklisten, Merk- und Übungsblätter entlasten den Ausbilder, den Stoff mündlich darzustellen; sie ermöglichen es gleichzeitig dem Auszubildenden, sich selbstständig Lerninhalte anzueignen oder Themen alleine zu vertiefen.

Schriftliche Informationen können intensiv durchgearbeitet, aufbewahrt und nach Bedarf abgerufen sowie relativ kostengünstig reproduziert werden.

Auch Unterlagen für die Planung und Durchführung der Ausbildung zählen im weiteren Sinne zu den Ausbildungsmitteln, z.B. Ausbildungsrahmenpläne, selbst erstellte Unterweisungsentwürfe, Arbeitszergliederungen etc.

Hilfsmittel für die Präsentation von Lerninhalten

Die Präsentation von Lerninhalten macht manchmal auch Hilfsmittel erforderlich. Für Arbeitsunterweisungen und Lehrgespräche sollte eine einfache Tafel oder ein Flipchart zur Verfügung stehen, um neue Fachausdrücke und Merksätze anschreiben, anhand einfacher Skizzen komplizierte Zusammenhänge erklären oder eine Rechenoperation durchführen zu können. In größeren Ausbildungsbetrieben mit vielen Auszubildenden ist der Beamer ein unentbehrliches Hilfsmittel, mit dem der anzuzeigende Bildschirminhalt auf ein Whiteboard projiziert wird.

Computer mit Internetanschluss sowie eine Fernseh-/Videoanlage oder interaktive Whiteboards sind weitere wichtige Hilfsmittel zur Darstellung bzw. Erarbeitung von Lerninhalten.

4.4.2 Einige Kriterien für die Auswahl von Ausbildungsmitteln

Funktion von Ausbildungsmitteln

Ausbildungsmittel sollten folgende Funktionen erfüllen:

- Weckung von Interesse,
- Lenkung der Aufmerksamkeit,
- Erleichterung der Aufnahme von Informationen,
- Unterstützung des Gedächtnisses,
- abwechslungsreiche Gestaltung des Lernens,
- Überprüfung des Lernerfolgs.

Ausbildungsmittel müssen geeignet sein, Wissen über Dinge oder Sachverhalte anschaulich, klar, verständlich und einprägsam zu vermitteln.

Welches Ausbildungsmittel man zur Unterstützung des Lernens oder des Unterweisens nutzt, hängt von dem jeweiligen Auszubildenden, dem Lernziel, dem Lerninhalt und den gegebenen Rahmenbedingungen (zur Verfügung stehende Zeit, Ort der Unterweisung, vorhandene Ausbildungsmittel im Betrieb etc.) ab.

Auswahl der Ausbildungsmittel

Bei der Auswahl der Ausbildungsmittel ist zu überlegen, welches Medium dem Lerngegenstand und dem Erreichen des Lernzieles am ehesten gerecht wird. Attraktive Ausbildungsmittel können das Lerninteresse und damit den Lernerfolg deutlich steigern. Bei der Auswahl sollten das Lernniveau, aber auch die Interessen des Auszubildenden berücksichtigt werden.

Eine zu komplizierte Darstellung könnte den Lernwiderstand des Auszubildenden gegenüber einem Lerninhalt erhöhen und somit das Gegenteil dessen bewirken, was erreicht werden soll. Richtig eingesetzt helfen Ausbildungsmittel, die Effektivität der Ausbildung zu steigern

Beispiel: Im letzten Lehrgespräch hat Ali Resa Ahmet Demir das wichtige Thema Wärmedämmung vorgestellt, das nun weiter vertieft werden soll. Wie meistens bei Theoriethemen driftete der sonst so pfiffige Auszubildende im Laufe des Lehrgesprächs gedanklich zunehmend ab. Mittlerweile hat Ali Resa's Kollege Fred Schuhmann ihn auf eine App zum Thema Baustoffkunde aufmerksam gemacht. Vielleicht kann er ja Ahmet Demir, der so häufig mit seinem Smartphone hantiert, mit einem digitalen Zugang motivieren, sich mit der Einteilung von Natursteinen und künstlichen Steinen intensiver zu beschäftigen. Ali Resa gibt Ahmet den Auftrag, eine Reihe von gängigen Steinen in Natur- und künstliche Steine einzuteilen und dabei aufzulisten, mit welchen Steinen welche Lösungen am Bau realisiert werden können. Seine Ergebnisse soll er dann in einer PDF-Datei abspeichern und ihm vorlegen.

Informationen über die auf dem Markt erhältlichen Ausbildungsmittel für einen Ausbildungsberuf oder ein Berufsfeld sind bei den größeren Fachverbänden oder beim Bundesinstitut für Berufsbildung sowie im Internet abzurufen.

4.5 E-Learning in der Ausbildung

Einsatz von digitalen Medien

Seit Ende der 90er Jahre hat das elektronisch unterstützte Lernen, das sog. E-Learning, zunehmende Bedeutung erlangt. Unter E-Learning versteht man jede Form von Lernen, bei dem digitale Medien eingesetzt werden, um Lerninhalte zu präsentieren und zu kommunizieren, also eine Art Selbststudium ermöglicht wird.

Computer Based Training

Der E-Learning-Trend begann mit dem Computer Based Training (CBT). Beim computergestützten Lernen steuert Lernsoftware, z.B. in Form von interaktiven Multimedia-Programmen, den Lernprozess. Interaktiv nennt man Lernsoftware, die in Dialogform aufgebaut ist: Sie erfragt und überprüft Antworten und gibt Rückmeldungen bei falschen Lösungen. CBT ist heute nur noch eine Sonderform des PC-gestützten Lernens, nämlich am lokalen Rechner.

Web Based Training

Aktuell erfolgen die Lernangebote in Form von Web Based Training (WBT) nicht mehr über lokale Datenträger, sondern von Webservern über das Internet oder ein Intranet. Hinzu kommen weitere webbasierte Tools, die ursprünglich gar nicht zur Unterstützung von Lernen gedacht waren:

- *Apps* — Im Englischen steht die Abkürzung „App" für „Application Software", also eine Anwendungssoftware bzw. ein Computerprogramm, mit dessen Hilfe die Funktionen eines Smartphones, Tablets oder Computers erweitert werden können. Neben einer Vielzahl von Apps zur Informationsgewinnung, z.B. Wettervorhersage, oder zur Unterhaltung, z.B. Spiele, gibt es eine stetig wachsende Anzahl von Apps als digitale Werkzeuge, z.B. Messgeräte, sowie Lern-Apps. Das Spektrum an Lern-Apps reicht von digitalen Varianten zu Textbüchern, Übungs-, Wiederholungs- oder Prüfungsvorbereitungssoftware über Apps, mit Hilfe derer Lehrer und Ausbilder eigene Fragenpools, Lernkarten-Systeme o.Ä. entwickeln können, bis hin zu Apps, die z.B. in Textdokumente Anmerkungen schreiben und wichtige Sachverhalte hervorheben oder vorhandene Lernmaterialien organisieren können. Für eine Generation, in der Smartphones allgegenwärtig geworden sind, ist digital unterstütztes Lernen oft besonders motivierend.
- *Podcasts* — Durch die weite Verbreitung von Smartphones erlangen auch Podcasts immer mehr Bedeutung. Im Internet wächst das Angebot an Audio- und Video-Podcasts ständig. Sie werden von Radio- und Fernsehsendern, Verlagen oder Großunternehmen angeboten, zunehmend auch zu Ausbildungszwecken.

  Podcasts können auch relativ leicht selbst erstellt werden, indem man Audio- oder Video-Aufnahmen in gängigen Formaten erstellt, diese auf Computer überspielt und dann bearbeiten kann.
- *Foren* — Foren können als virtuelle Klassenzimmer oder „learning communities" sowie für Videokonferenzen genutzt werden.
- *Blogs* — Blogs sind öffentlich (im Internet) geführte „Endlos-Journale", Chatsoftware, wie z.B. der Messenger, der eine Echtzeit-Kommunikation mit anderen Lernern oder einem Lehrer oder Coach (Tele-Tutor) ermöglichen.

Die meisten E-Learning-Angebote sind derzeit Formen des Blended Learnings, einer Lernorganisation, in der E-Learning mit Präsenzlernphasen („normalem" Unterricht) wechselt. Es hat sich die Einsicht durchgesetzt, dass auch das Selbstlernen am PC durch Lehrer begleitet und unterstützt werden sollte. Gute Online-Qualifizierungsangebote sehen daher die Lernbegleitung „online" durch sog. Tele-Coaches vor.

Vorteile des E-Learnings

Die besonderen Vorteile des E-Learning sind vor allem:

- Der Lernende kann den Zeitpunkt, die Dauer, die Intensität, das Tempo und z.T. auch die Reihenfolge und die jeweiligen Schwerpunkte des Lernens selbst bestimmen. Der Grad der Selbstbestimmung, aber auch der Selbstverantwortlichkeit im Lernen, wird erhöht.
- Die Verbindung von Text, Ton und Bild in multimedialer Software wirkt insbesondere auf junge Menschen sehr motivierend und ermöglicht es in besonderer Weise, Sachverhalte, schematische Abläufe, komplexe Strukturen etc. zu veranschaulichen.
- Lernsoftware gibt Lehrern und Ausbildern alternative Möglichkeiten an die Hand, neue Inhalte zu vermitteln und Lernerfolge zu überprüfen. So ermöglichen es sog. interaktive Programme, Sachverhalte schrittweise darzustellen, dazu Aufgaben zu stellen, Dialoge zu führen, Antworten zu überprüfen und zu kommentieren.

Kompetenzen

Das sollten Sie als zukünftiger Meister können:

- ✔ wesentliche Ausbildungsmethoden und deren Einsatzmöglichkeiten darstellen,
- ✔ Kriterien für die Auswahl von Methoden beschreiben; Methodenauswahl begründen,
- ✔ Lehrgespräch und Arbeitsunterweisung planen und bewerten,
- ✔ methodische Gestaltung von Ausbildungsinhalten zielgruppengerecht planen, umsetzen und bewerten,
- ✔ Funktion von Ausbildungsmedien und -mitteln beschreiben und diese methodengerecht auswählen,
- ✔ Einsatz von E-Learning für die Ausbildung beurteilen.

Auszubildende bei Lernschwierigkeiten durch individuelle Gestaltung der Ausbildung und Lernberatung unterstützen, ausbildungsunterstützende Hilfen einsetzen und Möglichkeiten zur Verlängerung der Ausbildungszeit prüfen

Luis Felix, Auszubildender im zweiten Ausbildungsjahr bei der Maurerprofis Mainau & Roth GmbH, soll in Vorbereitung auf seine erste Prüfung auch theoretische Lerninhalte im Betrieb vertiefen. Thorsten Mainau legt ihm hierzu einige bereits abgewickelte Aufträge vor: „Luis, stellen Sie sich vor, Sie müssten die Aufträge kommende Woche beginnen. Bitte überlegen Sie, welches Material Sie für die Aufträge jeweils einsetzen würden und welche Menge wir bestellen müssten. Ich bin in zwei Stunden wieder hier. Dann sprechen wir in Ruhe darüber. Haben Sie noch Fragen?“ Nach zwei Stunden sitzt Luis Felix immer noch vor einer leeren Tabelle. Thorsten Mainau ist ratlos. In den letzten Wochen hat er häufiger solche Situationen mit Luis erlebt. Er fragt sich, ob Luis Felix die Aufgabe nicht verstanden hat. Vielleicht ist er auch mit der Aufgabenstellung überfordert. Oder hat er einfach keine Lust?

5 Lernschwierigkeiten und Lernhilfen

Von Lernschwierigkeiten wird gesprochen, wenn Auszubildende nicht die Lernleistungen zeigen, die normalerweise in der Ausbildung erwartet werden. Sie sollten von Lernstörungen, d.h. von Beeinträchtigungen spezifischer kognitiver Bereiche, wie Lese-, Rechtschreib- oder Rechenschwäche abgegrenzt werden, die spezifische Hilfen erfordern. In der Regel sind Lernschwierigkeiten nicht auf mangelnde Intelligenz zurückzuführen.

Ursachen von Lernschwierigkeiten

Die Ursachen sind meist vielfältig und nicht leicht zu erkennen. Grundsätzlich können sie liegen

- beim Auszubildenden (z.B. fehlende Lernvoraussetzungen, negative Lernerfahrung, Krankheiten),
- beim Ausbilder (z.B. falsche Ausbildungsplanung, schlechte Lernbedingungen)
- oder bei den Lerninhalten (z.B. zu komplex, Bedeutung unklar).

Lernschwierigkeiten lassen sich meist nicht auf nur eine Ursache zurückführen. Oft wirken diese Ursachen zusammen.

Lernschwierigkeiten können dazu führen, dass der Lernerfolg ausbleibt, oft verbunden mit entsprechenden Frustrationen beim Auszubildenden. Wenn der Ausbilder nicht rechtzeitig und richtig reagiert, kann oft Lernunlust des Auszubildenden seine weitere Lernbereitschaft nachhaltig beeinträchtigen. So kann die Ausbildung eine problematische Entwicklung nehmen bis hin zum Ausbildungsabbruch (negative Lernspirale).

negative Lernspirale

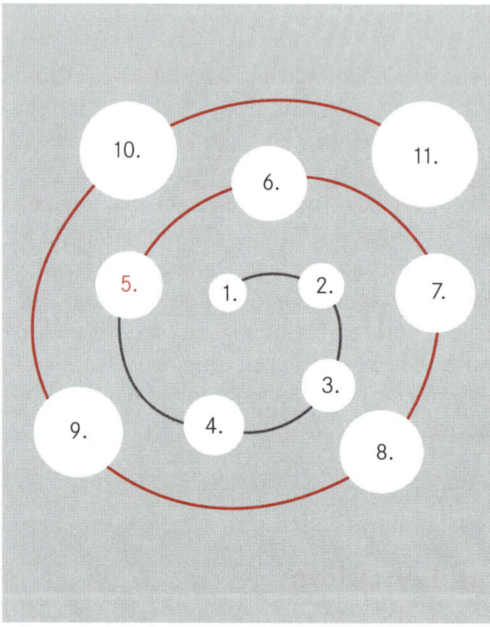

1. Lernschwieirgkeiten
2. Misserfolg/Frustration
3. Leistungsabfall
4. Kritik des Ausbilders
5. Lernunlust
6. Verfestigung der Lernprobleme
7. fehlerhafte Leistungen im Betrieb
8. Abmahnung des Ausbilders
9. nachlassendes Selbstbewusstsein
10. größere Misserfolge/Unlust
11. Ausbildungsabbruch

Im Folgenden soll daher aufgezeigt werden, wie der Ausbilder mit Lernschwierigkeiten seiner Auszubildenden im Lernprozess umgehen kann, damit diese negative Spirale unterbrochen und die Lernbereitschaft gestärkt wird.

5.1 Lernschwierigkeiten und darauf abgestimmte Lernhilfen und Fördermaßnahmen

In der Ausbildung wird auf sehr unterschiedliche Weise gelernt. Dennoch können bei vielen Lernprozessen grundlegende Phasen unterschieden werden. Innerhalb dieser Phasen kann Lernen durch vielfältige Faktoren gestört und beeinträchtigt werden. Grundsätzlich ist es die Aufgabe des Ausbilders diese Lernschwierigkeiten zu erkennen, gegenzusteuern und eine Lernkompetenz aufzubauen | ► S. 165 |.

Lernschwierigkeiten im Lernprozess

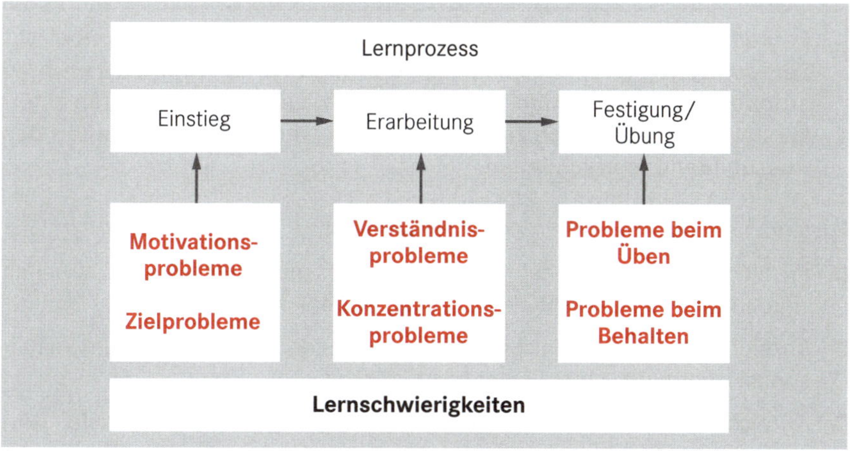

© Verlagsanstalt Handwerk GmbH

Die Grafik zeigt, dass in jeder Phase des Lernprozesses besondere Lernschwierigkeiten entstehen können mit negativen Wirkungen auf den Lernerfolg. So können vor allem Motivationsprobleme, aber auch Zielprobleme dazu führen, dass Lernen gar nicht erst in Gang kommt. Die Lernschwierigkeiten stehen zudem in Abhängigkeit zueinander. Mangelnde Motivation kann z.B. Konzentrationsprobleme verursachen. Und hohe Motivation zu Beginn kann z.B. durch Verständnisprobleme beeinträchtigt werden.

Insgesamt können sich Schwierigkeiten in vorhergehenden Lernphasen ungünstig auf das weitere Lernen in den nachfolgenden Phasen auswirken und dazu führen, dass das Lernen abgebrochen wird. Die Gefahr besteht, dass Lern- und Leistungsdefizite oder gar größere Ausbildungslücken entstehen, die nur noch sehr schwer geschlossen werden können.

Beispiel: Luis Felix hat in den letzten Monaten auf mehreren Baustellen in wechselnden Teams gearbeitet. Er musste bei sehr unterschiedlichen Aufgaben mithelfen, wie Kellerfundamente betonieren, Estriche herstellen oder Zwischenwände mauern und verputzen. Seit einiger Zeit ist er jedoch ziemlich verunsichert. Es passieren ihm immer wieder Fehler, die er sich manchmal selbst nicht erklären kann. Er spürt, dass seine Ausbilder mit ihm unzufrieden sind. Sie haben ihn schon öfters ermahnt, doch besser aufzupassen und sorgfältiger zu arbeiten. Als er wieder einen Wandanschluss fehlerhaft herstellt, sagt ihm Ali Resa, dass das nicht so weitergehen kann. Die Arbeit macht Luis derzeit wirklich keine Freude. Er weiß einfach nicht, wie er Fehler vermeiden und seine Arbeit besser machen kann. Auch geht ihm die anstehende Prüfung nicht aus dem Kopf. Er befürchtet, dass er sie mit seinen derzeitigen Voraussetzungen nicht schaffen wird. Immer häufiger kommt ihm der Gedanke, ob das alles noch Sinn macht.

Es kommt darauf an, dass der Ausbilder frühzeitig und sensibel auf Lernschwierigkeiten reagiert, um die negative Lernspirale rasch zu stoppen. Es ist allerdings nicht so einfach, Lernschwierigkeiten zu erkennen. Sie lassen sich zum Teil aus dem veränderten Verhalten des Auszubildenden erschließen.

Anzeichen für Lernschwierigkeiten

Folgendes Verhalten kann ein erster Hinweis sein:

- Anzeichen für Motivationsprobleme: nachlassende Eigeninitiative, Arbeiten werden öfter hinausgeschoben, häufigeres Fehlen,
- Anzeichen für Verständnisprobleme: zweifelnder Gesichtsausdruck, häufigeres Nachfragen, mehr Fehler bei der Arbeit,
- Anzeichen für Probleme beim Behalten: Lücken bei Erfolgskontrollen, Unsicherheiten im Arbeitsablauf.

Bei solchen Anzeichen sollte der Ausbilder den Auszubildenden ansprechen und versuchen, im Gespräch Lernprobleme zu erkennen. Eine Vertrauensbasis erleichtert Gespräche über Lernprobleme.

Stellt der Ausbilder in einem Gespräch konkrete Lernprobleme fest, sollte er mögliche Ursachen herausfinden. Nur bei Klarheit über die Ursachen können sich Anhaltspunkte für sinnvolle Lernhilfen ergeben.

Im Folgenden werden zu ausgewählten wesentlichen Lernschwierigkeiten im Lernprozess mögliche Ursachen und denkbare Lernhilfen dargestellt. Es sollen hier nur typische Ursachen aufgegriffen werden.

5.1.1 Motivationsprobleme: Ursachen und Lernhilfen

Motivationsprobleme

Motivation ist notwendig, damit der Auszubildende bereit ist zu lernen. Motivationsprobleme können vielfältige Ursachen haben, wie die folgende Darstellung zeigt. Darauf ausgerichtete Hilfen können diese Probleme beheben und die Motivation wieder stärken. Wichtig dabei ist, dass der Auszubildende Ziele klar erkennen kann. Zentrale Aufgabe des Ausbilders ist, den konkreten Nutzen und Sinn von Aufgaben und Abläufen zu erklären, damit der Auszubildende ein begründetes Interesse daran entwickeln kann.

Ursachen und Hilfen für Motivationsprobleme

Ursachen für Motivationsprobleme	Motivationshilfen
negative Einstellung zum Beruf	Chancen der beruflichen Entwicklung deutlich machen
negative Einstellung zum Lernen aufgrund früherer Misserfolgserlebnisse	Freude am Lernen durch Erfolgserlebnisse aufbauen
keine klaren Vorstellungen über Ziele und Nutzen der Ausbildungsinhalte	Ziele und Erwartungen mit dem Auszubildenden klären, Bedeutung der Lerninhalte für den Beruf herausarbeiten
Über- oder Unterforderung im Ausbildungsablauf	Lernvoraussetzungen besser berücksichtigen; bei Überforderung kleinere Lernschritte planen, bei Unterforderung komplexere Aufgaben stellen und mehr Verantwortung übertragen
zu abstrakte Inhalte, fehlender Praxisbezug	Ausbildungsinhalte klarer strukturieren, Schwerpunkte deutlich machen und besser mit praktischen Aufgaben verzahnen
langweilige Ausbildungsgestaltung, wenig Möglichkeiten für eigene Aktivität	interessantere Lernaufgaben stellen, dem Auszubildenden mehr Möglichkeiten geben, sich aktiv einzubringen
ungünstige äußere Bedingungen, angespannte Ausbildungsatmosphäre	wenn möglich, äußere Bedingungen verbessern; die Ausbildungsatmosphäre durch Vertrauen, gegenseitige Achtung und Respekt verbessern

Beispiel: Zur Prüfungsvorbereitung erhält Luis Felix von Thorsten Mainau die Aufgabe, zu schon abgewickelten Aufträgen die erforderlichen Materialen und Mengen zu ermitteln. Als Thorsten Mainau die Ergebnisse mit ihm besprechen möchte, hat Luis Felix die Aufgabe nur zu einem Drittel bearbeitet. Thorsten Mainau fragt nach dem Grund. „Mir ist wirklich nicht klar, wozu die ganze Rechnerei jetzt gut sein soll ...“. Thorsten Mainau erklärt ihm, dass in der Prüfung die Herstellung von Mauerwerkskörpern verlangt wird und dazu auch die Materialermittlung gefordert wird.

Motivationshilfen sollen dazu beitragen, dass der Auszubildende zukünftig eigenständig Motivation aufbauen und sich die Gründe bewusst machen kann, warum er etwas lernen will. Er muss dann sein Lernen planen und sich realistische Ziele setzen können.

5.1.2 Verständnisprobleme: Ursachen und Lernhilfen

Verständnisprobleme

Der Auszubildende muss das, was er lernen soll, verstehen und Zusammenhänge erkennen, damit er das Gelernte flexibel in Arbeitssituationen umsetzen kann.

Häufige Ursachen für Verständnisprobleme und entsprechende Hilfen zur Vermeidung derartiger Probleme zeigt die folgende Übersicht.

Ursachen und Hilfen für Verständnisprobleme

Ursachen für Verständnisprobleme	Verständnishilfen
Vorkenntnisse fehlen, wichtige Lernvoraussetzungen sind noch nicht genügend ausgeprägt, wie die Fähigkeit zu abstrahieren	besser an Vorkenntnissen anknüpfen; erforderliche Lernvoraussetzungen durch geeignete Lernaufgaben fördern, z.B. in einem Arbeitsbereich Strukturen und Beziehungen aufdecken lassen; Unterschiede, Gemeinsamkeiten, Abgrenzungen zwischen verschiedenen Bereichen erarbeiten lassen, wie die Unterscheidung von Einzelwerkzeugen und die Zuordnung zu Werkzeuggruppen
Lernanforderungen sind zu hoch, z.B. werden zu viele Inhalte in zu kurzer Zeit vermittelt, der theoretische Anspruch ist sehr hoch	Anforderungen an das Auffassungs- und Leistungsniveau anpassen und langsam steigern, kürzere, gut strukturierte Lernschritte planen; sich verständlich ausdrücken; Einsichten in theoretische Zusammenhänge durch anschauliche Beispiele/Medien vermitteln
keine Prüfung, ob der Auszubildende etwas Wichtiges nicht verstanden hat	Verständnisfragen stellen; den Auszubildenden Zusammenhänge mit eigenen Worten erklären lassen.

Beispiel: Luis Felix soll für ausgewählte Aufträge das erforderliche Material ermitteln und in eine Tabelle eintragen. Aber er kommt mit der Aufgabe nicht klar. Bisher war das Material auf der Baustelle immer schon angeliefert und er hat nicht mitbekommen, wie die Materialermittlung erfolgt ist. Thorsten Mainau erklärt ihm daher das Vorgehen. Um mehr Sicherheit zu bekommen, soll Luis Felix bei den nächsten Aufträgen zusammen mit Ali Resa Material und Mengen ermitteln.

Auch wenn etwas nicht gleich klappt, muss der Auszubildende Enttäuschungen beim Erlernen des Neuen überwinden. Wenn er sein Ziel erreicht hat, muss er danach streben, seine Leistungen zu verbessern. Beim Aufbau dieser Haltung muss der Ausbilder ihn unterstützen.

5.1.3 Konzentrationsprobleme: Ursachen und Lernhilfen

Sich konzentrieren heißt, die Aufmerksamkeit ganz auf eine Aufgabe zu richten und alles, was daran hindert, im Gegenzug auszuschalten oder wegzublenden. Das fällt immer mehr Auszubildenden besonders wegen der vielfältigen Ablenkungsmöglichkeiten zunehmend schwer. Dabei sollte ihnen bewusst sein, dass sie nur erfolgreich lernen können, wenn sie sich auf eine Sache voll konzentrieren. In der folgenden Übersicht sind häufige Ursachen und mögliche Hilfen für Konzentrationsprobleme dargestellt.

Ursachen und Hilfen für Konzentrationsprobleme

Ursachen für Konzentrationsprobleme	Konzentrationshilfen
Motivation fehlt, Interesse an der Aufgabe ist nicht vorhanden	Motivation stärken, Interesse für die Aufgabe wecken
Voraussetzungen für die Aufgabenbewältigung sind noch nicht vorhanden	notwendige Voraussetzungen schaffen, Vorwissen verbessern, Aufgabenniveau ggf. anpassen
zu viel Ablenkung (z.B. Smartphone), ungünstige Lernumgebung (z.B. Lärm)	Vereinbarungen zur Nutzung des Smartphones treffen; günstigere Lernumgebung schaffen, Lärmquellen und sonstige Störfaktoren möglichst ausschalten
persönliche Probleme des Auszubildenden	in einem persönlichen Gespräch Verständnis zeigen, ggf. Anregungen zur Problembewältigung geben
schlechte körperliche Verfassung (z.B. zu wenig Schlaf, schlechte Ernährung)	ausreichend Schlaf und gesunde Ernährung anregen; für geeignete Pausen sorgen

Beispiel: Luis Felix soll den Abfall auf der Baustelle sortenrein trennen und für den Abtransport vorbereiten. Nach einiger Zeit sieht Ali Reza nach, wie weit Luis Felix damit gekommen ist.

Aber mit den Abfällen ist noch nicht viel passiert und Luis Felix steht da und starrt auf sein Smartphone. Ali Resa stellt ihn zur Rede: „Das geht so nicht! Du weißt doch, dass das während der Arbeit nicht erlaubt ist." „Aber das war für mich jetzt wichtig", meint Luis Felix nur. Ali Resa spricht darüber mit Thorsten Mainau. Sie beschließen, das Thema Handynutzung auf der nächsten Besprechung mit den Auszubildenden zu behandeln. Es geht ihnen darum, deutlich zu machen, welche negativen Auswirkungen eine häufige private Nutzung des Smartphones auf die Konzentration und die Arbeitsleistung sowie das Ausbildungsergebnis hat. Und sie werden entsprechend konkrete Vereinbarungen zur Handynutzung treffen. Sie wollen auch Konsequenzen aufzeigen, wenn Azubis sich öfter nicht an getroffene Vereinbarungen halten.

5.1.4 Probleme beim Einprägen und Behalten: Ursachen und Lernhilfen

Damit der Auszubildende erlernte Problemlösungen beherrscht und neue Handlungsabläufe dauerhaft zeigen kann, muss er Gelegenheit haben, das einmal Gelernte zu üben und auf neue Situationen zu übertragen.

Vielen Auszubildenden fällt es schwer, sich Neues einzuprägen und zu behalten. Wesentliche Ursachen dafür und geeignete Lernhilfen werden in der folgenden Übersicht deutlich.

Ursachen und Hilfen für Behaltensprobleme

Ursachen für Probleme beim Einprägen und Behalten	Hilfen zum Einprägen und Behalten
Probleme bereits in den vorherigen Phasen des Lernprozesses	Probleme vermeiden (siehe bisherige Lernhilfen)
fehlender Überblick über das, was gelernt werden soll, zu wenig Zeit für das Lernen sowie fehlende Kenntnis von Lerntechniken	Lernschwerpunkte klarer herausstellen; Lerntechniken zur Lernplanung und zum Einprägen vermitteln
fehlende Lernkontrollen und Feedbacks	regelmäßige Lernkontrollen durchführen und in geeigneter Form Feedback geben
fehlende Übungs- und Wiederholungsmöglichkeiten	für geeignete, variable Übungsmöglichkeiten sorgen, Aufgaben zur Wiederholung und Vertiefung stellen

Beispiel: In einem längeren Gespräch mit Luis Felix hat Thorsten Mainau herausgefunden, dass wahrscheinlich der häufige Wechsel der Aufgaben für Luis Felix problematisch war. Luis Felix konnte so bei einzelnen Aufgaben keine Routinen entwickeln und Sicherheit gewinnen. Gemeinsam mit Ali Resa und Luis Felix bespricht er daher, welche Arbeiten in den kommenden Monaten mit Blick auf die anstehende Prüfung systematisch genutzt werden sollen, um die notwendigen Fertigkeiten zu verbessern. Außerdem hilft er Luis Felix beim Erstellen eines Plans zur Vorbereitung auf die schriftliche Prüfung. Dazu gibt er ihm auch geeignete Aufgaben zum Teil aus früheren Prüfungen. Und er erklärt sich bereit, die Ergebnisse mit ihm zu besprechen. Nach ersten positiven Rückmeldungen gewinnt Luis Felix wieder mehr Selbstvertrauen und er ist nun zuversichtlich, dass er die Prüfung doch schaffen kann.

5.2 Ausbildungsbegleitende Hilfen (abH)

Hilfestellung bei Lernproblemen

Ausbildungsbegleitende Hilfen (abH) sind eine kostenlose Hilfestellung auf der Grundlage des Sozialgesetzbuches (§§ 74 ff. SGB III). Sie richten sich vor allem an lernbeeinträchtigte oder sozial benachteiligte junge Menschen, die ohne diese Förderung eine Ausbildung oder Einstiegsqualifizierung nicht beginnen und durchhalten können.

Ein Anspruch auf abH besteht auch dann, wenn Auszubildende ohne die genannten Beeinträchtigungen in der Einstiegsqualifizierung oder Ausbildung schwerwiegende Lernprobleme bekommen. Ein Förderfall liegt zudem vor, wenn ein Ausbildungsabbruch durch diese Förderung abgewendet werden kann.

Es handelt sich dabei um Maßnahmen, die über die Vermittlung von betriebs- und ausbildungsüblichen Inhalten hinausgehen.

mögliche Maßnahmen

Dazu gehören Maßnahmen

- zum Abbau von Sprach- und Bildungsdefiziten,
- zur Aufarbeitung von Schwächen und Lücken in den fachpraktischen und fachtheoretischen Fertigkeiten, Kenntnissen und Fähigkeiten und
- zur sozialpädagogischen Begleitung.

Finanzierung

Diese Maßnahmen werden von verschiedenen Trägern angeboten und durch die Agentur für Arbeit finanziert. Die Träger müssen der Arbeitsagentur nachweisen, dass ihre Maßnahmen Erfolg versprechend sind.

Organisation

Normalerweise wird ein Stütz- und Förderunterricht von drei bis acht Stunden pro Woche in kleinen Lerngruppen oder als Einzelunterricht durchgeführt. Der Unterricht findet im Regelfall in der Freizeit der Auszubildenden statt. Umfang und Dauer der Förderung hängen dabei vom jeweils festgestellten Förderbedarf ab.

Ergänzend können für Auszubildende auch Abschnitte in der überbetrieblichen Ausbildung mit einer Dauer von jeweils bis zu drei Monaten angeboten werden. Dabei darf es sich jedoch nicht um die in der Ausbildung vorgesehenen überbetrieblichen Lehrgänge oder notwendige betriebliche Ergänzungsmaßnahmen handeln. Informationen können bei der zuständigen Agentur für Arbeit beschafft werden. Es ist auch sinnvoll, den Ausbildungsberater der Kammern diesbezüglich anzusprechen.

5.3 Verlängerung der Ausbildungszeit

Regelausbildungszeit

Für jeden Ausbildungsberuf ist eine Regelausbildungszeit vorgesehen, die einem durchschnittlich begabten Auszubildenden das Erreichen des Ausbildungsziels ermöglichen soll. Es gibt jedoch Situationen und Gründe, die dazu führen können, dass dies in der vorgegebenen Ausbildungszeit voraussichtlich nicht gelingt.

Ist zu erwarten, dass der Auszubildende das Ausbildungsziel in der vorgegebenen Zeit nicht erreicht, kann nur er selbst während der Ausbildungszeit bei der Kammer einen Antrag auf Verlängerung der Ausbildungszeit stellen.

Die Kammer kann auf diesen Antrag dann nach § 8 Abs. 2 BBiG die Ausbildungszeit verlängern, wenn für sie erkennbar ist, dass die Verlängerung für das Erreichen des Ausbildungsziels erforderlich ist. Vor der Entscheidung über den Antrag ist der Ausbildende zu hören. Nach dem BBiG soll eine Verlängerung der Ausbildungszeit nur in Ausnahmefällen erfolgen.

Gründe für die Verlängerung

Solche Ausnahmefälle sind denkbar, wenn z.B.:

- ein Auszubildender vor allem im letzten Ausbildungsjahr längere Zeit krank war und dadurch wesentliche Ausbildungsinhalte nicht vermittelt werden konnten,
- bei einem stark lernbeeinträchtigten Auszubildenden ein höherer Zeitbedarf festgestellt wird.

Prüfungsangst ist kein Grund, die Ausbildungszeit zu verlängern.

Wenn ein Auszubildender die Prüfung nicht bestanden hat, kann er nach § 21 Abs. 3 BBiG verlangen, dass das Berufsausbildungsverhältnis bis zur nächsten Wiederholungsprüfung, jedoch längstens um ein Jahr verlängert wird.

Kompetenzen

Das sollten Sie als zukünftiger Meister können:

- ✔ typische Lernschwierigkeiten in der Ausbildung erkennen und mögliche Ursachen feststellen, Lernvoraussetzungen überprüfen,
- ✔ individuelle Hilfestellung bei Lernschwierigkeiten geben und Fördermaßnahmen einleiten,
- ✔ Bedarf von ausbildungsbegleitenden Hilfen (abH) erkennen und Maßnahmen organisieren,
- ✔ Möglichkeit zur Verlängerung der Ausbildungszeit prüfen.

Für Auszubildende zusätzliche Ausbildungsangebote, insb. Zusatzqualifikationen, prüfen und vorschlagen; Möglichkeiten der Verkürzung der Ausbildungsdauer und die vorzeitige Zulassung zur Abschluss- oder Gesellenprüfung prüfen

Ahmet Demir entwickelt sich bei den Maurerprofis Mainau & Roth GmbH weiterhin gut. Die anfallenden Arbeiten erledigt er gewissenhaft und zur Zufriedenheit seiner Kollegen. Ali Resa wundert jedoch, dass er in letzter Zeit oft mit seinem Mobiltelefon auf der Baustelle hantiert. „Sagen Sie mal, Ahmet, was machen Sie da eigentlich immer mit Ihrem Handy während der Arbeitszeit?" Ahmet ist zunächst verunsichert, berichtet dann aber begeistert: „Ich habe mir die Baupläne in ein virtuelles Modell übertragen. Damit ist für mich viel anschaulicher, was getan werden muss." Der Ausbilder ist beeindruckt und als Thorsten Mainau am nächsten Tag auf der Baustelle vorbeischaut, berichtet er seinem Chef: „Unser Auszubildender Ahmet hat die Baustelle als Modell auf seinem Handy nachgebaut. Ganz schön pfiffig. So ein Interesse sollten wir unbedingt fördern! Was gibt es für Möglichkeiten?"

6 Förderung leistungsstarker Auszubildender

6.1 Förderangebote für leistungsstarke Auszubildende

Manche leistungsstarke Auszubildende erwecken schon bei Vertragsabschluss die Aufmerksamkeit von Ausbildern, weil sie einen höheren Schulabschluss (z.B. Abitur) oder gute Noten in einzelnen Fächern haben (Nachweis für eine hohe Auffassungsgabe und Lernfähigkeit) oder weil der Ausbilder über andere Informationen aus dem Bewerbungsgespräch verfügt, die auf eine hohe Leistungsbereitschaft und -fähigkeit schließen lassen. Das können Anstrengungen und Ergebnisse in Sport, Musik oder anderen Hobbys sein. Jedoch werden leistungsstarke Jugendliche nicht immer bereits zu Beginn der Ausbildung entdeckt und entsprechende Förderangebote frühzeitig in der Ausbildungsplanung berücksichtigt.

Förderung im Verlauf der Ausbildung

Hier muss mit Blick auf die betrieblichen Anforderungen und Ziele im Verlauf der Ausbildung reagiert werden. Drei Punkte sind dabei zu berücksichtigen:

- Die besondere Stärke, Begabung oder der Leistungsbereich müssen entdeckt und eingegrenzt werden, um gezielt und individuell Fördermaßnahmen vorschlagen zu können.
- Förderangebote müssen bekannt und verfügbar sein.
- Die Umsetzung der Förderangebote ist zu begleiten und gemeinsam mit den Auszubildenden zu besprechen.

6.1.1 Erkennen besonderer Stärken von Auszubildenden

Erkennen von Leistungsstärken

Im Ausbildungsalltag erkennt man Leistungsstärken von Auszubildenden an vielen Beschreibungen: flink, talentiert, pfiffig, kreativ, begabt, sorgfältig etc.

Beispiel: Ahmet Demir - 17-jähriger Maurer-Azubi in der Firma Maurerprofis Mainau & Roth GmbH - fällt den Gesellen Mehmet Bode und Kevin Dietl besonders dadurch auf, dass er auf Baustellen anhand der vorhandenen Pläne schon ziemlich gut weiß, was wo zu tun ist. Er kann die umfangreichen Inhalte, die er in der überbetrieblichen Ausbildung beigebracht bekommen hat, sehr gut auf der Baustelle umsetzen, denn sein persönlicher Traum ist es, einmal selber Häuser bauen zu können, wie sein Onkel, der Maurermeister war und bei dem er früher ab und an mit auf die Baustelle durfte, um sein Taschengeld aufzubessern.

Auch Jonas Schottke hat mit seinen mittlerweile 21 Jahren viele Erfahrungen im Maurerhandwerk in diversen Praktika und bei Aushilfsjobs auf Baustellen gewinnen können. Deshalb macht er nun wie Ahmet Demir eine Ausbildung zum Maurer bei den Maurerprofis Mainau & Roth GmbH. Jonas richtet ein besonderes Augenmerk auf die notwendigen Vorarbeiten zum Einrichten von Baustellen und erkennt besonders schnell, worauf er beim herumliegenden Abfall zu achten hat. Kritische Baustoffe, wie z.B. Eimer oder Dosen mit giftigen Substanzen oder verunreinigte Behälter, wirft er nicht achtlos in den großen Container für Bauschutt oder verbuddelt sie im Erdreich, sondern sortiert solche Abfälle zunächst aus, damit sie passend entsorgt werden können. Denn falsch entsorgte Baustoffe können für den Betrieb richtig teuer werden. Dieses Mitdenken ist längst nicht bei allen Auszubildenden vorhanden.

Interessen von Auszubildenden

Die Beispiele verdeutlichen, dass persönliche Neigungen, Vorlieben und Interessen im Rahmen der Ausbildung als besondere berufliche Stärken entwickelt und gefördert werden können, wenn sie auch einen betrieblichen Nutzen haben. Neben den Interessen gilt es darüber hinaus Leistungsstärken zu erkennen.

Leistungsstärken zeigen sich in guten Ergebnissen (dem Erfolg) und in den Anstrengungen und der Motivation (der Leistungsbereitschaft) des Auszubildenden.

Vergleich mit normalen Leistungen

Wenn besondere Stärken beobachtet werden sollen, müssen Kriterien oder Anhaltspunkte für die Feststellung besonderer Leistungen im Vergleich zu einer normalen und erwartbaren Leistung bestimmt werden. Diese können durch Vergleich mit anderen Auszubildenden ermittelt werden.

berufsübergreifende Vergleichsmerkmale

Als berufsübergreifende Merkmale gelten beispielsweise:

- Auffassungsgabe, Verständnis für qualitativ gute Aufgabenerfüllung,
- Eigeninitiative, Wille und Ausdauer auch bei schwieriger Aufgabenbewältigung,
- Interesse an Details und zusätzlichen Informationen, Erläuterungswünsche, Ideen für Veränderungen, Verbesserungsvorschläge.

Allerdings ist eine positive Abweichung vom Normalen nicht immer einfach zu messen.

Eine zu empfehlende Methode zur Bestimmung von Leistungsunterschieden besteht darin, dass der Ausbilder Aufgaben und Aufträge gezielt auswählt, um Anhaltspunkte für Leistungen im Normalbereich zu erhalten. Solche Aufgaben eignen sich als Vergleichsmaßstab für verschiedene Auszubildende für einen mehrjährigen Zeitraum. Auch wenn Auszubildende sehr unterschiedliche Lernvoraussetzungen | ► S. 178 | aufweisen und es im Einzelfall schwierig sein kann, einen Normalbereich festzulegen, sollten Ausbilder für sich festlegen, welches Verhalten sie z.B. in Bezug auf die Auffassungsgabe, das Geschick oder die Ausdauer ihrer Auszubildenden sie als normal, üblich oder durchschnittlich beurteilen.

Unterforderung vermeiden

Ein in der Praxis nicht zu vernachlässigendes Problem liegt in der möglichen, insbesondere geistigen, Unterforderung leistungsstarker Auszubildender, wenn diese nicht erkannt und entsprechende Konsequenzen gezogen werden. Eine solche Unterforderung kann viele Ursachen haben. Auszubildende mit guten bis sehr guten Bildungsabschlüssen (Fachhochschulreife, Abitur) fühlen sich in der Berufsschule oftmals unterfordert, weil der Unterricht eher auf die Auszubildenden ausgerichtet ist, die einen ersten allgemeinbildenden Schulabschluss in Form eines Hauptschulabschlusses erworben haben. Wer unterfordert ist, fühlt sich i.d.R. eher unwohl und wenig motiviert. Mangelndes Interesse und geringere Konzentration führen dann oft zu Fehlern.

Eine andere Ursache für auffälliges Verhalten kann in einer möglichen Hochbegabung des Auszubildenden liegen. Durch die Forschung ist belegt, dass viele Hochbegabte in der Schule als schwierig oder störend gelten. Die Reaktionsweisen von Jugendlichen und jungen Erwachsenen auf Unterforderung ähneln aus Sicht von Erziehern und Dozenten leider sehr denjenigen, die auch bei Überforderung zu beobachten sind.[1]

---

[1] *Viele Informationen zu hochbegabten Kindern und Jugendlichen findet man unter: https://www.bildungsserver.de/Foerderung-von-Hochbegabten-818-de.html*

Ausbilderinnen und Ausbilder im Handwerk können meist die Auszubildenden aufgrund ihrer individuellen Beobachtungsmöglichkeiten gut einschätzen. Sie sollten daher den eventuell sich ergebenden Kreislauf aus Unterforderung, Langeweile, unerwünschtem Verhalten und schließlich schlechten Lernergebnissen möglichst durch ein angemessenes Fördern und Fordern durchbrechen.

6.1.2 Förderangebote kennen und nutzen

Bindung leistungsstarker Auszubildender

Wenn der Bedarf auch an besonders leistungsstarken Auszubildenden vorhanden ist, kann die Kenntnis und Berücksichtigung von Förderangeboten für geeignete Auszubildende eine sehr gute Möglichkeit darstellen, dass Interesse an einer Karriere im Betrieb zu wecken oder aufrechtzuerhalten. Da in der Praxis eine unbegrenzte Auswahl an solchen Maßnahmen nicht zur Verfügung steht, sind die vorhandenen betrieblichen Bedarfe, der Wille des Auszubildenden und der Nutzen einer Förderung abzuwägen.

Fördermaßnahmen sollten nicht spontan, sondern systematisch und im Voraus geplant umgesetzt werden. Dazu ist es nützlich, die entsprechenden Zeiträume, zu denen Fördermaßnahmen betrieblich sinnvoll stattfinden können, im Vorfeld zu kennen und ggf. einzuplanen.

planmäßige Förderung

Eine systematische, planmäßige Förderung für Leistungsstarke während der Ausbildung kann beispielsweise durch die Teilnahme an Wettbewerben, Leistungsschauen, beruflichen (auch internationalen) Austauschprogrammen erfolgen.

Beispiel: Thorsten Mainau weiß von einem befreundeten Inhaber eines Baubetriebs, dass dieser gute Erfahrungen mit der Teilnahme seiner Auszubildenden an landes- und bundesweiten Leistungswettbewerben gemacht hat, und wird durch ihn auf die World Skills (internationaler Leistungswettbewerb im Handwerk) aufmerksam. Thorsten Mainau notiert sich Anmeldetermine und Anforderungen. Er überlegt, den fähigsten Auszubildenden (das ist derzeit Ahmet Demir) mit Zusatzkursen zunächst auf die Deutsche Meisterschaft der Maurer vorzubereiten und hat dabei auch schon eine mögliche Teilnahme an den World Skills im Auge. Thorsten Mainau kann so das Ergebnis abwarten und die Entwicklung des Auszubildenden beobachten, bevor er über dessen Teilnahme am internationalen Wettbewerb endgültig entscheidet.

Gelegenheiten zur Förderung ergeben sich häufiger, wenn ein Grundstock an Maßnahmen zur Verfügung steht. Wenn Fördermaßnahmen immer erst dann angegangen werden, wenn sie bereits kurzfristig realisiert werden müssen, ist es meist schon zu spät.

Einbeziehung in besondere Aktionen

Wenn der Auszubildende in besondere Aktionen im Rahmen der Ausbildung einbezogen wird, etwa gemeinsame Aktionstage mit der Berufsschule, Messen, Projektwochen, kann dies für ihn ein Ansporn sein. Ziel ist es, ihn besonders zu motivieren, wodurch seine Leistungsbereitschaft und Leistungsstärken unterstützt werden.

Ist bereits relativ früh klar, welche besonderen Talente gefördert werden sollen oder welche künftigen Einsatzgebiete für den Auszubildenden in Frage kommen, können ihm Zusatzqualifikationen vorgeschlagen werden.

formal erworbene Zusatzqualifikation

Solche Zusatzqualifikationen für Auszubildende werden beispielsweise in offiziell anerkannten Lehrgängen einer Handwerkskammer angeboten. Dort erwerben die Teilnehmer i.d.R. am Ende eines Kurses bzw. nach einer erfolgreich abgelegten Prüfung einen qualifizierten und anerkannten Abschluss, z.B. Betriebsassistent/in im Handwerk.

Beispiel: Weil der Ausbilder Ali Resa mit den Leistungen von Ahmet Demir sehr zufrieden ist, überlegt er mit Thorsten Mainau, ihm eine Zusatzqualifikation zum „Assistenten für Energie und Ressourcen im Handwerk" zu ermöglichen. Denn das Thema „Energieeffizienz und Umweltschutz" beschäftigt die Maurerprofis Mainau & Roth GmbH immer mehr. Mit der geplanten neuen strategischen Ausrichtung auf Großaufträge - auch von öffentlichen Auftraggebern - werden die Anforderungen in diesen Bereichen zunehmen. Thorsten Mainau will aber auch damit die besonders guten Leistungen von Ahmet Demir wertschätzen und aufzeigen, dass ihm nach erfolgreichem Abschluss der Ausbildung auch eine Karriere in seinem Betrieb offen steht.

---

non-formal erworbene Zusatzqualifikation

Zusatzqualifikationen können auch außerhalb eines staatlich geregelten Bildungssystems in Kursen oder Seminaren von nicht staatlichen Bildungsträgern oder Herstellern erworben werden. Oder sie können vor Ort im Betrieb vermittelt werden, beispielsweise durch Inhouse-Schulungen.

Zu den typischen Themengebieten gehören beispielsweise traditionelle oder moderne Arbeitstechniken, innovative Produktionsverfahren, Softwareanwendungen, Fremdsprachen, Kundenberatung für spezielle Kundengruppen.

informell erworbene Zusatzqualifikation

Darüber hinaus können Auszubildende im betrieblichen Alltag ihre Fähigkeiten und ihren Wissensstand permanent durch „learning by doing" erweitern.

Eine interessante Alternative für leistungsstarke Auszubildende stellt ein duales Studium dar. Dieses verknüpft die betriebliche Ausbildung in einem anerkannten Ausbildungsberuf mit einem Studium an einer Hochschule oder Berufsakademie.

Kennen Sie das Sackmann-Lernportal?
Ihren Zugangscode finden Sie auf Seite 3.

Die genannten Maßnahmen verbinden Aus- und Weiterbildung und stellen einen wichtigen Bestandteil moderner Personalentwicklung dar, der bereits während der Ausbildung beginnt. Über die regional zum Teil sehr unterschiedlichen Förderangebote für den Erwerb von Zusatzqualifikationen informieren die Ausbildungsberater der Handwerkskammern.

Je nach betrieblicher Situation können auch Förderungsmöglichkeiten aus schwierigen Arbeitsaufträgen oder Sonderaufgaben, die mit den betrieblichen Leistungsbereichen und Leistungsanforderungen zu tun haben, betriebsspezifisch entwickelt werden. Auch eine Änderung der strategischen Ausrichtung eines Unternehmens bietet Chancen, besondere Förderungsmöglichkeiten zu entwickeln.

Prämierung von Ausbildungsleistungen

Eine weitere Möglichkeit der Förderung besteht am Ende der Ausbildung in der Prämierung der besten Ausbildungsleistungen und kann schon ein Ansporn während der Ausbildung sein.

Gute Ausbildungsleistungen in der Berufsschule oder in der Praxis (insbesondere Leistungswettbewerbe des deutschen Handwerks) sind Voraussetzung für weitere finanzielle oder ideelle Förderung von beruflich Begabten nach Ende der Ausbildung, etwa durch die Stiftung Begabtenförderung berufliche Bildung.[1]

6.1.3 Förderung begleiten

Motivation durch Anerkennung besonderer Leistungen

Zu den zentralen pädagogischen Aufgaben eines Ausbilders gehört die Rückmeldung an die Auszubildenden über die Einschätzung ihrer Leistungen, auch wenn dies im beruflichen Alltag nicht immer leicht möglich ist. Es ist von großer Wichtigkeit für die Motivationsstärkung, besondere Leistungen nicht nur wahrzunehmen, sondern auch anerkennend zu würdigen.

Nachbereitung im Gespräch

Nachbereitende Gespräche als konstruktives Feedback | ► S. 190 | bieten die Gelegenheit, dem Auszubildenden den Zusammenhang von Anstrengung und Erfolg bei beruflicher Leistung aufzuzeigen. Dem Auszubildenden wird verdeutlicht, dass er mit seiner Ausbildung den Grundstein für eine Kompetenzentwicklung im Sinne des lebenslangen Lernens legt.

Eine nicht immer selbstverständliche Voraussetzung für solche Feedbackgespräche ist die Bereitschaft des Ausbilders zu akzeptieren, dass leistungsstarke Auszubildende durch die Förderung möglicherweise mittel- bis langfristig besser werden könnten als ihre Förderer.

---

[1] *www.sbb-stipendien.de/weiterbildungsstipendium.html*

Beispiel: Thorsten Mainau führt ein Feedbackgespräch mit Ahmet Demir. Hierbei betont er seine Zufriedenheit mit den bisherigen Leistungen und zeigt ihm noch vereinzelt vorhandene Defizite im fachlichen Bereich auf, die ihm Ausbilder Ali Resa mitgeteilt hatte. Zum Ende des Gesprächs stellt er in Aussicht, ihm die Zusatzqualifikation zum „Assistenten für Energie und Ressourcen im Handwerk" zu ermöglichen, sofern Ahmet sich das auch vorstellen könne. Des Weiteren informiert er Ahmet Demir über seine Absicht, ihn später verstärkt in den Bereichen „Ressourcenschonender Umgang mit Energie" und „Umweltschutz" einsetzen zu wollen, weil er sich dadurch für den Betrieb große Vorteile erhofft. Ahmet Demir freut sich über die positive Rückmeldung und die Möglichkeit, eine Zusatzqualifikation erwerben zu können, über die er mehr erfahren möchte. Und er verspricht, an seinen Defiziten zu arbeiten.

6.2 Verkürzung der Ausbildungsdauer und vorzeitige Zulassung zur Gesellen-/Abschlussprüfung

schnellere Erreichung des Ausbildungsziels

Grundsätzlich kann angenommen werden, dass leistungsstarke Auszubildende im Vergleich zu anderen Auszubildenden schneller das Ausbildungsziel erreichen und die Ausbildungszeit deshalb verkürzt werden kann. Für eine mögliche Verkürzung der Ausbildung gibt es organisatorische und rechtliche Bedingungen.

Die Handwerkskammer als zuständige Stelle hat die Ausbildungszeit auf Antrag zu kürzen, wenn wahrscheinlich ist, dass der Auszubildende das Ausbildungsziel in der gekürzten Zeit erreicht (§ 8 Abs. 1 BBIG, § 27b Abs. 1 HwO). Eine Verkürzung der Ausbildungszeit kann bereits bei Abschluss des Vertrages, aber auch noch während der Ausbildung beantragt werden.

Verkürzung der Ausbildungszeit bei Vertragsabschluss

Gründe für eine Ausbildungszeitverkürzung bei Vertragsabschluss sind:

- die nachgewiesene höhere Schulbildung (Hochschulreife, Fachhochschulreife etc.),
- der erfolgreiche Besuch eines Berufsgrundbildungsjahres oder einer Berufsfachschule, wenn das Berufsfeld dem Ausbildungsberuf entspricht,
- eine abgeschlossene Berufsausbildung in einem anderen Beruf etc.
- der Wechsel des Ausbildungsplatzes. Die bisher investierte Zeit wird auf den neuen Ausbildungsplatz als bereits erbrachte Ausbildungszeit angerechnet.

Der Berufsausbildungsvertrag, in dem die vereinbarte kürzere Ausbildungszeit eingetragen ist, gilt zugleich als Antrag an die Kammer auf Verkürzung.

Während der Ausbildungszeit kann der Antrag an die Handwerkskammer auf Ausbildungszeitverkürzung (aufgrund von außergewöhnlichen Leistungen in der Berufsschule und im Betrieb) nur gemeinsam von Auszubildendem und Ausbildendem gestellt werden.

Teilzeitberufsausbildung

In besonderen Fällen können beispielsweise alleinerziehende junge Mütter oder Väter mit kleinen Kindern mit dem Ausbildungsbetrieb auch eine Verkürzung der täglichen oder wöchentlichen Arbeitszeit vereinbaren, also eine sog. Teilzeitberufsausbildung beginnen. Dabei beträgt die wöchentliche Ausbildungszeit i.d.R. mindestens 25 Stunden.

Verkürzung während der Ausbildung

Die Ausbildungszeitverkürzung kann für ein halbes oder ein ganzes Jahr beantragt werden. Welche Verkürzung sinnvoll ist, hängt von mehreren Faktoren ab, u.a. von Prüfungsterminen, noch zu bewältigenden und zu kürzenden Ausbildungsabschnitten | ► vorzeitige Zulassung, S. 341 |. In jedem Fall ist die jeweilige Mindestausbildungsdauer zu berücksichtigen.

Beispiel: Ahmet Demir, Auszubildender bei den Maurerprofis Mainau & Roth GmbH, hat die nach dem betrieblichen Ausbildungsplan vorgesehenen Ausbildungsabschnitte 4 bis 8 schneller als geplant durchlaufen und die gewünschten Ausbildungsergebnisse erreicht. Es wird erwartet, dass dies bei einem weiteren Ausbildungsabschnitt ebenso gelingt, wodurch eine halbjährige Verkürzung der Ausbildung möglich wäre. Ahmet Demir stellt zusammen mit seinem Chef Thorsten Mainau nach dem Ausbildungsabschnitt 6 den Antrag auf Verkürzung.

Dies kann an der folgenden Abbildung nachvollzogen werden.

Planung bei Verkürzung der Ausbildungszeiten

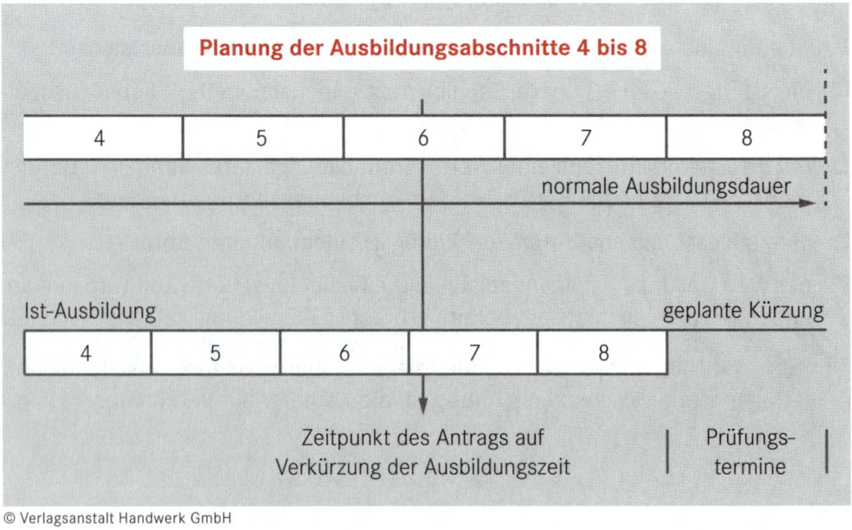

Kompetenzen

Das sollten Sie als zukünftiger Meister können:

- ✔ besondere Voraussetzungen und Begabungen bei Auszubildenden erkennen und sie durch geeignete Angebote z.B. von Zusatzqualifikationen fördern,
- ✔ Möglichkeiten der Verkürzung der Ausbildungsdauer sowie der vorzeitigen Zulassung zur Abschluss-/Gesellenprüfung für diese Auszubildenden klären sowie den restlichen Ausbildungszeitraum gestalten.

Soziale und persönliche Entwicklungen von Auszubildenden fördern; Probleme und Konflikte rechtzeitig erkennen und auf Lösungen hinwirken

Eigentlich schien es so, dass Luis Felix nach bestandener Zwischenprüfung im Betrieb Maurerprofis Mainau & Roth GmbH wieder richtig Fahrt aufgenommen hat und motiviert in die zweite Hälfte der Ausbildung startet. Doch stattdessen kommt er in letzter Zeit häufiger zu spät. Seine Begründungen sind fadenscheinig: Die Bahn ist ausgefallen, der Wecker hat nicht geklingelt, der Haustürschlüssel war unauffindbar etc. Auch seine lahmen, zuweilen auch widerwilligen Reaktionen auf Arbeitsaufträge, die er erhält, führen zunehmend zu einer Verärgerung bei seinem Ausbilder Ali Resa. Es bahnt sich ein Konflikt an.

7 Entwicklung Jugendlicher und Umgang mit Konflikten

7.1 Entwicklungsaufgaben im Jugendalter[1] und entwicklungstypisches Verhalten Auszubildender sowie Umwelteinflüsse

Herausforderung oder Krise?

Die sog. Entwicklungsaufgaben stellen sich in verschiedenen Lebensphasen und werden – je nach individueller Situation – als Herausforderungen oder Krisen erlebt, die angegangen werden müssen. Die Bewältigung solcher für Kindheit und Jugendzeit, Erwachsenendasein und Alter typischen Aufgaben hat eine einschneidende Bedeutung für den Menschen, weil sie ihn nachhaltig prägt. Zum Beispiel kann die Entdeckung der eigenen Sexualität und der Geschlechterrolle eine prägende Erfahrung im positiven wie im negativen Sinne sein.

Wird die Bewältigung von Entwicklungsaufgaben in den unterschiedlichen Lebensabschnitten nicht angenommen oder nicht in angemessener Weise abgeschlossen, kann sich dies langfristig negativ auf die Bewältigung der noch folgenden Entwicklungsschritte auswirken und den „typischen" und sozial erwünschten weiteren Lebensweg gefährden.

---

[1] *Das Jugendalter lässt sich empirisch nicht eindeutig als festgelegte Altersspanne definieren. Das Jugendarbeitsschutzgesetz z.B. definiert Jugendliche als die 14- bis unter 18-Jährigen. Je nach Perspektive oder wissenschaftlichem Blickwinkel auf die Empirie werden unterschiedliche Alterspannen in der Fachliteratur verwendet. Gemäß EU-Statistik gehören beispielsweise zur Gruppe der von Jugendarbeitslosigkeit betroffenen Jugendlichen Personen im Alter von 15 bis 24 Jahren.*

Ausbilder kümmern sich heute i.d.R. um Auszubildende, die zwischen 16 und 21 Jahre alt sind. Die mit der Volljährigkeit von 18 Jahren eintretenden Rechte und Pflichten verdeutlichen, dass von ihnen in dieser Phase die Bewältigung zahlreicher Entwicklungsaufgaben erwartet wird.

Beispiel: Der Auszubildende Luis Felix hat mit 17 Jahren die sog. Prüfbescheinigung erhalten, um zusammen mit einer Begleitperson selbst Auto fahren zu dürfen. Bis zu seinem 18. Geburtstag kann er dadurch viele Erfahrungen im Straßenverkehr sammeln. Die Entwicklungsaufgabe besteht darin, sein Verantwortungsbewusstsein gegenüber anderen Verkehrsteilnehmern auszugestalten, um zu erkennen, dass Unachtsamkeit oder leichtsinniges Fahrverhalten für ihn und andere Menschen eine Gefahr darstellen.

7.1.1 Vier wichtige Bereiche für Entwicklungsaufgaben

Zu den wichtigen Bereichen, in denen sich sehr unterschiedliche und nicht völlig getrennt voneinander zu betrachtenden Entwicklungsaufgaben im Jugendalter[1] stellen können, gehören

Entwicklungsaufgaben

- Bilden und Qualifizieren,
- Binden,
- Konsumieren,
- Partizipieren.

Bilden und Qualifizieren

Im Mittelpunkt steht die Entwicklung und Entfaltung der intellektuellen und sozialen Kompetenzen sowie der körperlichen Fähigkeiten des Jugendlichen. Es geht vor allem darum, schulische und berufliche Anforderungen anzunehmen und zu erfüllen.

Ein Auszubildender muss sich mit unterschiedlichen intellektuellen, sozialen und körperlichen Anforderungen durch die Berufsschule, den Ausbildungsbetrieb und weiterer Institutionen und Personen (z.B. Kunden) auseinandersetzen.

Pubertät

Entwicklungsaufgaben spielen also vor allem in der Pubertät bei jugendlichen Auszubildenden eine große Rolle. Ursprünglich wurde mit dem Begriff Pubertät die Entwicklung der Geschlechtsreife bezeichnet. Heute meint man damit nicht nur den körperlichen Reifungsprozess, sondern gleichzeitig die geistige (kognitive), soziale und seelisch-moralische Entwicklung.

---

[1] *Hurrelmann, Klaus/Quenzel, Gudrun: Lebensphase Jugend: Eine Einführung in die sozialwissenschaftliche Jugendforschung (Grundlagentexte Soziologie). Weinheim: Beltz Juventa, 2013.*

Die Pubertät verläuft in drei Phasen: Vorpubertät, Pubertät im engeren Sinne und Adoleszenz. Eine Zuordnung von Lebensjahren ist dabei kaum möglich, weil die intellektuellen, geistigen, moralischen und körperlichen Entwicklungen sich unterschiedlich schnell oder langsam vollziehen und auch bei jedem Jugendlichen anders ablaufen.

Deshalb sollte es ein Ausbilder vermeiden, von einem äußerlich durchaus schon fast erwachsen wirkenden Auszubildenden (körperliche Reife) unmittelbar auf seine innere (intellektuelle, geistige, moralische) Reife zu schließen.

Verhaltensunsicherheiten

Häufig kommt der erwachsen wirkende Jugendliche nicht auf Anhieb mit den Veränderungen seines Körpers zurecht. Das gilt vor allem für Jungen, deren körperliche Entwicklung beim Eintritt in die Ausbildung mit 16 Jahren noch nicht abgeschlossen ist. Solch ein Jugendlicher zeigt deshalb nicht selten Verhaltensunsicherheiten, die er durch ein „cooles" Auftreten überspielt. Das körperliche Wachstum ist oft auch mit sog. Koordinationsstörungen verbunden.

Entwicklungsphasen bei Jugendlichen

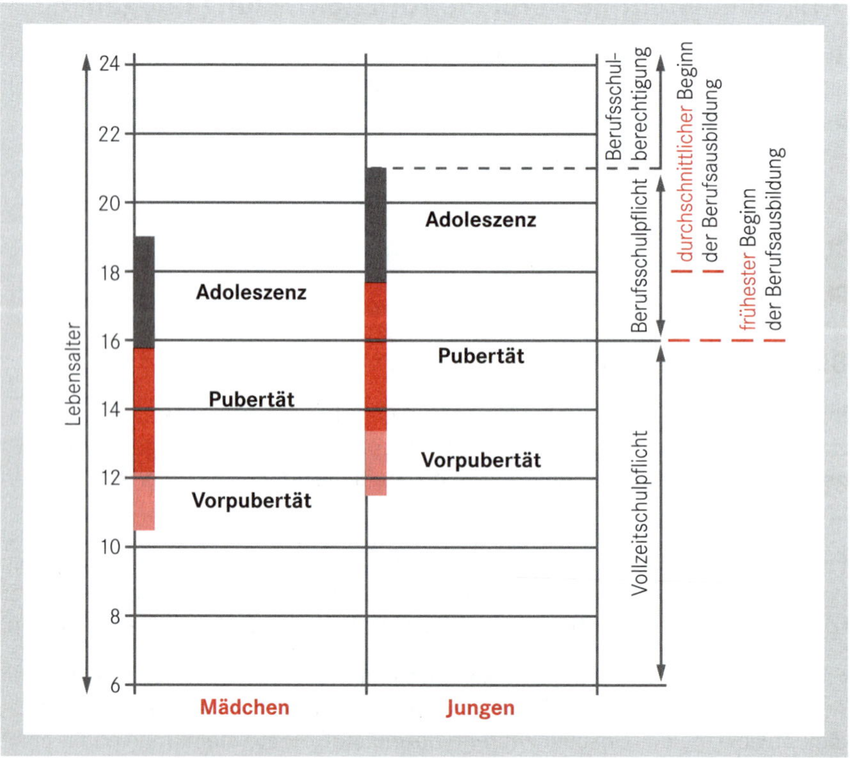

Beispiel: Der Ausbilder Ali Resa beobachtet ab und zu auf der Baustelle, dass Luis Felix sich anfangs ungeschickt beim Betonmischen anstellt. Er hält die Schaufel oftmals falsch, was dazu führt, dass er schnell über Rückenschmerzen klagt.

Letztlich sind die Bildungsanstrengungen in der Schule und die Qualifizierungsbemühungen im Betrieb auf das Ziel gerichtet, dass der Auszubildende seine Rolle als berufs- bzw. erwerbstätiges Mitglied der Gesellschaft findet, annimmt und individuell ausgestaltet. Einen geeigneten und passenden Beruf zu finden und auszuüben und damit eine finanzielle Unabhängigkeit zu erlangen, ist das zentrale Ziel dieser Entwicklungsaufgabe.

Rollenfindung als Mitglied der Gesellschaft

Binden

Eine weitere Entwicklungsaufgabe betrifft den Aufbau eines positiven Bindungsverhaltens von Jugendlichen. Jugendliche müssen sich insbesondere mit der Entwicklung ihrer Körper- und Geschlechtsidentität auseinandersetzen. Sie müssen sich die Frage stellen, welches Familien- oder Partnerschaftsmodell sie favorisieren. Das klassische Rollenverständnis - der Mann bringt das Geld nach Hause, die Frau kümmert sich um Haushalt und Kindererziehung - sowie das traditionelle Familienbild - Zusammenleben der verheirateten Eltern mit ihren Kindern - werden gerade von Jugendlichen kritisch hinterfragt. Ein häufiger Partnerwechsel auf der Suche nach der oder dem „Richtigen" ist in dieser Zeit nicht selten.

Aufbau eines positiven Bindungsverhaltens

Damit einher geht eine Abgrenzung und Loslösung vom Elternhaus, ohne jedoch alle Bindungen aufzugeben, sowie eine gleichzeitige Orientierung an anderen Jugendlichen und an selbst gewählten Vorbildern, ohne diesen jedoch blind zu vertrauen. Positive (wie auch negative) Vorbilder finden sich vor allem im Ausbildungsbetrieb.

Abgrenzung und Neuorientierung

Der Ausbilder sollte sich bewusst sein, dass er selbst für den Auszubildenden eine Orientierungsfunktion einnimmt und daher sein eigenes Verhalten bzw. den zwischenmenschlichen Umgang im Betrieb auf den Prüfstand stellen muss.

Als wesentliches Ziel dieser Entwicklungsaufgabe steht somit Bindungsfähigkeit im Privat- und Berufsleben im Mittelpunkt.

Konsumieren

Eine weitere Entwicklungsaufgabe ist im Bereich von Freizeit, Konsum und Medien angesiedelt. Die Rolle des selbstbestimmten Konsumenten stellt eine große Herausforderung dar. Diese Rolle wird gelernt, verändert, neu gelernt und wieder verändert. In einer (Wirtschafts-)Welt mit sehr vielen Konsum-, Freizeit- und Medienangeboten für die unterschiedlichsten Wünsche und Bedürfnisse muss ein kompetenter Umgang mit diesen Angeboten erst erworben werden, um in der Gesellschaft auch eine tragfähige Rolle als Konsument zu übernehmen. Jugendliche Auszubildende sollten in dieser Phase z.B. aufgezeigt bekommen, dass sie attraktive Statussymbole oder andere Konsumgüter, die sie bei ihren älteren Kollegen sehen, nicht gleich zu Beginn mit ihrem Ausbildungsge-

Rollenfindung als Konsument

halt erwerben können, ohne sich ggf. direkt zu verschulden. Sie müssen lernen, Konsum- und Freizeitangebote individuell und produktiv zu nutzen und dabei auch immer die Kosten im Blick zu behalten. Zu dieser Entwicklungsaufgabe gehört auch am Ende einen eigenen Haushalt zu führen.

Partizipieren

Übernahme der politischen Bürgerrolle

Ein letzter großer Bereich für die Bewältigung einer Entwicklungsaufgabe ist das gesellschaftliche bzw. politische Interesse von Jugendlichen und deren Teilhabe an Bestehendem, Veränderbarem und Verändertem in Gesellschaft und Politik. Hierzu zählen vor allem die Entwicklung eines individuellen Werte- und Normensystems sowie die Fähigkeit zur politischen Partizipation. Diese äußert sich beispielsweise in einer politischen Beteiligung wie der Teilnahme an politischen Wahlen, Demonstrationen, einer Parteimitgliedschaft oder auch die Arbeit in Bürgerinitiativen. Ziel ist es, eine politische Bürgerrolle in der Gesellschaft zu übernehmen.

Für Auszubildende könnte die Mitarbeit in der Auszubildendenvertretung gemäß § 62 Betriebsverfassungsgesetz eine Form der politischen Teilhabe darstellen. Die sog. Jugend- und Auszubildendenvertretung (JAV) hat u.a. die Möglichkeit, auf die besonderen Belange von Jugendlichen z.B. in Fragen des Jugendarbeitsschutzes, in Bezug auf das Berufsbildungsgesetz oder das Arbeitsschutzgesetz im Betriebsrat hinzuweisen. Die JAV kann auch geeignete Maßnahmen beim Betriebsrat beantragen.

eigene Verhaltensregeln und Wertvorstellungen

In der Entwicklungsphase des späteren Jugendalters (Adoleszenz) stellt der Jugendliche i.d.R. eigene Verhaltensregeln auf. Sie werden selbst gewählt bzw. begründet und deshalb als richtig befunden. Dies gelingt dann besonders gut, wenn junge Menschen möglichst viele verschiedene Standpunkte und Sichtweisen kennenlernen, mit denen sie sich auch im Ausbildungsalltag auseinandersetzen müssen. Die für die Jugendlichen besonders nachvollziehbaren und auch von ihnen positiv bewerteten Standpunkte und Sichtweisen sind wichtige Voraussetzungen zur Entwicklung eigener Standpunkte und Sichtweisen und für das Treffen eigener Entscheidungen.

Für die betriebliche Ausbildung ist in diesem Zusammenhang wichtig, dass die Jugendlichen

- zwar die Folgen des eigenen Handelns und ihre Wirkung auf andere abschätzen können, diese Einschätzung jedoch nicht immer angemessen ist, z.B. in Bezug auf eine mögliche Gefahrenlage, auf die Arbeitssicherheit am Arbeitsplatz oder die Sensibilität im Umgang mit betrieblichen Informationen.
- im Ausbildungsalltag eigene Positionen und Werte entdecken und verteidigen müssen. Dies betrifft auch den Umgang und die Einhaltung von offiziellen und inoffiziellen betrieblichen Regeln. Es kann sich dabei um alltägliche Erfahrungen handeln, etwa wenn Dinge mehr oder weniger gedankenlos aus dem Betrieb mit nach Hause genommen werden.

7.1.2 Umfeldeinflüsse auf das Verhalten von Auszubildenden

Die Entfaltung der Persönlichkeit eines Auszubildenden wird durch das von außen einwirkende Umfeld erheblich beeinflusst. Viele Lebensbereiche der Jugendlichen sind daran beteiligt. Sie können bei der Bewältigung von Entwicklungsaufgaben unterstützend wirken oder aber diesem Prozess entgegenwirken.

Die folgende Abbildung zeigt einige wichtige Einflussfaktoren, die die Lernvoraussetzungen und das Verhalten von Jugendlichen bestimmen.

Einflüsse auf die Entwicklung von Jugendlichen

Einflussbereiche und Faktoren

persönlicher/familiärer Bereich →
- Nähe und Bindung zu Eltern oder Partner
- Wohnort/Fahrtmöglichkeiten
- Freunde
- religiöse Ausrichtungen
- Gesundheit
- Ernährung und Bewegung
- Schlafgewohnheiten

Schule →
- Bildungsgang
- Bildungsziel
- Klasse
- alte/neue Schulfreunde
- alte/neue Lehrer

Medien/Freizeit →
- Fernseh-, Computer- und Musikkonsum, Smartphone
- Geschmacksrichtungen
- Gebrauchsgewohnheiten und Abhängigkeiten (Internetsucht, Spielsucht u.a.)
- Aktivitäten in der Freizeit, in Vereinen (Sportverein u.a.), Hobbys, Disco
- Wochenendaktivitäten und -anstrengungen
- Konsum von Alkohol oder anderen gesundheitsgefährdenden Substanzen

Einfluss von Eltern und Familie

Der Trend, dass Jugendliche und junge Erwachsene länger Teil des Familienverbunds bleiben, hält unvermindert an. Ein Großteil wohnt auch mit Anfang 20 noch im sog. „Hotel Mama" und hat trotz gelegentlicher Meinungsverschiedenheiten ein gutes bis sehr gutes Verhältnis zu den Eltern, wie die Ergebnisse der Shell-Jugendstudie 2015 belegen[1]. Stabile Familienverhältnisse oder ein Lebenspartner können Sicherheit, sozialen Rückhalt und emotionale Unterstützung bieten. Die Sorge, keinen geeigneten Ausbildungsplatz zu finden oder aber ihn wieder zu verlieren sowie Befürchtungen, im Anschluss keine adäquate Beschäftigung auszuüben, ist heute stärker ausgeprägt als früher.

Einfluss der Schule und von Bildung generell

Die Schule begleitet Kinder und Jugendliche über viele Jahre in verschiedenen Schulformen. Forschungsergebnisse belegen einen Zusammenhang zwischen sozialem Status des Elternhauses und dem Bildungsniveau ihrer Kinder[2]. Jugendliche aus sozial privilegierten Elternhäusern besuchen häufiger ein Gymnasium, um ihr Abitur zu machen und streben anschließend ein Studium anstelle einer Ausbildung an. Dieser Trend zu höheren Bildungsabschlüssen und Studium stellt für das Handwerk ein Problem dar (Stichwort: Akademisierungswahn[3]), weil es für die Betriebe immer schwieriger wird, geeigneten Nachwuchs zu finden, der echtes Interesse an einer betrieblichen Ausbildung hat. Interesse ist eine wesentliche Voraussetzung, die z.T. sehr hohen Anforderungen in der Ausbildung zu erfüllen. Denn viele moderne und neu geordnete Berufe benötigen Auszubildende, die über gute Bildungsvoraussetzungen verfügen.

Interesse an betrieblicher Ausbildung als wichtige Voraussetzung

Allerdings tendieren diese jungen Menschen eher zu einem Studium und stehen deshalb dem betrieblichen Ausbildungsmarkt häufig nicht in ausreichender Anzahl zur Verfügung. Als Konsequenz werden Ausbildungsplätze teilweise mit jungen Menschen besetzt, die über eher geringere Bildungsvoraussetzungen verfügen. In Kombination mit den z.T. gestiegenen betrieblichen Anforderungen an die Auszubildenden kann dies zu größeren Spannungen und Problemen in Betrieb und Berufsschule führen, wenn Auszubildende sich den Anforderungen des Berufsschulunterrichts nicht gewachsen fühlen oder die an sie gestellten Erwartungen nicht erfüllen können.

Ausbilder müssen deshalb die sehr unterschiedlichen Bildungsvoraussetzungen ihrer Auszubildenden kennen und im Ausbildungsalltag auch entsprechend berücksichtigen.

Einfluss des Freizeitbereichs

Freizeit ist für Jugendliche und junge Erwachsene wichtig für die Selbstfindung und Festigung der eigenen Persönlichkeit. Gleichaltrige prägen die Entwicklung mit und über sie findet auch der überwiegende Kontakt zur Medienwelt (z.B. Handy, Internet, Computerspiele) statt. Gerade die Nutzung des Handys beeinflusst das Freizeitverhalten enorm. In der JIM-Studie 2017[4] wurde festgestellt, dass die Dauer der täglichen Online-Nutzung bei den 12- bis 19-Jährigen 2007 (schon) 106 Minuten und 2017 (bereits) 221 Minuten betrug.

---

1 *https://www.shell.de/ueber-uns/die-shell-jugendstudie/ueber-die-shell-jugendstudie-2015.html*

2 *vgl. bspw. http://www.bpb.de/apuz/29445/bildung-und-herkunft?p=all*

3 *vgl. bspw. https://www.zdh.de/index.php?id=29548*

4 *Verfügbar unter: https://www.mpfs.de/fileadmin/files/Studien/JIM/2017/JIM_2017.pdf*

Dabei stellt das Smartphone mit 81 % das am häufigsten eingesetzte Gerät zur Internetnutzung im Jahr 2017 dar[1] und ist mittlerweile auch aus dem Ausbildungsalltag kaum noch wegzudenken. In Pausenzeiten oder bei Mitfahrten von A nach B überprüfen viele Jugendliche die Mitteilungen in den sozialen Netzwerken und die Posts, Links und weitere Informationen, die ihnen geschickt wurden.

Auch für solche Situationen muss der Ausbilder klare Regeln und Vereinbarungen für den Ausbildungsalltag treffen, um den Ausbildungsfortschritt nicht zu gefährden.

7.2 Sozialisation des Auszubildenden im Betrieb

Sozialisation

Der Prozess der Eingliederung in die Gesellschaft und die Anpassung an die Gesellschaft wird Sozialisation genannt. Junge Menschen lernen während dieses Prozesses häufig unbewusst von guten und schlechten Vorbildern aus ihrem sozialen Umfeld.

betriebliche Sozialisation

Betriebliche Sozialisation umfasst diesen Prozess im Betrieb mit den dazugehörigen Menschen in ihren unterschiedlichen Rollen (Mitarbeiter, Kollegen, Ausbilder, Meister, Vorgesetzte, Kunden, Konkurrenten u.a.). Deren Einflüsse sind vielfältig.

das Miteinander im Betrieb

- Bilden und Qualifizieren
  Die Auseinandersetzung mit unterschiedlichen intellektuellen, sozialen und körperlichen Anforderungen in ihrem Ausbildungsbetrieb stellt für viele Jugendliche eine neue Erfahrung dar. Das Miteinander in einem Betrieb beschäftigt viele Auszubildende gerade am Anfang der Ausbildung besonders intensiv. Wer hat was und wieviel zu sagen? Wer ist für mich in der Ausbildung wichtig? Wie stehen die Kolleginnen und Kollegen zueinander?

  In typischen Männerberufen ist besonders die Frage, wie männliche Kollegen mit ihren weiblichen Kolleginnen umgehen, gerade für weibliche Auszubildende sehr wichtig. Teilweise „packen sie gemeinsam an" oder arbeiten „Hand in Hand". Bemerkungen über Aussehen und körperliche Merkmale (Stärke, Geschicklichkeit, Beweglichkeit, Ausdauer) sind üblich, ganz gleich, ob positiv oder abwertend gemeint. Sexismus und auch Rassismus können hier scheinbar harmlos in Äußerungen über „knackige Hintern" oder „krumme Nasen" zum Vorschein kommen.

  Auch Essgewohnheiten, Umgang mit Verletzungen (z.B. leichten Schnittwunden) und Krankheiten, Haarschnitt und Kleidung etc. werden thematisiert. Solche Kommentare und Situationen prägen die Persönlichkeit von Auszubildenden, verändern die Art und Weise, wie sie selbst mit den Kolleginnen und Kollegen umgehen und können sich auch auf die Einstellung zum eigenen Körper und dem eigenen Erscheinungsbild auswirken.

---

[1] *JIM 2017 - Jugend, Information, (Multi-) Media. Basisstudie zum Medienumgang 12- bis 19-Jähriger in Deutschland. Hrsg.: Medienpädagogischer Forschungsverbund Südwest (mpfs). Stuttgart, November 2017. Verfügbar unter: https://www.mpfs.de/fileadmin/files/Studien/JIM/2017/JIM_2017.pdf*

- Binden

positive und negative Vorbilder

Mit der Abgrenzung von den Eltern werden andere Menschen und ihre Erfahrungen zum Vorbild für Jugendliche. Diese benötigen zur Entwicklung eines tragfähigen Bindungsverhaltens geeignete, aber auch ungeeignete Beispiele aus ihrem sozialen Umfeld. Im Betrieb hat der Auszubildende täglich mit verschiedenen Menschen in verschiedenen Rollen zu tun, die als Vorbild oder zur Abgrenzung dienen können. Für den beruflichen Lebensweg der Auszubildenden im Handwerk ist es beispielsweise wichtig, ob man jemals „sein eigener Chef" werden will und dabei in Netzwerke mit vielen anderen Personen (Mitarbeiter, Kunden, Lieferanten) und Institutionen (öffentliche Auftraggeber, Handwerkskammer, Behörden) eingebunden sein möchte. Es wird im Betrieb vorgelebt, wie der Unternehmer mit seiner sozialen Verantwortung umgeht. Das betrifft auch den Umgang mit neuen Technologien und Entwicklungen, wie beispielsweise die zunehmende Digitalisierung vieler Lebens- und Arbeitsbereiche. Ein Vorbild, das offen ist für Innovationen, wird die Bereitschaft auch des Auszubildenden für lebenslanges Lernen positiv beeinflussen.

- Konsumieren

Beobachten und Nachahmen

Der Weg zu einem eigenverantwortlichen Konsumverhalten in der Gesellschaft wird durch die Beobachtungen und das (teilweise) Nachahmen von entsprechenden Verhaltensweisen im Betrieb stark beeinflusst. Gibt es beispielsweise Kolleginnen und Kollegen im Betrieb, die ab und zu Alkohol trinken oder rauchen, obwohl ein generelles Alkohol- oder Rauchverbot herrscht, so lernen Auszubildende, dass dieser verbotene Konsum im Betrieb offenbar doch geduldet wird. In positiver Hinsicht lernen sie aber auch, wenn sich ein Betrieb um die Gesundheit der Mitarbeiter kümmert und beispielsweise regelmäßig gesunde Getränke, frisches Obst oder Informationen und Schulungen zur Förderung der Gesundheit am Arbeitsplatz bereitstellt bzw. organisiert. Das Konsumverhalten von Auszubildenden wird positiv beeinflusst und es ist erkennbar, wie wichtig die Vorbildfunktion an dieser Stelle ist. Darüber hinaus lernen junge Menschen im tagtäglichen Miteinander, dass viele Konsumwünsche erst dann erfüllt werden sollten, wenn man über das notwendige Geld verfügt, um finanziellen Engpässe oder gar Schulden zu vermeiden.

- Partizipieren

Zugehörigkeit zum Team

Im betrieblichen Alltag wird die Entwicklung des individuellen Werte- und Normensystems in der Auseinandersetzung mit anderen Wertvorstellungen in vielen Situationen beeinflusst. Die Übernahme der Rolle als Auszubildender muss gelernt und eigene Erfahrungen müssen hierfür gemacht werden. Die Zugehörigkeit zum Team ist das Ergebnis eines längeren Prozesses. Der Auszubildende wird mehr und mehr als gleichberechtigtes Mitglied der Gruppe angesehen, er kann seine Ansichten und Wertvorstellungen äußern und einbringen. Die Akzeptanz wird bei den Kolleginnen und Kollegen dadurch erreicht, dass sich Auszubildende in die betriebliche Gemeinschaft integrieren und deren Spielregeln beachten und einhalten.

Ausbilder müssen die Wirkungen ihrer eigenen Rolle und des gesamten Umfeldes im Prozess der Sozialisation kennen und dafür sorgen, dass die „kleine Welt“ des Betriebes dem Jugendlichen positive Entwicklungschancen bietet. Sie sollten dem Auszubildenden helfen, sich trotz unterschiedlicher und z.T. widersprüchlicher Eindrücke und Erfahrungen zurechtzufinden und das Ausbildungsziel der Entwicklung beruflicher Handlungskompetenz nicht aus den Augen zu verlieren.

informelles Lernen

Auch sollte der Ausbilder darauf einwirken, dass die Auszubildenden die vielfältigen Erfahrungen, die sie in der Zusammenarbeit mit den Gesellen (als Mitwirkende bei der Ausbildung gem. § 22 Abs. 3 HwO) und bei der Abarbeitung von Aufträgen gemacht haben, unbedingt für sich nutzen. Dieses informelle Lernen findet im Unterschied zum formalen Lernen, welches organisiert innerhalb des Bildungssystems seinen Platz hat, außerhalb von Unterweisung und Unterricht statt. Es ist eine wichtige Aufgabe des Ausbilders, das informelle Lernen und damit das selbstgesteuerte Lernen stärker zu fördern.

Dazu müssen Rahmenbedingungen geschaffen werden, die es Auszubildenden erleichtern, ihre Erfahrungen bewusst zu verarbeiten und sich mit den Entwicklungsaufgaben und dem Auf- und Ausbau ihrer eigenen beruflichen Handlungskompetenz auseinanderzusetzen.

Besprechungen

Mittel dazu sind Besprechungen von Ausbildungsleistungen und Ausbildungsverhalten, Feedback-Gespräche, Aufforderung zur Selbstreflexion (etwa beim Verfassen des Ausbildungsnachweises) bis hin zu einem Gespräch darüber, wie es dem Auszubildenden geht, welche Erfahrungen und Eindrücke er in letzter Zeit gewonnen hat.

7.3 Kommunikation in der Ausbildung

kommunikative Situationen

Im Betriebsalltag gibt es vielfältige kommunikative Situationen. Dazu zählen insbesondere

- Einstellungsgespräche,
- Ausbildungsgespräche,
- Mitarbeitergespräche,
- Kundengespräche,
- Konfliktgespräche.

Unter Kommunikation soll hier alles verstanden werden, was Menschen in die Lage versetzt, in Verbindung mit anderen Menschen zu treten. Kommunikation entsteht durch den Austausch von beabsichtigten oder unbeabsichtigten Informationen zwischen mindestens zwei Personen. Sie findet sowohl verbal – durch das gesprochene Wort – als auch nonverbal – durch Gestik, Mimik und Körperhaltung – statt.

Gestik und Mimik

Die Gestik (Verwendung von Händen und ggf. Armen), Mimik (Gesichtsausdruck) und die Körperhaltung (Stellung des Ober- und Unterkörpers, insbesondere die der Beine und Füße) spielen bei der gesprochenen Sprache oft eine entscheidende Rolle, um Informationen über die Bedeutung des Kommunikationsinhaltes zu erhalten. Deshalb ist das „Zwischen-den-Zeilen-Lesen“ besonders wichtig und sagt zuweilen mehr über die Bedeutung des Inhaltes von Kommunikation aus als „nur“ die gesprochenen Worte. Auch Lautstärke, Tonfall sowie Wortwahl stellen wichtige Informationsquellen für den Gesprächspartner zum richtigen Verstehen des Gesprochenen dar. Und nicht zuletzt kommt es darauf an, in welcher Beziehung die Gesprächspartner zueinander stehen.

Im betrieblichen Alltag ist die Kommunikationsfähigkeit in folgenden Bereichen wichtig[1]:

Kommunikation im betrieblichen Alltag

- Unter Kollegen ist ein regelmäßiger Informationsaustausch wichtig für eine funktionierende Zusammenarbeit.
- Zwischen Vorgesetzten und Mitarbeitern ist die Weitergabe von Informationen, Daten und Fakten wesentlich für die Erreichung der gesteckten Unternehmensziele.
- Auch zwischen Mitarbeitern und Kunden oder Betriebspartnern ist die richtige Kommunikationsstrategie bedeutsam für den Erfolg eines Unternehmens.

Der oder die Auszubildenden sind ebenfalls Teil der betrieblichen Kommunikationsstrukturen und sollen zunehmend in die Lage versetzt werden, kommunikative Situationen selbstständig und sinnvoll zu gestalten. Dazu sind Grundkenntnisse darüber notwendig, was Kommunikation ist und wie sie funktioniert.

7.3.1 Modell der Kommunikation

Ein bekanntes Modell zur Beschreibung von Kommunikation ist das „Vier-Seiten-Modell“[2] von Friedemann Schulz von Thun.

Grundstruktur der Kommunikation

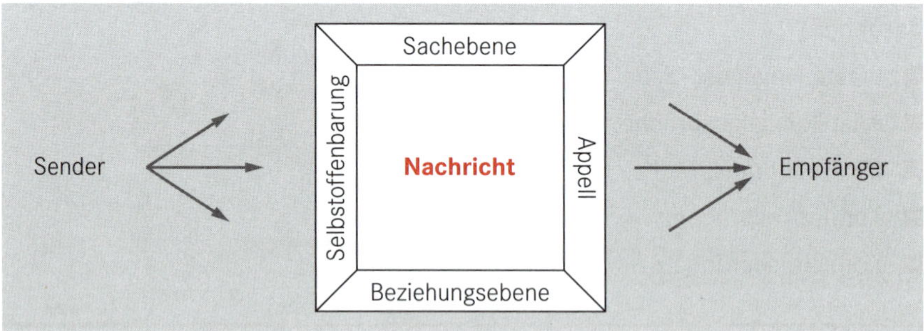

[1] vgl.: Hesse, Jürgen/Schrader, Hans Christian: Kommunikation. Mitteilen und Verstehen. Verfügbar unter: www.berufsstrategie.de/bewerbung-karriere-soft-kills/kommunikation.php

[2] vgl.: Schulz von Thun, F.: Miteinander reden: 1. Störungen und Klärungen: Allgemeine Psychologie der Kommunikation. Reinbeck: Rowohlt-Tb, 2008.

Kommunikationsprozess

Nach dem Modell gehören immer ein Sender und ein Empfänger zu einem Kommunikationsprozess. Der Sender übermittelt dabei dem Empfänger eine Nachricht. Schulz von Thun, der dieses Kommunikationsmodell entworfen hat, stellt die These auf, dass jede Nachricht bzw. jede Information, die zwischen Menschen ausgetauscht wird, vier Botschaften gleichzeitig enthalten kann:

- eine Sachinformation (worüber ich informiere),
- einen Appell (was ich bei dem anderen erreichen möchte),
- einen Beziehungshinweis (was ich von dem anderen halte und wie ich zu ihm stehe) sowie
- eine Selbstoffenbarung (was ich von mir zu erkennen gebe).

vier Seiten einer Nachricht

So wie der Sender mit einer Nachricht vier Botschaften losschickt, hört der Empfänger vier Botschaften. Das Modell wird deshalb auch häufig als „Vier-Ohren-Modell“ bezeichnet. Diese vier Seiten einer Nachricht müssen etwas näher betrachtet werden.

Beispiel: Der Ausbilder Ali Resa steht mit Händen in den Hosentaschen vor seinem Auszubildenden Luis Felix, schüttelt den Kopf und sagt: „Wenn das so weitergeht, sehe ich schwarz für Ihre Prüfung!“

Luis Felix könnte verstehen:

„Der Ausbilder signalisiert mir, dass meine Ausbildungsresultate so schlecht sind, dass das Bestehen meiner Abschlussprüfung gefährdet ist.“ (Sachinhalt) oder:

„Der Ausbilder will mir damit sagen, dass ich mich ändern muss.“ (Appell) oder:

„Wie der das sagt und wie der vor mir steht: Der Ausbilder hat bestimmt keine Lust mehr, mit mir zu arbeiten, den ödet das an!“ (Beziehungsaspekt) oder:

„Der Ausbilder ist selber hilflos, tiefer gehen die Hände doch nicht mehr in die Hosentasche! Wer soll mir jetzt noch weiterhelfen?“ (Selbstoffenbarung).

Eine gute Beziehung drückt sich dadurch aus, dass die Kommunikationspartner – ohne die Höflichkeitsgrenzen zu verletzen – nicht mehr jedes Wort auf die Goldwaage legen müssen. Sie können so miteinander kommunizieren, sich so zeigen und bewegen, wie sie fühlen und wie sie sind. Der Kommunikationsprozess kann sich auf den Austausch der wesentlichen Informationen konzentrieren.

Alles verstanden?
Testen Sie Ihr Wissen im Sackmann-Lernportal.

Um die Kommunikationsfähigkeit von Auszubildenden zu fördern, sollte über die Kommunikation im Betrieb auch gesprochen werden. Betriebliche Anweisungen, Mitarbeitergespräche, Kundengespräche, Konfliktgespräche können vonseiten des Ausbilders genutzt werden, um die im Betrieb geltenden kommunikativen Regeln zu verdeutlichen.

Bestimmte Ausdrücke und Gesten, die im Freundeskreis oder in der Familie angemessen und „cool" erscheinen, sind dies evtl. im betrieblichen Alltag nicht. Hier können das gleiche Wort und die gleiche Geste auf Unverständnis oder Ablehnung stoßen oder sogar als Provokation empfunden werden (z.B. das Betrachten des Handys).

betrieblich angemessene Kommunikation einüben

Oftmals verstehen die Ausbilder die Ausdrucksweise der Auszubildenden nicht und umgekehrt. In solchen Fällen sollten Ausbilder die Gelegenheit nutzen, mögliche Missverständnisse und unterschiedliche Interpretationen aufzudecken. Zudem sollten Ausbilder die betrieblich angemessenen Formen der Kommunikation verdeutlichen und beispielsweise für besonders wichtige Situationen (z.B. Kundenkontakte) durch Rollenspiele einüben lassen.

7.3.2 Vermeidung von Kommunikationsstörungen

Entstehung

Kommunikationsstörungen (Missverständnisse) entstehen, weil ein Sender nicht das gesagt hat, was er dem Empfänger sagen wollte oder ein Empfänger zu hören glaubt, was vom Sender gar nicht so gesagt wurde. Ganz allgemein entstehen Kommunikationsstörungen, wenn die beabsichtigte Botschaft einer Nachricht beim Sender als ganz andere Botschaft ankommt. Oder aber die Botschaften einer Nachricht widersprechen sich in irgendeiner Weise.

Häufig wird zwischen Mitarbeitern noch auf der Sachebene gesprochen, obwohl es unterschwellig um das Austragen eines Machtkampfes auf der Beziehungsebene geht (z.B. wer hat Recht oder welcher Fehler wurde begangen). Werden die Konflikte auf der Beziehungsebene nicht als solche thematisiert und geklärt und weiter auf der Sachebene ausgetragen, werden sie sich immer weiter verstärken.

Vermeidung

Die Vermeidung von Kommunikationsstörungen beginnt daher mit der Erkenntnis, sich und den anderen als Sender und Empfänger auf jeweils vier Ebenen wahrzunehmen. Manchmal ist ein gedanklicher Rollentausch (wenn ich mir selber zuhören müsste, wie hätte ich das ausgedrückt) hilfreich, um sich in den anderen besser einfühlen zu können.

Auswirkungen

Kommunikationsprobleme haben erhebliche Auswirkungen auf die Leistung der Auszubildenden und damit auf das Erreichen der Ausbildungsziele. Sofern z.B. ein Auszubildender immer nur direkt angesprochen wird, wenn Fehler passieren, aber nur indirekt und zeitlich verzögert gute Ergebnisse rückgemeldet bekommt, so wird er auch gut gemeinte Erklärungen und Hinweise eher als Kritik auffassen, auch wenn die gar nicht so gemeint waren.

7.4 Verhaltensauffälligkeiten und Konfliktsituationen in der Ausbildung

7.4.1 Normalverhalten und Verhaltensauffälligkeiten von Auszubildenden

Das Verhalten von Auszubildenden ist geprägt von vielen Einflussfaktoren. Die eigene körperliche und geistige Entwicklung, die Motivation, die Erwartungen des Freundeskreises, der Eltern, des Ausbilders, der Kollegen und anderer Personengruppen beeinflussen sein Verhalten.

Normalverhalten

Was verstehen wir unter Normalverhalten? Wenn Auszubildende die betrieblichen Erwartungen erfüllen, bestimmte Leistungen erbringen, pünktlich und fleißig sind und in einer bestimmten Art und Weise selbstständig arbeiten und mitdenken, spricht man von eher unauffälligem Verhalten.

Ein eher unauffälliges Verhalten ist gekennzeichnet durch weitgehende Übereinstimmung von Erwartungen des Ausbilders und tatsächlichem Verhalten des Auszubildenden.

Verhaltensauffälligkeiten

Demgegenüber wird vonseiten des Ausbilders

- permanentes Zuspätkommen,
- unmotivierte Arbeitshaltung,
- Nichtbefolgung von betrieblichen Anweisungen,
- körperliche und/oder geistige Beeinträchtigungen, z.B. aufgrund von Drogenproblemen,
- fehlende Leistungsbereitschaft

eben nicht erwartet und somit auch als Verhaltensauffälligkeit bewertet.

Damit der Ausbilder auffälliges Verhalten als solches erkennen kann, muss bei ihm ein bestimmtes Verständnis von Normalverhalten vorliegen oder festgelegt werden, an dem er sich im Einzelfall orientieren kann.

Erkennen von auffälligem Verhalten

Nachfolgend sind einige Schritte angeführt, die helfen können, Verhaltensauffälligkeiten von Auszubildenden bis hin zu Lernschwierigkeiten zu identifizieren und damit angemessen umzugehen.[1]

genaue Beschreibung

- Genaue Beschreibung des aus betrieblicher Sicht problematischen Verhaltens:
  - Welches Verhalten wurde beobachtet oder ggf. von Dritten geschildert?
  - Wie unterscheidet sich das Verhalten von erwartetem Normalverhalten bzw. von dem der anderen Auszubildenden?

---

[1] *Weitere Informationen zum Umgang mit Lernschwierigkeiten und Verhaltensauffälligkeiten unter: https://www.foraus.de/html/foraus_1307.php*

- Was ist besonders ungewöhnlich?
- Wie ist das Verhältnis des betreffenden Auszubildenden zu den anderen Auszubildenden? Hat sich sein Verhalten im Vergleich zu früher geändert? Wenn ja, wie?

Leistungen in Betrieb und Berufsschule

- Überprüfung der Leistungen in Betrieb und Berufsschule im Hinblick auf gleichzeitige Veränderungen:
  - Wie haben sich Zeugnisnoten und die Noten der Klassenarbeiten in der Berufsschule entwickelt?
  - Gibt es Anhaltspunkte für Veränderungen, die seitens des Betriebes/der Schule bekannt sind oder eingeholt werden könnten?
  - Gibt es auffällige Veränderungen in Unterlagen, wie z.B. dem Ausbildungsnachweis, oder in den Bewertungen von praktischen Übungsaufgaben?
  - Werden übertragene Aufgaben möglichst sauber und korrekt in der vorgegebenen Zeit ausgeführt?

Beobachtungen im Team

- Einbeziehung der Beobachtungen im Mitarbeiter-/Ausbildungsteam, Überprüfung erster Erkenntnisse (mit Kontakt zur Berufsschule):
  - Haben andere Ausbilder, Ausbildungsverantwortliche oder Kollegen gleiche oder ähnliche Beobachtungen gemacht?
  - Gibt es andere oder gegensätzliche Beobachtungen?
  - Wie verhält sich der Auszubildende in der Berufsschule? Stellen die Lehrer dort Veränderungen (gleich welcher Art) fest?

Ausbilderverhalten in Konfliktsituationen

- Überprüfung des eigenen Ausbilderverhaltens in konkreten Konfliktsituationen:
  - Wie reagiert der Ausbilder auf das veränderte Verhalten bzw. eine Verhaltensauffälligkeit?
  - Haben sich von betrieblicher Seite evtl. die Anforderungen an das Verhalten von Auszubildenden geändert?

Ursachenanalyse

- Ursachenanalyse zur Identifizierung möglicher Verhaltensprobleme:
  - Überprüfung erster Annahmen zu möglichen Ursachen im Gespräch mit anderen Ausbildern, Ausbildungsbeauftragten, Kollegen und vor allem mit dem Auszubildenden selbst.

mögliche Problemlösungen

- Überlegungen zur möglichen Problembehebung:
  - Welche Ursachen von betrieblicher Seite können für die Verhaltensauffälligkeiten verantwortlich sein?
  - Was kann ggf. vom Betrieb selbst geändert werden?
  - Bei welchem Problem wird Unterstützung von außen benötigt (z.B. bei Suchtproblemen)?

Um Verhaltensauffälligkeiten festzustellen, ist es entscheidend, dass normales Verhalten definiert wird. Die Prozessschritte zur Aufdeckung von Verhaltensauffälligkeiten und zur anschließenden Verringerung bzw. Behebung gelten für das gesamte Verhaltensspektrum von Auszubildenden.

Prozessschritte: Erkennen von Verhaltensauffälligkeiten

Erkennen von Verhaltensauffälligkeiten bei einem Auszubildenden

↓

Beschreibung des problematischen Verhaltens in Abgrenzung zu normalem Verhalten

↓

Überprüfung der Leistungen des Auszubildenden in Betrieb und Berufsschule

↓

Einbeziehung von Beobachtungen anderer Mitarbeiter

↓

Überprüfung des eigenen Ausbilderverhaltens in Konfliktsituationen

↓

Ursachenanalyse

↓

Überlegungen zur Problemlösung

Eine typische Anforderung im Betrieb ist das Einhalten von sozial-kommunikativen Regeln (z.B. Zuhören können und Anweisungen befolgen).

Beispiel: Thorsten Mainau hört oft von seinem Ausbilder Ali Resa Sätze wie: „Unser Azubi Luis macht nicht, was man ihm sagt." „Er macht es nicht so, wie man es ihm sagt." „Er macht nicht alles, was man ihm sagt."

Diese Sätze beziehen sich auf Aufgaben, Aufträge und Anweisungen, wie die Aufgaben erfüllt werden sollen. Wie bei den meisten Verhaltensauffälligkeiten lassen sich unterschiedliche Gründe für das Verhalten feststellen.

Beispiel: Fall 1: Der Auszubildende Luis Felix verhält sich seiner Meinung nach gar nicht auffällig, sondern handelt so, wie er die Aufgabe subjektiv verstanden hat. Beispielsweise könnten sprachliche Schwierigkeiten zu den beschriebenen Umständen führen oder Luis Felix ist der Auffassung, nicht nachfragen zu dürfen, weil die Erfüllung der Aufgabe von ihm erwartet wird.

Ali Resa muss erkennen, dass es bestimmte Bedingungen für Verhaltensweisen gibt, im vorliegenden Beispiel wahrscheinlich das sprachliche Verständnis, die nicht bei allen Auszubildenden gleich sind. Ali Resa sollte mit Luis Felix das aus betrieblicher Sicht problematische Verhalten genau besprechen und ihm auch verdeutlichen, welches Betragen von Luis für ihn als Ausbilder und ggf. für andere Personen im Betrieb auffällig und nicht in Ordnung ist.

Fall 2: Luis Felix will mit seiner Handlungsweise etwas ausdrücken. Das kann Selbstbewusstsein sein, der Versuch, es auf eigenen Wegen besser zu machen, es kann aber auch Widerstand und Abwehr gegen detaillierte Anweisungen o.Ä. bedeuten. Ali Resa muss verstehen (wollen), wie sich die Verhaltensweise aus Sicht von Luis Felix darstellt, was von ihm ausgedrückt werden soll.

Fall 3: Luis Felix versucht, durch sein Verhalten etwas zu verbergen oder bestimmte Situationen zu vermeiden (z.B. die Zusammenarbeit mit einem bestimmten Kollegen oder den Umgang mit bestimmten Materialien).

Ängste und Traumata

Während der beschriebene 1. Fall mit etwas gutem Willen und Einfühlungsvermögen zu bewältigen ist, sind die beiden anderen Fälle im vorgenannten Beispiel schwieriger zu lösen. Wenn Auszubildende mit Arbeitsaufträgen oder detaillierten Verhaltensanweisungen nicht umgehen können oder wenn sie bestimmte Situationen oder Personen meiden bzw. gewisse Reaktionen provozieren, kann das mit vergangenen Erfahrungen, Ängsten oder Traumata zusammenhängen. „Höhenangst“, „Angst in engen Räumen“, „Angst allein zu sein“ - solche Ängste können durchaus auch in Ausbildungssituationen eine Rolle spielen.

Bei auffälligem, unkonzentriertem Arbeiten könnte eine der Ursachen dafür auch einfach große Müdigkeit sein. Hier sollte der Grund gesucht und gefunden werden, der den Auszubildenden von ausreichendem Schlaf abhält.

7.4.2 Konfliktsituationen in der Ausbildung

drohende Konflikte

Verhaltensauffälligkeiten können im betrieblichen Alltag zu Konflikten führen. Typisch dafür sind schlechte Leistungen, geringe Leistungsbereitschaft, mangelnder Ordnungssinn, Unpünktlichkeit, Unzuverlässigkeit.

Beispiel: Luis Felix kommt morgens um 7.15 Uhr in den Betrieb. Die anderen Gesellen haben bereits angefangen, die Fahrzeuge für die unterschiedlichen Baustellen zu beladen. Sie warten gewissermaßen schon auf ihn und begrüßen ihn verkrampft lächelnd mit „Mahlzeit“. Luis ist wütend und findet das gar nicht komisch. Er packt mürrisch mit an und gibt halblaut von sich: „Nette Kollegen habe ich hier!“

---

offene und verdeckte Konflikte

Unter einem Konflikt versteht man allgemein eine Unvereinbarkeit zwischen Zielen, Interessen, Wertvorstellungen oder Verhaltensweisen von Personen oder Gruppen. Wie im privaten Leben können Konflikte im Betrieb verdeckt sein oder offen zu Tage treten. Es ist ausgesprochen wichtig, verdeckte Konflikte offenzulegen.

Grundsätzlich gilt, dass das Klären von Konflikten hilft, Probleme aufzudecken, zu Selbsterkenntnis führt und Stillstand verhindert. Deshalb können Konflikte auch einen positiven Effekt haben, was oft vernachlässigt wird. Der Meister oder Ausbilder muss in der Lage sein, Konflikte im Team positiv zu nutzen.

Ursachenanalyse

Unternehmensleitung bzw. Ausbilder müssen sich mit entstandenen Konflikten genauer beschäftigen und ihre Ursachen analysieren. Das Modell der Kommunikation eignet sich für eine solche Analyse in der Praxis besonders gut. Auszubildende kennen z.B. zu Beginn der Ausbildung nicht sofort alle Gepflogenheiten eines Betriebes, die sich häufig über Jahrzehnte gebildet haben. Logischerweise halten sie sich deshalb nicht immer gleich an alle „Spielregeln". Meister und Auszubildender müssen deshalb die Bereitschaft aufbringen, das Verhalten des jeweils anderen zu verstehen.

Beispiel: Es ist Freitagnachmittag. Auf einer Baustelle der Maurerprofis Mainau & Roth GmbH arbeitet der Geselle Bernd Küster und der 18-jährige Auszubildende Luis Felix. Die beiden sind gerade dabei, die Baustelle zu schließen und Baustoffe und Baumaschinen für den Abtransport vorzubereiten, als Thorsten Mainau hinzukommt und entscheidet, dass Überstunden notwendig werden, da er dem Kunden noch eine Schalung für eine rechteckige Stütze für diesen Tag zugesichert hatte. Luis hat jedoch eine wichtige private Verabredung und ist nicht bereit, länger auf der Baustelle zu bleiben. Ein Konflikt entsteht.

7.5 Konfliktvermeidung und Strategien zum konstruktiven Umgang mit Konflikten

Konflikte im betrieblichen Alltag

Konflikte werden im betrieblichen Geschehen i.d.R. nicht als positiv angesehen, sondern als Störung. Dennoch gehören Konflikte zum betrieblichen Alltag, z.B. bezüglich Pünktlichkeit, Überstunden, äußerem Erscheinungsbild oder Umgangsformen des Auszubildenden oder einer Vielzahl von Routinearbeiten.

Sie wollen mobil lernen?
Im Lernportal finden Sie digitale Angebote.

Eine völlige und dauerhafte Vermeidung von Konflikten ist letztlich unmöglich. Die entscheidende Frage lautet deshalb nicht, wie Konflikte im betrieblichen Ausbildungsalltag vermieden werden können. Entscheidend ist, wie vor allem die als besonders negativ wahrgenommenen Konflikte verhindert bzw. verringert und entstandene Konflikte schnell und konstruktiv aufgelöst werden können.

7.5.1 Unterscheiden von positiven und negativen Konflikten

Wenn erkannt und akzeptiert wird, dass nicht alle Konflikte vermieden werden können, gewinnt die Unterscheidung von eher positiven und eher negativen Konflikten an Bedeutung. Es stellt sich zunächst die Frage, wann ein Konflikt tendenziell als „guter Konflikt“ und wann als „schlechter Konflikt“ angesehen werden kann.

positiver Konflikt

Eher positiv ist ein Konflikt,

- der relativ zügig von den Beteiligten erkannt und aufgedeckt wird,
- bei dem noch die Möglichkeit besteht, die für beide Konfliktparteien als besonders negativ empfundenen Auswirkungen zu vermeiden oder zumindest auf ein möglichst minimales Maß zu beschränken,
- der vor allem für positive Veränderungen insbesondere im Verhältnis der beiden Konfliktparteien zueinander genutzt werden kann.

negativer Konflikt

Eher negativ ist demgegenüber ein Konflikt,

- der von wenigstens einem Beteiligten nicht erkannt wird oder den wenigstens ein Beteiligter nicht erkennen will,
- der kaum noch die Möglichkeit bietet, mehr oder weniger massive negative Auswirkungen abzuwenden bzw. zu vermeiden,
- der sich nicht mehr für positive Veränderungen in irgendeiner Form eignet.

negative Folgen von unbearbeiteten Konflikten

Konflikte, die im Ausbildungsalltag vermieden werden sollten, sind somit die eher negativen Konflikte. Häufig sind solche negativen Konflikte Ausdruck von ursprünglich eher positiven Konflikten, die eine längere Zeit völlig unbeachtet und unbearbeitet geblieben sind. Grundlegende Beispiele für negative bzw. sehr problematische Konflikte in der Ausbildung sind besonders belastende (Beziehungs-)Störungen zwischen

- Auszubildenden und Ausbildern oder Ausbildungsverantwortlichen,
- Auszubildenden untereinander,
- Auszubildenden und Dritten (insbesondere Kunden, betriebliche Kooperationspartner).

7.5.2 Vermeiden von negativen Konflikten

Voraussetzungen

Wesentliche Voraussetzungen zur Vermeidung von negativen Konflikten sind

- die Bereitschaft, Konflikte zu erkennen, und
- die Fähigkeit, mögliche Konfliktursachen aufzuspüren und zu beseitigen.

Sind diese Voraussetzungen im Betrieb gegeben, werden Konflikte meist bereits in dem Stadium gelöst, in welchem sie noch positive Konflikte sind und sich noch nicht zu negativen Konflikten entwickelt haben.

Es wird deutlich, dass es nicht in erster Linie auf den Konfliktinhalt ankommt, um einen positiven von einem negativen Konflikt zu unterscheiden, sondern auf den Zeitpunkt, wann man ihn löst.

Beispiel: Zu Beginn seiner Ausbildung kam Luis Felix häufig montags mit derselben Arbeitskleidung in den Betrieb, auf der die Spuren der Vorwoche deutlich erkennbar waren. Seinem Ausbilder Ali Resa entging dies nicht, aber er gab ihm zunächst Zeit, nachdem ihm die Kollegen einen entsprechenden Hinweis gegeben hatten, denn er ging davon aus, dass Luis sich schnell an das Vorbild der Kollegen anpassen würde. Als nach vier Wochen immer noch nichts in Richtung eines sauberen und akzeptablen Erscheinungsbildes passiert war, reichte es Ali Resa und er machte Luis Felix eine entsprechende Ansage.

Grundsätzlich reicht es bei der Konfliktlösung nicht aus, an Symptomen „herumzudoktern", sondern es müssen die genauen Ursachen gefunden werden. In einem ziel- und lösungsorientierten Gespräch, in dem die Betroffenen angehört werden, kann man zu Lösungen kommen, die für beide Seiten auch dauerhaft tragbar sind.

7.5.3 Konfliktgespräch

Für die konstruktive Auseinandersetzung mit Konflikten eignet sich in vielen Fällen ein Gespräch. Zur Vorbereitung muss ein für alle Beteiligten passender Zeitpunkt gefunden werden, damit auch genügend Zeit für einen Austausch besteht. Die nachfolgenden Phasen sollten von einem am Konflikt direkt nicht beteiligten Moderator (z.B. Vorgesetzter) in einem Konfliktgespräch grundsätzlich berücksichtigt werden, auch wenn im Alltag ein systematisches „Abarbeiten" dieser Phasen oftmals nicht eins zu eins möglich ist:

Ablauf eines Konfliktgesprächs

- Einstiegsphase
  Zunächst wird versucht, die Gemüter zu beruhigen, klarzustellen, dass es wichtig ist, zu einer Lösung zu kommen und ein Vertrauensklima zu schaffen.

weiterer Ablauf eines Konfliktgesprächs

- Beschreibungsphase
  Die am Konflikt beteiligten Personen erhalten die Gelegenheit, nacheinander ausführlich das Problem aus ihrer Sicht zu schildern.
- Ursachenanalyse
  Gemeinsam mit den Konfliktpartnern wird alles daran gesetzt, mögliche Ursachen für den Konflikt herauszufinden. Der Vorgesetzte oder Ausbilder sollte nicht vorschnell zu einer eigenen Meinung kommen und diese den Konfliktpartnern vorgeben.
- Lösungssuche
  Lösungen sind gemeinsam zu erarbeiten, Verhaltensänderungen müssen freiwillig sein und auf Einsicht beruhen, sonst ist der nächste Konflikt bereits vorprogrammiert.
- Umsetzung und Kontrolle der Lösung
  Die gemeinsam gefundene Lösung muss ausprobiert und getestet werden. Nach einiger Zeit sollte kontrolliert werden, ob die eingeleitete Maßnahme zum Erfolg geführt hat oder ob man neue Überlegungen anstellen muss.

unbeteiligter Moderator notwendig

Konfliktgespräche sollten, wenn es sich um einen Konflikt zwischen Auszubildenden untereinander oder zwischen Auszubildendem und Gesellen handelt, zuerst vom Vorgesetzten als nicht unmittelbar beteiligtem Moderator mit jedem Betroffenen einzeln geführt werden. Gerade in der Phase der Ursachenklärung spricht ein Konfliktbeteiligter gegenüber einem unparteiischen Vorgesetzten auch Dinge aus, die er im Beisein seines „Gegners" vermeiden würde. Spätestens in der Phase der Lösungssuche sollten die Beteiligten jedoch eine von allen Seiten akzeptierte Lösung „am runden Tisch" suchen.

Die gleiche Vorgehensweise gilt grundsätzlich auch, wenn der Konflikt zwischen Ausbilder und Auszubildendem auftritt. Der Ausbilder ist als dessen Vorgesetzter kein Unparteiischer mehr. Deshalb sollte der Ausbildende oder ein von beiden Seiten akzeptierter Mitarbeiter bzw. ein anderer erfahrener Ausbilder hinzugezogen werden, der die Rolle des Unparteiischen einnehmen kann.

Phasen eines Konfliktgesprächs

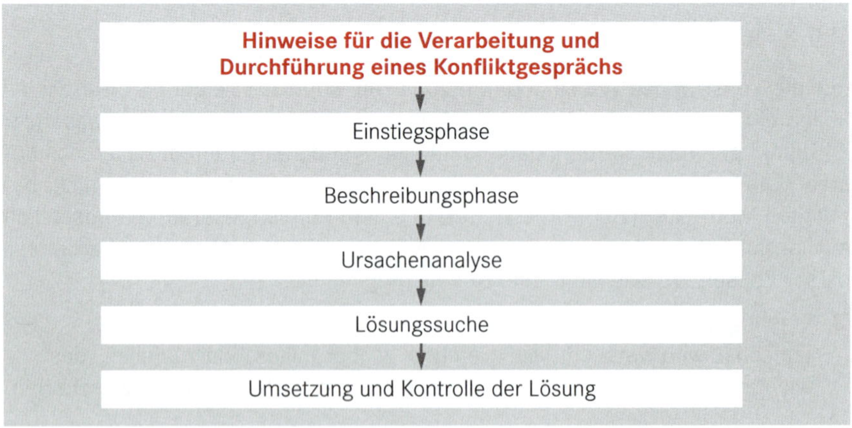

Eine unvoreingenommene Grundhaltung der Beteiligten ist eine Voraussetzung für den Erfolg eines Konfliktgesprächs. Auch wenn es nicht leicht ist, diese Offenheit angesichts vieler aufgestauter Kritikpunkte aufrechtzuerhalten, so sollte zumindest der Versuch zu solch einem Gespräch unternommen werden.

Beispiel: Beispiel für ein Konfliktgespräch zwischen Ali Resa und Luis Felix:

Morgens nach dem Beladen der Fahrzeuge treffen sich - zunächst - der Ausbilder Ali Resa und der Auszubildende Luis Felix im Gemeinschaftsraum der Firma.

Ali Resa: „Hallo Luis, wir hatten ja für heute ein Gespräch über einige Vorkommnisse in letzter Zeit vereinbart. Prima, das du pünktlich bist."

Luis Felix: „Ja - o.k., auch wenn ich nicht genau weiß, um was es eigentlich geht."

Ali Resa: „Mir ist von den anderen Gesellen zu Ohren gekommen, dass du gerade morgens öfter mal relativ spät in die Firma kommst. Außerdem hast du wohl auch unsere Vereinbarung vergessen, dass du montags einigermaßen ordentlich und mit frischer Kleidung zur Arbeit kommst und nicht die dreckigen Klamotten aus der vergangenen Woche trägst. Und wie läuft es eigentlich mit den Ausbildungsnachweisen, die habe ich auch schon länger nicht mehr abgezeichnet?!"

Luis Felix: „Ach so, nette Kollegen, die sollen sich mal nicht so anstellen. Ich komme weniger zu spät als der Orkhan, aber da sagt keiner was. Der kann sich das einfach so erlauben, später zu kommen, obwohl er als Fahrer ja viel wichtiger ist als ich - ist doch irgendwie ungerecht."

Ali Resa: „Ich will jetzt eigentlich nicht über Orkhan sprechen. Mir geht es darum, dass du die Anweisungen nicht befolgst, die wir besprochen haben."

Luis Felix: „Also so richtig besprochen haben wir das doch gar nicht. Sie haben gesagt, was ich aus Ihrer Sicht so alles falsch mache und ich hab's mir alles angehört. An meiner Meinung besteht hier ja eh kein Interesse. Ich bin ja nur der Azubi."

Ali Resa: „Nein, nein - das stimmt so doch gar nicht. Mich interessiert schon deine Meinung in vielen Dingen, die die Ausbildung betreffen, aber manchmal gibt es nichts zu diskutieren, sondern eben erst mal nur Anweisungen zu befolgen, sonst läuft hier noch alles durcheinander - ist das so schwer verständlich?"

Luis Felix: „Nein, nein, ist ja schon gut - ich weiß, Lehrjahre sind keine Herrenjahre, das hat mir mein Onkel auch schon erklärt. Kann ich jetzt gehen?"

Ali Resa: „Hhm - so richtig weiter sind wir in dem Gespräch jetzt vermutlich auch nicht gekommen, aber in Ordnung, du kannst gehen und ich überlege mir, wie wir das nächste Gespräch besser gestalten und führen können." Beide verabschieden sich voneinander.

7.5.4 Einbeziehen Außenstehender in die Konfliktbewältigung

Leider kommt es in der Ausbildung immer wieder auch zu Konflikten, die sich nicht oder nur unzureichend im Betrieb klären lassen, so dass hier das Einbeziehen Außenstehender in die Konfliktbewältigung sinnvoll ist.

Ausbildungsberater/Beauftragter für Bildung als Moderator für Konfliktlösungen

In solchen Fällen ist es die Aufgabe eines Ausbildungsberaters der Handwerkskammer wie auch des Beauftragten für Bildung (früher Lehrlingswart) der Innungen, bei Schwierigkeiten zwischen Ausbilder und Auszubildendem ggf. als Moderator die Konfliktlösung unterstützend zu begleiten. Sie helfen unvoreingenommen dabei, dass die wesentlichen gegenseitigen Kritikpunkte auf den Tisch kommen und die emotionale Betroffenheit der beteiligten „Gegner" nicht überhandnimmt, damit eine für alle Beteiligten angemessene Lösung gefunden wird.

Dadurch kann insbesondere die Entscheidung, ob das Ausbildungsverhältnis bestehen bleibt oder beendet werden soll, von allen Parteien fundierter und sachlicher vorbereitet werden. Im Einzelfall können die Ausbildungsberater auch versuchen, den Wechsel in einen anderen Ausbildungsbetrieb zu bewirken, damit gerade in der zweiten Hälfte der Ausbildungszeit der Abschluss der Ausbildung für einen jungen Menschen unter veränderten betrieblichen Rahmenbedingungen noch erreicht und somit ein Ausbildungsabbruch vermieden werden kann.

Beispiel: Ali Resa teilt Thorsten Mainau mit, wie das letzte Gespräch mit Luis Felix verlaufen ist. Er erzählt ihm auch, dass sie eigentlich zu keinem Ergebnis gekommen sind und einige Punkte offen blieben. Er formuliert auch seinen Eindruck als Ausbilder, dass es nicht viel Sinn macht, ein solches Gespräch nochmals zu führen. Thorsten Mainau hat als Ausbildender die Idee, einen Ausbildungsberater einzuschalten, weil er nicht möchte, dass die bereits erkennbaren Konflikte im Betrieb mit Luis größer werden oder gar eskalieren und am Ende womöglich Luis die Ausbildung hinschmeißt. Er möchte ihn gerne im Betrieb behalten, sofern das für beide Seiten tragbar erscheint.

Einige Zeit später hat Thorsten Mainau ein Gespräch mit dem Auszubildenden Luis Felix, dem Ausbilder Ali Resa und dem zuständigen Ausbildungsberater der Handwerkskammer, Martin Kranz, organisiert. Das Gespräch wird durch den Ausbildungsberater geführt. Nachdem er sich vorgestellt und seine Funktion erläutert hat, bittet er Luis Felix einmal aus seiner Sicht darzustellen, wie er die derzeitige Situation im Betrieb empfindet, auch mit Blick auf die im letzten Gespräch mit Ali Resa thematisierten Unstimmigkeiten aus betrieblicher Sicht und seinem (angeblichen) Fehlverhalten, also seine Unpünktlichkeit und seine unsaubere Arbeitskleidung. Luis erläutert den Anwesenden, dass er sich sehr gegängelt vorkomme und den Eindruck habe, überhaupt nichts mehr richtig zu machen. Auf die guten Leistungen, die er in der Berufsschule zustande bringe, werde er kaum angesprochen. Das falle keinem mehr auf. Darüber hinaus sei man zunächst froh darüber gewesen, dass er auch einen Transporter fahren dürfe, was er auch gerne tun würde. Doch die anderen Fahrer, insbesondere Orkhan Günc, hätten ihm schnell zu verstehen gegeben, dass das Fahren der Transporter ihr Job sei und nicht seiner. Er müsse erstmal die typischen Dinge in der Ausbildung lernen. Deshalb habe er jetzt auch keinen richtigen Bock mehr auf die Ausbildung, obwohl sie ihm anfänglich viel Spaß gemacht habe und der Betrieb eigentlich ganz in Ordnung sei.

Nach diesen Erläuterungen schauen sich Thorsten Mainau und Ali Resa etwas fragend an und Thorsten Mainau ergreift das Wort. Er verdeutlicht Luis, dass er vieles von dem, was er jetzt erzählt habe, in dieser Form gar nicht wusste und dass er manches jetzt auch anders sehe. Ihm sei auch aufgefallen, dass sich die Motivation und die anfänglich gute Laune von Luis in letzter Zeit deutlich verschlechtert habe. Aber er wäre nie auf die Idee gekommen, dass das irgendwie mit dem Thema „Fahren der Transporter“ zusammenhängen könnte. Eine Sofort-Lösung habe er nicht parat, aber er werde sich um dieses Thema mit Ali Resa zusammen kümmern. Darüber hinaus signalisiert er Luis Felix auch, dass er grundsätzlich großes Interesse habe, ihn im Betrieb zu halten, wenn sich sein Verhalten wieder verbessern würde. Zusammen mit dem Ausbildungsberater verabreden Thorsten Mainau, Ali Resa und Luis Felix gemeinsam einen Fahrplan, wie sie die Probleme künftig weiter angehen und lösen wollen und wann sie sich wieder treffen werden. Wesentlich zufriedener als beim letzten Mal verabschieden sich alle voneinander.

7.6 Vermeiden interkultureller Konflikte

zukünftige Fachkräfte mit Migrationshintergrund

Der Anteil von Jugendlichen mit nicht-deutscher Herkunft ist in den letzten Jahrzehnten stetig gewachsen. Junge Menschen mit Migrationshintergrund und/oder Migrationserfahrung, welche die erforderliche Leistungsfähigkeit und Leistungsbereitschaft mitbringen, werden die Fach- und Führungskräfte der Wirtschaft von morgen sein. Wenn Betriebe keine oder nur sehr geringe Erfahrung mit Auszubildenden mit Migrationshintergrund haben, besteht jedoch die Gefahr, dass Ausbildende aus Unkenntnis kultureller Unterschiede und dem Umgang damit überfordert sind.

Beispiel: Der Geselle Orkhan Günc beobachtet den Auszubildenden Ahmet Demir am Anfang der Ausbildung dabei, wie dieser abends nach einem recht anstrengenden Arbeitstag Alkohol im Kreise der anderen Kollegen trinkt. Er reagiert verwundert und etwas erbost darauf und fragt, ob er nicht auch aus einem islamischen Kulturkreis käme. Ahmet Demir bejaht das, erklärt aber, dass seine Familie und er zur Glaubensgemeinschaft der Aleviten gehören und Alkohol bei ihnen kein Tabuthema sei.

Die anderen Kollegen verstehen die Aufregung nicht so ganz und wussten auch nicht, dass es im islamischen Kulturkreis unterschiedliche Richtungen oder Glaubensgemeinschaften gibt. Einer überlegt, ob Ahmet denn auch Schweinefleisch essen dürfe. Dieser winkt nur ab und meint: „Fang du nicht auch noch damit an ..."

Negative Konflikte bis hin zu Ausbildungsabbrüchen können die Folge sein. Es besteht deshalb Bedarf an Lösungsansätzen zur Vermeidung von interkulturellen Konflikten. Dazu muss zunächst Klarheit darüber bestehen, wodurch solche Konflikte gekennzeichnet sind und wie sie entstehen.

„zwischen den Kulturen"

Bei dem Begriff „interkulturell" liegt die Betonung auf „zwischen den Kulturen". Zwischen den Kulturen kann es Verbindendes geben, meist überwiegt aber eher das Trennende. Dazu zählen nicht ausreichende Kenntnisse der deutschen Sprache, die den Informationsaustausch erschweren, unterschiedliche Kontextdeutungen, die zu Verständnisproblemen führen oder auch die strikte Einhaltung religiöser Regeln und Rituale während des Arbeitsalltags.

Konfliktpotenziale mit interkulturellem Hintergrund

Darüber hinaus gibt es aber auch noch andere Konfliktursachen, die nicht nur, aber auch interkulturelle Ursachen haben können, wie z.B. Rollenkonflikte, die Auszubildende aufgrund unterschiedlicher Erwartungshaltungen ihrer Familie und ihres Freundeskreises oder ihrer Kollegen aushalten müssen.

Beispiel: Ahmet Demir hat viele Freunde in der Berufsschule aus dem deutschen und auch aus dem islamischen Kulturkreis. Die meisten gehören irgendeiner Religionsgemeinschaft an. Insbesondere zu Zeiten des Ramadan wird er von seinen Freunden aus einer anderen islamischen Religionsgemeinschaft immer mal wieder gefragt, warum er denn in der Schulmensa auch Schweinfleisch esse, manchmal stresst ihn das schon.

Gibt es im betrieblichen Alltag interkulturelles Konfliktpotenzial, sollte sich alle Beteiligten bemühen, interkulturelle Konflikte erst gar nicht entstehen zu lassen, sie aber auf jeden Fall sehr ernst zu nehmen, damit sie sich nicht bis zur Eskalation zuspitzen. Das gilt natürlich auch für alle anderen Konflikte bzw. Konfliktpotenziale.

Da eine völlige Vermeidung von interkulturellen Konflikten - ebenso wie von anderen Konflikten - im Ausbildungsalltag kaum möglich sein wird, sollten deshalb rechtzeitig bei Auftreten von Spannungen Schritte zur Führung eines Konfliktgesprächs eingeleitet werden.

Oftmals ist ein besseres Verständnis für das Verhalten und die Einstellung des Gegenübers bereits hilfreich, um Lösungen zu finden.

Sofern innerbetrieblich keine Konfliktlösungen gefunden werden können, sollten externe Stellen aufgesucht werden.

7.7 Ausbildungsabbrüche: Ursachen und Ansätze zur Vermeidung von Vertragslösungen

Gefahr eines Ausbildungsabbruchs

Die größte Sorgfalt bei der Auswahl des Bewerbers und die beste Ausbildung sind keine Garantie dafür, dass der Auszubildende seine Ausbildung mit der bestandenen Gesellen-/Abschlussprüfung erfolgreich vollendet. Wenn es nicht gelingt, vorhandene Lernschwierigkeiten oder andere Probleme zu beheben, besteht die Gefahr eines Ausbildungsabbruchs.

Obwohl sich die Situation auf dem Ausbildungsstellenmarkt entschärft hat, ist die Abbrecherquote problematisch: 2016 lag der Anteil der vorzeitig gelösten Ausbildungsverträge an den neu abgeschlossenen Verträgen allein im Handwerk bei durchschnittlich 35,7 %[1].

Unter einem Ausbildungsabbruch versteht man im Berufsalltag vor allem die vorzeitige Lösung eines Ausbildungsvertrages entweder durch Kündigung eines Vertragspartners oder in gegenseitigem Einvernehmen. Bei genauerer Betrachtung kann man jedoch feststellen, dass nicht jeder Auszubildende, bei dem der Vertrag in einem Ausbildungsbetrieb vorzeitig gelöst wurde, sich komplett aus dem Beruf oder der Branche verabschiedet. In vielen Fällen nehmen solche „Ausbildungsabbrecher" zu einem späteren Zeitpunkt oder an einem anderen Ort die gleiche oder eine ähnliche Ausbildung auf oder führen die alte Ausbildung fort. Die Hintergründe, die zu einer vorzeitigen Lösung eines Ausbildungsvertrags führen, sind vielfältig und werden von den Beteiligten unterschiedlich dargestellt.

---

[1] *Quelle: https://www.destatis.de/DE/ZahlenFakten/GesellschaftStaat/BildungForschungKultur/BeruflicheBildung/Tabellen/GeloesteAusbildungsvertraege.html;jsessionid=2B75947C8423BEC90042E4E9F2413DD4.InternetLive2*

Gründe von Auszubildenden für vorzeitigen Ausbildungsabbruch

Auszubildende begründen eine vorzeitige Lösung des Ausbildungsvertrages wie folgt:

- Schwierigkeiten mit dem Ausbilder oder mit Kollegen,
- einen besseren Ausbildungsplatz gefunden,
- Ausbildungsmängel, z.B. häufige ausbildungsfremde Tätigkeiten,
- kein Gefallen am gewählten Beruf,
- gesundheitliche Gründe.

Die Qualität der schulischen Vorbildung sowie das Alter von Auszubildenden sind in den letzten Jahren gestiegen. Dies mag dazu führen, dass diese ihre Ausbildung kritischer beurteilen als früher und den Ausbildungsvertrag heute ohne Zustimmung der Eltern lösen können. Bei Kleinbetrieben liegt die Auflösungsquote höher als bei großen Betrieben. In kleinen Betrieben geht die Vertragslösung gleichermaßen von Auszubildenden und Betrieben aus.

Ursache für Ausbildungsabbrüche aus Ausbildersicht

Ausbilder geben als Ursache für Ausbildungsabbrüche folgende Gründe an:

- mangelnde Leistung des Auszubildenden,
- fehlende Motivation,
- häufige Abwesenheit im Betrieb oder in der Berufsschule,
- wiederholtes Fehlverhalten (z.B. Diebstahl).

Auch die Betriebsaufgabe muss als Ursache der Vertragslösungen in diesem Zusammenhang genannt werden.

Aus Sicht des Auszubildenden wie aus Sicht des Ausbildungsbetriebes ist jeder Ausbildungsabbruch bzw. jede vorzeitige Vertragslösung negativ zu bewerten: Oft ist ein Abbruch Ausdruck mehr oder weniger krisenhafter Störungen im Prozess der beruflichen Entwicklung des jungen Menschen. Für den Ausbildungsbetrieb ist jeder Ausbildungsabbruch eine Fehlinvestition.

Maßnahmen zur Vermeidung von Ausbildungsabbrüchen

Folgende Maßnahmen zur Konfliktbewältigung und Vermeidung von Ausbildungsabbrüchen sind denkbar:

- pädagogische Qualifikation der Ausbilder verbessern,
- dem Auszubildenden bei Umstellungsschwierigkeiten helfen,
- die Konfliktfähigkeit des Auszubildenden fördern,
- lernschwache Jugendliche besonders fördern,
- mit dem Elternhaus Kontakt aufnehmen,
- mit den Partnern im dualen System der Berufsausbildung kooperieren, Ausbildungsberater und Bildungsbeauftragte (früher: Lehrlingswarte) hinzuziehen,
- vor Vertragsabschluss einen ausreichenden Überblick über den Ausbildungsverlauf vermitteln.

Schlüsselfunktion des Ausbilders

Ausbilder nehmen eine Schlüsselfunktion bei der Verminderung von Ausbildungsabbrüchen bzw. der vorzeitigen Lösung von Ausbildungsverträgen ein (über 40 % der vorzeitigen Vertragslösungen sollen aus Schwierigkeiten mit dem Ausbilder resultieren). Daher muss in vielen Fällen die pädagogische Kompetenz des Ausbilders durch Fortbildung erhöht werden, um eine Reduzierung von Ausbildungsabbrüchen zu bewirken.

Unterstützung durch Ausbildungsberater und Beauftragte für Bildung

Wichtig ist der Kontakt des Ausbilders zum zuständigen Ausbildungsberater der Handwerkskammer oder zum Beauftragten für Bildung (Lehrlingswart) der Innung. Der Ausbilder sollte sich nicht scheuen, die umfangreiche Erfahrung mindestens einer dieser Institutionen in Anspruch zu nehmen. In der Regel können erfahrene Ausbildungsberater und Bildungsbeauftragte in Fällen von Ausbildungsproblemen Möglichkeiten und Wege aufzeigen, die einen endgültigen Ausbildungsabbruch oder eine vorzeitige Vertragslösung verhindern können. Gerade Ausbildungsberater können wichtige Tipps und Informationen auch zur rechtlichen Seite eines drohenden Ausbildungsabbruchs geben. Die Beauftragten für Bildung wiederum besitzen i.d.R. ein hohes Maß an Anerkennung in den Betrieben und können ebenfalls zwischen den Beteiligten vermitteln.

7.8 Schlichtungsverfahren für Ausbildungsstreitigkeiten

Einberufung eines Schlichtungsverfahrens

In manchen Fällen lassen sich Streitigkeiten und Konflikte auch durch das Einschalten von Bildungsbeauftragten oder Ausbildungsberatern nicht lösen. Dann ist die Einberufung eines Schlichtungsverfahrens durch einen Schlichtungsausschuss sinnvoll. Seine Aufgabe ist insbesondere die Streitbeilegung im Konfliktfall sowie die Suche nach interessensgerechten Lösungen zur Vermeidung von gerichtlichen Auseinandersetzungen.

Die Handwerksinnung ist gemäß § 67 Abs. 3 HwO sowie § 111 Abs. 2 Arbeitsgerichtsgesetz berechtigt, einen Ausschuss zur Schlichtung von Streitigkeiten aus Ausbildungsverhältnissen zu errichten. Die Handwerkskammer erlässt die erforderliche Verfahrensordnung. Dem Ausschuss gehören Arbeitgeber- und Arbeitnehmervertreter in gleicher Anzahl an. Der Ausschuss bestimmt aus seiner Mitte einen Vorsitzenden, der erforderliche juristische Kenntnisse haben und mit dem Ausbildungswesen vertraut sein sollte. Er ist zur Neutralität gegenüber den Schlichtungsparteien verpflichtet.

Der Ausschuss zur Schlichtung von Ausbildungsstreitigkeiten ist für alle Berufsausbildungsverhältnisse der in der Handwerksinnung vertretenen Handwerke zuständig, gleichermaßen für Innungs- und Nichtinnungsmitglieder.

Ablauf des Schlichtungsverfahrens

Der Ablauf des Schlichtungsverfahrens lässt sich in vier Schritten darstellen:

1. Antrag auf Schlichtungsverfahren/Anrufung des Ausschusses (beispielsweise bei einem Widerspruch gegen Kündigung),
2. Schlichtungstermin (spätestens zwei Wochen nach Antragsstellung),

3. Anhörung vor Schlichtungsausschuss/Verfahren vor dem Ausschuss,
4. Abschluss des Verfahrens.

Vergleich

Im günstigsten Fall kann ein Verfahren durch einen Vergleich beendet werden; dieser beinhaltet eine gütliche Einigung beider Parteien. Darin können die Fortführung oder Beendigung des Ausbildungsverhältnisses und die dabei zu berücksichtigenden Bedingungen festgelegt werden.

Spruch in einem Schlichtungsverfahren

Kommt kein Vergleich zustande, fällt der Schlichtungsausschuss einen Spruch, der einem Gerichtsurteil ähnelt. Aus Vergleichen, die vor dem Ausschuss geschlossen wurden, oder aus Sprüchen des Ausschusses, die von beiden Seiten anerkannt wurden, findet die Zwangsvollstreckung statt (§111 Arbeitsgerichtsgesetz).

Klageerhebung beim Arbeitsgericht

Wird ein vom Ausschuss gefällter Spruch nicht innerhalb von einer Woche von beiden Parteien anerkannt, so kann binnen zwei Wochen nach ergangenem Spruch Klage beim zuständigen Arbeitsgericht erhoben werden. Das Verfahren wird beendet, wenn ein Beteiligter (der Antragssteller) nicht erscheint und sich auch nicht vertreten lässt oder der Antrag zurückgenommen wird.

Voraussetzung für die Teilnahme an einem Schlichtungsverfahren ist ein bestehendes Ausbildungsverhältnis. Nach dessen rechtskräftiger Beendigung kann das Schlichtungsverfahren nicht mehr durchgeführt werden.

Maßnahmen zur Vermeidung von Rechtsstreitigkeiten

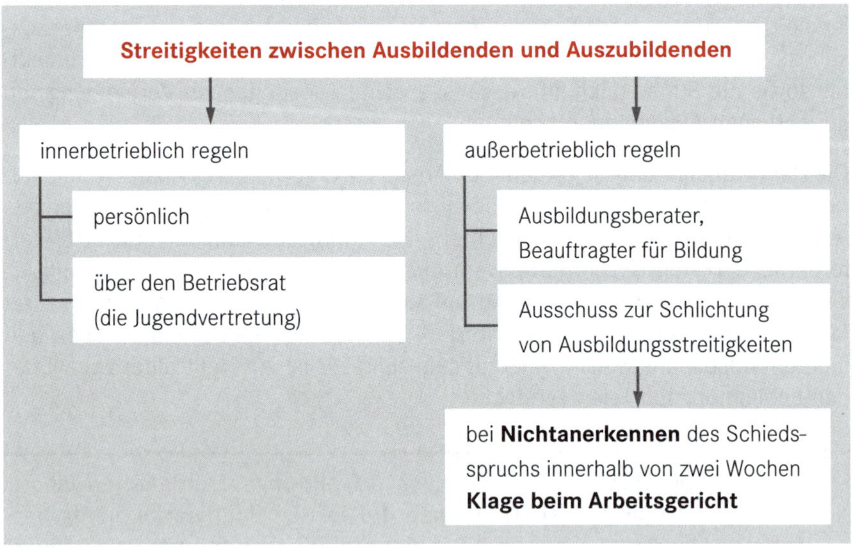

Möchten Sie üben? Tests und Aufgaben finden Sie im Sackmann-Lernportal.

Kompetenzen:

Das sollten Sie als zukünftiger Meister kennen:

- ✔ Entwicklungsaufgaben Jugendlicher in der Ausbildung beschreiben, entwicklungstypisches Verhalten von Auszubildenden sowie maßgebliche Umwelteinflüsse bei der Gestaltung der Ausbildung berücksichtigen,
- ✔ Bedeutung des Betriebes für die Sozialisation Auszubildender beschreiben,
- ✔ Kommunikationsprozesse während der Ausbildung gestalten, Kommunikationsfähigkeit der Auszubildenden fördern,
- ✔ auffälliges Verhalten und typische Konfliktsituationen in der Ausbildung rechtzeitig erkennen, analysieren und Strategien zum konstruktiven Umgang mit Konflikten anwenden,
- ✔ interkulturell bedingte Ursachen für Konflikte erkennen und vermeiden,
- ✔ häufige Ursachen für drohende Ausbildungsabbrüche reflektieren und Maßnahmen zu ihrer Vermeidung ergreifen,
- ✔ Schlichtungsmöglichkeiten für Streitigkeiten während der Ausbildung nutzen.

Lernen und Arbeiten im Team entwickeln

Die Probleme, die in letzter Zeit mit dem Auszubildenden Luis Felix auftraten, veranlassen Thorsten Mainau darüber nachzudenken, das Lernen und die Arbeit der Azubis stärker im Rahmen von festen Teams zu gestalten. Dass Luis auf einmal alles hinwerfen wollte, hat ihn schon geschockt. In einem Team besteht nicht so schnell die Gefahr, dass jemand ins Abseits gerät und es zu spät bemerkt wird. Teamarbeit motiviert sicher alle Beteiligten und führt zu Ergebnissen, die einer allein nicht so leicht erreicht. Aber zu Beginn müssen sich die Beteiligten im Team erst einmal zusammenraufen und jeder seinen Platz finden. „Bei welcher Zusammensetzung meiner Gesellen und Auszubildenden würde die Chemie wohl am besten stimmen?" überlegt Thorsten Mainau zunächst.

8 Lernen und Arbeiten im Team

Handwerksunternehmen wie Kleinbetriebe im Allgemeinen sind besonders geeignet, die Vorteile der Teamarbeit in Produktion und Ausbildung zu nutzen. Denn Produkte und Dienstleistungen werden in eigenen Werkstätten, auf Baustellen, beim Kunden vor Ort oder in einer anderen Vorgehensweise erbracht, bei der viele Elemente von Teamarbeit für die Erledigung von Aufträgen notwendig sind.

Vorteile von Teamarbeit

Lernen im Team hat viele positive Aspekte: hohe Motivation der Mitarbeiter, quantitativ und qualitativ bessere Leistung, geringe Fehlerhäufigkeit, bessere Nutzung des vorhandenen Wissens und der Erfahrung Einzelner, Zunahme des Problemverständnisses etc.

Jedoch ist nicht jede Arbeit in der Gruppe bzw. im Team im eigentlichen Sinne Teamarbeit. Diese unterscheidet sich von einer traditionellen Arbeitsgruppe vor allem durch den hohen Grad an Selbstständigkeit, der den Teammitgliedern bei der Planung, Durchführung und Kontrolle von Arbeitsaufgaben zur Verfügung steht.

Arbeitsgruppe

Bei einer Arbeitsgruppe macht der Meister die Vorgaben und überwacht den gesamten Arbeitsprozess. Er selbst führt eine solche Arbeitsgruppe. Im Rahmen der Ausbildung sollte als Mittel zur Förderung der Selbstständigkeit von Mitarbeitern der Übergang von einer geführten Arbeitsgruppe zu einer selbstständigen Teamarbeit angestrebt werden.

Teamarbeit

Bei der Teamarbeit steht nicht nur die organisatorische Übertragung der Arbeitsaufgaben auf eine Gruppe von Mitarbeitern, sondern auch die Berücksichtigung der Interessen und Motive der Teammitglieder zur Erfüllung der Arbeitsaufgaben im Mittelpunkt. Die Teammitglieder sind je nach Kompetenz und Erfahrung gleichberechtigt in der Lage, unterschiedliche Aufgaben zu erledigen. Dieses hohe Maß an Selbstständigkeit drückt sich in der Praxis insbesondere dadurch aus, dass in vielen Situationen eben kein Meister hinter einem steht, der ständig kontrolliert, ob die Arbeiten richtig ausgeführt werden. Das Team kontrolliert und verantwortet im Idealfall alle Arbeiten selbst.

8.1 Kriterien für die Bildung von Teams

Bevor Teamarbeit eingeführt wird, sollten einige Punkte zur Bildung eines Teams geklärt und beachtet werden. Die Einbeziehung von Auszubildenden auch aus unterschiedlichen Ausbildungsjahren in ein Team ist durchaus sinnvoll.

Beispiel: Mario di Napoli und Ahmet Demir sind beide noch nicht volljährig, während Jonas Schottke mit seinen 21 Jahren schon als ein erfahrener Auszubildender gilt. Jonas ist schon häufiger mit unterschiedlichen Gesellen auf unterschiedlichen Baustellen gewesen. Er weiß oftmals bereits nach der Vorbesprechung, welche Arbeiten auf den Baustellen gerade für die Auszubildenden anfallen werden. Er kann auch schon gut einschätzen, bei welchen Arbeiten es sinnvoll ist, mehrere Auszubildende mitzunehmen. In einem Gespräch teilt er seine Erfahrungen und Überlegungen für den Einsatz der Azubis dem Ausbilder Ali Resa mit. Dieser ergänzt noch einige wichtige Informationen gerade für die neuen Großbaustellen. Im Anschluss daran kann er nun die beiden jungen Auszubildenden gut vorbereiten und dadurch auch die Ausbildung von Ali Resa etwas unterstützen.

Damit ist Teamarbeit und Ausbildung im Team Bestandteil des auftragsorientierten Lehrens und Lernens.

Teamarbeit notwendig?

- Geeignete Aufgaben
  Zunächst muss festgestellt werden, ob die anfallenden Arbeitsaufgaben durch ein Team tatsächlich effizienter als durch einen oder mehrere einzelne Mitarbeiter erledigt werden können. Bei komplexen Aufgabenstellungen, die das Know-how verschiedener Mitarbeiter erfordern, bietet sich Teamarbeit an, z.B. bei Montageteams. Sofern eine Person die Arbeit alleine besser und schneller bewältigen kann, ist Teamarbeit natürlich nicht erforderlich.
- Geeignete Mitarbeiter
  Teamarbeit geht mit vielen arbeitsorganisatorischen und sozialen Veränderungen einher, die den Beteiligten zu Beginn der Teamarbeit zumeist noch nicht in vollem Umfang bewusst sind. Veränderte Informations- und Kom-

munikationswege, Zuständigkeiten und neue, z.T. unbekannte Anforderungen müssen im Team und durch das Team bewältigt werden.

soziale Kompetenzen

Dies erfordert eine hohe soziale Kompetenz aller Teammitarbeiter, welche zusätzlich zum vorhandenen Fach- und Praxiswissen weiterentwickelt werden muss. Dazu sollte bei allen Beteiligten die Bereitschaft vorhanden sein, sich diesen Anforderungen und der Erweiterung des Arbeitsfeldes zu stellen. Gerade das kreative Mitdenken - in Ergänzung zum Befolgen von detaillierten Anweisungen (oder auch als Ersatz dessen) - ist in der Teamarbeit sehr gefragt. Häufig müssen sich die Teammitarbeiter mit den betriebsbezogenen Einstellungen und Beurteilungen der anderen Beteiligten zunächst vertraut machen, um die Aufgaben und den Umgang mit Problemen aus den verschiedenen Sichtweisen sehen und beurteilen zu können.

Beispiel: Bei den Maurerprofis Mainau & Roth GmbH betrachtet der Vorarbeiter Silvio Barella auf der Baustelle die Arbeiten unter dem Aspekt „Hauptsache pünktlich zum vertraglich vereinbarten Termin fertig, sonst droht unter Umständen eine Vertragsstrafe.“ Sein Geselle Bernd Küster sieht seine Arbeit möglicherweise unter dem Aspekt „Die Qualität meiner Arbeitsleistung muss stimmen, damit mein Chef mit mir zufrieden und die anstehende Lohnerhöhung nicht gefährdet ist.“ Bernadette Tribbeck, die sich bei den Maurerprofis um den Einkauf kümmert, ist vor allem wichtig: „Hauptsache die Materialien preiswert beschaffen, auch wenn es etwas länger dauert.“

Verbesserung der Teamfähigkeit

Die Teamfähigkeit von Mitarbeitern zu fördern und zu verbessern, ist Aufgabe der Personalentwicklung und somit des Vorgesetzten. Fort- und Weiterbildungsmaßnahmen werden inner- oder außerbetrieblich angeboten.

Sofern der Betrieb eigene Weiterbildungsmaßnahmen einleitet, müssen ergänzend zu grundsätzlichen Fragestellungen wie z.B. Inhalte und Zielgruppe der Maßnahme, Instrumentenauswahl zur Durchführung, Erfolgs- und Transfersicherung weitere Überlegungen angestellt werden, die die Arbeits- und Lernprozesse der Teilnehmer anregen und unterstützen.

- Kernaufgaben des Teams

Aufgaben präzise formulieren

Die komplexen und komplizierten Aufgaben, die durch das Team bearbeitet werden sollen, müssen gerade zu Beginn einer Teamarbeit möglichst präzise formuliert werden. Als Orientierung dient beispielsweise die Unterscheidung nach sog. W-Fragen (Was muss als Aufgabe konkret erledigt werden? Wie viele Ressourcen werden benötigt? Wann muss die (Teil-)Aufgabe erfüllt sein? Wo ist die Aufgabe zu erledigen? Wer ist für die Abarbeitung verantwortlich? Wer führt die (Detail-)Aufgabe durch? etc.). Diese Präzisierung erweist sich häufig als recht schwierig, da ein Team eine Vielzahl von Aufgaben erledigen muss. Es kann hilfreich sein, Kernaufgaben und Nebenaufgaben zu formulieren. Die Prioritäten der Aufgaben können sich im Laufe der Arbeit des Teams auch einmal ändern.

- Sachausstattung des Teams
  In Handwerksbetrieben gehören z.B. besondere Materialien und Werkzeuge zur Sachausstattung eines Teams, ebenso wie Computer, die zur Erfassung von Informationen benötigt werden (Anschriften, Bestellungen, Reparaturangaben etc.). Auch die ständige Erreichbarkeit der Teammitarbeiter während der Arbeitszeit kann notwendig sein, sodass die Anschaffung von Handys in Frage kommt. Die möglichen Kosten sollten von der Betriebsleitung jedoch nicht unterschätzt werden.

Materialien und Werkzeuge bereitstellen

- Rollen im Team
  In einem Team ist eine Rollenaufteilung oftmals notwendig und hilfreich. Dabei kommt es im Hinblick auf die Effizienz und Effektivität des Teams grundsätzlich nicht darauf an, ob diese Aufteilung der Rollen von außen erfolgt oder von innen entwickelt wird. In der Praxis findet sich häufig eine Mischung zwischen von außen gesetzten allgemeinen Rollenverteilungen und von innerhalb des Teams entwickelten Rollendetailzuordnungen wieder. Eine wesentliche Rolle nimmt der Teamleiter ein, der die Teammitglieder nach außen vertritt und Anforderungen der Unternehmensführung an die Gruppe weiterleitet. Bei begründeten Unstimmigkeiten in der Gruppe muss ein Teamleiter in der Lage sein, eine bestimmte Richtung vorzugeben, um eine konstruktive Weiterarbeit zu ermöglichen. Diese Rolle ist in vielen Fällen mit einem Mitarbeiter besetzt, der über hohen fachlichen Sachverstand, aber auch über sozial-kommunikative Kompetenzen und langjährige betriebliche Erfahrungen verfügt. Deshalb kommt hierfür nicht unbedingt der kompetenteste Techniker in Frage. Eine andere Rolle stellt der Sprecher eines Teams dar. Er muss nicht zwingend auch Teamleiter sein. Der Teamsprecher wird oftmals aufgrund seiner Fähigkeit, die Sichtweise und Vorstellung des Teams besonders gut gegenüber anderen Abteilungen oder der Unternehmensführung darstellen zu können, bestimmt. Hierfür sind oftmals besonders hohe sozial-kommunikative Fähigkeiten erforderlich.

Rolle des Teamleiters

Teamsprecher

Da aufgrund der zumeist recht intensiven Zusammenarbeit in einem Team soziale Spannungen sehr belastend sein können, müssen solche Spannungen in regelmäßig stattfindenden Teambesprechungen thematisiert werden. Sie können sonst zu einer Verringerung der Leistungen des Teams oder im schlimmsten Falle auch zum Scheitern der Teamarbeit bzw. des gesamten Teams führen.

Teambesprechungen

8.2 Zusammenarbeit im Team

Teamfähigkeit

Teamfähigkeit ist in der beruflichen Praxis eine sehr wichtige Schlüsselqualifikation. Soziale Fähigkeiten wie Kommunikations-, Kooperations- und Teamfähigkeit werden nicht nur von Berufsanfängern erwartet. Umso wichtiger ist es, dass Auszubildende darauf vorbereitet werden, konstruktiv mit anderen zusammenzuarbeiten und die Arbeit in einem Team erlernen und üben können.

Im Ausbildungsalltag gibt es zwei Möglichkeiten für Auszubildende, Bestandteil eines Teams zu sein:

Ausbildungsteam

- In einem Ausbildungsteam sind alle Auszubildenden eines (größeren) Betriebs zusammengefasst, welches i.d.R. durch Ausbilder gesteuert wird.

Mitarbeiterteam

- In einem Mitarbeiterteam arbeiten die Auszubildenden mit anderen Mitarbeitern, d.h. Gesellen, Facharbeitern, Meistern etc. zusammen.

Wie kann man beide Teamvarianten weiter charakterisieren und auch voneinander abgrenzen?

Zielsetzung von Teams

Zunächst unterscheiden sich die beiden Teams durch die jeweilige Zielsetzung.

- Im Rahmen eines Ausbildungsteams werden die Jugendlichen von einem oder mehreren Ausbildern und ggf. weiteren Personen befähigt, die Ziele ihrer Ausbildung zu erreichen und das notwendige Fachwissen sowie die Erfahrungen hierfür zu erwerben. Im Mittelpunkt steht somit der Ausbildungserfolg. Eine Teamzugehörigkeit ist besonders zu Beginn der Ausbildung auch deshalb wichtig, da sie den Jugendlichen Orientierung und ein Gefühl der Sicherheit bietet und sich daher positiv auf ihre persönliche Entwicklung auswirkt.

Beispiel: Die Auszubildenden Mario di Napoli (16), Luis Felix (18), Jonas Schottke (21) und Ahmet Demir (17) wollen die Ausbildung zum Maurer erfolgreich abschließen, um anschließend den Beruf auch ausüben zu können und zu dürfen. Auch wenn sie sich in unterschiedlichen Ausbildungsjahren befinden, verfolgen sie alle das gleiche Ziel. Sie können sich als Gruppe der Auszubildenden hierbei auch unterstützen und gegenseitig helfen, z.B. bei Problemen in der Berufsschule. Thorsten Mainau unterstützt seine Auszubildenden, indem er ihnen dafür Zeit und auch einen Raum zur Verfügung stellt, wo sie ungestört lernen können.

- Das Ziel von Mitarbeiterteams ist die Verfolgung des Unternehmerzwecks sowie die erfolgreiche Bearbeitung und Durchführung von Kundenaufträgen. Die Zugehörigkeit von Auszubildenden zu Mitarbeiterteams ist oftmals Ausdruck einer betrieblichen Notwendigkeit, an der Erledigung von Aufträgen (ggf. auch beim Kunden) vor Ort mitzuwirken. Der Auszubildende wird an die betriebliche Alltagswirklichkeit herangeführt, um seinen Beitrag durch zunehmenden Kompetenz- und Erfahrungserwerb hierfür zu leisten. Auszubildende durchlaufen während ihrer Ausbildung verschiedene Abteilungen und müssen sich dort für eine begrenzte Zeit in die vorhandenen Teams einfügen.

Beispiel: Luis Felix wollte schon alles hinschmeißen, weil er mit verschiedenen Dingen in der Ausbildung sehr unzufrieden war. Nach einem klärenden Gespräch mit dem Chef, dem Ausbilder und dem Ausbildungsberater hat er aber neue Motivation erhalten, da er jetzt auch mit Gesellen zusammenarbeitet, mit denen er sich gut versteht. Dort darf er auch ab und zu den Transporter zur oder von der Baustelle fahren, zumal er hierfür sehr gut geeignet ist.

Leitung und Delegieren von Aufgaben

Zwei weitere, eng zusammenhängende Unterscheidungskriterien sind die Leitung und das Delegieren von Aufgaben in den beiden Teams.

- Bei Ausbildungsteams wird die Teamleitung i.d.R. vom Ausbilder übernommen, der sich um die Verfolgung und Erreichung der Ausbildungsziele der Auszubildenden zu kümmern hat. Sofern Jugendliche aus unterschiedlichen Ausbildungsjahrgängen zusammen ein Ausbildungsteam bilden, können einzelne (Leitungs-) Aufgaben und Verantwortungsbereiche durchaus auch erfahreneren Auszubildenden übertragen werden.
- Bei Mitarbeiterteams liegt die Teamleitung immer bei einer oder mehreren Führungspersonen (z.B. Meister, Techniker, Projektleiter, Werkstattleiter, Objektleiter, Montageleiter etc.). Diese sind i.d.R. langjährige Mitarbeiter, die sich durch besondere Kompetenzen und Erfahrungen auszeichnen. Sie übertragen den Auszubildenden einzelne Arbeitsschritte, die diese aufgrund ihres Ausbildungsstandes (schon) beherrschen.

Kommunikation zwischen Teammitgliedern

Ebenfalls bedeutsam im Rahmen der Zusammenarbeit der beiden Teams ist die Beziehung und Kommunikation zwischen den Mitgliedern.

- Bei Ausbildungsteams ergibt sich zwischen den Auszubildenden und ihrem Ausbilder ein Beziehungsverhältnis, welches durch die klar zugeordneten Positionen - nämlich Auszubildende und Ausbilder - bestimmt wird. Davon zu unterscheiden sind die Beziehungen der Auszubildenden untereinander. Grundsätzlich ist in Ausbildungsteams eine hohe Identifikation mit der Peergroup (Gleichaltrigen-Gruppe) vorhanden. Gerade unter Jugendlichen verstärkt sich der Einfluss von Gleichaltrigen; gleiche Interessen und identische Kommunikationswege prägen das Miteinander und bieten den jungen Leuten Selbstdarstellungs- und Identifikationsmöglichkeiten. Die Gruppe bietet ihnen Sicherheit und Orientierung. Häufig wird eine typische Jugendsprache verwendet, wenn der Ausbilder gerade nicht zuhören kann. In dem Team sind jedoch immer auch spontane Entwicklungen möglich, da ein stabiles Teamgefüge noch nicht ausgeprägt ist. Es kann sowohl zu einer Intensivierung der Zusammenarbeit und des Zusammenhaltes kommen als auch ins Gegenteil umschlagen, in dem Konflikte auftreten oder sogar Machtkämpfe ausbrechen. Orientierungslosigkeit bzw. die Suche nach Orientierung einzelner Teammitglieder sind die Folge.

Alles verstanden?
Testen Sie Ihr Wissen im Sackmann-Lernportal.

Beispiel: Die Beziehung zwischen dem Ausbilder Ali Resa und den Auszubildenden der Mainau & Roth GmbH ist durchweg positiv. Auch die Auszubildenden verhalten sich untereinander kollegial. Anfangs hatte jedoch Mario di Napoli als jüngster Auszubildender ein paar Schwierigkeiten mit Jonas Schottke, dem ältesten Auszubildenden. Luis Felix nahm zu dieser Zeit die Rolle eines Vermittlers zwischen den beiden im Ausbildungsteam ein. Später fand dann auch eine Aussprache zwischen Jonas und Mario statt. Danach gab es keine Schwierigkeiten mehr. Von alledem haben der Ausbilder Ali Resa und auch die anderen Gesellen so gut wie nichts mitbekommen.

- Demgegenüber ist das Gefüge der Beziehungen in Mitarbeiterteams durch relativ klar definierte Rollen und Positionen im Betrieb fester umrissen. Gerade das Vorhandensein bestimmter Fach- und Führungspositionen erleichtert die Orientierung in solchen Teams. Die Kommunikationsmuster der Facharbeiter und Führungspersonen sind für Auszubildende in Mitarbeiterteams ein wichtiger Maßstab der Orientierung in der Arbeitswelt, die im Laufe der Zeit vielfach übernommen werden.

Die nachfolgende Tabelle stellt die Merkmale von Zusammenarbeit in unterschiedlichen Teams übersichtlich zusammen.

Unterschiede Ausbildungsteam/ Mitarbeiterteam

Unterscheidungs-kriterium	Ausbildungsteams	Mitarbeiterteams
Zielsetzung	Ausbildungsziele, Ausbildungserfolg	betriebliche Ziele, Unternehmenszweck
Leitung und Delegation	Ausbilder; ggf. erfahrene Auszubildende	Fach-/Führungspersonen; sofern keine besonderen Umstände dagegen sprechen, auch geeignete Auszubildende
Beziehung	feste Zuordnung der Rollen zwischen Ausbildern und Auszubildenden; Beziehung zwischen Auszubildenden offen, nicht definiert (Machtkämpfe, Orientierungslosigkeit möglich)	klare Zuordnung aufgrund der Position bzw. Stellung im Unternehmen; eindeutige Orientierung an Fach-/Führungspersonen relativ einfach möglich
Kommunikation	Verwendung einer typischen Jugendsprache relativ häufig; hohe Identifikation mit Peergroup möglich	starke Orientierung am Kommunikationsmuster der Leitungspersonen

Um die Zusammenarbeit und ein effektives Arbeiten in Teams zu fördern, müssen mögliche entgegenstehende Schwierigkeiten verringert oder abgebaut werden. Folgende Schritte und Maßnahmen, die durch die Leitung des Betriebes (insbesondere Meister und Ausbilder) veranlasst werden müssen, bieten sich hierfür an:

Aufstellung und Einhaltung von Regeln

- Einhaltung von Regeln und Prinzipien zur Teamstruktur und Organisation der Zusammenarbeit
  Die Zusammenarbeit eines Teams hängt maßgeblich von der Zusammensetzung ab. In einem Team treffen viele verschiedene Charaktere mit z.T. sehr unterschiedlichen Qualifikationen aufeinander, die sich z.B. hinsichtlich ihrer Motivation, ihrer Leistungsfähigkeit, ihres Macht- und Führungsanspruchs und ihrer Kollegialität unterscheiden. Die unterschiedlichen Rollen und die Art und der Umfang der Zusammenarbeit im Team müssen sich zunächst entwickeln | ► Phasen der Teamentwicklung, S. 300 |. Als Richtschnur dienen dem Team hierfür die vom Unternehmen gesetzten, zu erreichenden Zielvorgaben. Auch wenn ein gut funktionierendes Team keine Detailvorgaben benötigt, so stellt eine Orientierung an den wesentlichen Kriterien Zeit, Qualität und Kosten ein wichtiges Prinzip dar, welches von der Unternehmensleitung durch regelmäßige Kontrollen des Fortschritts der Teamarbeit überprüft werden sollte.

Kompetenzstärkung der Teammitglieder

- Fachliche, methodische und soziale Kompetenzstärkung der einzelnen Teammitglieder
  Die positive Zusammenarbeit der Teammitglieder hängt maßgeblich davon ab, über welche Fähigkeiten, Fertigkeiten und Kenntnisse sie verfügen. Dabei spielen nicht nur die fachlichen und methodischen, sondern auch die sozialen Kompetenzen eine wesentliche Rolle. Hierüber muss sich die Leitung eines Betriebes im Vorfeld im Klaren sein und ggf. Maßnahmen zur Schaffung ausreichender Kompetenzen bei den Teammitgliedern ergreifen (z.B. Schulungsmaßnahmen, Mitarbeitergespräche, Gruppendiskussionen, Zielvereinbarungsgespräche).

Kenntnis über Konfliktpotenzial im Team

- Beobachtung problematischer gruppendynamischer Prozesse und Konfliktherde, die den Zusammenhalt und die Leistungsfähigkeit des Teams gefährden können
  In keinem Team läuft die Zusammenarbeit dauerhaft harmonisch und konstruktiv ab. Es können negative Spannungen und Konflikte auftreten bzw. gruppendynamische Prozesse entstehen, die den Zusammenhalt im Team gefährden, z.B. Demotivation durch ständiges Abstimmen und Kommunizieren, Machtansprüche und Dominanzstreben einzelner, eine Null-Bock-Mentalität sowie Trittbrettfahrer-Positionen zu Lasten der anderen Teammitglieder. In diesen Fällen muss die Betriebsleitung rechtzeitig gegensteuern.

Der Idealfall einer Teamarbeit, bei dem die Teammitglieder alle Aufgaben umfassend erledigen, sich konstruktiv an der Lösung von Problemen beteiligen und sich durch besonderen Einsatzwillen auszeichnen, ist jedoch häufig nicht gegeben. In der betrieblichen Praxis ist eher zu beobachten, dass Teams positive wie negative Phasen durchlaufen. Daraus ergeben sich praktische Schlussfolgerungen für die Führung von Teams.

Im Folgenden werden fünf Phasen einer Teamentwicklung dargestellt:

Phasen einer Teamentwicklung

- Phase 1 - Forming
  Wenn ein Team neu eingerichtet wird, sind die Mitglieder zunächst eher unsicher und orientierungslos. Diese Unsicherheit wird u.a. dadurch hervorgerufen, dass sie nicht wissen, welche Rolle man im Team einnehmen soll und kann, man „tastet sich untereinander ab“ und probiert verschiedene Verhaltensweisen aus, um herauszufinden, wie die anderen Mitglieder des Teams reagieren. Der Umgangston ist freundlich, Spielregeln werden versucht festzulegen, die Leistungsfähigkeit ist mittelmäßig.

  Beispiel: In einem neu eingerichteten Montageteam streben evtl. mehrere Teammitglieder die Rolle des Spezialisten an, indem sie durch ihre Fachqualifikation „glänzen“.

  Dadurch können leicht Konflikte entstehen („Ich weiß es aber besser“). In dieser Phase müssen die Teammitglieder neben den offiziellen auch die inoffiziellen Spielregeln festlegen, die für das Team gelten sollen. Je schneller man sich auf verbindliche Maßstäbe einigt, desto eher entsteht ein Wir-Gefühl.

- Phase 2 - Storming
  Während anfangs die neuen Aufgaben und Rollen von allen Teammitgliedern akzeptiert werden, entsteht in der zweiten Phase die Tendenz, Anforderungen abzulehnen, weil z.B. die Rolle des Teamleiters oder anderer attraktiver Rollen im Team nicht von allen akzeptiert werden. Hierdurch können offene oder verdeckte Konflikte, z.B. Macht- und Positionskämpfe, entstehen. So kann sich eine Opposition zu demjenigen herausbilden, der die Führungsrolle im Team innehat. In dieser Phase ist es entscheidend, dass das Team nicht grundsätzlich infrage gestellt wird, sondern nach den eigentlichen Ursachen für die auftretenden Konflikte gesucht und mit den Beteiligten eine Lösung im Rahmen von Konfliktgesprächen gefunden wird. Die Leistungsfähigkeit sinkt in dieser Phase einer Teamentwicklung merklich.

  Beispiel: Der fachlich sehr kompetente Alt-Geselle will dem noch nicht so erfahrenen Jung-Meister dessen fachliche Unzulänglichkeit demonstrieren und blockiert deshalb zeitweise die Arbeit des ganzen Teams.

- Phase 3 - Norming
  Es findet eine positive Entwicklung der Teammitglieder hin zu einem verstärkten Zusammenhalt im Team statt. Die offenen und verdeckten Konflikte (insbesondere Machtkämpfe) lassen nach, die Rollen innerhalb des Teams haben sich weitgehend herausgebildet, und jeder weiß zunehmend, woran er beim anderen ist. Die in der Anfangsphase z.T. mehrfach geänderten Teamregeln werden jetzt als notwendig akzeptiert, und Ansätze zu kooperativem Verhalten sind zu beobachten, was insgesamt zu einer Steigerung der Leistungsfähigkeit des Teams führt.

- Phase 4 - Performing
  Das Wir-Gefühl hat sich gefestigt, man arbeitet gemeinsam an der Erledigung der betrieblichen Aufgaben. Die Machtkämpfe haben aufgehört, und

Phasen einer Teamentwicklung

jeder ist sich über seine Position und die der anderen innerhalb des Teams im Klaren. Kooperation der Mitglieder ist nicht die Ausnahme, sondern die Regel. Die sozial-kommunikativen Fähigkeiten der Mitglieder sind ausgeprägt, sodass anfallende Konflikte die betrieblichen Teamaufgaben nicht belasten und recht schnell ausgeräumt werden können. Das Team ist effizient und die Arbeitsleistung sehr hoch.

- Phase 5 - Mourning
  Der Zusammenhalt im Team wird brüchig und das Team steht vor der Auflösung. Die noch anfallenden Arbeiten werden regelkonform erledigt, ggf. wird nur noch „Dienst nach Vorschrift" gemacht, da jedem Teammitglied das Ende des Teams bewusst ist und besondere Anstrengungen jetzt nicht mehr lohnenswert erscheinen. Besonders zum Ende von zeitlich befristeten und einmaligen Projekten sind solche Entwicklungen vorzufinden. Die Leitung hat für einen möglichst reibungslosen Ablauf bis zum Ende zu sorgen. Sie sollte sowohl den Teammitgliedern die gebührende Anerkennung (materiell und/oder immateriell) zukommen lassen, als auch verstärkt auf die persönlichen Belange der einzelnen Teammitglieder eingehen und dabei Möglichkeiten und Wege für die Zukunft aufzeigen.

Eine Vernachlässigung solcher natürlichen Teamentwicklungsphasen kann sehr leicht dazu führen, dass das Team bei Phase 2 stehenbleibt und sich nicht in Richtung Phase 4 entwickelt.

Kompetenzen

Das sollten Sie als zukünftiger Meister können:

- ✔ Teams anhand ausgewählter Kriterien bilden,
- ✔ Zusammenarbeit im Team fördern.

Leistungen von Auszubildenden feststellen und bewerten, Leistungsbeurteilungen Dritter und Prüfungsergebnisse auswerten, Beurteilungsgespräche führen, Rückschlüsse für den weiteren Ausbildungsverlauf ziehen

Die Teamarbeit und das Lernen im Team funktionieren schon ganz gut. Nur der Auszubildende Ahmet Demir wirkt manchmal etwas verunsichert, weil neben den gewohnten positiven Rückmeldungen zu seinem Einsatz und seiner Leistung manchmal auch keine Rückmeldung kommt. Und aus dieser Unsicherheit heraus passieren hin und wieder Fehler. Er muss dann nacharbeiten und die Unsicherheit scheint zu wachsen. Das Problem greift Thorsten Mainau im Gespräch über die Entwicklung der Arbeit in den Teams auf. Er fragt seine ausbildenden Meister Fred Schumann und Ali Resa: „Habt ihr die Leistung und Entwicklung der einzelnen Auszubildenden im Blick? Seid ihr in der Lage, ihnen zu sagen, wo sie stehen? Oder können wir da gemeinsam etwas verbessern?“

9 Ausbildungserfolg feststellen

Feststellen des Erfolgs während der Ausbildung

Grundlegendes Ziel der Ausbildung ist die Vermittlung beruflicher Handlungskompetenz. Der Weg zu diesem Ziel ist lang. Das Erreichen dieses Ziels und damit der Erfolg der gesamten Ausbildung werden in der Gesellenprüfung bzw. Abschlussprüfung festgestellt. Aber es liegt auf der Hand, dass auch zwischendurch überprüft werden sollte, wie der Auszubildende vorankommt.

Daher ist es erforderlich, regelmäßig besonders nach einzelnen Ausbildungsabschnitten festzustellen, inwieweit dort gesteckte Teilziele erreicht worden sind. Dazu dienen Ausbildungserfolgskontrollen. Was darunter zu verstehen ist und welche Anforderungen bei der Durchführung beachtet werden sollen, wird im Folgenden behandelt.

Erfolgskontrollen durch die Ausbilder haben aber auch das Ziel, den Auszubildenden langfristig zu einer immer besseren Selbstkontrolle zu befähigen. Im Rahmen des Modells der vollständigen Handlung | ► S. 200 | sind Kontrolle und Bewertung wichtige Bestandteile, die erlernt werden müssen.

Beispiel: Ahmet Demir ist seit etwa zwei Monaten dem Ausbilder Fred Schumann zugeordnet. Er hat von ihm vor allem gelernt, wie Mauerwerk mit großformatigen Steinen hergestellt wird und dabei Aussparungen und Schlitze angelegt werden. In der letzten Woche hat er nun auf einer größeren Baustelle mehrere Wände nach Vorgabe überwiegend selbstständig hergestellt. Bisher hat Fred Schumann noch nichts zu seiner Arbeitsweise gesagt. Daher weiß Ahmet Demir nicht, ob er es gut gemacht hat und Fred Schumann mit seiner Arbeit zufrieden ist oder nicht.

9.1 Formen und Funktionen von Erfolgskontrollen in der Ausbildung

Die Ausbildung im dualen System erfolgt an unterschiedlichen Lernorten. Entsprechend werden innerbetriebliche und außerbetriebliche Ausbildungserfolgskontrollen unterschieden.

innerbetriebliche Erfolgskontrollen

Bei den innerbetrieblichen Ausbildungserfolgskontrollen wird zunächst in der Probezeit geprüft und kontrolliert, ob der Auszubildende grundsätzlich geeignet ist. Während der gesamten Ausbildung wird der Auszubildende dann regelmäßig durch folgende Formen der Erfolgskontrolle auf den Prüfstand gestellt:

- Lern- und Leistungskontrollen
  Während der Ausbildung soll möglichst kontinuierlich der Lern- und Leistungsstand des Auszubildenden überprüft werden.
- Verhaltensbeurteilungen
  Ziel der Ausbildung ist auch die Förderung von Persönlichkeitseigenschaften wie Sorgfalt, Belastbarkeit, Problemlösungsfähigkeit, Kooperationsbereitschaft, Kommunikationsfähigkeit. Regelmäßige Verhaltensbeurteilungen, in die auch die Bewertung dieser Persönlichkeitseigenschaften einfließt, sind daher erforderlich, um Verhaltensänderungen bewusst zu machen. Diese sollten besonders nach einzelnen Ausbildungsabschnitten durchgeführt werden.

außerbetriebliche Erfolgskontrollen

Zu den außerbetrieblichen Erfolgskontrollen gehören:

- Zwischenprüfung
  Die in der Ausbildungsordnung vorgegebene Zwischenprüfung soll ein Bild über den erreichten Ausbildungsstand geben.
- Gesellen- und Abschlussprüfung
  Durch die Gesellen-/Abschlussprüfung am Ende der Ausbildung soll festgestellt werden, ob die Ausbildungsziele insgesamt und damit die berufliche Handlungsfähigkeit erreicht worden sind.
- Klassenarbeiten/Abschluss in der Berufsschule

Darüber hinaus werden oft auch Ausbildungserfolgskontrollen in der überbetrieblichen Ausbildung durchgeführt.

Funktionen von Erfolgskontrollen

Die oben dargestellten Formen von Ausbildungserfolgskontrollen erfüllen wichtige, zum Teil unterschiedliche Funktionen:

Motivieren

- Motivieren (durch Lern- und Leistungskontrollen, Verhaltensbeurteilung, Zwischenprüfung)
  Nichts motiviert mehr als Erfolg. Es ist daher sehr wichtig, Lernfortschritte herauszustellen. Durch Erfolgserlebnisse angespornt, sind Auszubildende meist eher bereit, Lernanstrengungen zu verstärken und sich auf die Arbeit zu konzentrieren. Misserfolge sind oft ein Zeichen dafür, dass die Ziele zu weit gesteckt und die Aufgaben zu schwierig waren. Hier wird es meist notwendig, kleinere Etappenziele anzusteuern, um Erfolge zu erreichen. Wichtig ist es vor allem, häufige Misserfolgserlebnisse zu vermeiden, da sie den Auszubildenden entmutigen und das notwendige Selbstvertrauen beeinträchtigen können.

Rückmeldung und Steuerung

- Rückmeldung und Steuerung (durch Lern- und Leistungskontrollen, Verhaltensbeurteilungen, Zwischenprüfung)
  Vor allem die innerbetrieblichen Lernerfolgskontrollen zeigen dem Auszubildenden wie dem Ausbilder, ob die Ausbildungsplanung und Ausbildungsmaßnahmen Erfolg hatten. Eine konkrete, konstruktive Rückmeldung lässt den Auszubildenden auch verstehen, was nicht richtig und gut war, um es dann beim nächsten Mal besser zu machen. Lernprobleme und Fehler geben Anhaltspunkte, wo Korrekturen und eventuell ein anderes methodisches Vorgehen erforderlich sind. Zwischenprüfungen machen deutlich, ob die bis dahin vorgesehenen Fertigkeiten, Kenntnisse und Fähigkeiten beherrscht werden oder wo es notwendig ist, die Ausbildung zu intensivieren.

Prognose

- Prognose (über Lern- und Leistungskontrollen, Zwischenprüfung, Abschlussprüfung)
  Sowohl betriebliche Ausbildungserfolgskontrollen als auch die Zwischen- und Abschlussprüfung lassen erkennen, welche besonderen Fähigkeiten und Leistungen vom Auszubildenden künftig erwartet werden können. Sie geben daher Anhaltspunkte, welcher Arbeitsplatz oder welche Stelle im Betrieb für die Weiterbeschäftigung des Auszubildenden nach Ausbildungsabschluss am ehesten in Frage kommt.

Berechtigung

- Berechtigung (durch Abschlussprüfung)
  Die Abschlussprüfung und das Prüfungszeugnis sind mit bestimmten Berechtigungen verbunden. So hat der Auszubildende nach bestandener Abschlussprüfung Anspruch auf die Gesellen-/Facharbeitervergütung. Außerdem ist die abgeschlossene Ausbildung i.d.R. die Voraussetzung für eine Reihe von Fortbildungsmaßnahmen, vor allem für die Weiterbildung zum Meister.

Alles verstanden?
Testen Sie Ihr Wissen im Sackmann-Lernportal.

9.2 Grundlegende Anforderungen an Erfolgskontrollen

9.2.1 Anforderungen an die Durchführung von Erfolgskontrollen

Wenn es darum geht, den Erfolg der Ausbildung zu kontrollieren, sind unterschiedliche Sichtweisen zu berücksichtigen. Für den Ausbilder sollen Erfolgskontrollen die tatsächliche Lernleistung und das Verhalten seiner Auszubildenden widerspiegeln. Aus Sicht der Auszubildenden sollen sie vor allem gerecht ablaufen.

Anforderungen an Erfolgskontrollen

Damit Ausbildungserfolgskontrollen ihren Zweck erfüllen, ist die Beachtung der folgenden Anforderungen notwendig.

Objektivität

- Objektivität
  Die Forderung nach Objektivität bedeutet, dass verschiedene Prüfer die gleiche Leistung auch gleich beurteilen. Für die betriebliche Ausbildung heißt das: Ein Ausbilder muss Auszubildende, die gleiche Leistungen zeigen, gleich bewerten; er darf keinen bevorzugen oder benachteiligen. Dazu sind klare Vorgaben über die zu prüfende Leistung und eindeutige Bewertungs- und Beurteilungskriterien notwendig.

Beispiel: Wenn Ali Resa den beiden Auszubildenden Ahmet Demir und Luis Felix einen Arbeitsauftrag über die Herstellung vergleichbarer Schalungen für Aussparungen gibt, so sollte er die Arbeitsergebnisse nach den gleichen Kriterien bewerten, dann aber berücksichtigen, dass an Luis Felix im höheren Ausbildungsjahr auch höhere Anforderungen gestellt werden müssen.

Transparenz

- Transparenz
  Die Forderung nach Transparenz besagt, dass Schwerpunkte und Ablauf der Lernerfolgskontrollen ebenso wie die Bewertungskriterien offen gelegt werden sollen. Das trägt erstens zum Abbau von Prüfungsängsten bei. Zweitens bieten die Ergebnisse von innerbetrieblichen Erfolgskontrollen und Verhaltensbeurteilungen mit klaren Bewertungskriterien im Zusammenhang mit einem Gespräch über die Ergebnisse die Möglichkeit, dass der Auszubildende seine Fehler erkennen und korrigieren kann.

Beispiel: Thorsten Mainau hat Ahmet Demir schon zu Beginn der Ausbildung darüber informiert, dass er auch regelmäßig eine Verhaltensbeurteilung erstellt. Ahmet Demir ist verwirrt: „Ja, was genau wird denn da beurteilt und wann und wie?“ Thorsten Mainau bemerkt die Verunsicherung und nimmt sich die Zeit, gemeinsam mit Ahmet Demir einen Beurteilungsbogen anzusehen und zu besprechen.

Gültigkeit

- Gültigkeit
  Bei der Forderung nach Gültigkeit (Validität) geht es darum, geeignete Verfahren zur Überprüfung von bestimmten Kompetenzen auszuwählen.

Beispiel: Ali Resa teilt Ahmet Demir mit, das er feststellen will, ob er die Ziegelschneidmaschine richtig handhaben kann. Ahmet Demir schießt direkt los und will ihm Funktion und Bedienung der Maschine erklären. „Das ist schön und gut“, sagt Ali Resa, „aber du musst mir schon zeigen, ob du damit auch diese Ziegel hier schneiden kannst.“

Die folgende Übersicht gibt Anhaltspunkte darüber, welche Verfahren sich zur Überprüfung verschiedener Kompetenzen eignen.

Kontrollverfahren für Kompetenzen

Kompetenzbereiche	geeignete Verfahren zur Erfolgskontrolle
Fachkompetenz: ▶ für den Beruf wichtige Zusammenhänge verstehen, ▶ berufsnotwendige Fertigkeiten beherrschen, ▶ schnell und genau arbeiten	▶ schriftliche oder mündliche Kontrollfragen, ▶ Erstellen von Übungsarbeiten bzw. Arbeitsproben, ▶ Beobachtung bei der Durchführung von Arbeiten
Methodenkompetenz: ▶ Probleme selbstständig lösen, ▶ Problemlösungsstrategien anwenden	Bearbeiten von komplexen theoretischen oder praktischen Aufgaben, die alle Schritte von der Planung bis zur Selbstkontrolle enthalten
Sozialkompetenz: ▶ kontaktfähig sein, ▶ gut mit Mitarbeitern und Kunden umgehen	Beobachten des Verhaltens in Arbeitsgruppen bzw. beim Kunden
Sprachkompetenz: sich gut und verständlich ausdrücken	▶ schriftliche Bearbeitung von Themen (Briefe schreiben), ▶ Beobachten in Gesprächssituationen

9.2.2 Leistung feststellen und beurteilen

Leistungsfeststellung und Leistungsbeurteilung sind die beiden grundlegenden Teile einer Ausbildungserfolgskontrolle.

- Zuerst muss eine Leistung festgestellt bzw. gemessen werden.
  Ermittelt werden kann z.B., wie viele richtige Antworten der Auszubildende gegeben, ob er vorgegebene Toleranzwerte eingehalten oder wie häufig er Arbeitsschutzkleidung getragen oder vergessen hat.

- Auf Grundlage der ermittelten Werte kann dann im zweiten Schritt der Auszubildende beurteilt werden, d.h. herausgestellt werden, wie gut die ermittelte Leistung ist. Dazu ist ein geeigneter Beurteilungsmaßstab zu wählen.

drei Beurteilungsmaßstäbe

Zur Beurteilung einer Leistung eignen sich die folgenden drei Beurteilungsmaßstäbe:

- Auszubildende selbst (subjektorientierte Beurteilung)
  Hierbei wird die ermittelte Leistung eines Auszubildenden mit seinen bisherigen Leistungen verglichen. Es geht darum, seine persönlichen Lernfortschritte aufzuzeigen.

Beispiel: Fred Schumann bespricht mit Ahmet Demir seine Arbeiten der abgelaufenen Woche. Er zeigt Ahmet Demir auf, dass dieser bei der Erstellung der Zwischenwände deutlich sorgfältiger und auch schneller als bisher gearbeitet hat.

- Lerngruppe (normorientierte Beurteilung)
  Die Leistung des Auszubildenden wird verglichen mit den Leistungen der anderen Auszubildenden bzw. mit der Leistung die durchschnittlich in der Gruppe erbracht wird (Norm). Dazu wird eine Rangfolge der Leistungen aufgestellt. In der Ausbildung in Klein- und Mittelbetrieben ist diese Beurteilungsform wegen der kleinen Auszubildendengruppen unbedeutend.

Beispiel: Der Ausbilder in der überbetrieblichen Ausbildung gibt den Auszubildenden den ausgewerteten Test zu Sicherheit und Gesundheitsschutz bei der Arbeit zurück. Ahmet Demir hat dabei etwas schlechter abgeschnitten als sein Freund Niklas Fuchs, aber deutlich besser als sein Freund Thomas Herber.

- Lernziel (lernziel- oder kriterienorientierte Beurteilung)
  Hier erfolgt der Vergleich der Einzelleistung mit dem angestrebten Lernziel oder einem anderen objektiven Kriterium (Soll-Ist-Vergleich).

Beispiel: Ahmet Demir sollte lernen, wie Mauerwerk mit großformatigen Steinen hergestellt wird und dabei Aussparungen und Schlitze angelegt werden. Seine aktuelle Leistung zeigt, dass er dieses Ziel voll erreicht hat.

Um zu beurteilen, wie weit der Auszubildende gekommen ist, ist es oft erforderlich, das Lernziel oder die zu bewältigende Aufgabe in Teilschritte zu gliedern.

Unterschiede der Beurteilungsmaßstäbe

Verschiedene Vergleichsmaßstäbe ergeben verschiedene Aussagen über Lernerfolg

Vergleich mit bisherigen Leistungen des Auszubildenden

Gibt es Lernfortschritte bei einem bestimmten Auszubildenden?

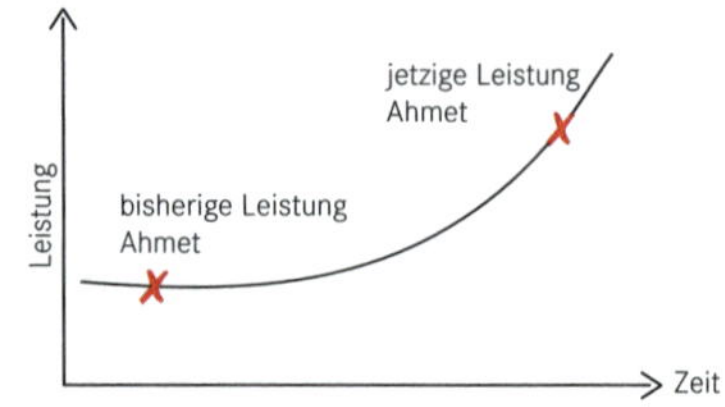

Vergleich mit Leistungen der Lerngruppe

Wo steht der Auszubildende mit seiner Leistung innerhalb der Lerngruppe?

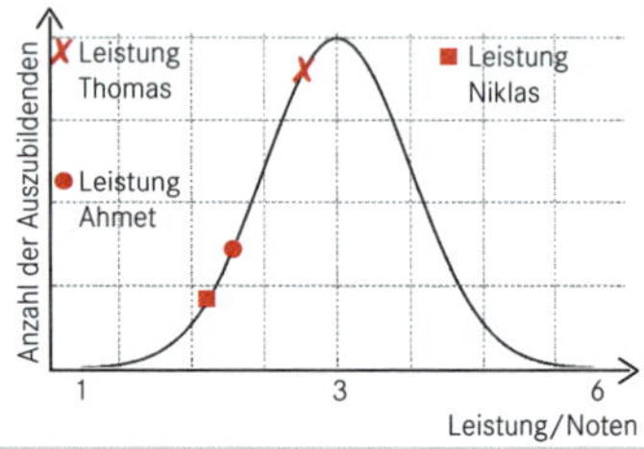

Vergleich mit angestrebtem Lernziel

Inwieweit beherrscht der Lernende das, was er lernen sollte?

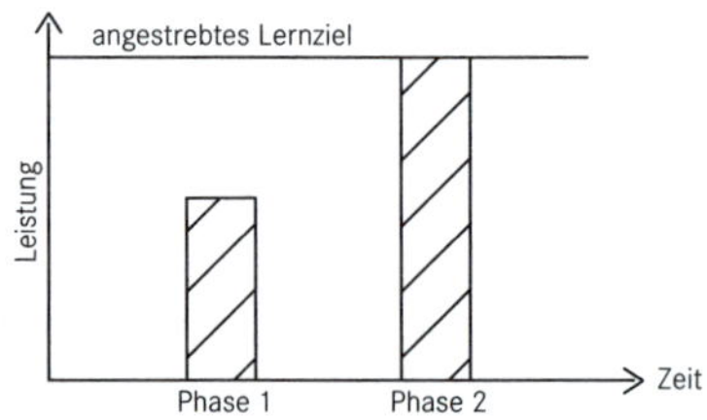

In der Ausbildung wird häufig die kriterienorientierte mit der subjektorientierten Beurteilung verbunden. Es wird also zum einen festgestellt, inwieweit der Auszubildende die vorgegebenen Ziele erreicht hat. Zum anderen wird oft dazu herausgestellt, ob er mit Blick auf seine individuellen Voraussetzungen Fortschritte gemacht hat oder nicht.

Darstellen der Beurteilungsergebnisse

Um Beurteilungsergebnisse festzuhalten, gibt es folgende zwei Möglichkeiten:

- verbale Beurteilung
  Die Leistung oder das Verhalten wird in Worten oder in Form eines Gutachtens beschrieben.

Beispiel: „Ahmet ist sehr belastbar, er beherrscht die für das erste Ausbildungsjahr geplanten Fertigkeiten sicher, er ist korrekt im Umgang mit den Kollegen, er hat sich in seinen praktischen Leistungen stark verbessert."

- numerische Beurteilung
  Die Leistung oder das Verhalten wird in Punkten bzw. Prozenten oder Noten ausgedrückt (z.B.: 85 Punkte bzw. 85 % der erreichbaren Antworten bzw. Note 2)

  Zur Umrechnung von Punkten in Noten gibt es verschiedene Umrechnungsskalen.

Beurteilungsfehler

Vermeiden von Beurteilungsfehlern

Es kommt immer wieder vor, dass dem Ausbilder bei der Beurteilung des Auszubildenden - meist unbewusst - subjektive Beurteilungsfehler unterlaufen. Ein objektives Urteil wird dadurch verhindert. Subjektive Beurteilungsfehler sind meist die Folge bestimmter Gefühle, Interessen oder sogar Vorurteile des Ausbilders. Er muss sich diese Fehlurteile bewusst machen und versuchen, sie möglichst zu vermeiden.

Mildefehler

- Mildefehler
  Manche Ausbilder neigen dazu, Leistungen und Verhalten des Auszubildenden zu milde zu beurteilen. Das geschieht oft aus Nachsicht mit ihm, aber auch, um Unbequemlichkeiten bei der Rechtfertigung schlechter Beurteilungen zu vermeiden.

Überstrahlungsfehler

- Überstrahlungsfehler
  Der Ausbilder lässt sich bei seiner Beurteilung vom positiven oder negativen Gesamteindruck, den er vom Auszubildenden hat, leiten. Dieser bereits vorhandene Gesamteindruck „überstrahlt“ die tatsächliche Leistung. So übersieht er bei einem insgesamt guten Auszubildenden eher Fehler und bewertet eine schlechte Leistung besser. Gute Leistungen eines insgesamt schlechteren Auszubildenden beurteilt er schlechter.

Fehler der Zentraltendenz

- Fehler der Zentraltendenz
  Ein Ausbilder tendiert zu mittleren Noten oder Beurteilungen. Die Ursache sind meist Unsicherheit in der Beurteilung, ungenaue Kriterien oder mangelnde Entscheidungsfähigkeit. Auszubildende mit besonders guten Leistungen werden dadurch schlechter beurteilt, die mit schlechten Leistungen besser.

Logikfehler

- Logikfehler
  Der Ausbilder schließt von bestimmten Merkmalen auf andere, die aber nichts miteinander zu tun haben. Wenn ein Auszubildender bestimmte theoretische Zusammenhänge verstanden hat, wäre er demnach auch in der praktischen Arbeit gut.

Korrekturfehler

- Korrekturfehler
  Ein Ausbilder bezieht bei einer neuen Beurteilung frühere Beurteilungen eines Auszubildenden mit ein. Die aktuelle Leistung wird dadurch nach oben oder nach unten korrigiert. Derartige Beurteilungsfehler entstehen oft aus Unsicherheit.

Kontrastfehler

- Kontrastfehler
  Ein Ausbilder nimmt seine eigenen Leistungen als Maßstab für die Beurteilung eines Auszubildenden. Bei einem solchen „Kontrast“ besteht die Gefahr, dass die Leistungen des Auszubildenden schlechter beurteilt werden, als sie tatsächlich sind.

9.3 Durchführung innerbetrieblicher Erfolgskontrollen

Formen der innerbetrieblichen Erfolgskontrollen

Erfolgskontrollen müssen den Ausbildungsprozess laufend begleiten und daher bereits bei der Ausbildungsplanung bedacht werden. Formen der innerbetrieblichen Erfolgskontrolle sind zum einen die folgenden Lern- und Leistungskontrollen:

- Beobachten des Auszubildenden im Arbeitsprozess,
- mündliche Kontrollfragen,
- Übungsarbeiten, Arbeitsproben,
- schriftliche Ausarbeitungen (Tests, schriftliche Kontrollfragen, Berichte).

Zum anderen zählt dazu die Verhaltensbeurteilung | ► S. 312 |.

Im Ausbildungsalltag steht normalerweise die Beobachtung des Auszubildenden im Vordergrund. Häufig kommen auch mündliche Kontrollfragen vor, besonders in Lehrgesprächen und Arbeitsunterweisungen (z.B. wenn der Ausbilder sich vom Auszubildenden den Arbeitsablauf erklären lässt und dann beobachtet, ob der Auszubildende die Tätigkeit richtig ausführt). Diese Erfolgskontrollen dienen vor allem der Motivierung sowie der Rückmeldung und Steuerung im Ausbildungsablauf.

Beispiel: Thorsten Mainau bespricht einmal im Monat die Ausbildungsnachweise mit seinen Auszubildenden und zeichnet sie ab. Dabei möchte er von Ahmet Demir wissen, ob er die im Ausbildungsnachweis angegebenen Arbeiten schon gut beherrscht. Ahmet Demir meint, dass er sich da nicht sicher ist, weil Fred Schumann noch nicht mit ihm darüber gesprochen hat. Thorsten Mainau nimmt dies zum Anlass, mit seinen Ausbildern bessere Feedback-Möglichkeiten anzusprechen. Er regt an, möglichst täglich zum Arbeitsende kurze Gespräche (ca. fünf Minuten) mit den Auszubildenden zu führen. Fragen zur Einschätzung des Tages und zu empfundenen Schwierigkeiten lassen den Ausbilder schneller erkennen, wie es um den Auszubildenden steht. Ein kurzes erstes Feedback zur Arbeitsleistung kann dem Auszubildenden dann mehr Sicherheit geben. Außerdem soll Fred Schumann künftig mit Ahmet Demir nach dem Abschluss einer Arbeit das Ergebnis direkt besprechen und ihm ggf. noch Verbesserungsmöglichkeiten aufzeigen.

Eine direkte Rückmeldung, ob die Ausführung korrekt ist oder nicht, ist besonders wichtig, da sich einmal gemachte Fehler sonst leicht verfestigen und später oft nur schwer korrigiert werden können.

Auch Übungsarbeiten und schriftliche Tests können zur Ausbildungserfolgskontrolle eingesetzt werden. Auf diese Verfahren soll nun kurz eingegangen werden.

9.3.1 Übungsarbeiten

Übungsarbeiten und Arbeitsproben

Übungsarbeiten und Arbeitsproben dienen dazu, erlernte Fertigkeiten und die Arbeitsweise des Auszubildenden zu überprüfen. Sie sollten nach allen wichtigen Ausbildungseinheiten angesetzt werden. Dabei sollen sich Kontrolle und Bewertung nicht nur auf das (materielle) Ergebnis der Handlung beziehen, sondern es sollte auch immer der Weg, den der Auszubildende einschlägt, dabei betrachtet werden.

Übungsarbeiten sind gut dazu geeignet, die in den Ausbildungsordnungen geforderte Handlungskompetenz zu überprüfen. Die Aufgabenstellung sollte möglichst offen sein, damit der Auszubildende zeigen kann, dass er Arbeiten selbstständig planen, durchführen und kontrollieren kann.

Insbesondere die Fähigkeit, Arbeiten selbst zu beurteilen und Fehler zu korrigieren, sollte dabei trainiert werden. Diese Fähigkeit wird für eine sichere Bewältigung künftiger Arbeitssituationen immer wichtiger.

Die Beurteilung von Arbeitsablauf und Arbeitsergebnissen soll möglichst konkret erfolgen, damit der Auszubildende klar erkennen kann, wo seine Stärken und Schwächen liegen und wo er sich ggf. noch verbessern muss. Dazu sind geeignete Beurteilungskriterien erforderlich, wie Beherrschung von Bewegungsabläufen, Koordination der Einzeltätigkeiten, Maßhaltigkeit, Genauigkeit der Ausführung, Materialverbrauch oder Bearbeitungszeit.

Zu Beginn der betrieblichen Ausbildung sollten diese Kriterien zunächst gemeinsam mit dem Auszubildenden festgelegt werden. Im Verlauf der Ausbildung muss der Auszubildende jedoch lernen, die Kriterien zunehmend selbstständig zu erarbeiten.

9.3.2 Schriftliche Ausarbeitungen

schriftliche Kontrollfragen

Schriftliche Erfolgskontrollen sind in Klein- und Mittelbetrieben eher selten. Sie können dennoch sinnvoll sein, wenn z.B. mehrere Auszubildende gleichzeitig beurteilt werden. Schriftliche Tests ermöglichen i.d.R. eine objektivere Beurteilung der Leistungen. Die Formulierung schriftlicher Kontrollfragen bietet auch den Vorteil, dass sie für künftige Ausbildungsgänge immer wieder eingesetzt werden können und so zur Rationalisierung der Ausbildung beitragen. Das gilt vor allem für solche Fragen, die auf die Überprüfung zentraler Ausbildungsinhalte zielen und für Prüfungen relevant sind.

Vorbereitung für Prüfungen

Die Beantwortung von schriftlichen Fragen ist für den Auszubildenden eine gute Vorbereitung für die Zwischen- und Abschlussprüfung. Bei der Aufgabenauswahl sollte darauf geachtet werden, welche Aufgabenformen in den jeweiligen Prüfungen vorrangig auftreten, um den Übungseffekt zu verbessern.

Formen von schriftlichen Tests

Es lassen sich zwei grundlegende Formen von schriftlichen Tests unterscheiden:

- freie Aufgaben
  Hier werden Fragen oder Themen mit eigenen Worten dargestellt. Vorzüge sind darin zu sehen, dass die Fragen leichter zu stellen sind und auch Planungsaspekte sowie die Ausdrucksweise des Auszubildenden mit überprüft werden können. Ein Problem ist die oft zeitaufwändige Auswertung und Beurteilung der Antworten.

- programmierte Tests
  Bei der gebundenen Form der Aufgabenbeantwortung sind die Antwortmöglichkeiten bereits mehr oder weniger vorgegeben. Es werden unterschieden: Ergänzungsaufgaben, Zuordnungsaufgaben, Umordnungsaufgaben und Auswahlantwortaufgaben.

9.3.3 Beurteilungsbogen und Beurteilungsgespräch

Verhaltensbeurteilung

Während die bisher dargestellten Lern- und Leistungskontrollen sich auf konkrete Fertigkeiten, Kenntnisse und Fähigkeiten richten, soll die Verhaltensbeurteilung ein Bild über das grundlegende Leistungs- und Sozialverhalten des Auszubildenden ergeben. Sie soll regelmäßig - z.B. alle drei Monate bis spätestens alle sechs Monate - durchgeführt werden, um dem Auszubildenden Anhaltspunkte über Stärken und Schwächen sowie Hilfen für eine Weiterentwicklung zu liefern. Wichtig ist die Verhaltensbeurteilung vor allem zum Ende der Probezeit, um festzustellen, ob der Auszubildende für die weitere Ausbildung geeignet ist, sowie nach wichtigen Ausbildungsabschnitten.

Wenn Auszubildende in unterschiedlichen Abteilungen oder Arbeitsbereichen durch verschiedene Fachkräfte betreut werden, sollten die betreuenden Fachkräfte am Ende des jeweiligen Ausbildungsabschnittes bei der Erstellung der Verhaltensbeurteilung eingebunden werden.

Grundlage für Zeugnis und Übernahme

Nach Beendigung der Ausbildung sind diese Beurteilungen auch eine der Grundlagen für das Erstellen eines qualifizierten Zeugnisses oder für die Entscheidung, ob der Auszubildende übernommen werden soll oder nicht.

Es sollen anhand klar beschriebener Merkmale und vorher festgelegter Kriterien möglichst viele verschiedene Informationen zum Leistungs- und Sozialverhalten des Auszubildenden erfasst werden.

Erstellung des Beurteilungsbogens

Es hängt von den jeweiligen beruflichen Anforderungen ab, welche Merkmale in einen Beurteilungsbogen aufgenommen werden sollen. Wichtig ist, dass er sich auf die bedeutsamen Bereiche beschränkt. Ein zu umfangreicher Beurteilungsbogen verstellt eher den Blick für das Wesentliche, als dass sich daraus richtungsweisende Erkenntnisse ablesen ließen.

Beispiel: Für Thorsten Mainau sind regelmäßige Verhaltensbeurteilungen seiner Auszubildenden wichtig, damit die Ausbildung für alle Beteiligten möglichst erfolgreich verläuft. Dazu hat er zusammen mit den beiden Ausbildern schon vor einiger Zeit einen Beurteilungsbogen zu wesentlichen Verhaltensbereichen erstellt. Mit seinen Auszubildenden bespricht er diesen zu Ausbildungsbeginn, damit sie wissen, was auf sie zukommt. Nach jedem längeren Ausbildungsabschnitt, meist nach etwa drei Monaten, soll eine Beurteilung erfolgen. Für die jeweiligen Ausbildungsabschnitte ordnet Thorsten Mainau den Auszubildenden jeweils einem der beiden Ausbilder fest zu. Sie sollen sich im Verlauf des Ausbildungsabschnittes regelmäßig Notizen machen und dann am Ende den Beurteilungsbogen ausfüllen.

Die kontinuierliche Beobachtung des Auszubildenden über einen längeren Zeitraum ist entscheidend. Seine tatsächlichen Fähigkeiten und Leistungen sollten der Beurteilung zugrunde gelegt werden und nicht zufällige Beobachtungen oder Hinweise von Mitarbeitern. Sonst besteht die Gefahr, dass positiv oder negativ auffällige Verhaltensweisen in die Beurteilung einfließen und das Bild verzerren.

Inhalte des Beurteilungsbogens

Angaben im Beurteilungsbogen

Es ist ratsam, Beobachtungsergebnisse schriftlich festzuhalten, damit die gewonnenen Informationen nicht verloren gehen. Für die Zusammenfassung der Beobachtungsergebnisse eignet sich ein Beurteilungsbogen. Er enthält i.d.R. Merkmale aus verschiedenen Bereichen, z.B.:

- allgemeines Arbeitsverhalten/Arbeitsstil (Sorgfalt, Genauigkeit, Ordnungssinn, Ausdauer, Konzentration, Belastbarkeit, Umstellung auf neue Situationen, Stressbewältigung etc.),
- theoretische Fähigkeiten (Auffassungsgabe, Verstehen von Aufträgen, Denken in Zusammenhängen, Raumvorstellung, sprachlicher Ausdruck, rechnerische Fähigkeiten, Kreativität etc.),
- praktische Fähigkeiten (Sicherheit im Umgang mit Maschinen und Geräten, Koordination von Einzeltätigkeiten, Beherrschung von Bewegungsabläufen bzw. komplexen Fertigkeiten, Geschicklichkeit etc.),
- Sozialverhalten (Kooperationsbereitschaft, Verantwortungsgefühl, Umgangsformen, Hilfsbereitschaft, Kontaktfähigkeit, Teamfähigkeit, Auftreten etc.).

Zum Teil enthalten Beurteilungsbögen auch Angaben zu wichtigen Tätigkeiten oder Leistungsbereichen eines Ausbildungsabschnittes.

Beurteilungsskala

Die im Beurteilungsbogen enthaltenen Merkmale werden gewöhnlich mit einer Beurteilungsskala versehen, um das Eintragen zu erleichtern. Sie ist häufig fünfstufig und enthält z.B. die Werte: (5) sehr gut, (4) überdurchschnittlich, (3) durchschnittlich, (2) unterdurchschnittlich und (1) sehr schlecht. In dieser Skala wird dann das über einen längeren Zeitraum beobachtete konkrete Verhalten des Auszubildenden eingetragen. Daneben besteht oft die Möglichkeit, Besonderheiten wie spezifische Fähigkeiten oder besondere Leistungen auch auszuformulieren.

Beurteilungsgespräch

Auf der Grundlage des Beurteilungsbogens muss die Beurteilung mit dem Auszubildenden besprochen werden. Dieses Gespräch sollte gut vorbereitet werden und ohne Zeitdruck und äußere Störungen erfolgen.

Dazu sollte ein geeigneter Gesprächstermin mit dem Auszubildenden abgestimmt und eine vertraute Gesprächsumgebung gewählt werden. Wichtig ist eine Vertrauensbasis, die ein offenes Gespräch möglich macht.

Phasen eines Beurteilungsgesprächs

Das Beurteilungsgespräch lässt sich in die folgenden vier Phasen gliedern:

- 1. Phase - Gesprächseröffnung
  Es sollte ein positiver Einstieg gewählt und Hemmungen sollten abgebaut werden (z.B. den Auszubildenden fragen, wie ihm seine Arbeit gefällt, was verbessert werden könnte). Die Zielsetzung des Gesprächs soll klar herausgestellt werden.

- 2. Phase - Verhaltensdarstellung und Stellungnahme
  Der Ausbilder sollte anhand der gewählten Verhaltenskriterien seine Beobachtungen zum Auszubildenden möglichst klar strukturiert darstellen. Der Auszubildende erhält die Gelegenheit, dazu Stellung zu nehmen, um z.B. Ursachen für bestimmte Verhaltensweisen aufzuzeigen oder um ggf. Fehleinschätzungen richtig zu stellen.

- 3. Phase - Konsequenzen und Ergebnisse
  Dem Auszubildenden sollen positive bzw. negative Folgen seiner bisherigen Verhaltensweisen für die Arbeit deutlich gemacht werden. Bei Fehlverhalten sollen Wege zur Verbesserung aufgezeigt werden. Als Gesprächsergebnis soll festgehalten werden, welche Verhaltensregeln und ggf. auch veränderten Bedingungen für die weitere Ausbildung mit dem Auszubildenden gemeinsam besprochen und vereinbart wurden.

- 4. Phase - Gesprächsabschluss
  Der Ausbilder sollte dem Auszubildenden deutlich machen, dass ihm viel an einer weiteren Zusammenarbeit liegt und dass es daher wichtig ist, die im Gespräch getroffenen Vereinbarungen umzusetzen.

Beispiel: Am Ende des Ausbildungsabschnittes von Ahmet Demir bei Fred Schumann vereinbart Thorsten Mainau mit beiden einen Termin zur Besprechung der Verhaltensbeurteilung in seinem Büro. Er gibt Ahmet Demir dazu einen leeren Beurteilungsbogen, mit dem der sich selbst einschätzen kann. Der Vergleich der beiden Beurteilungsbogen zeigt, dass Fred Schumann das Arbeitsverhalten und die praktischen Fähigkeiten von Ahmet Demir sogar besser beurteilt als Ahmet Demir selbst. Im Gespräch wird deutlich, dass Ahmet Demir manchmal zu spät zurückmeldet, wenn er eine Aufgabe nicht richtig verstanden hat und Fred Schumann damit nicht unmittelbar steuernd eingreifen kann. Auf dem Beurteilungsbogen wird daher als Ziel für den nächsten Ausbildungsabschnitt vermerkt, dass sich Ahmet Demir in solchen Situationen schneller beim Ausbilder meldet. Der Beurteilungsbogen wird von allen Beteiligten unterschrieben und Ahmet Demir erhält eine Kopie davon.

Grundsätzlich ist darauf zu achten, dass Beurteilungen nicht dazu da sind, den Auszubildenden einzuschüchtern oder zu demoralisieren. Sie sollen ihm vielmehr helfen, gute Leistungen und Schwachstellen zu erkennen und daraus Konsequenzen zu ziehen.

9.4 Ausbildungsnachweis als Kontroll- und Steuerungsinstrument

Je nach den Vorgaben der Ausbildungsordnung sind Berichtshefte in unterschiedlicher Form zu führen. In fast allen Ausbildungsordnungen wird das Erstellen von Ausbildungsnachweisen verlangt. Nur vereinzelt sind noch Sachberichte anzufertigen.

Sachberichte

- Sachberichte können gute Anhaltspunkte darüber geben, ob wichtige Ausbildungsinhalte vom Auszubildenden richtig verstanden wurden. Sie sollten zu grundlegenden Ausbildungseinheiten angefertigt werden. Diese Kontrollfunktion ist jedoch nur dann gegeben, wenn die Auszubildenden diese Berichte selbst anfertigen und nicht abschreiben. Der Ausbilder muss die Berichte regelmäßig durchsehen und sie mit dem Auszubildenden besprechen.

Ausbildungsnachweise

- Ausbildungsnachweise werden normalerweise mithilfe von Formblättern geführt: Für jeden Wochentag werden die einzelnen Tätigkeiten mit Angabe der aufgewendeten Zeit eingetragen. Im Unterscheid zu Sachberichten vermitteln solche Ausbildungsnachweise einen detaillierten Überblick über den Ablauf der Ausbildung und die ausgeführten Tätigkeiten oder absolvierte Schulungen.

Ausbildungsnachweise erfüllen ihre Funktion als Steuerungsinstrument nur dann, wenn diese Eintragungen korrekt erfolgen und der Ausbilder sie regelmäßig, möglichst monatlich, durchsieht, damit Mängel frühzeitig beseitigt werden können. Anhand der Ausbildungsnachweise kann und sollte der Ausbilder in regelmäßigen Abständen prüfen, ob die geplanten Ausbildungsinhalte vermittelt wurden. Bei Bedarf sollte die Planung angepasst werden.

Voraussetzung für Zulassung zur Gesellenprüfung

Die Vorlage der Ausbildungsnachweise ist eine Voraussetzung für die Zulassung zur Gesellen-/Abschlussprüfung. Auch vor diesem Hintergrund empfiehlt es sich, sie ordentlich zu führen. Auszubildender und Ausbilder sollten sie unterzeichnen. So vermitteln Ausbildungsnachweise einen klaren Einblick in die planmäßige Ausbildung.

9.5 Bewertung außerbetrieblicher Erfolgskontrollen

Zwischen- und Gesellen-/Abschlussprüfungen

Wesentliche außerbetriebliche Ausbildungserfolgskontrollen sind Zwischenprüfungen und Gesellen- bzw. Abschlussprüfungen. Zuständig für die Durchführung sind die Kammern, die im Bereich des Handwerks häufig die jeweilige Innung damit beauftragen. Wichtige Gesichtspunkte wie Zeitumfang, Verfahren oder die Inhalte dieser Prüfungen sind in der Ausbildungsordnung geregelt. Darüber hinaus spielen auch die Klassenarbeiten und Zeugnisse der Berufsschule eine Rolle.

außerbetriebliche Erfolgskontrollen

Verfahren	Funktionen
Zwischenprüfung (klassische oder Teil 1 der „gestreckten Prüfung“): ▶ meist Kombination aus praktischen und schriftlichen Aufgaben ▶ Klausuren und Zeugnisse der Berufsschule	Rückmeldung und Steuerung Motivierung
Gesellen-/Abschlussprüfung: ▶ schriftliche Prüfung ▶ ggf. mündliche (Ergänzungs-)Prüfung ▶ Arbeitsaufgaben bzw. Kundenauftrag mit Fachgespräch ▶ Arbeitsprobe/Gesellenstück ▶ Abschluss der Berufsschule	Berechtigung Prognose

Näheres zur Durchführung der Zwischen- und Gesellen-/Abschlussprüfungen sind im | ▶ HF 4, Kap. 1 und 2, S. 329, 339 | enthalten. Hier geht es vorrangig um die didaktische Bewertung der Zwischenprüfung und der Lernerfolgskontrollen in der Berufsschule.

9.5.1 Auswerten der Zwischenprüfung

Ermittlung des Ausbildungsstands

Während der Ausbildung ist meist eine Zwischenprüfung durchzuführen. Sie erstreckt sich über die Ausbildungsinhalte der ersten anderhalb Jahre gemäß Ausbildungsordnung. Durch sie soll ermittelt werden, ob der Auszubildende den bis dahin vorgesehenen Ausbildungsstand erreicht hat oder ob Korrekturen in der Ausbildung erforderlich sind. Zur Überprüfung der Fertigkeiten, Kenntnisse und Fähigkeiten werden in vielen Berufen eine schriftliche Prüfung und mehrere Arbeitsproben durchgeführt. Grundlage sind die im Ausbildungsrahmenplan für den genannten Zeitabschnitt angegebenen Qualifikationen sowie die Inhalte des Rahmenlehrplans der Berufsschule soweit sie dafür wesentlich sind.

In neu geordneten Berufen werden die schriftliche und praktische Prüfung heute i.d.R. miteinander verzahnt. Das heißt, es soll meistens ein Arbeitsauftrag oder eine Arbeitsaufgabe, die einem Kundenauftrag entspricht, durchgeführt werden. Dazu werden oft eine schriftliche Arbeitsplanung und die Dokumentation der Arbeiten verlangt.

Ergebnisse der Prüfung besprechen

Der Ausbilder sollte die Ergebnisse der Prüfung mit dem Auszubildenden besprechen und dabei ggf. klären, wie erkennbare Defizite aufgearbeitet werden können. Neben der Rückmeldung über den Lernerfolg ergibt sich aus der Zwischenprüfung für den Auszubildenden auch ein gewisser Trainingseffekt für die Abschlussprüfung.

Das Berufsbildungsgesetz sieht vor, dass die Gesellen-/Abschlussprüfung aus zwei auseinanderfallenden Teilen bestehen kann (gestreckte Gesellen-/ Abschlussprüfung). In diesen Fällen ändert sich die Bedeutung der Zwischenprüfung.

gestreckte Gesellen-/Abschlussprüfung

Die gestreckte Gesellen-/Abschlussprüfung wurde seit 2003 in mehreren Berufen erprobt und seit 2008 in Dauerrecht überführt. Anstelle der Zwischenprüfung wird ein erster Teil der Gesellen-/Abschlussprüfung durchgeführt, der je nach Beruf mit 20 bis 40 % in das Gesamtergebnis der Gesellen- bzw. Abschlussprüfung eingeht. Damit ist eine intensive Vorbereitung auf diesen Prüfungsteil noch wichtiger als bisher.

9.5.2 Auswertung der Berufsschulzeugnisse

Hinweise auf Stärken und Schwächen

Die Zeugnisse der Berufsschule sind aufschlussreich, weil sie insbesondere Hinweise auf Stärken und Schwächen des Auszubildenden in den theoretischen Bereichen geben. Vor allem, wenn Lernprobleme erkennbar sind, sollte sich der Ausbilder mit dem Berufsschullehrer in Verbindung setzen, um die Ursachen der Probleme herauszufinden. Er sollte dann gemeinsam mit dem Auszubildenden Lernstrategien entwickeln, mit deren Hilfe Lernprobleme behoben werden können.

Kompetenzen

Das sollten Sie als zukünftiger Meister können:

- ✔ geeignete Formen der Erfolgskontrolle zur Feststellung und Bewertung von Leistungen in der Ausbildung auswählen und dabei grundlegende Anforderungen an Ausbildungserfolgskontrollen beachten,
- ✔ Erfolgskontrollen durchführen und daraus Rückschlüsse für die weitere Ausbildung ziehen,
- ✔ Verhalten der Auszubildenden regelmäßig anhand geeigneter Kriterien beurteilen und dazu Beurteilungsgespräche führen,
- ✔ Ergebnisse der außerbetrieblichen Erfolgskontrollen auswerten,
- ✔ Ausbildungsnachweise zur Kontrolle und Förderung sowie zum Abgleich mit dem Ausbildungsplan nutzen.

Interkulturelle Kompetenzen im Betrieb fördern

Ahmet Demir, türkischstämmiger Auszubildender bei den Maurerprofis Mainau & Roth GmbH, ist müde. Das Arbeiten während des Ramadan macht ihm zu schaffen. Daneben belastet ihn das fehlende Verständnis der Kollegen: Insbesondere die anderen Auszubildenden kritisieren ihn offen. Sie meinen: „Ahmet arbeitet in der Fastenzeit nicht richtig mit und die Arbeit bleibt oft an uns hängen! Wir haben ja schon Verständnis, aber richtig fair finden wir das nicht!" Als Thorsten Mainau von dem Konflikt erfährt, hofft er in einem gemeinsamen Gespräch gegenseitiges Verständnis zu schaffen und Kompromisse zu finden.

10 Interkulturelle Kompetenzen

Freizügigkeit für EU-Bürger

Auch frühere Generationen wussten es schon: „Andere Länder - andere Sitten!" Mit der Globalisierung hat die kulturelle und ethnische Vielfalt bei uns wie in vielen Ländern stark zugenommen. Die ab 2011 eingeführte Freizügigkeit in Europa erlaubt es allen Arbeitnehmern aus der EU, in jedem der Mitgliedsstaaten ohne irgendeine Zulassungsbeschränkung zu leben und zu arbeiten Dadurch nimmt die kulturelle Vielfalt im gesellschaftlichen Miteinander weiter zu.

kulturelle Eigenarten

Trotzdem bleiben kulturelle Eigenarten bestehen. Je nach Haltung dazu führen sie entweder zu einer Abgrenzung bzw. zu Konflikten oder sie werden als Chance begriffen, voneinander zu lernen und sich konstruktiv zu ergänzen, z.B. bei der Lösung von Aufgabenstellungen in der Arbeitswelt.

10.1 Grundlegende kulturelle Unterschiede und interkulturelle Kompetenzen

Jeder hat bereits Erfahrungen gemacht mit kulturellen Unterschieden in der Gesellschaft, der Nachbarschaft und im einzelnen Betrieb. Diese müssen als solche bewusst verarbeitet werden. Dazu ist ein umfassenderes Verständnis von Kultur notwendig, als es landläufig vorhanden ist.

Unter Kultur im engeren Sinne wird meist nur Literatur, Musik und bildende Kunst verstanden; im weiteren Sinne umfasst Kultur auch Sprache, Religion, Sitten, Werte und Gebräuche innerhalb einer Gesellschaft. Diese beeinflussen das Wahrnehmen, Denken, Werten und Handeln der Mitglieder dieser Gesellschaft. Man kann dies vereinfachend auch den „way of life" nennen.

erweiterter Kulturbegriff

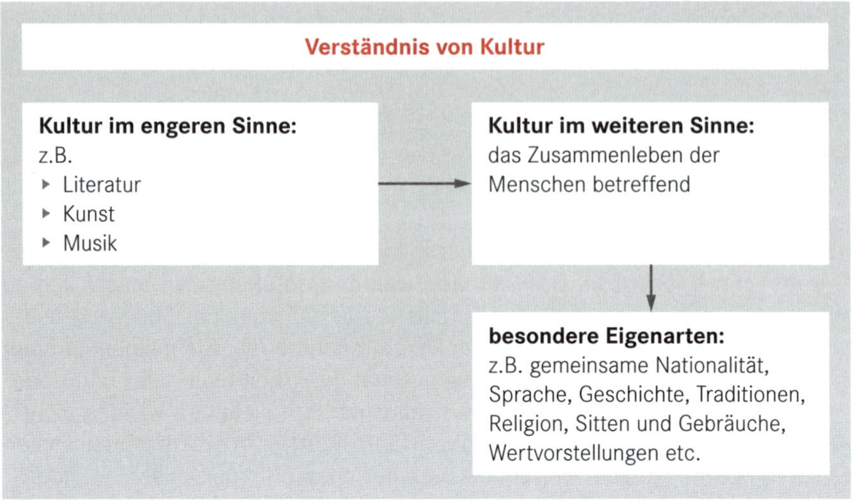

© Verlagsanstalt Handwerk GmbH

kulturspezifische Besonderheiten

Diese kulturell unterschiedlichen Gewohnheiten und Vorlieben sind auch der Grund, warum bei international vermarkteten Produkten kulturspezifische Besonderheiten berücksichtigt werden (z.B. wird in Italien Kaffee stärker gebrannt als in anderen Ländern). Die Ursache liegt darin, dass sich in verschiedenen Ländern über Jahrhunderte hinweg sehr unterschiedliche Erfahrungs- und Wahrnehmungswelten herausgebildet haben, die noch heute in der einen Kultur als normal erscheinen lassen, was in einer anderen Kultur vollkommen unakzeptabel wäre[1].

Die Einflussmöglichkeiten des Ausbilders in diesem Bereich sollen durch interkulturelles Lernen und den Erwerb von interkulturellen Kompetenzen erhöht werden. Das ist nützlich in vielerlei Hinsicht:

- für das Betriebsklima,
- für die Ausbildung von Auszubildenden mit Migrationshintergrund[2],
- für den Umgang mit Kunden mit Migrationshintergrund,
- für die Anbahnung und die Durchführung von Geschäftskontakten im Ausland.

Interkulturelle Kompetenz ist „die Fähigkeit, angemessen und erfolgreich in einer fremdkulturellen Umgebung oder mit Angehörigen anderer Kulturen zu kommunizieren“[3]. Interkulturell kompetent ist jemand, der in der Begegnung oder bei der Zusammenarbeit die Unterschiede von Menschen aus fremden Kulturen begreift und vorurteilsfrei mit diesen umgehen kann.

---

[1] *www.ikkompetenz.thueringen.de*

[2] *Mitgedacht und mitgemeint sind hier auch jeweils die Flüchtlinge*

[3] *Jantz, Olaf/ Mühlig-Versen, Sema: Kulturelles und interkulturelles Lernen in der Mädchen- und Jungenarbeit als Unterstützung für Jugendarbeit und Schule, S. 6. Verfügbar unter: http://www.ajs-bw.de/media/files/ajs-info/ausgaben_altbis05/jantz_muehlig.pdf*

Die Frage, welche einzelnen Eigenschaften diese Fähigkeit beinhaltet, ist schwer zu beantworten. Es gibt viele unterschiedliche Definitionen, in denen aber in irgendeiner Form die affektive Kompetenz, die kognitive Kompetenz und die Verhaltenskompetenz als Merkmale interkultureller Kompetenz eine Rolle spielen. Ziel des interkulturellen Lernens ist es daher, die nachfolgend dargestellten Kompetenzebenen anzusprechen.

Kompetenzebenen

affektive Kompetenz	**kognitive Kompetenz**	**Verhaltenskompetenz**
Selbstvertrauen und emotionale Stabilität	Wissen über die eigene Kultur	Kommunikationsfähigkeit und -bereitschaft
Offenheit, Vorurteilsfreiheit und Toleranz; Bereitschaft zur Selbstreflexion	Wissen über andere Kulturen; länderspezifisches Wissen	soziale Kompetenz zum Aufbau von Beziehungen zu Mitgliedern anderer Kulturen
Respekt gegenüber anderen Kulturen; Sensibilität im Umgang mit Mitgliedern anderer Kulturen	Kenntnis von Kulturunterschieden	situationsangemessenes Auftreten und Verhalten im Umgang mit Mitgliedern anderer Kulturen
interkulturelle Lernbereitschaft	Fremdsprachenkenntnisse	
Fähigkeit, sich in andere hineinzuversetzen	Verstehen der Besonderheit interkultureller Kommunikation und Interaktion	(Verhaltens-)Flexibilität, Anpassungsfähigkeit
Fähigkeit zur Stressbewältigung	Kenntnis von Strategien zur Konfliktbewältigung	Stressmanagement
Frustrationstoleranz		gewaltfreie Kommunikation

Einige der hier aufgezählten Fähigkeiten sind nicht nur für interkulturelles Handeln wertvoll. Respekt und Toleranz z.B. sind positiv für jeden Beziehungsaufbau. Andere Kompetenzen, wie etwa Fremdsprachenkenntnisse, benötigt man nicht in jedem Fall. Die Kenntnis von Fremdsprachen ist für den Aufbau von längerfristigen Geschäftsbeziehungen zu einem Partner im Ausland natürlich sehr wichtig. In der Begegnung mit hier lebenden Menschen aus anderen Ländern sollte Deutsch i.d.R. für die Verständigung ausreichen, seit Grundkenntnisse in Deutsch für die Erteilung von Aufenthaltsgenehmigungen nachzuweisen sind.

Zielsetzung interkultureller Kompetenz

Welche besonderen Merkmale interkulturelle Kompetenz aufweisen sollte, hängt von der Situation und den Rahmenbedingungen ab, unter denen sie gefordert ist bzw. welches Ziel mit ihr erreicht werden soll.

- Benötigt man sie z.B. um sich in der multikulturell geprägten Nachbarschaft besser integrieren zu können?
- Will man sich bei Geschäftsbeziehungen im Ausland vernünftig verständigen können?

- Wird man demnächst in einem interkulturell arbeitenden Team eingesetzt und muss dort vernünftige Ergebnisse erzielen?
- Ist man im Betrieb verantwortlich für die Ausbildung von ausländischen Auszubildenden oder jungen Menschen mit Migrationshintergrund bzw. jungen Geflüchteten?

Auch für den Aufgabenbereich des Ausbilders können folgende Hinweise nützlich sein und zur Vermeidung von möglichen interkulturellen Missverständnissen beitragen.

Insbesondere die nonverbale Kommunikation (Mimik und Gestik) kann zum „Minenfeld" werden, denn Gesichtsausdruck und Bewegungen können je nach Kulturkreis sehr unterschiedlich interpretiert werden. Es kann Ärger bringen, wenn man die regionalen Regeln nicht beherrscht | ► interkulturelle Konflikte, S. 285 |.

kulturelle Besonderheiten

- Die Empfindung für angemessenen Körperabstand ist in verschiedenen Kulturen sehr unterschiedlich: In Europa wird 50 cm oder mehr Abstand als angemessen empfunden. Wenn jemand näher als 50 cm herankommt, wird dies als aufdringlich empfunden. Anders in Südamerika: Für die Menschen dort ist ein Körperabstand von weniger als 50 cm ein Ausdruck von Freundschaft.
- In Afrika und einigen asiatischen Ländern gilt es als Zeichen des Respekts, auf den Boden zu schauen und Augenkontakt mit den Eltern oder Höhergestellten zu vermeiden; in Deutschland gilt dies als Indiz, dass man etwas zu verbergen hat oder unehrlich ist.
- In vielen Staaten, insbesondere in südlicheren Ländern, gilt es als normal oder zumindest akzeptabel, zu einer Verabredung eine halbe oder gar ganze Stunde zu spät zu kommen; in Westeuropa ist Unpünktlichkeit äußerst unhöflich.
- Der aus Daumen und Zeigefinger gebildete Kreis bedeutet bei uns „alles o.k.", in Frankreich das Gegenteil, nämlich „alles null, also wertlos". In islamischen Ländern gilt diese Geste als obszön.
- Wir nicken mit dem Kopf, um „Ja" zu signalisieren, und Kopfschütteln bedeutet „Nein"; in Indien beispielsweise ist das genau umgekehrt.

interkulturelles Bewusstsein

Das Bewusstsein, dass Redens- und Handlungsweisen in verschiedenen Kulturen unterschiedlich wahrgenommen werden können, dass man selbst ebenfalls bestimmte typische kulturelle Eigenheiten besitzt, die wiederum anderen fremd sind, schützt bereits ein wenig vor voreiligen Bewertungen. Auch die Jugendlichen mit Migrationshintergrund sollten über solche Sachverhalte als Quelle für Missverständnisse aufgeklärt werden.

Sie wollen mobil lernen?
Im Lernportal finden Sie digitale Angebote.

10.2 Spezifische Förderung von Auszubildenden mit Migrationshintergrund

Als Folge der ungünstigen demografischen Entwicklung ist bereits jetzt die Situation eingetreten, dass Auszubildende und Fachkräfte in Deutschland in einigen Bereichen (z.B. Bauelektrik, Bäckereien) Mangelware sind, Tendenz steigend. Vor diesem Hintergrund werden die Betriebe das Ausbildungs- und Arbeitskräftepotenzial von Jugendlichen und jungen Erwachsenen aus Migrantenfamilien deutlich stärker aufgreifen und nutzen müssen.

Potenzial nutzen

Bislang sind junge Menschen mit Migrationshintergrund in der dualen Berufsbildung trotz vieler unterstützender Maßnahmen weiterhin stark unterrepräsentiert[1]. Der Grund liegt darin, dass Betriebe immer noch sehr zurückhaltend sind, wenn es darum geht, Jugendliche mit Migrationshintergrund auszubilden.

Dabei sind Menschen mit Migrationshintergrund größtenteils von Kind auf daran gewöhnt, in zwei Kulturen gleichzeitig zu leben. Sie passen sich häufig leichter in das betriebliche Gefüge ein und haben eine höhere Toleranz gegenüber widersprüchlichen Anforderungen. Deshalb würden sie selbst einige wichtige Merkmale interkultureller Kompetenz mit in den Betrieb einbringen.

Solche Auszubildenden können möglicherweise besser mit Kunden, die ebenfalls einen Migrationshintergrund haben, umgehen, da sie deren Sprache sprechen und verstehen und auch Hintergrundwissen besitzen. Mit ihrer Hilfe kann der Betrieb evtl. weitere Kundenkreise erschließen. Denn bei vergleichbaren Angeboten werden Nachbarn, Bekannte, Freunde aus der Kultur des Jugendlichen und deren Familienmitglieder den Betrieb aussuchen, in dem dieser ausgebildet oder beschäftigt wird und wo man ihren (speziellen) Interessen voraussichtlich eher entgegenkommen wird als in einem anderen Unternehmen.

neue Kundenkreise erschließen

Wie unterscheiden sich Auszubildende mit Migrationshintergrund von anderen Auszubildenden? Jugendliche Migranten haben häufig ganz ähnliche Probleme wie die übrigen jugendlichen Auszubildenden.

Es können aber auch mehr oder minder schwere Sprachprobleme sowie Identitäts- und Integrationsschwierigkeiten vorliegen. Als spezielle Fördermaßnahmen kommen in Frage:

Fördermaßnahmen bei Problemen

- Bei tatsächlich (noch) vorhandenen Sprachschwierigkeiten sind Sprachförderungsmaßnahmen sinnvoll. Sie werden speziell für Migranten heute fast überall angeboten und sollten den betroffenen Auszubildenden empfohlen werden.
- Verbesserung des Zugangs zu einer betrieblichen Ausbildung, z.B. durch Beseitigung der Defizite in der schulischen Vorbildung.

[1] *Berufsbildungsbericht 2017, S. 48. Verfügbar unter: https://www.bmbf.de/pub/Berufsbildungsbericht_2017.pdf*

- Ausbildungsbegleitende Hilfen | ► S. 251 | in Form von sog. Stützkursen (z.B. in Deutsch und Mathematik) stellen häufig für ausländische Jugendliche eine wertvolle Unterstützung dar. Die Zielgruppe dieses Instruments wurde 2015 für sog. „geduldete Ausländer" erweitert.
- Spezielle Bildungslaufbahnberatung für Migranten durch Schule und Arbeitsagentur.

Wenn Auszubildenden mit Migrationshintergrund die deutsche Mentalität und die Rahmenbedingungen in der Ausbildung fremd sind, fällt es ihnen schwer, sich anzupassen und einzuordnen. Verhalten wird kulturbedingt verschieden interpretiert und führt zu Missverständnissen. Hier muss der Ausbilder eingreifen, nach allen Seiten hin erklären, sensibilisieren und Unterstützung anbieten.

Im Umgang mit Auszubildenden mit Migrationshintergrund – wie in der Pädagogik überhaupt – gibt es natürlich keine Patentrezepte. Aber ebenso wie im Umgang mit deutschen Auszubildenden sind Respekt, Fairness und ein „offenes Ohr" Grundvoraussetzung für den Aufbau eines vertrauensvollen Arbeits- und Ausbildungsverhältnisses.

Es muss deutlich gemacht werden, dass im Betrieb nicht Herkunft, Hautfarbe oder Religionszugehörigkeit zählen, sondern Leistung und Verhalten, und dass vor diesem Hintergrund alle gleich behandelt werden.

Informationen über kulturelle Besonderheiten

Der Ausbilder sollte Informationen einholen über kulturelle und religiöse Besonderheiten und Vorschriften, die seine Auszubildenden betreffen. Zu besonders bedeutsamen nationalen oder religiösen Feiertagen sollten die betroffenen Auszubildenden Urlaub nehmen können.

Beispiel: Thorsten Mainau und Ali Resa haben überlegt, wie sie Ahmet Demir in der Fastenzeit entgegen kommen können, um auch den Konflikt mit den Kollegen zu entschärfen. Die beiden haben sich schließlich für den Kompromiss entschieden, Ahmet in dieser Zeit leichtere Arbeiten zu geben, z.B. eine Schreibtischaufgabe anstatt auf der Baustelle mitzuhelfen. Auch bieten sie ihm an, die Arbeitszeiten vorübergehend zu ändern oder bestimmte, körperlich anstrengende Arbeiten auf morgens oder abends zu verschieben, notfalls könne er auch ein paar Tage unbezahlten Urlaub nehmen. Mit den Kollegen führen sie ein Gespräch und erklären ihnen die religiöse Bedeutung und Wichtigkeit des Ramadans und bitten um etwas Verständnis für den muslimischen Kollegen, dass dieser auch nicht während der Mahlzeiten mit den Kollegen im gemeinsamen Pausenraum sitzen wolle. Denn schließlich dürfe dieser während der Fastenzeit von Beginn der Morgendämmerung bis zum Sonnenuntergang nichts essen oder trinken. Deshalb könne es auch schon mal zu Konzentrationsschwierigkeiten kommen.

Generell müssen betriebliche Regeln und Vorschriften eingehalten werden; das muss deutlich formuliert werden. Doch sollte der Ausbilder versuchen, bei Auszubildenden mit Migrationshintergrund zu berücksichtigen, dass sie sich anfangs an „deutsche Pünktlichkeit" beispielsweise noch gewöhnen müssen.

Selbstverständlich werden in einem Betrieb, in dem Menschen mit Migrationshintergrund arbeiten, keine Witze über deren Nationalität und keine fremdenfeindlichen oder rassistischen Bemerkungen zugelassen. Aber auch Verallgemeinerungen über „die Türken", „die Polen" oder „die Niederländer" sind unangebracht.

Probleme mit Wortschatz beachten

Sprachliche Probleme kann der Ausbilder reduzieren, indem er sein Vokabular ein wenig kontrolliert: So kann man im Deutschen eine Schraube anziehen, festziehen oder drehen. Wenn man immer den gleichen Ausdruck für die gleiche Tätigkeit verwendet, hilft man Jugendlichen mit noch geringerem deutschen Wortschatz. Auch gibt es im Deutschen eine Reihe von Dialektausdrücken und Redewendungen, mit denen Jugendliche aus einem anderen kulturellen Umfeld Probleme haben könnten. So kann das aufmunternde „Hals- und Beinbruch" vor der Zwischenprüfung durchaus als hämisch und gemein verstanden werden.

Jedoch ist nicht jede Auseinandersetzung, in die Auszubildende mit Migrationshintergrund verwickelt sind, automatisch ein interkultureller Konflikt, sondern häufig ein ganz normaler zwischenmenschlicher (interpersoneller) Disput.

In Anbetracht der demografischen Entwicklung in Deutschland ist längst deutlich geworden, dass Auszubildende und Fachkräfte Mangelware werden. Vor diesem Hintergrund werden die Betriebe das Ausbildungs- und Arbeitskräftepotenzial junger Menschen mit Migrationshintergrund deutlich stärker aufgreifen und nutzen müssen.

Kompetenzen

Das sollten Sie als zukünftiger Meister können:

- ✔ anderen Kulturkreisen offen begegnen und kulturell bedingte Unterschiede positiv aufgreifen (interkulturelles Lernen),
- ✔ Auszubildende mit Migrationshintergrund spezifisch fördern.

Handlungsfeld 4:
Ausbildung abschließen

Auszubildende auf die Abschluss- oder Gesellenprüfung unter Berücksichtigung der Prüfungstermine vorbereiten und die Ausbildung zu einem erfolgreichen Abschluss führen

Daniel Schneider steht vor dem Abschluss seiner Ausbildung zum Elektroniker in der Fachrichtung Energie-und Gebäudetechnik bei der Schwarz Elektrotechnik OHG. Er bereitet sich nun intensiv auf seine Prüfung vor. Im Laufe der Ausbildung hat Ausbilder Jens Schwarz ihm bereits regelmäßig Aufgaben gestellt, die er zur Sicherung des Gelernten und zur Vorbereitung auf seine Prüfung ausführen sollte. Trotzdem ist Daniel Schneider skeptisch: „Ich weiß gar nicht genau, was in der Prüfung von mir verlangt wird und ob ich alles gut genug gelernt habe. Wie lange dauert eine Prüfung? Wie werden meine Leistungen bewertet? Ich fühle mich unsicher."

1 Vorbereitung auf die Gesellen-/Abschlussprüfung

1.1 Prüfungsanforderungen und Prüfungsablauf

Am Ende der Ausbildung muss der Auszubildende in einer Abschlussprüfung (im Handwerk: Gesellenprüfung) zeigen, dass er in der Lage ist, als Fachkraft in seinem Beruf zu arbeiten.

Die Prüfungsanforderungen für Zwischen- und Gesellen- bzw. Abschlussprüfungen sind in der jeweiligen Ausbildungsordnung verbindlich festgelegt.

Prüfungsanforderungen

Im Wesentlichen sind hier geregelt:

- Angaben zu den Prüfungsbereichen und ihrer Gewichtung sowie zu den Prüfungsanforderungen,
- die Kriterien für das Bestehen,
- die Prüfungsdauer.

Die Ausbildungsordnung informiert darüber hinaus über wichtige Festlegungen zu Prüfungsablauf und -inhalten, Schwierigkeitsgraden und Zeitvorgaben. Die Handwerkskammern als zuständige Stellen erlassen in Gesellenprüfungsordnungen nähere Bestimmungen unter Bezugnahme auf die jeweiligen Ausbildungsordnungen und Vorschriften des Berufsbildungsgesetzes u.a. in folgenden Punkten:

- Wahl, Errichtung und Zusammensetzung von Gesellenprüfungsausschüssen,
- Zulassungsvoraussetzungen zur Gesellenprüfung (auch in besonderen Fällen),

- Festlegung von Zeiträumen, in denen Prüfungen durchzuführen sind,
- Beschreibung des Prüfungsgegenstandes und Gliederung der Prüfung,
- Verfahren in besonderen Fällen,
- Bewertungsverfahren der Prüfungsleistungen.

Bewertungssystem

Bewertung der Prüfungsleistung	100-Punkte-Schlüssel	Note
eine den Anforderungen in besonderem Maße entsprechende Leistung	100–92 Punkte	sehr gut
eine den Anforderungen voll entsprechende Leistung	unter 92–81 Punkte	gut
eine den Anforderungen im Allgemeinen entsprechende Leistung	unter 81-67 Punkte	befriedigend
eine Leistung, die zwar Mängel aufweist, aber im Ganzen den Anforderungen noch entspricht	unter 67-50 Punkte	ausreichend
eine Leistung, die den Anforderungen nicht entspricht, jedoch erkennen lässt, dass gewisse Grundkenntnisse noch vorhanden sind	unter 50-30 Punkte	mangelhaft
eine Leistung, die den Anforderungen nicht entspricht und bei der selbst Grundkenntnisse sehr lückenhaft sind oder fehlen	unter 30-0 Punkte	ungenügend

Gesellen-/Abschlussprüfung als Qualifikationsnachweis

Mit dem Bestehen der Gesellen-/Abschlussprüfung wird der Qualifikationsnachweis erbracht und die Berechtigung erworben, als Fachkraft in dem erlernten Beruf tätig zu werden. Außerdem bildet die bestandene Gesellen-/Abschlussprüfung die Voraussetzung für die Zulassung zu bestimmten Weiterbildungsqualifikationen, im Handwerk z.B. zur Meisterprüfung.

1.1.1 Gesellen-/Abschlussprüfung in klassischer Form

Die klassischen Zwischen- und Gesellen-/Abschlussprüfungen gliedern sich in zwei Teile:

Prüfungsbereiche

- Fertigkeitsprüfung (fachpraktischer Teil)
  Die Auszubildenden sollen ihre erlernten Fertigkeiten durch Prüfungsstücke und Arbeitsproben nachweisen.
- Kenntnisprüfung (fachtheoretischer Teil)
  Sie erfolgt schriftlich in bestimmten festgelegten Fachgebieten, z.B. Technologie, Mathematik, Zeichnen und fachbezogenen Analyseaufgaben.

Gliederung der Prüfung im Tischlerhandwerk

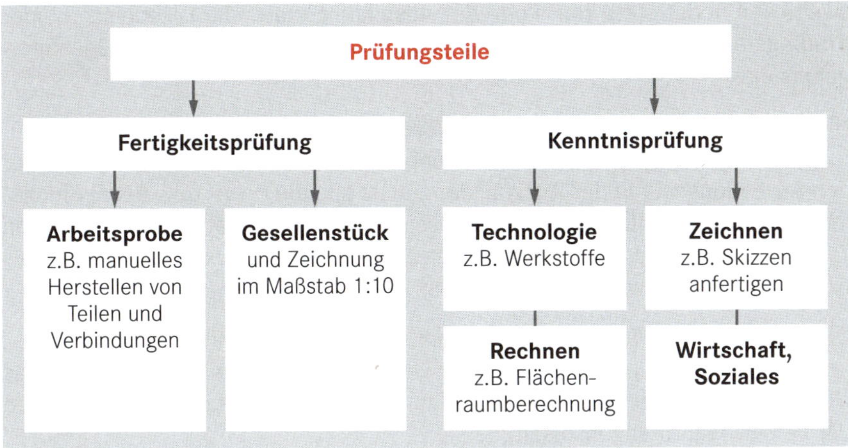

Funktion der Zwischenprüfung

In der klassischen Zwischenprüfung soll festgestellt werden, ob der Auszubildende den vorgesehenen Ausbildungsstand erreicht hat bzw. wo eventuell Defizite vorliegen. Dabei kommt es nicht auf das Bestehen oder Nichtbestehen an, sondern die Zwischenprüfung dient ausschließlich der Erfolgskontrolle. Werden Ausbildungsmängel durch die Zwischenprüfung offenkundig, müssen Ausbilder und Auszubildende geeignete Maßnahmen ergreifen, um Ausbildungslücken rechtzeitig zu schließen. Das Prüfungsergebnis wirkt sich nicht auf die Gesellen-/Abschlussprüfung aus.

mündliche Prüfungen

Falls erforderlich müssen bei der Gesellen-/Abschlussprüfung auf Antrag des Prüflings mündliche Ergänzungsprüfungen durchgeführt werden, wenn diese für den Prüfungserfolg von ausschlaggebender Bedeutung sind.

Beispiel: Der Auszubildende Gabriel Kunz hat das erste Ausbildungsjahr bei der Schwarz Elektrotechnik OHG hinter sich und steht ebenfalls in absehbarer Zeit vor seiner ersten Prüfung im Rahmen der Ausbildung, hat sich damit aber noch nicht genauer beschäftigt. Als das Thema Prüfung in der Schule aufkommt, spricht er den Ausbilder Jens Schwarz an. „In meiner Berufsschulklasse sprechen einige Schüler von Zwischenprüfung, der Lehrer meint aber, es würde jetzt Prüfung Teil 1 und gestreckte Gesellenprüfung heißen. Stimmt das? Wenn ja, worin besteht der Unterschied?“

1.1.2 Gestreckte Gesellen-/Abschlussprüfung

Bei Ausbildungsberufen mit der sog. gestreckten Gesellen-/Abschlussprüfung wird die Prüfung in zwei zeitlich auseinanderfallenden Teilen durchgeführt. Daher der Begriff „gestreckte Gesellen-/Abschlussprüfung“. Der Zeitpunkt des ersten Prüfungsteils ist i.d.R. in der Halbzeit nach 18 Monaten angesetzt, der zweite Teil findet stets zum Ende der Ausbildung statt. Die Ergebnisse beider Prüfungsteile fließen dabei mit einer bestimmten Gewichtung in das Gesamtergebnis ein.

Unterschied zur klassischen Gesellenprüfung

Hierin besteht auch ein wesentlicher Unterschied zur klassischen Gesellenprüfung: Während die klassische Zwischenprüfung nur eine Erfolgskontrolle über den Ausbildungsstand des Auszubildenden ist und die Bewertung der Prüfungsleistungen keinerlei Einfluss auf die Gesellenprüfung hat, hat die Bewertung von Teil 1 der gestreckten Gesellenprüfung unmittelbaren Einfluss auf das Bestehen bzw. Nichtbestehen der Gesamtprüfung.

Gewichtung der Teilprüfungen

Die Leistungen von Teil 1 sollen mit einer Gewichtung von 30–40% und die Leistungen von Teil 2 mit einer Gewichtung von 60–70% berücksichtigt werden. Das Gesamtergebnis der Abschlussprüfung setzt sich somit aus den Ergebnissen der beiden Teilprüfungen zusammen.

Rechtlich gesehen ist der Teil 1 ein unselbstständiger Bestandteil der Gesamtprüfung und kann daher nicht selbstständig angefochten werden.

Handlungsorientierung

Mittlerweile wird in den Ausbildungsordnungen aller Ausbildungsberufe bei den Prüfungsinhalten ein deutlich stärkeres Gewicht auf Handlungsorientierung gelegt. Die strikte Trennung von Theorie und Praxis wird vermieden und die Prüfungsaufgaben orientieren sich an realistischen Geschäftsprozessen. So ist z.B. häufig ein fallbezogenes Fachgespräch vorgesehen, das in Ergänzung konkreter Arbeitsaufgaben geführt wird. Außerdem müssen die Prüflinge komplexe Sachverhalte analysieren und beurteilen und für die Problemstellungen geeignete Lösungen darstellen.

Gliederung einer Gesellenprüfung nach neuerer Ausbildungsordnung

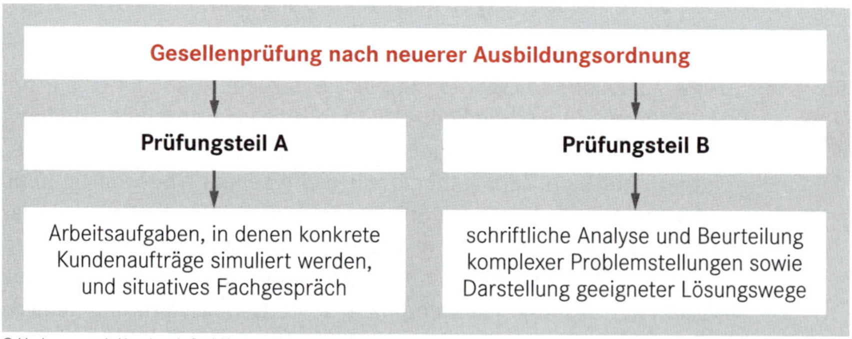

kaufmännische Berufe

Bei den kaufmännischen Berufen (Kauffrau-/mann für Büromanagement) erfolgt in Teil 1 der Abschlussprüfung die Fertigkeits- und Kenntnisprüfung durch computergestützte Aufgaben in festgelegten Bereichen. Im Rahmen des Prüfungsteils 2 wird in der Abschlussprüfung sowohl schriftlich als auch mündlich festgestellt, ob der Prüfling zu komplexen Arbeitsaufgaben handlungs- und kundenorientierte Problemlösungen darstellen und entwickeln sowie wirtschaftliche Zusammenhänge darstellen und beurteilen kann.

Im mündlichen Teil wird ein Fachgespräch geführt. Der Prüfungsausschuss stellt den Auszubildenden zwei Fachaufgaben, wovon sich die Prüflinge eine auswählen. Hierzu müssen Sie während des Gesprächs Fragen beantworten. Alternativ können die Prüflinge zwei Themen in einem Report vorbereiten. Der Prüfungsausschuss wählt eines der Themen aus, das schließlich vom Prüfling mitsamt Lösungsweg präsentiert wird.

Erprobungsverordnungen

Zurzeit gelten voraussichtlich bis 2020 in den Berufen Kauffrau/-mann für Büromanagement und Einzelhandelskauffrau/-mann sog. Erprobungsverordnungen. Durch die Erprobung soll untersucht werden, ob die Durchführung der Abschlussprüfung in zwei zeitlich auseinanderfallenden Teilen die geeignete Prüfungsform für diese Ausbildungsberufe ist.

Beispiel: Ausbilder Jens Schwarz erklärt Gabriel Kunz den Aufbau der Prüfungen im Rahmen der Ausbildung. Gabriel Kunz wird klar, dass er sich für diese Prüfung schon richtig ins Zeug legen muss, da Teil 1 seiner Prüfung im Gegensatz zur Zwischenprüfung seines Freundes, der eine Ausbildung zum Tischler macht, mit in das Gesamtergebnis des Abschlusses einfließt.

Gliederung der gestreckten Gesellenprüfung Elektroniker

Teil 1			Teil 2					
komplexe Arbeitsaufgabe	schriftliche Aufgabenstellung	Gesprächsphase	Arbeitsaufgabe einschl. Dokumentation	Fachgespräch	Systementwurf	Funktions- und Systemanalyse	WiSo	
Das Ergebnis der Gesellen-/Abschlussprüfung setzt sich zusammen aus:								
Gewichtung des Prüfungsergebnisses mit 30–40 %			Gewichtung des Prüfungsergebnisses mit 60–70 %					

Beispiel: „Okay, jetzt weiß ich wenigstens, was in der Abschlussprüfung geprüft wird, wie die Gewichtung der einzelnen Teile ist und wie lange die Prüfung dauert“, sagt Daniel Schneider, nachdem sein Ausbilder Jens Schwarz und er sich die Prüfungsbedingungen in der Ausbildungsordnung genau angeschaut haben. „Das ist schon eine Menge, was man können muss. Ich hätte viel früher mit der Vorbereitung beginnen müssen und hätte dazu etwas mehr Druck gebraucht.“ Der Ausbilder denkt darüber nach, wie er Daniel Schneider weiter auf dem Weg zur Prüfung unterstützen kann ...

1.2 Spezifische Hilfen und Techniken zur Prüfungsvorbereitung

Alle Maßnahmen zur Prüfungsvorbereitung während der Ausbildung sollen dazu beitragen, dass der Auszubildende Berufstüchtigkeit als Fachkraft erlangt und dies in der Gesellen-/Abschlussprüfung auch nachweisen kann. Sie sind als dauernder Prozess in die gesamte Ausbildung einzubeziehen. Die betrieblichen Erfolgskontrollen nach einzelnen Ausbildungsabschnitten sowie Berichte und Ausbildungsnachweise und die Leistungen in der Berufsschule ermöglichen es dem Ausbilder, bereits frühzeitig Stärken und Schwächen des Auszubildenden zu erkennen.

Immer wieder zeigt sich in der Praxis, dass die Vorbereitung auf die Prüfung bereits am ersten Ausbildungstag beginnen muss.

Training durch prüfungsähnliche Situationen

Dies bezieht sich nicht nur auf zu vermittelnde Fertigkeiten, Kenntnisse und Fähigkeiten, sondern auch auf das Training prüfungsähnlicher Situationen. Der Auszubildende soll bereits im Verlauf der Ausbildung allmählich lernen, auch unter Stress zu arbeiten. So kommt es darauf an, sukzessive mit Zeitdruck, hohen Qualitätsanforderungen, steigenden Ansprüchen an Konzentration und Ausdauer etc. fertig zu werden. Denn sowohl in den Prüfungen als auch im Arbeitsleben müssen diese Herausforderungen bewältigt werden.

Rechtzeitig vor der Prüfung sollte der Auszubildende ausreichend Gelegenheit bekommen, sich intensiv mit den Prüfungsinhalten und dem Prüfungsgeschehen auseinanderzusetzen. Der Ausbilder muss ein geeignetes Vorbereitungsumfeld schaffen. Dazu gehört unbedingt die Simulation der Prüfungssituation, damit sich der Auszubildende an die zu erwartenden Gegebenheiten gewöhnen kann.

Dabei ist darauf zu achten, dass entsprechende Räumlichkeiten, Materialien, Werkzeuge, Maschinen und prüfungsähnliche Aufgaben zur Verfügung stehen. Ferner muss es für den Ausbilder selbstverständlich sein, dass er in dieser Vorbereitungsphase engen Kontakt zu Berufsschullehrern und Prüfungsausschüssen hält, um seinem Auszubildenden die wesentlichen Informationen zum Prüfungsgeschehen geben zu können.

Maßnahmen zur Prüfungsvorbereitung

Folgende Maßnahmen helfen den Prüfungserfolg sicherzustellen:

- Mindestens ein halbes Jahr vor der Prüfung sollte intensiv mit der systematischen Prüfungsvorbereitung begonnen werden. In dieser Zeit sollte der Auszubildende keine neuen, zusätzlichen Aufgaben übernehmen, sondern ausreichend Zeit und Raum für die Prüfungsvorbereitung bekommen.
- Der Ausbilder macht den Auszubildenden mit dem Prüfungsablauf vertraut und bespricht mit ihm anhand der Prüfungsanforderungen und des Ausbildungsplans die verlangten Fertigkeiten, Kenntnisse und Fähigkeiten.

Maßnahmen zur Prüfungsvorbereitung

- Der Ausbilder ermittelt anhand der Klausurnoten, Zeugnisse und Beurteilungsergebnisse des Arbeits- und Leistungsverhaltens, in welchen Bereichen der Auszubildende noch Schwächen hat. Er lässt ihn auch selbst beurteilen, welche Themenfelder er schon gut beherrscht bzw. wo noch Defizite auszugleichen sind. So kann er bestehende Ausbildungslücken schließen und wesentliche Arbeitsaufgaben verstärkt üben. Dabei spielt auch der Ausbildungsnachweis eine wichtige Rolle. Daran lässt sich gut nachvollziehen, was gelernt wurde bzw. was noch nachgearbeitet werden muss.
- Er variiert daraufhin geeignete prüfungsähnliche Aufgaben. Entsprechende Übungen anhand freigegebener alter Prüfungsaufgaben ermöglichen es dem Auszubildenden, sich mit Art, Aufbau und Vorgehensweise vertraut zu machen. Zu einigen Ausbildungsberufen werden Musterprüfungsaufgaben angeboten. Informationen hierzu geben die jeweiligen Fachorganisationen.
- Der Ausbilder beurteilt die Leistungen nach dem Bewertungsmaßstab der Prüfung und bespricht die Ergebnisse gemeinsam mit dem Auszubildenden.
- Er lobt besonders gute Leistungen und motiviert dadurch. Er spricht aber auch klare Defizite aus.
- Der Ausbilder unterstützt den Auszubildenden, indem er z.B. geeignete Lerntechniken | ► S. 184 | vermittelt, um bestehende Lernschwierigkeiten in den Griff zu bekommen. Dabei sind die individuellen Lerneigenschaften des Auszubildenden zu berücksichtigen. Bereits aus den bisherigen Unterweisungen weiß der Ausbilder, wie der Auszubildende am besten zu guten Ausbildungsergebnissen gelangt, und wendet entsprechende Methoden an.
- Es kann auch hilfreich sein, gemeinsam mit Gesellen, die eine solche Prüfungssituation vor nicht allzu langer Zeit gemeistert haben, Arbeitsaufgaben zu besprechen und auf deren Erfahrungen zurückzugreifen.
- Der Ausbilder kann Tipps zur strukturierten Vorgehensweise bei der Bewältigung der Aufgabenstellungen geben (welcher Sachverhalt liegt vor, welche Problemstellung ergibt sich daraus, in welcher Form wird die Lösung erwartet, welche Angaben sind zur Lösungsfindung wichtig, wie und in welcher Reihenfolge ist die Lösung zu erreichen?).
- Viele Bildungsträger bieten zudem berufsspezifische Vorbereitungskurse an, in denen wichtige Inhalte unter besonderer Berücksichtigung der Prüfungsschwerpunkte wiederholt werden.
- Werden schon im Verlauf der Ausbildung Schwächen im theoretischen Teil der Ausbildung offensichtlich, können ausbildungsbegleitende Hilfen (abH) unterstützend wirken und bei der Agentur für Arbeit beantragt werden.

Möchten Sie üben? Tests und Aufgaben finden Sie im Sackmann-Lernportal.

Beispiel: Daniel Schneider hat in der letzten Zeit jede freie Minute zur Vorbereitung genutzt und sein Ausbilder hat ihn mit passenden Aufgaben unterstützt. „Aber je näher der Prüfungstermin kommt, desto nervöser werde ich. Manchmal fallen mir die richtigen Fachbegriffe nicht ein oder es hakt bei den Berechnungen. In der Prüfung bin ich wahrscheinlich so aufgeregt, dass mir gar nichts gelingt", klagt er seinem Ausbilder.

1.3 Vermeidung und Abbau von Prüfungsangst

Prüfungsangst tritt zumeist nicht erst unmittelbar vor oder während der Prüfung auf, sondern beeinträchtigt die Auszubildenden oft schon lange vorher. In den letzten Wochen und Tagen vor der Gesellen-/Abschlussprüfung ist es daher eine wichtige Aufgabe des Ausbilders, auch auf die Mentalität des Auszubildenden einzugehen und bei den Auszubildenden evtl. aufkommende Prüfungsängste und Nervosität abzubauen. Der Auszubildende soll trotz Prüfungsstress seine Leistungsfähigkeit unter Beweis stellen können.

Ursachen für Prüfungsangst

Prüfungsängste können viele Ursachen haben. Oftmals liegt der Grund in

- einem zu geringen Selbstvertrauen,
- einem schlechten Gewissen, weil zu wenig geübt wurde,
- der Angst vor dem Versagen und
- der damit einhergehenden Blamage vor Familie, Freunden und Kollegen.

Sicherheit in Bezug auf den Prüfungsstoff

Prüfungsangst kann jedoch gemildert werden, wenn der Prüfungsstoff beherrscht wird. Es ist daher von entscheidender Bedeutung, dass die gesamte Ausbildung entsprechend dem Ausbildungsplan systematisch und vollständig durchgeführt wurde. Durch die kontinuierliche Beurteilung seiner Leistungen gewinnt der Auszubildende eine realistische Selbsteinschätzung und persönliche Sicherheit in Bezug auf seine Leistungsfähigkeit.

Informationen über Prüfungsablauf

„Katastrophenfantasien" des Auszubildenden lassen sich entschärfen, indem der Ausbilder klare Informationen über Prüfungsablauf, Prüfungsfragen und -aufgaben, Form der Prüfung und Beurteilungsmaßstäbe gibt.

gute Lern- und Übungsbedingungen schaffen

Um für den Auszubildenden angemessene Lern- und Übungsbedingungen zu schaffen und gleichzeitig die Betriebsabläufe nicht zu beeinträchtigen, sind konkrete Termine und Zeiträume für die Prüfungsvorbereitung festzulegen. Ausreichend Zeit und Aufmerksamkeit des Ausbilders nimmt dem Auszubildenden den Druck und signalisiert ihm die besondere Unterstützung des Ausbilders.

Prüfungsangst kostet wertvolle Kraft. Der Ausbilder sollte versuchen, die in der Prüfungsangst steckenden Energien umzuleiten und für eine effektive Prüfungsvorbereitung zu nutzen. Wichtig sind realistische Ziele und ständige Kommunikation mit dem Auszubildenden.

Der Ausbilder sollte z.B. einem unsicheren Auszubildenden deutlich machen, dass keine perfekte und erstklassige Leistung erwartet wird und bei einem Misserfolg nicht „die Welt untergeht". Das Aufzeigen bisheriger Erfolge, der Fähigkeiten und Stärken des Auszubildenden hilft, Nervosität und Angst vor der Prüfung abzubauen.

Im Folgenden sind beispielhaft mögliche Aussagen von Auszubildenden, die unter Prüfungsangst leiden, und entsprechende Vorschläge für angstreduzierende Reaktionen von Ausbildern zusammengestellt.

Beispiele für angstreduzierende Reaktionen

Auszubildender sagt:	Ausbilder antwortet:
„Ich bekomme in der Prüfung bestimmt kein Wort heraus und mache alles falsch. Mir fällt garantiert nicht das Richtige ein."	„Selbst wenn du einen Augenblick blockiert wärst, wäre das keine Katastrophe. Du bist gut vorbereitet. Und es ist unwahrscheinlich, dass dir überhaupt nichts einfällt."
„Ich habe immer Pech bei Prüfungen."	„Es gibt keine 100%-ige Garantie, dass nur Aufgaben drankommen, die du gut lösen kannst, und vielleicht findest du für einige Fragen nicht die richtige Antwort. Aber es erwartet auch niemand, dass du alles richtig machst. Der Bewertungsmaßstab zeigt dir, dass du nicht alles richtig lösen musst, um die Prüfung zu bestehen. Du weißt auch, welche Themen gewöhnlich in der Prüfung vorkommen."
„Ich darf keinen Fehler machen."	„Verlange nicht übermenschliche Fähigkeiten von dir. Setze dich nicht so unter Druck. Wenn du Fehler machst, geht die Welt nicht unter. Deswegen fällst du nicht gleich durch die Prüfung."
„Ich fühle mich dem Prüfer ausgeliefert."	„Der Prüfer hat nicht die Absicht, dich hereinzulegen, um dir zu schaden. Er ist nur verpflichtet, deine Leistung objektiv zu beurteilen, und seine Bewertung kannst du beeinflussen."
„Wenn ich die Prüfung nicht bestehe, ist alles aus."	„Wenn du wirklich die Prüfung beim ersten Mal nicht bestehen solltest, hast du die Möglichkeit, einen zweiten Anlauf zu nehmen. Aber da du die Ausbildung bis jetzt ganz gut absolviert hast, ist es eher unwahrscheinlich, dass du die Prüfung nicht bestehst. Konzentriere dich jetzt weiter auf die optimale Vorbereitung. Ich unterstütze dich dabei."
„Meine Eltern (Geschwister, Freunde, Bekannte) werden mich für einen Versager halten, wenn ich durchfalle."	„Wenn dich deswegen jemand für einen Versager hält, wäre das nicht fair. Wegen einer nicht bestandenen Prüfung wirst du nicht zu einem Versager. Du hättest nur eben diese Prüfung nicht bestanden."

Kompetenzen

Das sollten Sie als zukünftiger Meister können:

- ✔ aus der Ausbildungsordnung die wesentlichen Anforderungen der Zwischen- und Abschluss-/Gesellenprüfung herausstellen sowie die Besonderheiten einer Prüfungssituation vermitteln,
- ✔ Bedeutung und Ablauf der gestreckten Abschluss-/Gesellenprüfung beschreiben,
- ✔ geeignete Hilfen zur Prüfungsvorbereitung und zur Vermeidung von Prüfungsversagen aufzeigen sowie Bereitstellung erforderlicher Prüfungsmittel begründen.

Für die Anmeldung der Auszubildenden zu Prüfungen bei der zuständigen Stelle Sorge tragen und diese auf durchführungsrelevante Besonderheiten hinweisen

Jens Schwarz, Ausbilder bei der Schwarz Elektrotechnik OHG, hat seit einiger Zeit das Gefühl, seiner Aufgabe mit der zunehmenden Anzahl der Auszubildenden nicht mehr gerecht zu werden. Da ist er froh, dass er Jürgen Gerber dafür gewinnen kann, ihn zukünftig zu unterstützen und sich entsprechend fortzubilden. Er bindet ihn jetzt schon bei allem ein, was ansteht: „Jürgen, unser Auszubildender Daniel Schneider muss zur Abschlussprüfung angemeldet werden. Kannst du dich bitte schlau machen und die Vorbereitungen übernehmen?“ Damit hatte Jürgen Gerber bisher noch nichts zu tun. Was muss er wissen und beachten?

2 Anmeldung zur Prüfung

2.1 Anmeldung, Freistellung und Zulassung zur Prüfung

Prüfungen werden grundsätzlich von staatlichen Einrichtungen wie Schulen und Universitäten organisiert und durchgeführt.

Rechtsgrundlagen und Zuständigkeiten bei der Gesellen-/Abschlussprüfung

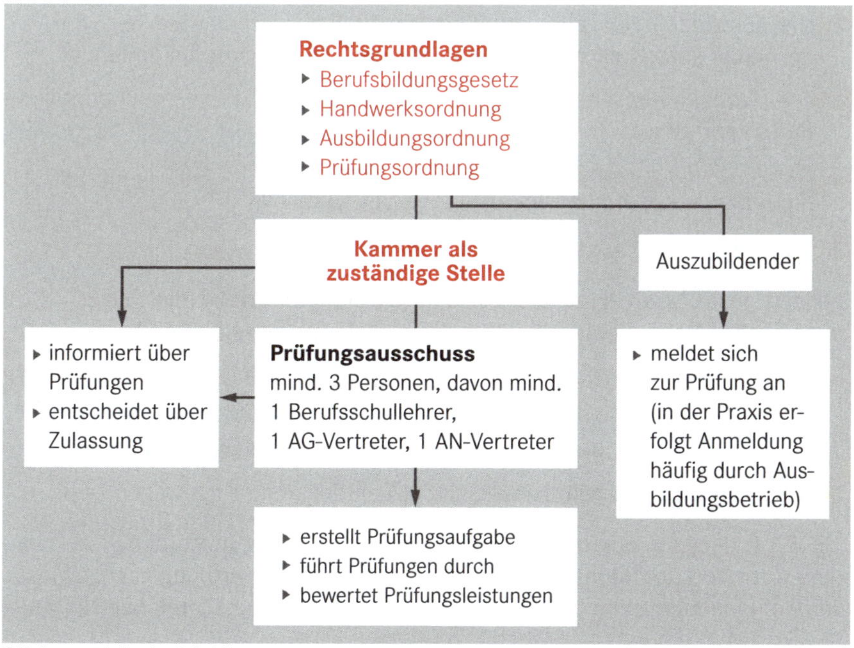

In der Berufsausbildung sind jedoch Handwerkskammern und andere Wirtschaftskammern per Gesetz damit beauftragt. Wesentliche Rechtsgrundlagen für die Zwischen- und Gesellen- bzw. Abschlussprüfungen sind die §§ 37–50 BBiG, die §§ 31–40 HwO und die Ausbildungsordnungen der jeweiligen Berufe. Die Handwerkskammern werden als zuständige Stellen ermächtigt, entsprechende Prüfungsordnungen zu erlassen. Sie können die Prüfungshoheit aber auch auf Innungen übertragen.

Anmeldung zur Prüfung

Die Prüfungsordnungen der zuständigen Stellen (Handwerkskammern) sehen seit einer Empfehlung des BIBB-Hauptausschusses von 2007 vor, dass der Antrag auf Zulassung zur Prüfung durch den Auszubildenden selbst zu stellen ist. In der Praxis erfolgt die Anmeldung zur Gesellen-/Abschlussprüfung allerdings weiter i.d.R. durch den Ausbildungsbetrieb, was z.B. durch einzelvertragliche Regelungen festgelegt wird. Entsprechende Antragsformulare sind bei den Handwerkskammern erhältlich bzw. auf deren Websites als Download abrufbar.

Anlagen zum Antrag

Der Anmeldung zur Prüfung müssen

- die Bescheinigung über die Teilnahme an der Zwischenprüfung bzw. Teil 1 der gestreckten Prüfung,
- die Ausbildungsnachweise,
- eine Kopie des Ausbildungsvertrages und
- das letzte Zeugnis der berufsbildenden Schule

beigefügt werden.

Zulassungsvoraussetzungen

Die zuständige Stelle entscheidet über die Zulassung zur Gesellen-/Abschlussprüfung, wobei folgende Zulassungsvoraussetzungen gelten:

- Die Ausbildungszeit muss ordnungsgemäß absolviert worden sein, d.h., sie darf nicht später als zwei Monate nach dem Prüfungstermin enden.
- Die Teilnahmebescheinigung für die vorgeschriebene Zwischenprüfung muss vorliegen.
- Das Ausbildungsverhältnis muss in dem Verzeichnis der Ausbildungsverhältnisse (im Handwerk: Lehrlingsrolle) eingetragen sein.
- Vorgeschriebene Ausbildungsnachweise müssen vorliegen.

Zulassungsvoraussetzungen gestreckte Gesellenprüfung

Bei den gestreckten Gesellen-/Abschlussprüfungen erfolgt die Zulassung zu beiden Teilen jeweils gesondert. Der Auszubildende muss für Teil 1

- die in der Ausbildungsordnung vorgeschriebene Ausbildungszeit hinter sich gebracht haben,
- die Ausbildungsnachweise müssen vollständig vorgelegt werden und
- das Ausbildungsverhältnis muss in der Lehrlingsrolle eingetragen sein.

Für Teil 2 der gestreckten Gesellen-/Abschlussprüfung muss neben den vorgenannten Voraussetzungen die Teilnahme an Teil 1 der Prüfung nachgewiesen werden. Eine Ausnahme ist nur möglich, wenn der Auszubildende die Nichtteilnahme nicht zu vertreten hatte. Die Gesellen-/Abschlussprüfung ist in diesem Ausnahmefall in beiden Prüfungsteilen zu absolvieren.

Falls die Kammer als zuständige Stelle einen Auszubildenden nicht zur Prüfung zulässt, weil er die Zulassungsvoraussetzungen nicht erfüllt, muss der Prüfungsausschuss über eine Zulassung befinden.

Freistellung für die Prüfung

Der Ausbildende ist verpflichtet, den Auszubildenden für die Prüfungen freizustellen und die Prüfungsgebühren zu entrichten. Jugendliche Auszubildende sind außerdem am Arbeitstag vor der schriftlichen Gesellen-/Abschlussprüfung freizustellen.

Vorzeitige Zulassung zur Gesellen-/Abschlussprüfung

Beispiel: Die gute Vorbereitung von Gabriel Kunz auf den ersten Teil der gestreckten Gesellenprüfung hat sich gelohnt. Er hat mit einer glatten Zwei abgeschlossen und Jens Schwarz ist begeistert. Das hat bisher noch keiner der Azubis geschafft. Auch seine Leistungen im Betrieb zeigen, dass er genau die richtige Ausbildung für sich gefunden hat. Jetzt überlegt Gabriel sich, wie es nach der Gesellenprüfung für ihn noch weitergehen kann: „Herr Schwarz, kann ich mich nicht früher zur Abschlussprüfung anmelden?

Gemäß § 45 Abs. 1 BBiG bzw. § 37 Abs. 1 HwO können Auszubildende nach Absprache mit dem Ausbildenden und der Berufsschule einen Antrag auf vorzeitige Zulassung zur Gesellen-/Abschlussprüfung bei der zuständigen Handwerkskammer stellen, wenn ihre Leistungen entsprechend gut sind.

Voraussetzungen vorzeitige Zulassung

Folgende Voraussetzungen müssen erfüllt sein, damit der Antrag genehmigt werden kann:

- Im letzten Berufsschulzeugnis muss der Notendurchschnitt in den prüfungsrelevanten Fächern besser als 2,49 gewesen sein.
- Auch in der Zwischenprüfung bzw. im Teil 1 der gestreckten Gesellenprüfung muss der Notendurchschnitt mindestens 2,49 betragen.
- Der Ausbildungsbetrieb muss bestätigen, dass der Auszubildende bisher überdurchschnittliche Leistungen erbracht hat und ihm bis zum vorzeitigen Termin der Gesellen-/Abschlussprüfung alle wesentlichen Fertigkeiten und Kenntnisse aus dem Ausbildungsrahmenplan vermittelt werden können.
- Der Auszubildende muss die vorgeschriebenen überbetrieblichen Unterweisungskurse besucht haben und muss seine Ausbildungsnachweise vorlegen können.
- Die betriebliche Ausbildungszeit von 18 Monaten bei einer dreijährigen Ausbildungsdauer und von 24 Monaten bei einer dreieinhalbjährigen Ausbildungsdauer darf bis zur vorgezogenen Prüfung nicht unterschritten werden.

2.2 Prüfungsrelevante Besonderheiten von Auszubildenden

Im Rahmen einer erfolgreichen und gerechten Ausbildung muss der Ausbilder die Verschiedenartigkeit die Auszubildenden (z.B. Jugendliche mit Migrationshintergrund, Lernbeeinträchtigte, Abiturienten, Realschüler, Hauptschüler) berücksichtigen.

behinderte Auszubildende

Dies beinhaltet auch die Fähigkeit, Menschen mit Behinderungen zu einem erfolgreichen Ausbildungsabschluss zu führen. Der Ausbilder hat nicht nur die Aufgabe, bereits vor der Einstellung eines behinderten Menschen genau zu prüfen, ob der Betrieb hinsichtlich der Betriebsorganisation und der Vermittlung der Ausbildungsinhalte in der Lage ist, behinderte Menschen erfolgreich zu einem beruflichen Ausbildungsabschluss zu führen. Er muss auch dafür sorgen, dass er frühzeitig mit der Prüfungsabteilung der zuständigen Stelle adäquate Maßnahmen zum Nachteilsausgleich des Auszubildenden vereinbart.

Auch bei den Prüfungen in anerkannten Ausbildungsberufen sind die besonderen Verhältnisse behinderter Menschen zu berücksichtigen.

Nachteilsausgleich

Für Auszubildende mit Körperbehinderung, Lern- und Sinnesbehinderung soll durch geeignete Hilfestellungen in der Prüfung ein Nachteilsausgleich geschaffen werden.

Dies gilt insbesondere für

- die Prüfungsdauer (z.B. für Legastheniker zum Lesen der Prüfungsaufgaben),
- die Zulassung von Hilfsmitteln (z.B. Benutzung eines PCs bei motorischer Behinderung),
- die Inanspruchnahme Dritter (z.B. Anwesenheit einer Vertrauensperson) und
- die Prüfungsform.

Allerdings dürfen diese Maßnahmen lediglich die behinderungsbedingten Nachteile ausgleichen, jedoch keine Abstriche an den Prüfungsinhalten und -anforderungen zur Folge haben.

Spätestens mit dem Zulassungsantrag zur Prüfung ist dann die Art und der Umfang der Behinderung des Prüflings anzumelden und ggf. durch ärztliche oder psychologische Gutachten nachzuweisen.

2.3 Ergänzungsprüfung, Wiederholungsprüfung und Verlängerung des Ausbildungsverhältnisses

Beispiel: Da sich Daniel Schneider während der gesamten Ausbildung sehr gut entwickelt hat und mit dem ersten Teil seiner Gesellenprüfung kaum Probleme hatte, ist Ausbilder Jens Schwarz zuversichtlich, dass dieser die Prüfung trotz seiner Nervosität gut bestehen wird. Doch wider Erwarten ist Daniel Schneider in einem Prüfungsbereich durchgefallen. Was nun?

Ergänzungsprüfung

Hat der Prüfling in der Abschlussprüfung keine ausreichenden Noten erzielt, ist auf seinen Antrag eine mündliche Ergänzungsprüfung durchzuführen, wenn dies für sein Bestehen der Prüfung ausschlaggebend sein kann. Für die Prüfung kann der Prüfling einen Prüfungsbereich wählen, in dem die schriftlich erbrachte Prüfungsleistung schlechter als ausreichend bewertet wurde. Das Prüfungsgespräch darf höchstens 15 Minuten dauern. Das endgültige Prüfungsergebnis ergibt sich aus der Gewichtung des bisherigen Ergebnisses des gewählten Prüfungsbereiches und dem Ergebnis der Ergänzungsprüfung mit 2:1.

Beispiel: Daniel Schneider hat in der Ergänzungsprüfung zwar eine ausreichende Leistung gezeigt, aber in der Gesamtbewertung reicht es nicht zum Bestehen der Prüfung. Er will jedoch unbedingt bald den Gesellenbrief in der Hand halten. Welche Möglichkeit hat er?

Wiederholungsprüfung

Bei Nichtbestehen der Gesellen-/Abschlussprüfung ist das Ausbildungsverhältnis mit Ablauf des Vertragsdatums beendet. Jedoch kann der Auszubildende in diesem Fall die Verlängerung des Ausbildungsverhältnisses bis zur nächstmöglichen Wiederholungsprüfung verlangen. Der ausbildende Betrieb ist verpflichtet, den Ausbildungsvertrag entsprechend zu ändern und dies der zuständigen Stelle schriftlich mitzuteilen. Die Verlängerung des Ausbildungsverhältnisses beträgt maximal ein Jahr.

Allein die Verlängerung der Ausbildungszeit reicht jedoch oftmals nicht aus, um die Ausbildung doch noch zu einem erfolgreichen Abschluss zu bringen. Es ist Aufgabe des Ausbilders, die Ursachen für das Nichtbestehen zu ergründen. Zunächst ist deshalb zu klären, in welchen Bereichen der Auszubildende in der Prüfung Defizite hatte, um in der Verlängerungszeit durch entsprechende Übungen und Fördermaßnahmen Schwächen und Mängel zu beseitigen.

An Wiederholungsprüfungen kann der Auszubildende höchstens zweimal teilnehmen. Dabei sind im Regelfall nur die Prüfungsfächer zu wiederholen, in denen keine ausreichenden Leistungen erbracht wurden. Dies kann bei der gestreckten Gesellen-/Abschlussprüfung dazu führen, dass z.B. nur Teil 1 oder Teil 2 bzw. einzelne Prüfungsfächer daraus zu wiederholen sind.

Sie wollen mobil lernen?
Im Lernportal finden Sie digitale Angebote.

Ursachen für Nichtbestehen

Betrieb
- zu viele Routineaufgaben ohne Lernfortschritte
- schlechte Ausbildungsbedingungen
- negative Einstellung von Kollegen, Vorgesetzten

soziales Umfeld
- zu wenig Rückhalt durch die Eltern
- negative Beeinflussung durch Freundeskreis

Auszubildender
- zu geringer Lerneinsatz
- entwicklungsbedingte Störungen
- persönliche Fehleinschätzung

Berufsschule
- keine Einbindung in Klassenverband
- schlechter Berufsschulunterricht
- hohe Fehlzeiten

Ausbilder
- keine ausreichende Unterstützung aus Zeitmangel
- Fehleinschätzung der Fähigkeiten
- Fehler bei der Planung und Durchführung der Ausbildung
- mangelnde Erfolgskontrollen
- beauftragte Mitarbeiter ungeeignet

Kompetenzen

Das sollten Sie als zukünftiger Meister können:

- ✔ rechtliche Vorgaben für die Anmeldung der Auszubildenden zu den Prüfungen und für die Freistellung beachten sowie Anmeldung durchführen,
- ✔ rechtliche Bedingungen für eine vorzeitige Zulassung zur Prüfung beachten,
- ✔ prüfungsrelevante Besonderheiten der Auszubildenden der zuständigen Stelle mitteilen,
- ✔ bei Nichtbestehen der Prüfung rechtliche Vorgaben zu Wiederholungsprüfung bzw. Ergänzungsprüfung und Verlängerung der Ausbildungszeit berücksichtigen.

Schriftliche Zeugnisse auf der Grundlage von Leistungsbeurteilungen erstellen

Sascha Litvinov steht kurz vor der Gesellenprüfung zum Elektroniker und will danach neu durchstarten. In seiner Ausbildung bei der Schwarz Elektrotechnik OHG lief es nicht immer so gut. Er weiß, dass der Ausbildungsbetrieb mit seinen Leistungen einige Male unzufrieden war. Als sich jetzt für ihn eine neue Perspektive abzeichnet, spricht er seinen Ausbilder Jens Schwarz an: „Meine Freundin lebt in Lübeck und wir planen dort eine gemeinsame Zukunft", berichtet er. „In Lübeck sind die Chancen für eine Beschäftigung im Bereich der erneuerbaren Energien sehr gut, das würde mich schon interessieren", meint er. Es stellt sich die Frage: Ist in Saschas Fall ein einfaches oder ein qualifiziertes Ausbildungszeugnis besser?

3 Bedeutung, Arten und Inhalte von Zeugnissen

3.1 Bedeutung des Ausbildungszeugnisses

Zeugnisse spielen für die berufliche Entwicklung von Arbeitnehmern nach wie vor eine wichtige Rolle. Besonders Ausbildungs- und Arbeitszeugnisse bieten einem künftigen Arbeitgeber die ersten Eindrücke über einen Bewerber. Häufig sind sie entscheidend für die Auswahl und die Einladung der Bewerber zu einem Vorstellungsgespräch.

Damit der Berufseinstieg gelingt, sind Auszubildende darauf angewiesen, ein aussagefähiges Ausbildungszeugnis von ihrem Ausbildungsbetrieb zu erhalten. Es soll vor allem klare Informationen über die in der Ausbildung erworbenen Fertigkeiten, Kenntnisse und besonderen Fähigkeiten vermitteln.

Verantwortung des Ausbildenden

Ausbildende müssen sich daher bei der Erstellung von Ausbildungszeugnissen ihrer Verantwortung bewusst sein. Sie müssen entsprechend sehr gewissenhaft bei der Beurteilung der Auszubildenden und deren Leistungen vorgehen, um einen klaren Gesamteindruck zu vermitteln. Dabei sollten sie beachten, dass Form und Gestaltung eines Zeugnisses auch Rückschlüsse auf die Qualität des Ausbildungsbetriebes geben können.

Gerade Ausbildenden in kleinen und mittleren Ausbildungsbetrieben fällt das Abfassen von aussagefähigen, rechtssicheren Zeugnissen oft schwer, vor allem dann, wenn diese Betriebe nicht über eine Personalabteilung verfügen, die darin normalerweise geübt ist. Die folgenden Hinweise sollen dazu beitragen, Ausbildungszeugnisse so zu erstellen, dass sie ihrer großen Bedeutung gerecht werden.

3.1.1 Arten von Zeugnissen

Der Auszubildende erhält nach der bestandenen Gesellen-/Abschlussprüfung drei Zeugnisse:

- ein Gesellen- bzw. Abschlussprüfungszeugnis,
- ein Berufsschulzeugnis und
- ein Ausbildungszeugnis.

Gesellen-/ Abschlussprüfungszeugnis

Das Gesellen- bzw. Abschlussprüfungszeugnis wird vom Prüfungsausschuss der Handwerkskammer oder der zur Prüfung ermächtigten Innung ausgestellt. Der Auszubildende erhält direkt nach der Prüfung eine Bescheinigung über das Prüfungsergebnis. Sie ist für den Ausbildungsbetrieb wichtig, um zu erfahren, ob die Ausbildung beendet ist. Das Prüfungszeugnis wird später nachgereicht. Auf Antrag erhalten Auszubildende zusätzlich eine englische und eine französische Übersetzung des Zeugnisses (§ 37 Abs. 3 BBiG/§ 31 Abs. 3 HwO). In den Gesellen-/Abschlussprüfungszeugnissen ist seit 2014 auch die Zuordnung zur entsprechenden Niveaustufe im Deutschen Qualifikationsrahmen (DQR) angegeben. Für drei bzw. dreieinhalbjährige Ausbildungsberufe ist es die vierte Niveaustufe.

Berufsschulzeugnis

Abgangszeugnis

Die Berufsschule erstellt ein Berufsschulzeugnis, das die Leistungen in der Berufsschule ausweist. Bei nicht ausreichenden Leistungen erhält der Auszubildende statt des Abschlusszeugnisses nur ein Abgangszeugnis. Das hat jedoch keine Auswirkung auf die Prüfung bei der Kammer. Auf Antrag des Auszubildenden kann das Ergebnis der Leistungsfeststellung in der Berufsschule im Gesellen-/Abschlussprüfungszeugnis angegeben werden.

Ausbildungszeugnis

Das Ausbildungszeugnis wird durch den Betrieb zum zeitlichen Ende des Ausbildungsverhältnisses bzw. zum Termin der davor bestandenen Gesellen-/Abschlussprüfung ausgestellt. Auch wenn das Ausbildungsverhältnis vor Ablauf der Ausbildungszeit durch Kündigung z.B. in der Probezeit oder durch Ausbildungsabbruch endet, muss der Ausbildende ein Ausbildungszeugnis aushändigen.

Gesellen-/ Abschluss-prüfungszeugnis[1]

Prüfungszeugnis

nach § 31 HwO

Vorname Name des Teilnehmers

geb. am Geburtsdatum des Teilnehmers in Geburtsort

hat die **Gesellenprüfung** im Ausbildungsberuf

Elektroniker/in

Fachrichtung Energie- und Gebäudetechnik

mit der Gesamtnote bestanden.

Die einzelnen Prüfungsbereiche wurden wie folgt bewertet*

Teil 1

Arbeitsauftrag

Teil 2

Kundenauftrag
Systementwurf
Funktions- und Systemanalyse
Wirtschafts- und Sozialkunde

Das Gesamtergebnis der Gesellenprüfung wird aus Teil I (40 %) und Teil 2 (60 %) gebildet.

____
Ort, Tag der Feststellung des Gesamtergebnisses der Prüfung

______________________________ ______________________________
Vorsitzende/r des Prüfungsausschusses Beauftragte/r der zuständigen Stelle

Rechtsbehelfsbelehrung
Gegen die Entscheidung kann innerhalb eines Monats nach Bekanntgabe Widerspruch erhoben werden. Der Widerspruch ist schriftlich oder zur Niederschrift bei der Geschäftsstelle des Prüfungsausschusses der Innung/Handwerkskammer einzulegen. Falls die Frist durch Verschulden eines von Ihnen Bevollmächtigen versäumt werden sollte, so muss dieses Verschulden Ihnen zugerechnet werden.

Dieser Abschluss ist im Deutschen und Europäischen Qualifikationsrahmen dem Niveau 4 zugeordnet; vgl. Bundesanzeiger vom 20.11.2013 (BAnz. AT 20.11.2013 B2).

* Die Gewichtung einzelner Prüfungsbereiche zueinander ergibt sich aus der Ausbildungsordnung.

Von der Berufsschule erteilte Note(n): Note(n)

---

[1] *Quelle: Prüfungszeugnisdatenbank der Zentralstelle für die Weiterbildung im Handwerk*

3.1.2 Ausbildungszeugnis: rechtliche Vorgaben, Inhalte, Aufbau und Form

Zeugnispflicht

In § 16 BBiG ist die rechtliche Verpflichtung des Ausbildenden geregelt: Er muss bei Beendigung des Ausbildungsverhältnisses ein schriftliches Zeugnis ausstellen. Dabei ist zu berücksichtigen, dass

- die elektronische Form ausgeschlossen ist,
- der Ausbilder das Zeugnis mit unterschreiben soll, wenn der Ausbildende nicht selbst ausgebildet hat,
- ein Ausbildungszeugnis auch dann zu erstellen ist, wenn der Auszubildende vom Unternehmen nach der Ausbildung in ein Arbeitsverhältnis übernommen wird.

Beispiel: Sascha Litvinov ist hochmotiviert, in Lübeck Karriere zu machen. Daher möchte er sich unbedingt schon vor der bestandenen Prüfung dort bewerben. Er überlegt, wie er zukünftige Arbeitgeber von seinen Fähigkeiten überzeugen kann, und bittet seinen Ausbilder Jens Schwarz um Unterstützung.

---

vorläufiges Zeugnis

Halbjahreszeugnis

Auch wenn es rechtlich nicht im BBiG geregelt ist, können Auszubildende schon vor Ausbildungsende ein vorläufiges Zeugnis verlangen, wenn sie sich auf eine neue Stelle nach der Ausbildung bewerben möchten. Dieses Zeugnis muss Angaben zur bisherigen Ausbildungszeit enthalten und die Inhalte müssen in das abschließende Ausbildungszeugnis übernommen werden. In den Berufsschulen gibt es aus diesem Grund im letzten Ausbildungsjahr Halbjahreszeugnisse.

Zwischenzeugnis

In bestimmten Situationen können auch Auszubildende Anspruch auf ein Zwischenzeugnis haben, vor allem

- beim Ausscheiden eines Ausbilders, um dessen Bewertung über die bisherigen Leistungen des Auszubildenden festzuhalten und
- bei der Beantragung einer vorzeitigen Zulassung zur Abschlussprüfung, um die dafür erforderlichen guten Leistungen zu dokumentieren.

Aus § 16 BBiG geht auch hervor, welche Angaben ein Ausbildungszeugnis mindestens aufweisen muss (einfaches Zeugnis) und welche Angaben der Auszubildende darüber hinaus verlangen kann (qualifiziertes Zeugnis).

einfaches Ausbildungszeugnis

Bestandteile eines einfachen Ausbildungszeugnisses nach BBiG sind:

- Art, Dauer und Ziel der Ausbildung,
- erworbene berufliche Fertigkeiten, Kenntnisse und Fähigkeiten.
  Bei der geforderten Beschreibung der erworbenen Fertigkeiten, Kenntnisse und Fähigkeiten genügt der alleinige Hinweis auf die Ausbildungsordnung nicht. Es müssen vielmehr die Ausbildungs-/Tätigkeitsschwerpunkte so dargestellt werden, dass erkennbar wird, in welchen Arbeitsbereichen der Auszubildende eingesetzt war, damit ein aussagefähiges Gesamtbild entsteht.

Beispiel:

Ausbildungszeugnis

Herr Sascha Litvinov, geboren am 16.05.1998, ist in unserem Unternehmen vom 01.08.2014 bis zum 19.12.2017 zum Elektroniker - Fachrichtung Energie- und Gebäudetechnik - ausgebildet worden. Unser mittelständisches Unternehmen mit 27 Beschäftigten bietet individuelle Lösungen und ein breites Spektrum an Dienstleistungen in der Elektrotechnik.

Herrn Litvinov wurden die in der Ausbildungsordnung vorgegebenen Fertigkeiten, Kenntnisse und Fähigkeiten in vollem Umfang vermittelt. Er hat an den vorgeschriebenen überbetrieblichen Ausbildungsmaßnahmen teilgenommen und die Berufsschule regelmäßig besucht. In den Tätigkeitsbereichen unseres Unternehmens - Installation und Wartung elektrischer Anlagen sowie Gebäudesystemtechnik - wurde er besonders mit folgenden Aufgaben und Tätigkeiten vertraut gemacht:

- selbstständiges Beschaffen von Informationen, Arbeitsplanung und -durchführung im Team unter Beachtung der Sicherheitsbestimmungen und der Qualitätsanforderungen,
- Konzipieren von Systemen, Installieren von Systemkomponenten und Netzwerken,
- Aufbauen und Prüfen von Steuerungen,
- Installieren und Inbetriebnehmen von Energiewandlungssystemen und ihren Leiteinrichtungen,
- Installieren und Konfigurieren von Gebäudeleit- und Fernwirkeinrichtungen,
- Prüfen und Instandhalten von gebäudetechnischen Systemen.

Musterstadt, den 19.12.2017

Reinhard Schwarz (Ausbildender) — Jens Schwarz (Ausbilder)

---

qualifiziertes Ausbildungszeugnis

Ergänzende Bestandteile eines qualifizierten Ausbildungszeugnisses nach BBiG sind:

- Angaben zur Leistung des Auszubildenden,
- Angaben zum Verhalten des Auszubildenden.

nicht zulässige Zeugnisangaben

Es gibt auch Inhalte, die nicht in einem Ausbildungszeugnis stehen dürfen. Dazu gehören vor allem:

- der Beendigungsgrund, es sei denn, der Auszubildende hat selbst gekündigt oder die Kündigung erfolgte aus betrieblichen Gründen,

- Krankheiten, Schwerbehinderteneigenschaft, Alkohol- und Drogenabhängigkeit sowie private Dinge,
- Straftaten, es sei denn, sie stehen in direktem Zusammenhang mit dem Ausbildungsverhältnis und sind gerichtlich nachgewiesen sowie
- einmaliges Fehlverhalten.

Da der Auszubildende die Wahl zwischen einem einfachen und einem qualifizierten Zeugnis hat, sollte der Ausbildende ihn vor der Zeugniserstellung auf seine Erwartungen ansprechen. In der Regel erwarten Auszubildende jedoch die Ausstellung eines qualifizierten Zeugnisses.

Die folgende Übersicht enthält Angaben zum Aufbau eines qualifizierten Zeugnisses mit näheren Erläuterungen.

Aufbau von qualifizierten Zeugnissen

Zeugnisangaben	Erläuterungen
Angaben zum Ausbildungsbetrieb	Name/Firma, Anschrift, auf offiziellem Firmenbriefbogen mit Logo
Überschrift	Bezeichnung: „Ausbildungszeugnis“
Angaben zum Auszubildenden	Anrede, Vorname, Name, Geburtsdatum
Dauer der Ausbildung	Beginn und Ende der Ausbildung, ggf. Hinweise auf Gründe bei Verkürzung der Ausbildung
Ausbildungsziel	Bezeichnung des erlernten Ausbildungsberufs
Ausbildungsort/ Ausbildungsart	betriebliche/außerbetriebliche Ausbildung oder Verbundausbildung, möglichst kurze Angaben zum Betrieb
erworbene Fertigkeiten, Kenntnisse und Fähigkeiten	detaillierte Angabe der Ausbildungs-/Tätigkeitsschwerpunkte
Angaben zur Leistung	häufig: ▶ Leistungsbereitschaft (Leistungswille, Engagement, Interesse) ▶ Fähigkeiten (Auffassungsgabe, Kreativität, Urteilsvermögen, Belastbarkeit) ▶ Umfang und Tiefe der Kenntnisse ▶ Arbeitsweise (pünktlich, zuverlässig, sorgfältig, verantwortungsbewusst, selbstständig) ▶ Arbeitsergebnisse (Menge, Qualität, Termineinhaltung)
Angaben zu Verhalten/ Führung	Umgang mit Vorgesetzten und Kollegen (in dieser Reihenfolge) Umgang mit Kunden und Geschäftspartnern Teamfähigkeit, Kommunikation

Aufbau von qualifizierten Zeugnissen

Zeugnisangaben	Erläuterungen
Beendigungsgrund Schlussformel	Angaben zur Beendigung nur auf Wunsch des Auszubildenden Dank für die Zusammenarbeit, ggf. Bedauern bei Weggang des Auszubildenden, gute Wünsche für die Zukunft
Ort, Datum der Ausstellung, Unterschriften	Ausstellungsdatum soll Ausbildungsende entsprechen, Unterschrift des Ausbildenden/Betriebsinhabers und ggf. des Ausbilders

äußere Form

Was die äußere Form des Zeugnisses betrifft, so sollte ein Firmenbogen möglichst ohne Anschriftenfeld genutzt werden. Das Zeugnis muss sauber sein (ohne Flecken, Risse oder Korrekturen) und ist in einem einheitlichen Schriftbild zu erstellen (z.B. ohne Unterstreichungen oder Ausrufezeichen). Bei Rechtschreibfehlern hat der Auszubildende Anspruch auf ein korrigiertes neues Zeugnis, das ohne inhaltliche Änderungen mit dem bisherigen Ausstellungsdatum anzufertigen ist.

Beispiel: **Ausbildungszeugnis**

Herr Sascha Litvinov, geboren am 16.05.1998, ist in unserem Unternehmen vom 01.08.2014 bis zum 19.12.2017 zum Elektroniker - Fachrichtung Energie- und Gebäudetechnik - ausgebildet worden. Unser mittelständisches Unternehmen mit 27 Beschäftigten bietet individuelle Lösungen und ein breites Spektrum an Dienstleistungen in der Elektrotechnik.

Herrn Litvinov wurden die in der Ausbildungsordnung vorgegebenen Fertigkeiten, Kenntnisse und Fähigkeiten in vollem Umfang vermittelt. Er hat an den vorgeschriebenen überbetrieblichen Ausbildungsmaßnahmen teilgenommen und die Berufsschule regelmäßig besucht. In den Tätigkeitsbereichen unseres Unternehmens - Installation und Wartung elektrischer Anlagen sowie Gebäudesystemtechnik -wurde er besonders mit folgenden Aufgaben und Tätigkeiten vertraut gemacht:

- selbstständiges Beschaffen von Informationen, Arbeitsplanung und -durchführung im Team unter Beachtung der Sicherheitsbestimmungen und der Qualitätsanforderungen,
- Konzipieren von Systemen, Installieren von Systemkomponenten und Netzwerken,
- Aufbauen und Prüfen von Steuerungen,
- Installieren und Inbetriebnehmen von Energiewandlungssystemen und ihren Leiteinrichtungen,

- Installieren und Konfigurieren von Gebäudeleit- und Fernwirkeinrichtungen,
- Prüfen und Instandhalten von gebäudetechnischen Systemen.

Herr Litvinov zeigte Interesse und Engagement für seine Ausbildung. Aufgrund seiner guten Auffassungsgabe konnte er sich schnell in neue Aufgabenbereiche einarbeiten. Er eignete sich die erforderlichen Fertigkeiten und Kenntnisse erfolgreich an, führte Aufgaben sorgfältig und dennoch zügig durch und ging verantwortungsbewusst und sicher mit Materialien und Betriebsmitteln um. Auch bei hohen Anforderungen waren seine Arbeitsergebnisse von guter Qualität. Oft schon nach kurzer Zeit war Herr Litvinov in der Lage, übertragene Aufgaben selbstständig und insgesamt zu unserer vollen Zufriedenheit durchzuführen.

Herr Litvinov war freundlich und entgegenkommend. Sein Verhalten gegenüber Vorgesetzten und Mitarbeitern war einwandfrei. Auf die Arbeit im Team wirkte sich seine Zuverlässigkeit positiv aus. Seine höfliche und zuvorkommende Art kam auch bei unseren Kunden gut an.

Wir danken Herrn Litvinov für die gute und vertrauensvolle Zusammenarbeit und wünschen ihm alles Gute für seine berufliche Zukunft.

Musterstadt, den 19.12.2017

Reinhard Schwarz — Jens Schwarz
(Ausbildender) — (Ausbilder)

3.2 Formulierung von Ausbildungszeugnissen

Wahrheitspflicht und Wohlwollen

Für die Formulierung von Ausbildungszeugnissen gilt, dass die Angaben zum einen wohlwollend sein müssen, um das berufliche Fortkommen nicht zu beeinträchtigen, zum anderen müssen sie wahr sein, um dem Anspruch künftiger Arbeitgeber nach einer klaren Information gerecht zu werden.

Da bei einfachen Zeugnissen keine Bewertungen vorkommen, entstehen Formulierungsprobleme vorrangig bei der Erstellung von qualifizierten Ausbildungszeugnissen, also bei der Beurteilung von Leistung und Verhalten des Auszubildenden. Normalerweise werden im Ausbildungszeugnis dazu nur positive Bewertungen besonders herausgestellt und negative Verhaltensmerkmale nicht erwähnt.

Mit Blick auf den Wahrheitsgehalt ist es wichtig, keine Eigenschaften als positiv herauszustellen, die nicht vorhanden oder eher negativ ausgeprägt sind.

Beispielsweise sollten im Ausbildungszeugnis nicht Zuverlässigkeit und Ehrlichkeit besonders betont werden, wenn der Auszubildende eher unzuverlässig und nicht immer ehrlich war.

Gesamtbewertung

Im Hinblick auf ein aussagefähiges Zeugnis kommt es darauf an, den am Ende der Ausbildung erreichten Leistungsstand möglichst differenziert und umfassend darzustellen. Eine wesentliche Grundlage für die Gesamtbewertung von Leistungen und Verhalten des Auszubildenden sind Beurteilungsbogen, die oft von Ausbildern zusammen mit Fachkräften in der Ausbildung nach wichtigen Ausbildungsabschnitten ausgefüllt und mit dem Auszubildenden besprochen werden | ► S. 312 |. In diese Gesamtbewertung dürfen einmalige Vorfälle, die nicht charakteristisch für die Ausbildung sind, nicht eingehen.

Über die konkrete Formulierung des Zeugnisses entscheidet der Ausbildende, meist unterstützt durch den Ausbilder. Der Auszubildende hat keinen Anspruch auf bestimmte Formulierungen. Die Zeugnisformulierungen müssen jedoch ein klares Bild über den Auszubildenden vermitteln und dürfen nicht widersprüchlich sein. Die Forderung nach einer wohlwollenden Formulierung hat zu einer sog. Zeugnissprache geführt, die in der folgenden Übersicht dargestellt ist.

Zeugnissprache

Mögliche Formulierungen im Zeugnis	Note
Der/die Auszubildende hat die übertragenen Aufgaben stets zu unserer vollsten Zufriedenheit erledigt. Wir waren mit seinen/ihren Leistungen in jeder Hinsicht außerordentlich zufrieden.	sehr gut
Er/Sie hat die übertragenen Aufgaben stets zu unserer vollen Zufriedenheit erledigt. Wir waren mit seinen/ihren Leistungen voll und ganz zufrieden.	gut
Er/Sie hat die übertragenen Aufgaben zu unserer vollen Zufriedenheit erledigt. Wir waren mit seinen/ihren Leistungen voll/jederzeit zufrieden.	befriedigend
Er/Sie hat die übertragenen Aufgaben zu unserer Zufriedenheit erledigt. Wir waren mit seinen/ihren Leistungen zufrieden.	ausreichend
Er/Sie hat die übertragenen Aufgaben im Großen und Ganzen/im Wesentlichen zu unserer Zufriedenheit erledigt. Seine/Ihre Leistungen haben weitestgehend unseren Erwartungen entsprochen.	mangelhaft
Er/Sie hat sich bemüht, die übertragenen Aufgaben zu unserer Zufriedenheit zu erledigen. Er/Sie hat sich bemüht, unseren Anforderungen/Erwartungen zu entsprechen.	ungenügend

Bei sehr guten Leistungen sollten verstärkt auch individuelle Formulierungen genutzt werden wie „... zeichnete sich stets durch eine sehr hohe Lern- und

Arbeitsbereitschaft aus" oder „... zeigte außerordentliches Engagement und großes Interesse".

Beispiel: Sascha Litvinov hat lange hin und her überlegt und sich nun entschieden, seinen Bewerbungen in Lübeck ein einfaches vorläufiges Zeugnis beizulegen. Er will mit seinem Bewerbungsanschreiben punkten und hofft, dass er dann im persönlichen Gespräch überzeugen kann. Außerdem will er sich in der verbleibenden Ausbildungszeit besonders bemühen, damit seine Chancen für eine gute Beurteilung im abschließenden Ausbildungszeugnis steigen.

3.3 Rechtsfolgen von Zeugnissen

Rechtsfolgen ergeben sich sowohl aus Gesellen-/Abschlussprüfungszeugnissen als auch bei Ausbildungszeugnissen.

Zulassungsvoraussetzung

So ist das Gesellenprüfungszeugnis die rechtliche Bestätigung für eine abgeschlossene Berufsausbildung. Die bestandene Gesellenprüfung ist die Regelvoraussetzung für die Zulassung zur Meisterprüfung (siehe § 49 HwO) und zu vielen Fortbildungsprüfungen. Mit bestandener Gesellenprüfung besteht auch der rechtliche Anspruch auf den Gesellenlohn.

Bei Ausbildungszeugnissen können sich unterschiedliche rechtliche Konsequenzen ergeben. So hat der Auszubildende das Recht, bei falschen Angaben eine Änderung des Zeugnisses zu verlangen. Dieses Recht kann er ggf. auch beim Arbeitsgericht einklagen. Dabei muss der Auszubildende sein bisheriges Zeugnis zurückgeben, um das neue Zeugnis zu erhalten.

Schadenersatzansprüche

Stellt der Ausbildende ein falsches Zeugnis aus und führt dies nachweislich zu einem Schaden beim Auszubildenden oder bei einem künftigen Arbeitgeber, können von diesen Schadenersatzansprüche geltend gemacht werden.

Beispiel: Jens Schwarz hatte in das qualifizierte Zeugnis eines früheren Auszubildenden aufgenommen, dass der ehrlich und zuverlässig ist, weil das Zeugnis ja immer wohlwollend sein soll. Tatsache war aber, dass dieser sich während seiner Ausbildungszeit im Lager unerlaubt für private Zwecke bedient hatte. Das wiederholte sich auch im nächsten Unternehmen, wo er nach der Ausbildung startete. Da drohte Jens Schwarz doch tatsächlich eine Klage wegen des falschen Zeugnisses und dem dadurch entstandenen Schaden. Ihm wurde dadurch klar, dass er trotz Wohlwollen ganz bei der Wahrheit bleiben muss.

Der Ausbildende ist rechtlich verpflichtet, das Ausbildungszeugnis zum Ausbildungsende auszuhändigen und darf es nicht zurückhalten, auch wenn er noch einen berechtigten Anspruch gegenüber dem Auszubildenden hat.

Kompetenzen

Das sollten Sie als zukünftiger Meister können:

- ✔ gesetzliche und betriebliche Vorgaben beachten sowie die arbeitsrechtliche Bedeutung von Zeugnissen für den Auszubildenden herausstellen,
- ✔ verschiedene Arten von Zeugnissen unterscheiden,
- ✔ Zeugnisse insbesondere unter Berücksichtigung bisheriger Leistungsbeurteilungen erstellen und rechtliche Konsequenzen beachten.

Auszubildende über betriebliche Entwicklungswege und berufliche Weiterbildungsmöglichkeiten informieren und beraten

Kaltrina Maric hat sich seit Beginn ihrer Ausbildung prima in die Schwarz Elektrotechnik OHG eingelebt. Gerade hat sie den ersten Teil ihrer Gesellenprüfung bestanden. Jens Schwarz ist mit ihren Leistungen sehr zufrieden. Gern würde er sie längerfristig an seinen Betrieb binden. Auch Kaltrina kann sich eine Zukunft im Elektrohandwerk gut vorstellen. „Wie geht es eigentlich nach der Ausbildung weiter?“, fragt sie sich. Sie möchte keine Gelegenheit verpassen und bittet den Ausbilder Jens Schwarz daher frühzeitig um ein Gespräch: „Ich möchte mich unbedingt im Anschluss an die Ausbildung weiterbilden. Welche geeigneten Möglichkeiten gibt es da für mich? Aber ich muss auch dringend auf meinen Geldbeutel achten. Viel Unterstützung wird es von meinen Eltern nicht geben.“

4 Aufstiegs- und Fortbildungsmöglichkeiten

4.1 Stellenwert der beruflichen Fort- und Weiterbildung

Stellenwert der Weiterbildung

Die Berufsausbildung ist zwar die Basis für eine erfolgreiche Arbeit von Fachkräften, reicht jedoch häufig nicht aus, um künftige Anforderungen kompetent zu bewältigen. Die berufliche Weiterbildung hat daher sowohl für die Unternehmen als auch für die Arbeitnehmer einen zentralen Stellenwert.

Das Tempo des technischen, wirtschaftlichen und gesellschaftlichen Wandels nimmt zu, mit entsprechenden Wirkungen auf die Märkte. Als Folge daraus ändern sich in den Unternehmen die Arbeits- und Qualifikationsanforderungen in immer kürzeren Zeitspannen und erfordern eine permanente Anpassung der Mitarbeiter in allen Altersstufen. Weiterbildung ist daher für das Unternehmen und seine Mitarbeiter unverzichtbar und bietet vielfältige Chancen, wie die folgende Übersicht zeigt.

Chancen der Weiterbildung

Chancen der Weiterbildung für den Betrieb	Chancen der Weiterbildung für den Mitarbeiter
kompetente Mitarbeiter	Erweiterung des Know-hows
Erhalt der Innovationsfähigkeit	mehr Flexibilität
zufriedene Kunden	Sicherung des Arbeitsplatzes
Steigerung der Wettbewerbsfähigkeit	beruflicher Aufstieg

Regelmäßige Weiterbildung kommt also nicht nur den Mitarbeitern, sondern auch den Unternehmen zugute: Die Investition in die Weiterbildung der Mitarbeiter trägt wesentlich dazu bei, die Leistungs- und Wettbewerbsfähigkeit des Unternehmens zu sichern. Da sowohl Unternehmen als auch Mitarbeiter von der Weiterbildung profitieren, bietet es sich an, dass sich beide an den zeitlichen und finanziellen Aufwendungen dafür angemessen beteiligen.

Beispiel: Damit Kaltrina Maric ihre berufliche Entwicklung in der Schwarz Elektrotechnik OHG besser einschätzen kann, zeigt ihr Jens Schwarz wesentliche Möglichkeiten auf. Sie könnte anspruchsvolle Aufgaben in aktuellen oder geplanten neuen Geschäftsfeldern übernehmen und sich in dazu angebotenen Lehrgängen weiterqualifizieren. Als erster Schritt schwebt ihm eine Anpassungsweiterbildung in der Solartechnik oder in der Gebäudesystemtechnik vor, um ihre Kenntnisse und Fähigkeiten in diesen für die Firma wichtigen Bereichen auszubauen. Er kann sich für sie aber auch einen Aufstieg in Führungspositionen vorstellen. Bei ihren guten Voraussetzungen könnte sie schon vor der Gesellenprüfung mit den ersten Lehrgängen dazu beginnen. Damit Kaltrina prüfen kann, was sie gerne erreichen möchte, wird er ihr alles im Detail erklären.

4.2 Berufliche Fort- und Weiterbildungsmöglichkeiten, Meisterprüfung

Die Ziele der beruflichen Fortbildung werden im Berufsbildungsgesetzt (§ 1 Abs. 4 BBiG) wie folgt beschrieben: „Die berufliche Fortbildung soll es ermöglichen, die berufliche Handlungsfähigkeit zu erhalten und anzupassen oder zu erweitern und beruflich aufzusteigen." Danach kann die Anpassungsfortbildung von der Aufstiegsfortbildung abgegrenzt werden. Diese beiden Formen unterscheiden sich bezüglich der Zielsetzung, aber auch mit Blick auf den Umfang und den Abschluss.

Anpassungsfortbildung

Die Anpassungsfortbildung ist nicht weiter rechtlich geregelt und normalerweise kürzer als Lehrgänge in der Aufstiegsfortbildung, die mindestens 200 Unterrichtsstunden umfassen sollen. Anpassungslehrgänge enden häufig mit einer Lehrgangsbescheinigung oder einem lehrgangsinternen Test mit Zertifikat.

Am Ende von Aufstiegslehrgängen stehen Fortbildungsprüfungen, die auf der Grundlage des Berufsbildungsgesetzes oder der Handwerksordnung rechtlich geregelt sind. Prüfungsteilnehmer erhalten nach bestandener Prüfung ein Zeugnis. Die folgende Übersicht zeigt Ziele und Beispiele der beiden Formen beruflicher Fortbildung.

Fortbildung als Lernprozess während der Berufstätigkeit

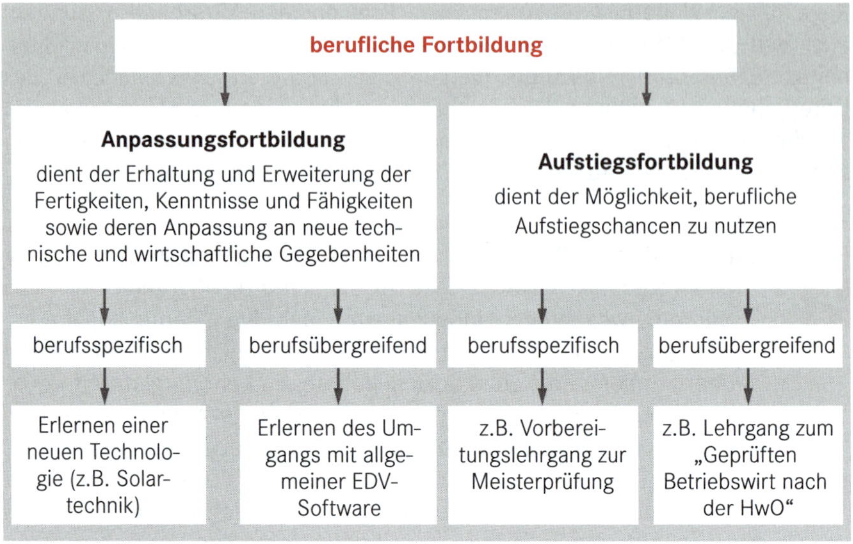

Die vielfältigen Fortbildungsangebote und die damit verbundenen Aufstiegs- und Karrieremöglichkeiten sind wichtig für die Attraktivität der Berufsbildung im Handwerk. Der Ausbilder sollte daher seine Auszubilden frühzeitig beraten. Außerdem sollten Informationen dazu bereits in die Werbung um künftige Auszubildende einfließen.

Handwerkskammern und weitere Handwerksorganisationen, besonders Verbände und Innungen, geben oft bereits auf ihren Internetseiten vertiefte Informationen zu den jeweils angebotenen Fortbildungsmöglichkeiten. Darüber hinaus beraten sie i.d.R. vor Ort bezüglich der individuellen Voraussetzungen für den gewünschten Abschluss.

Aufstiegsfortbildung unterhalb der Meisterebene

erste Aufstiegsebene

Für die Weiterbildung der Gesellen und Fachkräfte bieten die Handwerkskammern eine Vielzahl von Fortbildungsabschlüssen an, die auf die Übernahme von Spezial- oder Leitungsfunktionen unterhalb der Meisterebene vorbereiten. Abschlüsse für diese erste Aufstiegsebene in Handwerksunternehmen sind z.B. CAD-Fachkraft (HWK), Kundendienstmonteur (HWK), Geprüfter Fertigungsplaner im Tischlerhandwerk, Kfz-Servicetechniker, Geprüfte Fachkraft für erneuerbare Energien, Geprüfter Fachmann für kaufmännische Betriebsführung nach der HwO oder Ausbilder nach AEVO.

Die entsprechenden Prüfungen werden durch Prüfungsausschüsse bei der Handwerkskammer durchgeführt. Zugrunde liegt entweder eine bundesweit geltende Fortbildungsordnung – z.B. Geprüfter Fertigungsplaner im Tischlerhandwerk – oder eine von der Handwerkskammer erlassene Rechtsvorschrift für die Fortbildungsprüfung - z.B. CAD-Fachkraft (HWK). Voraussetzung für die Zulassung zu einer Fortbildungsprüfung ist i.d.R. die bestandene Gesellen- oder Abschlussprüfung. Eine Ausnahme bildet die Zulassung zur Ausbildereignungsprüfung (AEVO), die keine spezifische Zulassungsvoraussetzung erfordert. Mit Blick auf die Anrechnungsmöglichkeiten wird sie jedoch in das Aufstiegskonzept des Handwerks einbezogen.

Anrechnung auf die Meisterprüfung

Einige der Fortbildungsabschlüsse unterhalb der Meisterebene werden auf die Meisterprüfung angerechnet (z.B. Kfz-Servicetechniker auf Teil I der Prüfung zum Kfz-Techniker-Meister, Geprüfter Fachmann für kaufmännische Betriebsführung nach der HwO auf Teil III der Meisterprüfung, Ausbilder (AEVO) auf Teil IV der Meisterprüfung).

Beispiel: Durch den Bedarf an erneuerbaren Energien ist der Bau von Solaranlagen zu einem wichtigen Geschäftsfeld für die Schwarz Elektrotechnik OHG geworden. Kaltrina hat sich daher nach der Gesellenprüfung für den Fortbildungslehrgang zur Geprüften Fachkraft für erneuerbare Energien entschieden. Sie möchte längerfristig in diesem Bereich die Teamleitung übernehmen. Aber auch die Meisterprüfung findet Kaltrina sehr reizvoll. Zwar kann sie sich derzeit noch nicht vorstellen, einen eigenen Betrieb zu führen. Die Prüfung kann jedoch ihren weiteren Aufstieg in der Firma sehr unterstützen. Und auch dass sie damit studieren kann, falls sie das irgendwann möchte, ist für sie reizvoll. Das wäre mit ihrem Realschulabschluss so nicht direkt möglich gewesen.

Auch für die Absolventen einer kaufmännischen Ausbildung im Handwerk wie Kaufmann für Büromanagement oder Automobilkaufmann gibt es ein bundeseinheitliches Aufstiegskonzept. Sie können sich in einem ersten Schritt zum Geprüften Kaufmännischen Fachwirt nach der HwO weiterqualifizieren. Diese Fortbildung erstreckt sich auf zentrale kaufmännische Bereiche wie Marketing, Rechnungswesen, Controlling, Finanzwesen sowie Personalwesen plus Analyse betriebswirtschaftlicher Prozesse. Voraussetzung für den Abschluss ist der Nachweis der berufs- und arbeitspädagogischen Qualifikation (AEVO).

kaufmännische Fortbildungen

Damit haben die Absolventen gute Voraussetzungen, um die Leitung kaufmännischer Abteilungen oder die kaufmännische Leitung des Betriebes und die Ausbildung der kaufmännischen Auszubildenden zu übernehmen. In einem weiteren Schritt können sie dann eine Fortbildung zum Geprüften Betriebswirt nach der HwO anschließen.

Meisterprüfung im Handwerk

Stellenwert der Meisterprüfung

Die Meisterprüfung ist nach der Gesellenprüfung die wichtigste Prüfung im Handwerk. Durch sie wird festgestellt, „ob der Prüfling befähigt ist, ein zulassungspflichtiges Handwerk meisterhaft auszuüben und selbstständig zu führen sowie Lehrlinge ordnungsgemäß auszubilden" (§ 45 Abs. 2 HwO). Sie berechtigt zum Führen des Meistertitels. Dieser ist ein wichtiges Wettbewerbsinstrument, da Kunden mit dem Meistertitel normalerweise fachliche Kompetenz und hochwertige Qualitätsarbeit verbinden.

Die Vorbereitung auf die Meisterprüfung bietet mit den dort vermittelten Qualifikationen vor allem zu betriebswirtschaftlichen, kaufmännischen und rechtlichen Anforderungen gute Voraussetzungen für eine erfolgreiche Unternehmensführung. Das zeigt sich nicht zuletzt darin, dass Unternehmen, die von Handwerksmeistern gegründet werden, seltener insolvent werden als die von Gründern ohne Meisterqualifikation.

Mit der Novellierung der Handwerksordnung in 2004

Unterschied zulassungspflichtige und zulassungsfreie Handwerke

- sind noch 41 Handwerksberufe (von davor 94) als zulassungspflichtig in der Anlage A der Handwerksordnung aufgelistet, die nur mit bestandener Meisterprüfung selbstständig ausgeübt werden dürfen;
- können zulassungsfreie Handwerke gemäß Anlage B1 der Handwerksordnung und die in Anlage B2 enthaltenen handwerksähnlichen Gewerbe ohne Meistertitel selbstständig ausgeübt werden.

Auch für viele zulassungsfreie Berufe werden jedoch Meisterprüfungen angeboten.

Unterschiede bzgl. der Prüfungsausschüsse

Unterschiede bestehen für die Meisterprüfung in den zulassungspflichtigen Gewerben und den Gewerben der Anlage B vor allem bezüglich der Prüfungsausschüsse. So sind die Meisterprüfungsausschüsse für zulassungspflichtige Handwerke staatliche Prüfungsbehörden, die von der zuständigen höheren Verwaltungsbehörde am Sitz der Handwerkskammer für den Kammerbezirk errichtet werden. Dagegen werden für die Durchführung der Meisterprüfung in zulassungsfreien Handwerken die Meisterprüfungsausschüsse durch die jeweilige Handwerkskammer errichtet. Anzahl der Mitglieder und Zusammensetzung der jeweiligen Prüfungsausschüsse sind jedoch vergleichbar geregelt.

Im Zuge der Diskussion um die Novellierung der Handwerksordnung ist die Zahl der Meisterprüfungen zunächst zurückgegangen, hat sich dann jedoch stabilisiert und ist erst in den letzten Jahren wieder leicht gesunken.

Nachwuchssicherung

Eine positive Entwicklung ist nicht nur für die Qualität der Leistungen im Handwerk wichtig, sondern auch für die Nachwuchssicherung, da die Meisterprüfung wesentliche Voraussetzung für die Ausbildung im Handwerk ist. In den Gewerben der Anlage B kann nur ausgebildet werden, wenn ein Handwerksmeister im Betrieb dafür vorhanden ist oder ein Geselle bzw. eine Fachkraft die Ausbildereignung in einer Prüfung nach der AEVO nachgewiesen hat.

Hochschulzugang

Die erfolgreich abgeschlossene Meisterprüfung ermöglicht nicht nur den Aufstieg im Handwerk. Sie eröffnet darüber hinaus auch Meistern ohne Abitur weitere Perspektiven durch ein Fachhochschul- oder ein Hochschulstudium. Seit 2009 wurde durch die Kultusministerkonferenz die einheitliche Basis für einen bundesweiten Hochschulzugang von Meistern geschaffen. Dabei sind jedoch zum Teil zusätzliche Zugangsregelungen in einzelnen Bundesländern zu beachten.

Gliederung der Meisterprüfung

Die Meisterprüfung gliedert sich

- in gewerkspezifische Teile (I und II) sowie
- in gewerkübergreifende Teile (III und IV),

die rechtlich unterschiedlich geregelt sind.

Rechtsgrundlagen der Meisterprüfung

Für die Gewerbe der Anlage A wurden jeweils Meisterverordnungen, d.h. Rechtsverordnungen zum Meisterprüfungsberufsbild und zu den Prüfungsanforderungen in den Teilen I und II der Meisterprüfung erlassen. Derartige Rechtsverordnungen können auch zu den Gewerben der Anlage B erlassen werden, soweit für diese eine Ausbildungsordnung vorliegt. Das trifft für die Handwerksberufe in Anlage B1 zu.

Die Meisterprüfung in den Teilen III und IV wird für alle Gewerbe der Anlage A und B in der „Allgemeinen Meisterprüfungsverordnung (AMVO)" geregelt. Regelungen zur konkreten Organisation und Durchführung der Meisterprüfungen enthält darüber hinaus die Meisterprüfungsverfahrensverordnung der Handwerkskammer.

Die vier Teile der Meisterprüfung erstrecken sich auf die folgenden Schwerpunkte:

Inhalte der Meisterprüfung

Teile der Meisterprüfung	Prüfungsschwerpunkte
Teil I: Fachpraxis (meisterhafte Verrichtung wesentlicher Tätigkeiten des Handwerks)	Schwerpunkt ist vor allem in den neugeordneten Handwerken ein Meisterprüfungsprojekt, das einem Kundenauftrag entspricht, sowie ein darauf bezogenes Fachgespräch. Zum Teil werden ergänzende Situationsaufgaben gestellt.
Teil II: Fachtheorie (die erforderlichen fachtheoretischen Kenntnisse)	Teil II richtet sich auf den Nachweis spezifischer Qualifikationen in mehreren Handlungsfeldern. Hierzu werden häufig fallbezogene Aufgaben zur Entwicklung geeigneter Lösungen gestellt.
Teil III: die erforderlichen betriebswirtschaftlichen, kaufmännischen und rechtlichen Kenntnisse	In Teil III geht es um die Bearbeitung insbesondere von fallbezogenen Aufgaben zu den Handlungsfeldern: - Wettbewerbsfähigkeit von Unternehmen beurteilen - Gründungs- und Übernahmeaktivitäten vorbereiten, durchführen und bewerten - Unternehmensführungsstrategien entwickeln

Inhalte der Meisterprüfung

Teile der Meisterprüfung	Prüfungsschwerpunkte
Teil IV: die erforderlichen berufs- und arbeitspädagogischen Kenntnisse	Schwerpunkte in Teil IV sind eine schriftliche Prüfung mit fallbezogenen Aufgaben in den vier Handlungsfeldern zu Planung, Vorbereitung, Durchführung und Abschluss der Ausbildung sowie eine praktische Prüfung zur Präsentation oder Durchführung einer Ausbildungssituation.

Befreiung von Teilen der Prüfung

Die Handwerksordnung legt in § 46 differenziert fest, in welchen Fällen ein Prüfungsteilnehmer von der Ablegung einzelner Teile der Meisterprüfung generell oder auf Antrag durch den Meisterprüfungsausschuss zu befreien ist, z.B.:

- Befreiung von Teil III und IV, wenn ein Bäckermeister auch die Meisterprüfung für Konditoren ablegt,
- Befreiung von Teil IV, wenn ein Prüfling die Ausbildereignungsprüfung (AEVO) bestanden hat.

Aufstiegsfortbildung oberhalb der Meisterebene

Meister plus

Auch ein Meister lernt nicht aus. In vielen Meisterverordnungen wird herausgestellt, dass Handwerksmeister fähig sein sollen, ihre Handlungskompetenz an neue Bedarfslagen anzupassen. Dazu können sie weitere interessante Fortbildungsabschlüsse oberhalb der Meisterebene (Meister plus) erlangen.

So richtet sich beispielsweise der Abschluss zum Gestalter im Handwerk auf eine deutliche Verbesserung gestalterischer Fähigkeiten bei Handwerksmeistern und damit der Formgebung von Produkten im Handwerk.

Geprüfter Betriebswirt nach der HwO

Der Geprüfte Betriebswirt nach der HwO qualifiziert für das kaufmännische Management und moderne Methoden der Betriebsführung, die über den betriebswirtschaftlichen Teil III der Meistervorbereitung deutlich hinausgehen.

Der Lehrgang zielt auf ein betriebswirtschaftlich fundiertes und strategisch orientiertes Verständnis der Unternehmensführung. Künftige Betriebswirte sollen befähigt werden, Unternehmen unter Berücksichtigung ökonomischer, ökologischer und sozialer Entwicklungen nachhaltig und erfolgreich zu führen. Dazu sollen sie komplexe wirtschaftliche Zusammenhänge reflektieren und für die Entwicklung konkreter Unternehmensstrategien nutzen. Dieser Fortbildungsabschluss baut auf der Meisterprüfung auf und stellt die höchste Qualifikationsebene im Bereich der Unternehmensführung im Handwerk dar.

Die folgende Übersicht zeigt die wesentlichen Aufstiegsebenen und beruflichen Perspektiven im Handwerk für Fach- und Führungskräfte sowie Unternehmer.

Alles verstanden?
Testen Sie Ihr Wissen im Sackmann-Lernportal.

Berufsperspektiven im Handwerk

Fortbildungsebene	Abschlüsse (Beispiele)				
Meister plus	Restaurator im Handwerk	Gestalter im Handwerk	Gebäudeenergieberater (HWK)	Geprüfter Betriebswirt nach der HwO	u.a.
Meister	Meister		Geprüfter Kaufmännischer Fachwirt nach der HwO		u.a.
Geselle plus/ Spezialist	Servicetechniker z.B. Kfz	Geprüfter Fachmann für kaufmännische Betriebsführung nach der HwO		Ausbilder (AEVO)	u.a.
	gewerblich-technischer Ausbildungsabschluss		**kaufmännischer Ausbildungsabschluss**		

Beispiel: Im Familienunternehmen der Schwarz Elektrotechnik OHG war Caroline Gerber-Schwarz, die Schwester von Jens Schwarz, bisher für den Personalbereich zuständig. Sie hat schon vor einigen Jahren eine Ausbildung zur Bürokauffrau abgeschlossen und dann auch noch die Ausbildereignungsprüfung geschafft. Seit der Zeit bildet sie die Kaufleute für Büromanagement im Unternehmen aus. Anfang des Jahres hat sie eine Fortbildung zur Geprüften Kaufmännischen Fachwirtin nach der HwO erfolgreich absolviert. Damit konnte sie auch Führungsverantwortung im Rechnungswesen übernehmen. Um besser für die angestrebte kaufmännische Leitung des Unternehmens gerüstet zu sein, hat sie nun noch eine Fortbildung zur Geprüften Betriebswirtin nach der HwO begonnen.

4.3 Finanzielle Förderung beruflicher Bildungsmaßnahmen

Die folgende Abbildung zeigt wichtige Gesetze und staatliche Programme zur finanziellen Förderung beruflicher Bildungsmaßnahmen. Daraus soll vor allem die Förderung der Teilnahme an der beruflichen Fortbildung näher beschrieben werden.

wichtige Förderprogramme und Gesetze

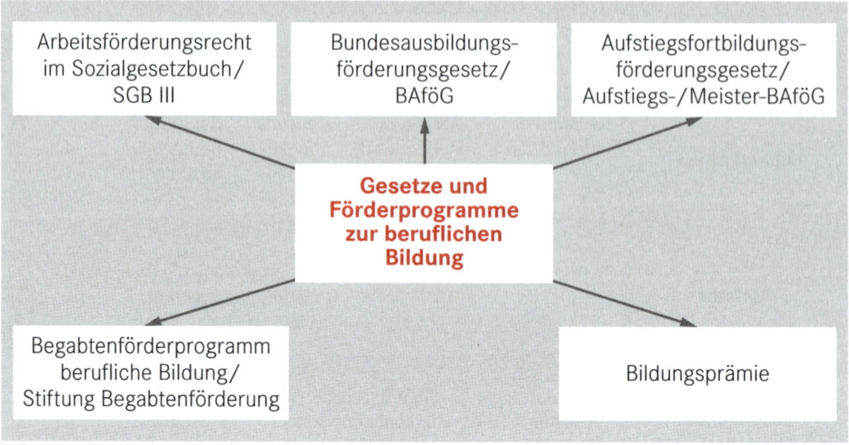

4.3.1 Arbeitsförderungsrecht im Sozialgesetzbuch (SGB III)

Maßnahmen gegen Arbeitslosigkeit

Dieses Gesetz enthält eine Vielzahl von Förderbestimmungen zur beruflichen Aus- und Weiterbildung. Die Förderung der beruflichen Weiterbildung ist in den §§ 81 ff. SGB III geregelt. Sie richtet sich vor allem darauf, Arbeitnehmer, die arbeitslos geworden sind, beruflich einzugliedern oder drohende Arbeitslosigkeit bei ihnen abzuwenden. Dazu ist eine Beratung durch die Agentur für Arbeit notwendig, die dem Arbeitnehmer die Voraussetzungen für die Förderung in einem sog. Bildungsgutschein bescheinigt.

Gefördert werden die folgenden Weiterbildungskosten: Lehrgangskosten, Fahrkosten, Kosten für auswärtige Unterbringung und Verpflegung sowie Kosten für die Betreuung von Kindern. Voraussetzung für die Förderung ist, dass der vom Arbeitnehmer gewählte Bildungsträger und die Weiterbildungsmaßnahme für die Förderung zugelassen sind. Der Bildungsträger rechnet dann die Lehrgangskosten direkt mit der Agentur für Arbeit ab und muss dazu den Bildungsgutschein vor Maßnahmebeginn dort vorlegen.

4.3.2 Bundesausbildungsförderungsgesetz (BAföG)

Förderung von Schülern/ Studenten

Nach dem Bundesausbildungsförderungsgesetz werden insbesondere Schüler in weiterführenden allgemeinbildenden und verschiedenen berufsbildenden Schulen sowie Studenten an Fach- und Hochschulen gefördert. Sie erhalten monatliche Zuschüsse nach festgelegten Bedarfssätzen. Zuständig für die Anträge sind die von den Ländern bei den Kreis- und Stadtverwaltungen eingerichteten Ämter für Ausbildungsförderung am ständigen Wohnsitz des Antragstellers.

4.3.3 Aufstiegsfortbildungsförderungsgesetz (Aufstiegs-BAföG/Meister-BAföG)

Anspruch und Voraussetzungen

Im Aufstiegsfortbildungsförderungsgesetz (AFBG) wird der individuelle Rechtsanspruch auf Förderung der beruflichen Aufstiegsfortbildung geregelt[1]. Danach können Teilnehmer an Lehrgängen, die auf eine berufliche Fortbildungsprüfung nach BBiG bzw. HwO oder eine Meisterprüfung vorbereiten, eine Förderung beantragen. Die Fördermittel werden in Form von staatlichen Zuschüssen und zinsgünstigen Darlehen gewährt. Es wird nur eine Aufstiegsfortbildung gefördert. Bei mehreren geplanten Fortbildungen kann der Teilnehmer wählen, für welche er die Förderung beantragt.

Zuständig für die Förderanträge und die Beratung dazu sind i.d.R. ebenfalls die schon genannten Ämter für Ausbildungsförderung. Beratung und Unterstützung bei der Antragstellung bieten auch die Handwerkskammern. Für die Bewilligung der Förderung müssen die folgenden Voraussetzungen vorliegen:

Antragsteller

- Der Antragsteller muss über die Zulassungsvoraussetzungen für den angestrebten Fortbildungsabschluss – i.d.R. über eine abgeschlossene Erstausbildung – verfügen und die regelmäßige Teilnahme an der Maßnahme nachweisen. Altersbegrenzungen bestehen nicht. Anforderungen an die Staatsangehörigkeit sind im AFBG (§ 8) differenziert angegeben.

Bildungsträger

- Der Bildungsträger muss für die Durchführung der Maßnahme geeignet sein und dazu die Anwendung eines Qualitätssicherungssystems nachweisen.

Fortbildungsmaßnahme

- Die Umsetzung der Fortbildungsmaßnahme muss so gestaltet sein, dass sie eine erfolgreiche berufliche Fortbildung erwarten lässt. Sie muss mindestens 400 Unterrichtsstunden umfassen. Darüber hinaus gibt es noch für Vollzeit- und Teilzeitmaßnahmen spezifische Vorgaben zum maximalen Zeitrahmen und zur Anzahl der Wochenstunden.

Die Förderung erstreckt sich auf Beiträge zur Finanzierung der Maßnahme – in Vollzeit oder Teilzeit – einschließlich der Prüfung. Unabhängig von den Einkommens- und Vermögensverhältnissen sind die folgenden Leistungen vorgesehen:

- Ein Beitrag in Höhe der tatsächlich anfallenden Lehrgangskosten und Prüfungsgebühren jedoch maximal bis zu € 15 000,–, davon 40 % als Zuschuss und der Rest als zinsgünstiges Darlehen.
- Zudem kann die Hälfte der Materialkosten zur Anfertigung eines Meister- oder Prüfstücks bis maximal € 2 000,– gefördert werden, davon 40 % als Zuschuss, der Rest als zinsgünstiges Darlehen.
- Alleinerziehende erhalten darüber hinaus einen Kinderbetreuungszuschlag in Höhe von pauschal € 130,– monatlich pro Kind unter 10 Jahren.

Unterhaltsbeitrag

Teilnehmer in Vollzeitlehrgängen können außerdem einen monatlichen Beitrag zum Lebensunterhalt beantragen. Er wird individuell unter Berücksichtigung von Einkommen und Vermögen des Antragstellers und des Ehepartners berechnet.

---

[1] *siehe http://www.aufstiegs-bafoeg.info/*

Der Höchstbeitrag, der ebenfalls anteilig als Zuschuss und als Darlehen gewährt wird, hängt von Familienstand und Kinderzahl ab und beträgt derzeit:

- € 768,- für Alleinstehende ohne Kind (€ 333,- Zuschuss/€ 435,- Darlehen)
- € 1 003,- für Alleinstehende mit einem Kind (€ 462,- Zuschuss/€ 541,- Darlehen)
- € 1 003,- für Verheiratete ohne Kind (€ 450,- Zuschuss/€ 553,- Darlehen)
- € 1 238,- für Verheiratete mit einem Kind (€ 579,- Zuschuss/€ 659,- Darlehen)

Für jedes weitere Kind erhöht sich der Beitrag um € 235,-, davon werden 55 % als Zuschuss geleistet.

Während der Prüfungsvorbereitung - zwischen Ende der Maßnahme und Ablegen der Prüfung - wird der gewährte Unterhaltsbeitrag auf Antrag bis zu drei Monate als Darlehen weiter gezahlt.

Darlehensrückzahlung

Über die für die Maßnahme und den Lebensunterhalt bewilligten Darlehen schließt die Kreditanstalt für Wiederaufbau mit dem Antragsteller einen Darlehensvertrag. Das gewährte Darlehen ist bis zwei Jahre nach Ende der Maßnahme und maximal bis zu sechs Jahre ab Maßnahmebeginn zins- und tilgungsfrei. Danach muss der Teilnehmer das Darlehen mit einer monatlichen Rate von mindestens € 128,- zurückzahlen.

möglicher Erlass

In folgenden Fällen ist ein Erlass des auf die Lehrgangs- und Prüfungsgebühren entfallenden Restdarlehens möglich: bei Bestehen der Prüfung in Höhe von 40 %, bei Unternehmensgründung und Einstellung neuer sozialversicherungspflichtiger Mitarbeiter oder Auszubildender bis zu maximal 66 %. Darüber hinaus ist bei Existenzgründungen in den ersten drei Jahren auch die Stundung der Rückzahlungen möglich.

Die zuständigen Handwerkskammern beraten zu Fragen über die Förderungsmöglichkeiten[1].

Beispiel: Kaltrina hat den Lehrgang zur Geprüften Fachkraft für erneuerbare Energien erfolgreich abgeschlossen. Sie möchte nun auch noch einen Vollzeitlehrgang zur Vorbereitung auf die Meisterprüfung beginnen. Da sie ledig ist und nur geringe Ersparnisse hat, ist sie auf finanzielle Unterstützung angewiesen. Ihre Eltern können ihr jedoch nicht helfen, da sie noch ihre drei jüngeren Geschwister versorgen müssen. Nach der Beratung durch ihre zuständige Handwerkskammer stellt sie daher bei der zuständigen Behörde einen Antrag auf Förderung nach AFBG sowohl für die Lehrgangskosten als auch für

[1] *weitere Infos unter https://www.aufstiegs-bafoeg.de*

den Unterhalt. Sie erhält einen positiven Bescheid über die Förderung des Gesamtlehrgangs und die Unterhaltsleistungen. Der Bescheid enthält detaillierte Angaben vor allem über Zuschussanteile, Darlehensanteile, Förderdauer und Tilgungsmodalitäten.

4.3.4 Weitere Fördermöglichkeiten

Stiftung Begabtenförderung

Die Stiftung Begabtenförderung berufliche Bildung erstreckt sich auf zwei Stipendienprogramme: das Weiterbildungsstipendium und das Aufstiegsstipendium[1].

Weiterbildungsstipendium

Mit dem Weiterbildungsstipendium sollen besonders talentierte und leistungsstarke junge Fachkräfte in ihrer weiteren Berufsbildung unterstützt werden, wenn sie

- ihren Ausbildungsabschluss bzw. die Gesellenprüfung mit mindestens 87 Punkten/mit einem Notendurchschnitt von mindestens 1,9 absolviert haben oder
- ein besonderes Ergebnis in einem Leistungswettbewerb vorweisen und
- bei Aufnahme in das Programm jünger als 25 Jahre sind.

Das Stipendium kann für anspruchsvolle, i.d.R. berufsbegleitende berufliche Weiter- und Fortbildungsmaßnahmen genutzt werden. Die Förderung erstreckt sich über drei Jahre mit einer Höchstfördersumme von € 7 200,-, d.h. pro Jahr von maximal € 2 400,- bei einem Eigenanteil von 10 % der Kosten je Maßnahme. Zuständig für die Beratung und die Entscheidung über die Förderanträge sowie die Fördersumme ist die jeweilige Kammer. Die Förderung ist vor Beginn der Maßnahme zu beantragen.

Aufstiegsstipendium

Durch das Aufstiegsstipendium wird ein Hochschulstudium bis zu einem ersten Abschluss gefördert. Für ein Aufstiegsstipendium kann sich bewerben

- wer in der Ausbildung und danach in einer mindestens zweijährigen Berufstätigkeit besondere Leistungen gezeigt und
- die besondere Leistungsfähigkeit durch gute Noten in einer Berufsabschlussprüfung oder einer Fortbildungsprüfung (Punkte-/Notendurchschnitt wie oben) nachgewiesen hat.

Für die Bewerbung besteht keine Altersbegrenzung. Die Auswahl der Stipendiaten wird durch die Stiftung Begabtenförderung durchgeführt.

---

[1] *siehe https://www.sbb-stipendien.de/sbb.html*

Bildungsprämie

Die Bildungsprämie soll Arbeitnehmern mit geringem Einkommen den Zugang zur beruflichen Weiterbildung erleichtern. Sie umfasst zwei Möglichkeiten: einen Prämiengutschein und einen Spargutschein, die einzeln oder zusammen im Rahmen eines obligatorischen Beratungsgesprächs beantragt werden können. Beratungsstellen sind bei unterschiedlichen Einrichtungen, z.B. Handwerkskammern oder Volkshochschulen angesiedelt[1].

Prämiengutschein

- Ein Prämiengutschein kann einmal jährlich beantragt werden und ist sechs Monate gültig. Damit kann für die Teilnahme an einer beruflichen Weiterbildungsmaßnahme ein Zuschuss von 50 %, aber maximal € 500,- gewährt werden. Den anderen Teil muss der Antragsteller aus eigenen Mitteln finanzieren. Voraussetzung ist, dass die festgelegten Jahreseinkommensgrenzen (€ 20 000,- bzw. € 40 000,- € bei gemeinsam Veranlagten) nicht überschritten werden.

Spargutschein

- Der Spargutschein ermöglicht es, aus einem nach dem Vermögensbildungsgesetz angesparten Guthaben vorzeitig einen Beitrag für die Weiterbildung zu entnehmen, ohne dass die Arbeitnehmersparzulage verloren geht.

Nach der aktuellen Förderrichtlinie für dieses vom Bundesministerium für Bildung und Forschung geförderte Programm kann die Erstattung der Prämiengutscheine bis Dezember 2021 beantragt werden.

Kompetenzen

Das sollten Sie als zukünftiger Meister können:

- ✔ Stellenwert der beruflichen Fort- und Weiterbildung begründen,
- ✔ berufliche und betriebliche Aufstiegs- und Fortbildungsmöglichkeiten insbesondere zur Meisterprüfung beschreiben,
- ✔ Fördermöglichkeiten für berufliche Fort- und Weiterbildung sowie Möglichkeiten der Begabtenförderung aufzeigen.

---

[1] *www.bildungspraemie.info*

Abkürzungsverzeichnis

abH	ausbildungsbegleitende Hilfen
AEVO	Ausbilder-Eignungsverordnung
AFBG	Aufstiegsfortbildungsförderungsgesetz
AMVO	Allgemeine Meisterprüfungsverordnung
ArbStättV	Arbeitsstättenverordnung
BAföG	Bundesausbildungsförderungsgesetz
BBiG	Berufsbildungsgesetz
BetrVG	Betriebsverfassungsgesetz
BIBB	Bundesinstitut für Berufsbildung
BIZ	Berufsinformationszentren der Agenturen für Arbeit
BMAS	Bundesministerium für Arbeit und Soziales
BMBF	Bundesministerium für Bildung und Forschung
BMWi	Bundesministerium für Wirtschaft und Energie
BGJ	Berufsgrundbildungsjahr
BvB	berufsvorbereitende Bildungsmaßnahmen
BVJ	Berufsvorbereitungsjahr
BFS	Berufsfachschule
CAD	Computer Aided Design
CBT	Computer Based Training; dt.: computerunterstütztes Lernen
DQR	Deutscher Qualifikationsrahmen
ECDL	europäischer Computerführerschein
ECVET	European Credit System for Vocational Education and Training
ESF	Europäischer Sozialfond
EQ	Einstiegsqualifizierung
EQR	Europäischer Qualifikationsrahmen
EU	Europäische Union
GmbH	Gesellschaft mit beschränkter Haftung
GG	Grundgesetz
HF	Handlungsfeld

HWK	Handwerkskammer
HwO	Handwerksordnung
IHK	Industrie- und Handelskammer
JArbSchG	Jugendarbeitsschutzgesetz
JAV	Jugend- und Auszubildendenvertretung
KMK	Kultusministerkonferenz
OECD	Organisation for Economic Co-operation and Development (Organisation für wirtschaftliche Zusammenarbeit und Entwicklung)
OHG	offene Handelsgesellschaft
QB	Qualifizierungsbaustein
SGB III	Sozialgesetzbuch Drittes Buch: Arbeitsförderung
SGB XII	Sozialgesetzbuch Zwölftes Buch: Sozialhilfe
ÜBL	überbetriebliche Lehrwerkstatt
ÜBS	überbetriebliche Berufsbildungsstätte
ÜLU	überbetriebliche Lehrlingsunterweisung
ZDH	Zentralverband des Deutschen Handwerks
ZWH	Zentralstelle für Weiterbildung im Handwerk

Stichwortverzeichnis